BIBLIOTHÈQUE SCIENTIFIQUE



# La lumière et la vie

## Une subtile alchimie

Bernard Valeur • Élisabeth Bardez





Belin : POUR LA SCIENCE

8, rue Férou - 75278 Paris cedex 06
www.editions-belin.com – www.pourlascience.com

# Sommaire


Préface d'Évelyne Sage .......... 5
Avant-propos .......... 7

PROLOGUE

**Que la lumière soit !** .......... 8

L'apparition des briques du vivant : de multiples scénarios .......... 9
Les premiers pas de la vie sous le Soleil .......... 13
L'adaptation à la lumière pour la perpétuation de la vie .......... 15
S'inspirer de la Nature et agir sur le vivant par la lumière .......... 17

CHAPITRE 1

**Lumière sur la photosynthèse** .......... 18

Pas seulement les plantes vertes .......... 20
Les glucides, une source vitale d'énergie .......... 22
Percer les secrets de la photosynthèse : une longue histoire .......... 23
L'ubiquité des chlorophylles .......... 28
Zoom sur une feuille verte .......... 30
Les voies de la lumière sont pénétrables .......... 31
Des réactions en cascade pour fabriquer des sucres .......... 32
Des différences notables selon les plantes .......... 37
Aperçu sur les algues et les bactéries photosynthétiques .......... 38
La photosynthèse dans le cycle du carbone .......... 40

CHAPITRE 2

**Mouvements et rythmes sous le contrôle de la lumière** .......... 42

Une multitude de phénomènes contrôlés par la lumière .......... 44
Des plantes qui se courbent vers la lumière : le phototropisme .......... 45
Les micro-organismes : de l'ombre à la lumière et inversement .......... 48
Quel rôle la lumière joue-t-elle dans les mouvements migratoires ? .......... 55
Les premières observations de phénomènes périodiques sous contrôle de la lumière chez les végétaux .......... 57
Des feuilles et des fleurs qui s'ouvrent et se referment : photonastie et nyctinastie .......... 58
Contrôle de la floraison par la durée du jour : le photopériodisme floral .......... 62
Le phytochrome, premier photorécepteur découvert .......... 63
Les photorécepteurs des végétaux sensibles dans le bleu .......... 65
Le photopériodisme animal .......... 66
Le rythme circadien dans le monde animal .......... 68
Et les animaux qui vivent dans l'obscurité ? .......... 75

CHAPITRE 3

**La perception de la lumière dans le monde animal** .......... 78

L'extraordinaire diversité des yeux .......... 80
Les diverses classes d'yeux .......... 80
L'œil : ce chef d'œuvre de l'évolution .......... 83
Les yeux camérulaires .......... 85
Les yeux composés .......... 90
Les yeux avec réflecteurs .......... 94
Le cas exceptionnel des araignées .......... 96
Les ocelles .......... 96
Et bien d'autres yeux surprenants ! .......... 97
Les photorécepteurs en voient de toutes les couleurs .......... 98
Détecter la polarisation de la lumière .......... 107




ISSN 0224-5159

ISBN 978-2-7011-7688-8

CHAPITRE 4

## Les couleurs du monde vivant ... 112


Un monde de couleurs ... 114
Les couleurs pigmentaires des végétaux ... 115
Les couleurs pigmentaires des animaux ... 116
Les couleurs structurales des animaux ... 122
Les couleurs structurales des végétaux ... 131
Pourquoi des couleurs ? ... 131
Les pigments protecteurs ... 133
Les couleurs séductrices ... 134
Les couleurs attractives ... 137
Les couleurs trompeuses ... 139
Les couleurs d'avertissement ... 147
Conclusion ... 149


CHAPITRE 5

## Les êtres vivants « fluo » ... 152


Un peu d'histoire ... 154
Ne pas confondre bioluminescence, fluorescence, phosphorescence ... 155
Les feuilles vertes fluorescent dans le rouge et le bleu-vert ... 157
L'intimité d'une feuille ou d'un fruit révélée par imagerie de fluorescence ... 160
Comment observer à distance la fluorescence chlorophyllienne ... 161
La fluorescence des fleurs a-t-elle une fonction ? ... 165
La fluorescence, un moyen de communication chez les animaux ? ... 165


CHAPITRE 6

## Les lumières vivantes ... 170


La bioluminescence : un phénomène répandu ? ... 172
Un peu d'histoire ... 172
Les mécanismes subtils de la bioluminescence ... 175
Les multiples fonctions de la bioluminescence ... 187


CHAPITRE 7

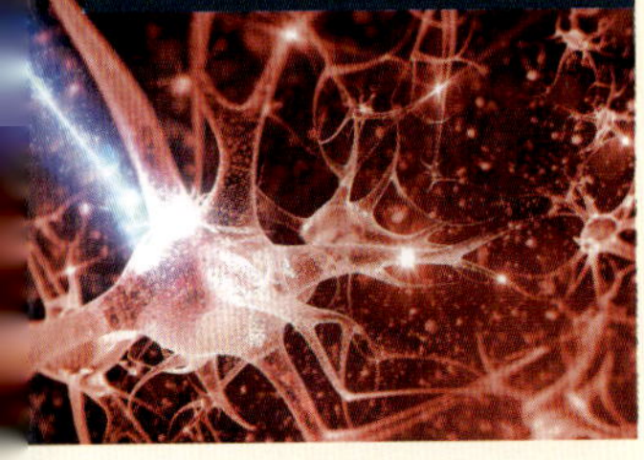

## La lumière, la vie... et l'Homme ... 194


S'inspirer du vivant ... 196
Rendre des animaux fluorescents. Pour quoi faire ? ... 198
La bioluminescence au service de l'Homme ... 202
Contrôler des neurones et des fonctions biologiques par la lumière : l'optogénétique ... 206


ÉPILOGUE

## Et la lumière est ! ... 210


Bibliographie ... 212
Glossaire ... 214
Index ... 221

# Remerciements

Les auteurs remercient vivement les personnes suivantes qui ont contribué à cet ouvrage par leur relecture accompagnée de remarques pertinentes et d'utiles suggestions :

**Catherine Blais**, maître de conférences, École normale supérieure, Université Pierre-et-Marie-Curie, iEES Paris, Département d'écologie sensorielle

**André Klarsfeld**, professeur, ESPCI ParisTech, Laboratoire « Plasticité du Cerveau » (ESPCI/CNRS) Équipe « Gènes Circuits Rythmes Neuropathologie »

**Paul Mathis**, ancien directeur de recherches au Commissariat à l'énergie atomique (CEA)

**Marie-Christine Maurel**, professeur, Université Pierre-et-Marie-Curie, UMR 7205-ISyEB CNRS-MNHN-UPMC.

**Julien Renoult**, chargé de recherche au CNRS, UMR8218, Institut Arts, Créations, théories et esthétiques, Université de Paris 1 Panthéon-Sorbonne

**Thérèse Wilson**, Senior Research Associate Emerita, et **J. Woodland Hastings**, Professor Emeritus, Department of Molecular and Cellular Biology, Harvard University, USA.

Thérèse Wilson et Woody Hastings avaient eu la gentillesse de relire le chapitre sur la bioluminescence avant leur décès. Que leur souvenir soit associé à cet ouvrage.

Les auteurs tiennent également à remercier les Éditions Belin, et tout particulièrement l'éditeur en charge de cet ouvrage pour ses précieux conseils et sa patience.

# Préface

Faut-il le rappeler, l'Organisation des Nations Unies a proclamé 2015 Année Internationale de la Lumière (*International Year of Light and Light-based Technologies*) ; aussi l'ouvrage de Bernard Valeur et d'Élisabeth Bardez tombe-t-il à point nommé puisqu'il célèbre la Lumière à travers son rôle dans le monde du vivant. Ce lien si étroit entre Lumière et Vie peut paraître un peu inattendu pour certains, alors que d'aucuns pourraient citer les ultimes développements technologiques basés sur la lumière, les objets qui en résultent faisant partie de notre vie quotidienne. En effet, la lumière nous environne ; elle est tellement inhérente à notre vie et à notre mode de vie que nous oublions que « sans lumière, point de vie... ». La lumière a promu la Vie sur Terre ; elle est source de Vie. De fait, l'Homme n'est pas programmé pour vivre sans lumière naturelle. Naître, n'est-ce pas « voir le jour » ?

Ce très bel ouvrage emporte le lecteur dans l'univers surprenant des interactions entre la lumière et le monde du vivant. Il nous en dévoile la diversité, la complexité et la subtilité, au fil d'un prologue et de sept chapitres fascinants, didactiques et très richement illustrés. Pas à pas, l'ouvrage montre l'importance considérable que prend la lumière dans le monde vivant, et ce depuis la synthèse des premières molécules du vivant dans la soupe prébiotique, il y a plusieurs milliards d'années. L'activité de photosynthèse des premiers organismes photosynthétiques apparus sur Terre, les cyanobactéries, a ensuite commencé à modifier l'atmosphère, entraînant la formation d'une couche d'ozone stratosphérique. Cette couche, en protégeant le monde vivant des rayons UV les plus nocifs, a permis le développement et l'explosion des espèces. La photosynthèse, si importante pour maintenir le niveau d'oxygène de l'atmosphère, n'est pas l'apanage des seules plantes vertes. On la retrouve chez les algues, les bactéries et... chez une drôle de petite limace de mer qui ressemble à une feuille, l'élysie émeraude : elle peut vivre des mois à la seule lumière du jour, sans autre apport nutritif ! Soleil, eau, $CO_2$ de l'atmosphère : et voici que les organismes photosynthétiques convertissent l'énergie lumineuse en énergie chimique, glucides et ATP nécessaires à leur développement... pour servir de nutriments à d'autres êtres vivants et perpétuer ainsi la vie. La lumière est ainsi une source quasi ubiquitaire d'énergie. Elle est aussi source d'information. Le phototropisme des plantes, la phototaxie des micro-organismes, le photopériodisme floral ou animal, les rythmes circadiens du monde animal en sont des exemples. Comment les êtres vivants reçoivent-ils cette information ? Par diverses classes de photorécepteurs, véritables « agents de signalisation ». Dans le monde animal, l'œil, grâce à ses photorécepteurs, capte la lumière qui est ensuite transmise au cerveau par voie chimique et analysée. Par sa complexité et sa diversité dans le monde vivant, l'œil est une merveille de l'évolution. Grâce à la vision, les êtres vivants sont capables d'interagir avec leur environnement. Les couleurs superbes qu'arborent certains animaux ou végétaux pourraient jouer un rôle de communication vis-à-vis du monde environnant. Les plantes fabriquent de nombreux pigments (chlorophylles, caroténoïdes, flavonoïdes), aux propriétés anti-oxydantes pour la plupart d'entre eux ; ils contribuent à les protéger d'une exposition excessive à la lumière solaire. La mélanine joue ce rôle chez l'Homme ; elle est synthétisée dans les mélanocytes de la peau sous exposition aux UV. Des êtres vivants émettent aussi de la lumière, par fluorescence ou bioluminescence. Ainsi le monde vivant déploie ses « couleurs », dans divers domaines du spectre électromagnétique, visibles ou non par l'œil humain. Au final, c'est une véritable odyssée des espèces animales, végétales et de la lumière que l'ouvrage nous narre page après page.

Les biomolécules et les processus photobiologiques associés à l'interaction de la lumière avec les organismes vivants sont une formidable source d'inspiration pour les chercheurs. Le dernier chapitre de l'ouvrage nous donne quelques pistes. Ainsi, le mode d'exploration du fonctionnement de la cellule a été révolutionné par la découverte des protéines fluorescentes, telle que la *Green Fluorescent Protein* (GFP), et par les progrès spectaculaires de l'imagerie du vivant. Un autre exemple de la même veine est l'optogénétique, qui utilise des photorécepteurs génétiquement codés. Ce nouvel outil a trouvé un développement particulier dans l'exploration fonctionnelle et le contrôle des activités du cerveau chez l'animal. Il supplante en partie la génétique conventionnelle comme outil d'investigation du fonctionnement du vivant.

Les auteurs ont réalisé un extraordinaire travail de synthèse qui montre bien l'importance de la lumière dans le monde du vivant et les sciences de la vie. Deux activités les plaçaient en « pole position » pour commettre un ouvrage de cette trempe : d'une part leur mission particulière en tant que professeurs au Conservatoire national des arts et métiers, où ils ont assuré une formation supérieure professionnelle en physicochimie, et d'autre part les activités de recherche qu'ils ont menées au CNAM et à l'ENS-Cachan sur l'étude des interactions entre la lumière et les molécules. Ils ne se sont pas contentés d'exposer les phénomènes biologiques, moléculaires ou tissulaires en réponse à la lumière ; ils ont choisi de détailler les processus physiques, chimiques et moléculaires à l'origine de ces phénomènes. Et ils le font de façon très pédagogique, à l'aide de nombreux schémas et illustrations ; les encadrés qui ponctuent le texte proposent au lecteur d'approfondir un point ou un autre. Plus subtilement, cet ouvrage cache une réflexion épistémologique et éthique, puisqu'il expose les fondements de ces phénomènes photobiologiques, leur finalité, l'utilité de leur apparition ou de leur persistance au cours de l'évolution, et montre aussi comment l'Homme peut les imiter et les appliquer. Il amène le lecteur à se poser de multiples questions et à observer la Nature d'un œil nouveau. Cet ouvrage est une très belle illustration de la pluridisciplinarité attachée à la photobiologie, qui s'étend de la photophysique et de la photochimie à la photomédecine, et qui touche à la philosophie (au travers de questionnements sur l'environnement, la santé, notre mode de vie, etc.).

De toute évidence, *La lumière et la vie* est un ouvrage qui joue son rôle dans la diffusion des savoirs et la promotion de la lumière jusqu'à ses bénéfices en matière de santé et d'environnement. Il s'agit d'un ouvrage érudit car précis et remarquablement documenté. Il s'adressera donc volontiers aux scientifiques de toutes disciplines, et son côté synthétique sera apprécié des enseignants. Loin de toute austérité, le propos est ponctué d'anecdotes racontées avec humour. Les très belles images du livre, la richesse de sa documentation, la diversité des thèmes exposés séduiront un plus large public ; ce dernier sera curieux de découvrir des phénomènes photobiologiques insoupçonnés, le rôle si important de la lumière dans le monde vivant et la façon dont les chercheurs s'en inspirent pour développer des techniques du futur.

**Évelyne Sage**
Directeur de Recherche au CNRS
Présidente de la Société Française de Photobiologie

## Avant-propos

*« Sans lumière, point de vie, point de croissance, point de force, point de santé !... Les termes 'lumière et vie' [sont] considérés presque comme synonymes... »* Ainsi s'exprime en 1882 le philosophe et naturaliste allemand Ludwig Büchner dans son ouvrage de vulgarisation intitulé *Licht und Leben. Drei allgemeinverständliche naturwissenschaftliche Vorträge* (*Lumière et Vie. Trois leçons populaires d'histoire naturelle*), enrichi des résultats scientifiques les plus récents de l'époque. La conservation de la matière et sa transformation par la chimie, ainsi que la conservation de l'énergie et sa transformation lors de processus physiques, sont alors au cœur des réflexions scientifiques et philosophiques ayant conduit à l'élimination de la notion mystérieuse de « force vitale » dont la génération spontanée était d'ailleurs une conséquence. Il est en particulier admis que la lumière est la source d'une énergie susceptible d'être transformée pour développer et maintenir la vie. C'est précisément la fonction de l'assimilation chlorophyllienne, qui sera appelée plus tard photosynthèse, de convertir l'énergie lumineuse en énergie chimique.

Dans la première moitié du XX^e siècle, les relations entre la lumière et la vie suscitent l'intérêt de nombreux scientifiques dans diverses disciplines relevant non seulement des sciences de la vie, mais aussi de la physique et de la chimie, disciplines en plein essor. Des biologistes américains ressentent alors la nécessité de faire le point des acquis, et à leur instigation se tient en 1960, à Baltimore aux États-Unis, un congrès pluridisciplinaire intitulé *Light and Life* ; il réunit des scientifiques que la postérité consacrera comme étant les plus grands noms dans leurs domaines respectifs. Qui devinerait que c'est le grand physicien danois Niels Bohr, l'un des pères de la mécanique quantique, qui ouvre le congrès ? Parmi les thèmes abordés, on relève la prépondérance de la part dévolue à la photosynthèse, mais aussi les phénomènes induits par la lumière dans les molécules d'intérêt biologique, l'émission de lumière par les êtres vivants (bioluminescence), et leurs diverses réponses à la lumière (phototropisme, photopériodisme, vision, etc.).

Or, depuis cette époque, les connaissances ont évolué à grand pas en raison des progrès en biologie moléculaire, en génétique, en photophysique et en photochimie, dans les techniques de détermination des structures, etc. Qu'en est-il aujourd'hui ?

Fascinés par les multiples interactions entre la lumière et le monde vivant, et stupéfiés par leur complexité, nous en avons approfondi les subtilités puis tenté, dans cet ouvrage, de les décrire et de les expliquer afin de faire partager notre émerveillement au plus grand nombre.

## Avis au lecteur

La vie est régie par des réactions biochimiques et par des phénomènes physicochimiques agencés de façon étonnante et souvent très complexe. Nous avons choisi d'en développer certains aspects dans des encadrés. Chacun pourra y trouver, s'il le souhaite, des précisions susceptibles de répondre à ses questions sur tel ou tel point. Cependant la lecture de ces encadrés n'est en aucun cas indispensable pour suivre le fil rouge de l'ouvrage : le cheminement de la lumière dans l'intimité du monde vivant. Bonne lecture !

## Prologue

# Que la lumière soit !

Depuis l'aube de l'humanité, l'Homme a le sentiment que la lumière venant du Soleil est essentielle à la vie. Aussi les civilisations anciennes ont-elles divinisé le Soleil. Les Sumériens, qui ont vécu en Mésopotamie 4 000 ans avant notre ère, le vénéraient sous le nom d'Utu. Chez les Égyptiens, ce dieu était Râ (ou Rê). Parmi eux, il se trouva un adorateur particulièrement fervent : le pharaon Aménophis IV, qui érigea le culte du Soleil en religion d'État au XIV$^{e}$ siècle avant notre ère. Comme ce pharaon appelait alors le Soleil « Aton », il prit le nom d'Akhénaton, ce qui signifie « Celui qui est agréable à Aton » (Figure 1). Voici l'extrait d'un hymne qu'il composa à sa gloire :

*« Tu apparais en beauté dans l'horizon du Ciel,*
*Disque vivant qui a inauguré la vie (...),*
*Ô Dieu unique qui n'a point un autre au-dessus de lui,*
*Tu as créé l'Univers selon ton cœur (...) »*

**1 Akhénaton et son épouse, Néfertiti, offrent des lotus au dieu Aton.** Le Soleil est représenté par un disque qui darde ses rayons bienfaisants vers la Terre. Ces derniers sont terminés par des petites mains tenant l'ânkh (ou croix ancée), symbole de vie. (Bas-relief du XIV$^{e}$ siècle avant notre ère. Musée du Caire).

La lumière du Soleil a-t-elle « inauguré » la vie, comme le croyaient les Égyptiens ? En d'autres termes, la lumière a-t-elle joué un rôle primordial dans l'apparition de la vie ? Cette interrogation relève de la question plus vaste des origines de la vie qui, elle-même, s'adresse tant à la philosophie qu'aux religions et à la science, engendrant maints débats. Chez les scientifiques, nombreuses sont les communautés concernées : les biologistes bien sûr, mais aussi les chimistes, les géologues, les paléontologues ; même les astrophysiciens et les astronomes sont intéressés, car notre planète n'est peut-être pas la seule à abriter la vie. L'espoir d'en découvrir des traces au sein du Système solaire a souvent motivé les missions spatiales. Le périmètre d'investigation s'est encore élargi avec la découverte, depuis une vingtaine d'années, de nombreuses planètes extérieures au Système solaire (les exoplanètes). Les médias, friands de ce type de sujet, relaient les hypothèses des scientifiques sur l'existence possible d'une vie extraterrestre.

## L'apparition des briques du vivant : de multiples scénarios

Comment la vie est-elle apparue sur Terre ? Avant que se forment les premières cellules vivantes, leurs constituants moléculaires ont dû être synthétisés. Ce sont les protéines (et donc les acides aminés qui les constituent), les acides nucléiques (acide désoxyribonucléique – ou ADN – et acide ribonucléique – ou ARN), les glucides, les lipides, etc. (voir glossaire). La façon dont ces molécules sont apparues sur Terre est loin d'être élucidée ; les hypothèses sont nombreuses et ne s'excluent pas. Bornons-nous à résumer quatre scénarios considérés comme les plus plausibles.

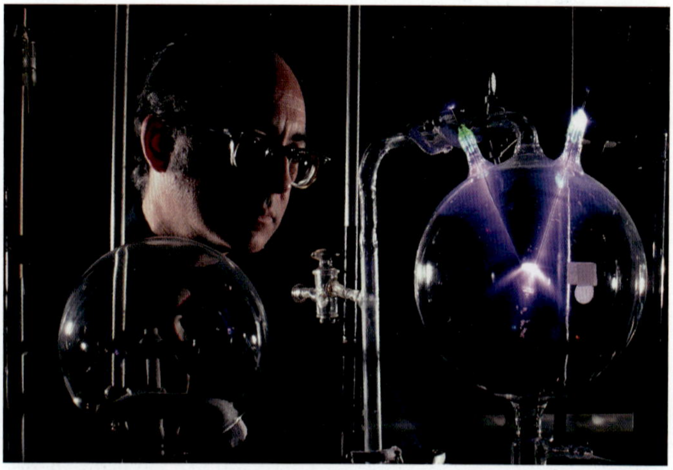

**2** **Stanley Miller** s'est rendu célèbre par ses expériences sur les origines de la vie, réalisées à partir de 1953. En recréant les conditions probables de la Terre primitive, il réussit à obtenir des acides aminés à partir d'un mélange de molécules simples soumis à des décharges électriques.

### *Scénario 1 : la marmite de soupe primitive irradiée*

L'atmosphère de la Terre primitive, riche des gaz provenant des éruptions volcaniques, était soumise à la foudre et au rayonnement ultraviolet (UV) venant du Soleil. Dans le premier scénario, elle aurait constitué un milieu propice au déroulement de réactions de synthèse des composés organiques. Leurs molécules, entraînées par la pluie, seraient tombées dans les océans, les lacs et les lagunes. Il se serait ainsi formé une soupe, dite « prébiotique », d'où auraient émergé les briques élémentaires du vivant : les acides aminés ainsi que les constituants des ADN et des ARN que sont les nucléotides. Les premiers à proposer ce scénario ont été le biochimiste russe Alexander Oparine et le biologiste anglais John Haldane dans les années 1920. Ils postulèrent que l'atmosphère terrestre était initialement constituée d'eau ($H_2O$), de méthane ($CH_4$), d'ammoniac ($NH_3$), de dihydrogène ($H_2$), de gaz carbonique ou dioxyde de carbone ($CO_2$) et de sulfure d'hydrogène ($H_2S$). Les principaux éléments constitutifs des êtres vivants, C, H, O, N, S, y étaient ainsi présents.
Aucune expérience n'avait été réalisée pour étayer ce scénario jusqu'à ce qu'un jeune doctorant américain, Stanley

Miller, entreprenne de tester l'hypothèse d'Oparine et Haldane dans les années 1950. Miller soumit un mélange de vapeur d'eau, de dihydrogène, de méthane et d'ammoniac à des décharges électriques simulant la foudre (Figure 2). Dans le mélange huileux ainsi obtenu, Miller détecta trois acides aminés. On imagine l'émoi des scientifiques et aussi du grand public ! Le mystère de l'apparition de la vie aurait-il enfin été dévoilé ?

Ces expériences firent l'objet de polémiques. Pourtant, elles n'avaient pas encore livré tous leurs résultats. Les échantillons avaient été soigneusement conservés ; en 2008, deux anciens étudiants de Miller ont entrepris d'analyser plus particulièrement ceux qui avaient été obtenus en présence de sulfure d'hydrogène et de dioxyde de carbone, composés libérés par les volcans. En mettant en œuvre des techniques d'analyse bien plus puissantes que celles dont avait disposé Miller, ils ont détecté 22 acides aminés (soit deux de plus que les 20 qui existent naturellement dans les protéines) ! Les émanations volcaniques auraient donc vraisemblablement joué un rôle important dans l'apparition des briques du vivant. D'autant que, en présence de sulfure d'hydrogène, des acides aminés soufrés apparaissent. Or le soufre est à la base de composés favorisant la liaison entre les acides aminés pour former de courtes chaînes (ou peptides), étape préalable à la formation de protéines.

Plusieurs années après les premières expériences de Miller, on comprendra que les molécules clés se formant dans l'atmosphère sont le cyanure d'hydrogène (HCN) et le formaldéhyde (HCHO). Dans la soupe primitive aqueuse, ces molécules auraient réagi pour produire des acides aminés.

Qu'en est-il des nucléotides ? Les sucres qu'ils contiennent (voir glossaire) peuvent être obtenus à partir du formaldéhyde en présence de craie ou de chaux, ce qu'avait montré le chimiste russe Alexander Butlerow en 1861. Il est également possible de former certaines bases azotées des acides nucléiques dans des conditions prébiotiques, comme l'a montré Juan Orò dans les années 1960. Ce chimiste espagnol a réalisé des expériences analogues à celles de Miller, en ajoutant cette fois-ci du cyanure d'hydrogène. Sous l'influence d'un rayonnement UV, il a obtenu, dans un premier temps, la base azotée adénine, une des bases de l'ADN. Cette base est particulièrement importante car elle intervient également dans le métabolisme des êtres vivants actuels. Par la suite, les autres bases de l'ADN ont été produites. Toutefois, personne n'a réussi à fabriquer un brin d'ADN.

Ce premier scénario pose une question de fond : comment l'assemblage des briques de la vie – aussi bien pour la formation de protéines que d'acides nucléiques – a-t-il pu s'effectuer ? Lorsqu'il se produit dans les organismes vivants actuels, à température modérée, cet assemblage nécessite la présence de catalyseurs hautement performants, les enzymes. En revanche, à haute température, les molécules sont décomposées ; et à température modérée, mais sans catalyseur, la réaction a des chances infimes de se produire. Se pose aussi la question du positionnement des molécules les unes par rapport aux autres car, comme chacun sait, l'ordre séquentiel des acides aminés dans les protéines est essentiel, tout comme l'ordre des nucléotides dans les acides nucléiques.

### *Scénario 2 : les argiles, pots catalytiques*

Et si des argiles avaient servi de creusets propices à la production des molécules prébiotiques et à leur assemblage ? Les argiles possèdent en effet une structure favorable au déroulement des réactions : elles sont constituées de feuillets d'aluminosilicates plus ou moins hydratés où les atomes sont arrangés en couches régulières. « Prises en sandwich » entre les feuillets, les molécules piégées sont maintenues en contact, ce qui facilite leurs réactions. Il a ainsi été montré au laboratoire que, d'une façon générale,

**3 Les sources hydrothermales,** au fond des océans, sont riches en constituants nécessaires à la formation des briques de la vie. Des eaux chaudes jaillissent au travers de cheminées appelées fumeurs ; certaines substances chimiques éjectées se solidifient au contact des eaux froides, ce qui confère à ces jaillissements l'aspect de fumées. On voit sur cette photo des capteurs acoustiques et thermiques en action.

les argiles favorisent l'assemblage de diverses molécules organiques. En particulier, les acides aminés s'y assemblent en peptides. Supposer l'intervention d'argiles résout ainsi certaines difficultés rencontrées dans le scénario précédent.

### *Scénario 3 : les sources hydrothermales, sources de vie*

Les sources hydrothermales sous-marines, découvertes en 1977, expulsent de l'eau à une température pouvant atteindre 350 °C, ce qui ne les empêche pas d'être foisonnantes de vie (Figure 3). Pourquoi n'auraient-elles pas offert un milieu favorable à l'apparition de la vie ? C'est l'hypothèse de ce troisième scénario. Les sources hydrothermales fournissent en effet tous les ingrédients nécessaires : l'hydrogène, l'azote, le monoxyde et le dioxyde de carbone, le sulfure d'hydrogène, le méthane, et l'eau évidemment. Une objection, qu'avait d'ailleurs émise Miller, vient immédiatement à l'esprit : comment les liaisons chimiques au sein des acides aminés resteraient-elles stables à la température élevée de l'eau, facteur *a priori* défavorable ? Des synthèses organiques ont cependant pu être effectuées au laboratoire avec des contraintes analogues à celles de l'environnement hydrothermal. En outre, les turbulences de l'eau au voisinage des sources sont susceptibles d'exposer les acides aminés, aussitôt après leur formation, à des températures basses. On a même observé que leur retour dans des zones de températures élevées favorise leur caténation (c'est-à-dire leur assemblage), car des chaînes contenant jusqu'à huit acides aminés ont été obtenues en faisant passer une solution de ces acides alternativement de 0 °C à 220 °C, sous pression. L'hypothèse que les sources hydrothermales aient été le berceau des constituants du vivant reste donc plausible.

**4 Fragment de la météorite de Murchison** tombée sur la Terre en 1969. Elle contient des acides aminés et des bases puriques et pyrimidiques. Un échantillon a été prélevé et broyé en vue d'effectuer des analyses.

## *Scénario 4 : la vie, odyssée de l'espace*

Le dernier scénario nous emmène dans l'espace. Les premières molécules biologiques s'y seraient formées, puis auraient été apportées sur Terre lors des fréquents bombardements de notre planète par des météorites, il y a 3,8 à 4 milliards d'années. L'analyse de plusieurs météorites vient à l'appui de ce scénario. En particulier, la météorite de Murchison (Figure 4) qui est tombée en Australie en 1969 contenait une multitude d'acides aminés ainsi que certaines bases puriques et pyrimidiques des acides nucléiques.

Comment ces composés se sont-ils formés dans l'espace ? Les rayons UV et les rayons cosmiques de basse énergie qui baignent le milieu interstellaire ont pu jouer un rôle important en amorçant les réactions chimiques, tout particulièrement dans les glaces interstellaires. Le manteau de glace qui entoure le cœur rocheux de ces dernières contient, outre de l'eau, des composés tels que le méthane, l'ammoniac et le monoxyde de carbone. Or, à partir de ces réactifs, des réactions photochimiques conduisent à des molécules organiques complexes, notamment celles de formamide et d'urée, précurseurs des bases pyridimiques existant dans l'ADN.

Évoquons à ce sujet des expériences décrites en 2012 et 2015 sur la transformation de glaces analogues à celles que l'on trouve dans les comètes et astéroïdes, lors d'une irradiation ultraviolette. Parmi les composés formés figurent des acides aminés et même diaminés, dont l'aminoéthylglycine qui pourrait être un des constituants majeurs de l'ancêtre de l'ADN terrestre : l'acide peptidique nucléique (APN). D'autres espèces apparentées aux sucres ont été aussi identifiées ; elles auraient pu, dans un environnement planétaire, être des précurseurs des ribonucléotides, eux-mêmes intermédiaires de la synthèse de l'ARN. Autant d'indices en faveur de l'hypothèse selon laquelle la matière organique nécessaire à la chimie prébiotique sur la Terre aurait été exogène.

On peut imaginer bien d'autres scénarios en combinant divers aspects des hypothèses émises ci-dessus. Aucun consensus ne se dégage, et personne ne peut répondre avec certitude aux questions : où, quand, comment les premières molécules de la vie sont-elles apparues ? Le saura-t-on un jour ?

Au terme de cette présentation, que conclure à propos de l'incidence de la lumière sur l'apparition des premières molécules biologiques ? Notons d'abord que c'est le rayonnement ultraviolet, plus énergétique que la lumière proprement dite (seul rayonnement visible par l'œil humain, voir glossaire), qui interviendrait, et dans deux scénarios seulement. En effet, le scénario 1 (irradiation d'une soupe primitive) et le scénario 4 (insémination par des météorites) lui font jouer un rôle majeur. De fait, l'énergie de ce rayonnement est telle qu'il peut rompre des liaisons entre atomes et amorcer ainsi certaines réactions chimiques produisant des molécules prébiotiques. *A contrario*, la rupture des liaisons engendre un effet délétère sur les organismes vivants en dégradant certaines macromolécules biologiques. Aussi serait-on tenté de privilégier les scénarios dans lesquels la matière organique primitive serait restée à l'abri des UV. Dans les interstices des argiles ? Ou bien dans l'eau à une profondeur supérieure à 10 m, là où les UV ne pénètrent plus ? Pourquoi pas au voisinage des sources hydrothermales, en absence de lumière et d'UV ? Bien des questions restent encore en suspens.

## Les premiers pas de la vie sous le Soleil

À quand remontent les premières traces de vie ? Répondre à cette question suppose de préciser, au préalable, les critères que doit satisfaire une entité pour être qualifiée de vivante :

- **posséder une membrane** qui protège du milieu extérieur tout en permettant des échanges d'énergie et de matière (c'est-à-dire être un système ouvert) ;
- **disposer d'un métabolisme** pour utiliser l'énergie venant de l'extérieur, et/ou produire de l'énergie à partir d'éléments nutritifs, en vue d'accomplir des fonctions vitales ;
- **être pourvue d'un matériel génétique** permettant la reproduction ainsi qu'une évolution adaptative à l'environnement.

Les plus anciennes entités répondant à cette définition sont les bactéries, organismes unicellulaires. Évoluant dans l'eau, elles sont considérées comme les premières espèces vivantes à avoir peuplé notre planète. Pour dater leur apparition de façon certaine, il faut en trouver des traces fossiles incontestables, remontant à la même époque que les roches qui les renferment. En outre, l'âge de ces roches ne doit pas être discutable. On comprend donc que ce sujet soulève des controverses entre les scientifiques, alimentées par l'évolution des méthodes d'analyse utilisées. Une convergence se dégage-t-elle néanmoins ?

Les roches qui offrent un terrain de choix pour rechercher les premières traces de vie sont d'origine sédimentaire et vieilles de 2,7 à 3,8 milliards d'années. Parmi elles, les stromatolithes tiennent une place importante. Ces édifices sont formés de couches successives (Figure 5) ; l'étude de leur édification, réalisée sur des spécimens récents, a mis en évidence le rôle crucial que jouent les cyanobactéries (Figure 6). D'une part, ces dernières constituent un véritable

**5 Les stromatolithes** sont des édifices calcaires en couches superposées, élaborés par les cyanobactéries. Sur cette coupe d'un stromatolithe fossile, on distingue des feuillets de 0,1 à 5 mm d'épaisseur. Les plus anciens stromatolithes dateraient de 3,5 milliards d'années mais on en trouve à tous les âges géologiques.

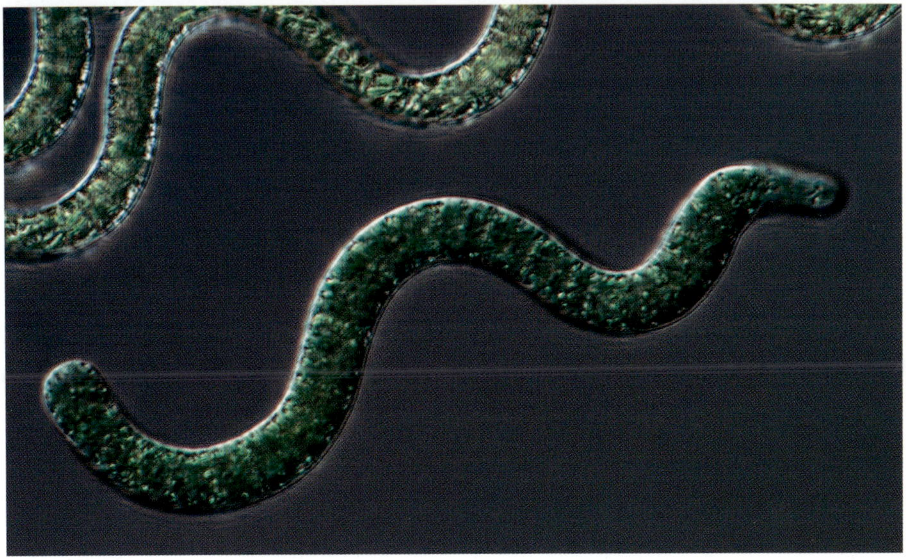

**6 Les cyanobactéries** comme celles observées ici sous microscope (*Spirulina platensis*) sont des bactéries photosynthétiques. Leur longueur est de quelques dizaines de micromètres, et leur largeur de 10 micromètres environ. La couleur verte est due à la présence de chlorophylles impliquées dans la photosynthèse, processus par lequel ces bactéries consomment du dioxyde de carbone et libèrent du dioxygène.

tapis bactérien qui piège les sédiments. D'autre part, elles sont dotées d'une activité photosynthétique (voir chapitre 1 p. 39). Cette propriété est capitale, car elles consomment le dioxyde de carbone présent dans l'air environnant, ce qui induit la précipitation du calcaire qui s'agglomère aux sédiments. Les bactéries, étouffées, meurent. Sur le substrat ainsi formé, il se dépose alors une nouvelle couche de bactéries vivantes, et l'histoire recommence. C'est ainsi que s'édifie la succession de croûtes solides minérales et de couches riches en fossiles, responsable de la structure laminaire évoquée plus haut. Si la transposition aux plus anciens stromatolithes connus, qui dateraient de 3,5 milliards d'années, est possible, leur construction résulterait de l'activité de micro-organismes proches des cyanobactéries. Ainsi, les premières traces de vie seraient apparues 1 milliard d'années après la formation de la Terre, puisque l'âge de celle-ci est évalué à 4,55 milliards d'années.

Reste à comprendre comment les modifications de l'atmosphère de notre planète ont ensuite conduit la Terre à s'adapter au rayonnement solaire et à devenir le berceau d'une vie complexe et diverse. En effet, lors de l'apparition des premières bactéries, la Terre était fortement irradiée par les UV : des conditions incompatibles avec le développement ultérieur d'une vie diversifiée telle que nous la connaissons, en particulier sur les continents. Il a fallu attendre qu'une couche d'ozone suffisante, absorbant les plus énergétiques de ces rayons, se constitue autour de notre planète, il y a 700 millions d'années, pour que la protection qui en a résulté engendre une spectaculaire accélération du développement de la vie entre 600 et 525 millions d'années. On doit la formation de l'ozone $O_3$ tant à l'accumulation du dioxygène $O_2$ dans l'atmosphère que, paradoxalement, à l'effet de ces mêmes UV sur le dioxygène.

Voyons comment cette couche d'ozone s'est formée. Le dioxygène, qui n'existait pas dans l'atmosphère primitive, a été progressivement libéré par l'activité photosynthétique des cyanobactéries (Figure 6). Il a d'abord servi à oxyder les éléments constituant la croûte terrestre (fer, silicium, etc.). Ce n'est qu'après ce processus d'oxydation que le dioxygène gazeux a commencé à enrichir l'atmosphère, il y a environ deux milliards d'années. Cependant, les molécules de dioxygène sont fragiles lorsqu'elles sont exposées aux UV, surtout aux plus énergétiques d'entre eux, de longueur d'onde inférieure à 290 nm environ. Ces derniers s'avèrent capables de dissocier la molécule $O_2$, engendrant des atomes libres d'oxygène ($O_2 \rightarrow O + O$) ; la recombinaison des atomes O avec les molécules de dioxygène produit l'ozone ($O + O_2 \rightarrow O_3$). Ce processus a conduit à l'accumulation progressive d'ozone, et à la formation de la couche protectrice, aujourd'hui présente dans la stratosphère autour de 20 à 25 km d'altitude. Chacun sait que son maintien autour de notre planète est un problème d'environnement global majeur.

Le rayonnement infrarouge constitue une autre composante importante du rayonnement solaire. Il est partiellement absorbé par l'atmosphère et la surface terrestre. Cette absorption engendre de la chaleur. L'atmosphère dite actuelle, de composition à peu près stable depuis 2 milliards d'années, exerce autour de la Terre un effet de serre en partie responsable de la température clémente qui y règne. La température moyenne de surface de notre planète est en effet de 15 °C. L'eau se trouve de ce fait essentiellement sous forme liquide, et non pas sous forme de glace ou de vapeur, ce qui est primordial pour la vie.

Au-delà de l'incidence, favorable ou non, du rayonnement solaire sur l'apparition des briques du vivant et le développement de la vie, le présent ouvrage est consacré aux multiples implications de la lumière dans le monde vivant. Évoquons les principaux thèmes qui y seront abordés.

**7 Certains oiseaux migrateurs** ne se servent pas du champ magnétique terrestre pour s'orienter mais de la lumière du Soleil.

## L'adaptation à la lumière pour la perpétuation de la vie

La vie s'est adaptée au rayonnement solaire, et elle en a tiré avantage de telle sorte que la lumière prend une part importante dans son maintien à la surface de la Terre, et ce de diverses façons.

### *La source d'énergie primordiale*

La lumière solaire parvenant à la surface terrestre constitue la source d'énergie offerte aux végétaux verts, algues et bactéries photosynthétiques pour accomplir la photosynthèse, c'est-à-dire la transformation de matière inorganique en leur propre matière organique (voir chapitre 1). Comme déjà mentionné pour les cyanobactéries, ce processus s'accompagne de la consommation de dioxyde de carbone et, dans la majorité des cas, de la libération de dioxygène. Ce gaz entretient, comme chacun sait, la respiration des êtres vivants.

La matière organique des végétaux, des algues et du phytoplancton est un aliment pour d'autres espèces. Les organismes photosynthétiques sont ainsi les premiers maillons de la chaîne alimentaire. La photosynthèse, et la consommation de la matière organique formée qui lui succède, participent au cycle du carbone. On ne peut ignorer l'intérêt de ce cycle dans le contexte actuel, car il est menacé d'un déséquilibre chronique par l'évolution des activités humaines depuis deux siècles.

### *La vie sous contrôle de la lumière du Soleil*

L'alternance journalière lumière-obscurité imposée par la rotation de la Terre a une influence considérable sur les êtres vivants, à commencer bien sûr par le cycle veille-sommeil des animaux... et des humains !

La durée de l'éclairement journalier, appelée *photopériode*, et sa variation au cours de l'année jouent également un rôle important. Chez les végétaux, la floraison, la chute des feuilles et la dormance des bourgeons sont contrôlées par la photopériode. Chez les animaux, la reproduction, l'hibernation, la mue, la migration, etc. sont également contrôlées par la photopériode. Ces rythmes sont assujettis à des horloges biologiques internes et la lumière synchronise ces horloges. Tous ces points seront décrits dans le chapitre 2.

Un autre aspect important du contrôle de la vie par la lumière solaire est le

**8 Coq de roche mâle.** Chez les oiseaux, il est courant que les mâles arborent des couleurs vives et variées pour séduire les femelles.

mouvement que cette dernière induit aussi bien sur les végétaux que sur les animaux qui possèdent toute une panoplie de photorécepteurs. Voici quelques exemples qui seront détaillés dans le chapitre 2.

- Bien des plantes se courbent vers la lumière au cours de leur croissance dans le but d'optimiser leur exposition à la lumière en vue d'un développement équilibré.
- Nombre de fleurs et de feuilles s'ouvrent et se ferment selon la luminosité.
- La lumière modifie la trajectoire ou la vitesse de certains micro-organismes. Elle peut aussi les attirer ou les faire fuir.
- Certains oiseaux migrateurs, tout comme certains papillons, se servent de la position du Soleil pour s'orienter (Figure 7). Comme la position du Soleil change au cours de la journée, le maintien d'un cap nécessite de connaître le temps qui s'est écoulé depuis le lever du Soleil. Pour cela, ces animaux doivent disposer d'une horloge interne qui fonctionne indépendamment du cycle solaire.

### *Voir et communiquer grâce à la lumière*

Voir est essentiel pour la survie de la plupart des animaux. Se nourrir et éviter d'être mangé est évidemment crucial. Or il faut voir pour reconnaître une proie et l'attaquer, ou bien repérer un prédateur et fuir.

La fonction visuelle des animaux s'est donc adaptée au mode de vie diurne ou nocturne, et au milieu terrestre, aquatique ou aérien dans lesquels ils vivent. C'est pourquoi il existe une extraordinaire diversité d'yeux qui seront décrits dans le chapitre 3. Ils diffèrent tout d'abord par leur principe de fonctionnement. On distingue deux grandes catégories : d'une part les yeux à facettes chez les insectes et certains animaux de petite taille, et d'autre part les yeux de type caméra chez tous les vertébrés. Les yeux diffèrent également par leur taille, leur nombre, leur disposition, l'acuité visuelle, le champ de vision, et la perception des couleurs. D'après les études menées sur les photorécepteurs des yeux, il est certain que la perception des couleurs par les animaux n'est pas la même selon les espèces et qu'elle diffère de la nôtre. Il est possible de préciser les domaines de longueurs d'onde dans lesquels les yeux sont sensibles, mais compte tenu du rôle que joue le cerveau dans la sensation colorée, nous ne saurons jamais exactement comment les animaux voient les couleurs.

Quel est le lien entre lumière, matière et couleurs ? Quelles fonctions ces dernières assurent-elles ? Ces questions seront abordées dans le chapitre 4. Si les divers mécanismes de la production des couleurs dans le monde vivant ont été élucidés par les physiciens et les chimistes, on est loin d'avoir cerné tous les rôles qu'elles peuvent jouer. Toutefois, il est certain qu'elles interviennent dans la communication. Ainsi peut-on qualifier les couleurs de séductrices, lors des parades nuptiales (Figure 8), d'attractives, lors de la pollinisation des fleurs, ou encore de trompeuses lorsqu'il s'agit de se camoufler, de leurrer un adversaire ou de l'intimider, sans oublier les couleurs destinées à dissuader les prédateurs. Certains animaux changent même de teinte à volonté, comme les caméléons et les poulpes.

La palette des couleurs du monde vivant s'élargit encore quand elle recourt à la fluorescence (voir chapitre 5). Cette émission de lumière est consécutive à une absorption d'énergie lumineuse. Lorsqu'elle se produit dans le domaine du visible, sa couleur se superpose à celle due à l'absorption de la lumière. La couleur résultante, particulièrement éclatante, est supposée renforcer l'attraction que certaines fleurs exercent sur les pollinisateurs. Plus certain est le rôle que la fluorescence joue chez certains animaux pour communiquer.

Enfin, divers animaux produisent leur propre lumière selon des mécanismes biochimiques. Cette émission de lumière, baptisée bioluminescence, est fascinante. Les lucioles et un grand nombre d'animaux marins s'en servent pour communiquer : séduire un partenaire, effrayer les prédateurs ou les leurrer, attirer des proies, et s'éclairer dans les ténèbres des abysses. Ces lumières vivantes feront l'objet du chapitre 6.

## S'inspirer de la Nature et agir sur le vivant par la lumière

L'implication de la lumière dans le monde vivant est pour l'Homme non seulement une source d'émerveillement, mais aussi une fabuleuse source d'inspiration. Les chercheurs tirent profit des relations entre lumière et Nature pour créer de nouveaux objets ou développer de nouveaux outils. Diverses illustrations seront présentées dans le chapitre 7. Par exemple, des LED (diodes électroluminescentes) ont été optimisées en s'inspirant de la structure de l'abdomen des lucioles... En outre, l'étude approfondie des modes d'émission de lumière dans le monde vivant (par fluorescence ou bioluminescence) a suscité l'élaboration de nouveaux outils d'investigation pour la biologie et la médecine.

Enfin, les interventions de l'Homme sur le monde animal au moyen de la lumière seront évoquées dans ce même chapitre. En particulier, un nouveau domaine de recherche, l'optogénétique, a été initié en 2005. L'objectif : contrôler le cerveau ou certains organes des animaux. Rien de moins ! Des chercheurs ont réussi à télécommander le mouvement de vers, de souris ou de mouches par la lumière. D'autres ont fait produire de l'insuline à des souris diabétiques en les exposant à la lumière bleue. On est également parvenu à supprimer les symptômes de la maladie de Parkinson dont étaient atteints ces rongeurs. Comment réaliser de tels exploits ? En sélectionnant des neurones spécifiques et en les rendant activables par la lumière. Facile à dire, très difficile à faire !

Il est maintenant temps de suivre les voies de la lumière jusque dans l'intimité des êtres vivants.

CHAPITRE 1

# Lumière sur la photosynthèse

*La Nature a résolu elle-même le problème de la capture de la lumière qui ruisselle sur la Terre et du stockage de la plus insaisissable de toutes les puissances…*

Julius von Mayer (1814-1878)

**Les plantes vertes accomplissent l'exploit de produire de la matière organique à partir de dioxyde de carbone et d'eau, avec l'aide de l'énergie lumineuse provenant du Soleil. Les glucides qu'elles fabriquent par ce processus, appelé photosynthèse végétale, servent à leur propre développement et procurent des aliments aux animaux qui, eux, sont incapables d'en produire. Cette photosynthèse libère également de l'oxygène, un constituant de l'atmosphère essentiel à la respiration des êtres vivants.**

◂ Forêt tropicale luxuriante inondée de Soleil… et d'eau.

Fonctionner à l'énergie solaire, c'est le propre des plantes vertes, comme chacun sait ; pourtant on a longtemps pensé qu'elles puisaient dans le sol tout ce qu'il leur fallait pour vivre. Cette croyance a pu demeurer bien que l'on ait démontré il y a plus de 200 ans que le gaz carbonique – ou dioxyde de carbone $CO_2$ – qu'une plante verte capte dans l'air est indispensable à son développement. À partir de ce gaz et d'eau, et grâce à la lumière, elle produit des glucides (sucres, amidon, cellulose) en même temps que de l'oxygène – plus précisément du dioxygène $O_2$ – est rejeté dans l'atmosphère. C'est pourquoi cette photosynthèse est qualifiée d'*oxygénique*.

## Pas seulement les plantes vertes

La photosynthèse est-elle l'apanage des seules plantes vertes ? Non, car on la rencontre également chez les algues et les bactéries. Les algues sont d'une très grande variété, depuis les microalgues, organismes unicellulaires, jusqu'aux algues de grande taille qui prennent non seulement une couleur verte (Figure 1), mais aussi brune ou rouge selon les espèces. Le mélange d'algues marines qui se déposent sur les côtes à marée basse forme le goémon. D'ailleurs, il ne faut pas se méprendre sur la toxicité des algues vertes qui ont fait les gros titres des journaux lors d'épisodes spectaculaires de prolifération. Le cheval mort en 2009 sur une plage des Côtes d'Armor a été en réalité asphyxié par le sulfure d'hydrogène résultant de leur putréfaction.

Quant aux bactéries photosynthétiques, elles comprennent les cyanobactéries qui fonctionnent comme les plantes vertes, et des bactéries pourpres ou vertes, siège d'une photosynthèse qui ne dégage pas d'oxygène, c'est-à-dire *anoxygénique* (voir p. 39). Au total, on a recensé plus de 400 000 organismes photosynthétiques au sens large du terme.

L'importance de la photosynthèse est considérable. La plupart des végétaux ainsi que les cyanobactéries sont les seuls artisans naturels de la production et du renouvellement de l'oxygène sur Terre. Leur disparition constituerait un scénario apocalyptique, puisque l'atmos-

**1** Les algues vertes prolifèrent parfois sur certaines plages, comme ici en Bretagne, en raison de la présence de nitrates issus de l'agriculture et acheminés par les fleuves jusqu'aux mers et océans.

## Une limace de mer qui fonctionne à l'énergie solaire

La limace de mer qui répond au doux nom d'élysie émeraude (*Elysia chlorotica*) vit le long de la côte atlantique des États-Unis. Elle est de couleur verte, car elle se nourrit presque exclusivement d'une algue verte, *Vaucheria litorea*. Comme cette algue n'est disponible que pendant une courte période dans l'année, ce gastéropode en stocke les chloroplastes, organites où se déroule la photosynthèse (voir p. 30). Il est alors lui-même capable de photosynthèse et survit ainsi sans se nourrir le reste de l'année. En 2008, les chercheurs ont en effet montré que cette élysie a définitivement intégré un gène de l'algue *V. litorea* essentiel à la photosynthèse[1]. Et avec le temps, cette charmante limace a pris la forme d'une feuille pour accroître sa surface exposée à la lumière solaire et ainsi en optimiser la capture!

D'autres espèces du genre *Elysia* se comportent de façon analogue, mais ce n'est pas la règle générale. La petite limace tachetée *Elysia timida*, par exemple, survit plusieurs mois dans l'obscurité, c'est-à-dire en l'absence de photosynthèse[2].

**2** La limace de mer *Elysia chlorotica* ressemble étonnamment à une feuille. Sa couleur vient des chloroplastes de son algue préférée qu'elle ingère, stocke et exploite pour accomplir la photosynthèse : ils contiennent en effet un pigment vert, la chlorophylle.

1. M. E. Rumpho *et al.* « Horizontal gene transfer of the algal nuclear gene psbO to the photosynthetic sea slug *Elysia chlorotica* » *PNAS* 105, 17867 (2008).
2. G. Christa *et al.* « Plastid-bearing sea slugs fix $CO_2$ in the light but do not require photosynthesis to survive » *Proc. R. Soc. B.* 281(1774) 20132493 (2014).

phère serait progressivement privée de dioxygène… En outre, c'est grâce à la photosynthèse que des éléments venant du monde minéral pénètrent dans les organismes vivants pour constituer leur matière organique : l'hydrogène de l'eau, ainsi que le carbone et l'oxygène du dioxyde de carbone. Pour cette raison, les organismes photosynthétiques sont dits *autotrophes*. Ce sont les premiers maillons de la chaîne alimentaire, servant de nourriture à d'autres êtres vivants, qui seront à leur tour les aliments d'autres espèces. À partir du deuxième maillon, les êtres doivent impérativement se nourrir de matière organique pour fabriquer la leur et en tirer l'énergie dont ils ont besoin ; ils sont qualifiés d'*hétérotrophes*.

Ainsi sont les animaux : ils ne fonctionnent pas à l'énergie solaire. Pensez-vous qu'il existe des exceptions ? Votre premier réflexe sera de répondre : non bien sûr ! Pourtant si, certaines limaces de mer du genre *Elysia*, des sortes de petites feuilles vertes rampantes à cornes minuscules, accomplissent cet exploit (voir encadré ci-dessus).

## Les glucides

Les glucides font partie des composés organiques constitués exclusivement de carbone, d'oxygène et d'hydrogène. Autrefois ils étaient appelés « hydrates de carbone », car il est possible d'écrire leur formule générale sous la forme $C_n(H_2O)_p$, indépendamment de leur structure effective. Le nom anglais est resté *carbohydrates*. La classification des glucides est assez compliquée et nous nous limiterons aux aspects les plus utiles dans le cadre de ce chapitre.

Les glucides les plus simples sont les oses ou monosaccharides, à savoir le glucose, le fructose (Figure 3) et le galactose. Des oses liés entre eux constituent les holosides : 2 oses pour les diholosides ou disaccharides (par exemple le saccharose), et de 10 jusqu'à 3000 pour les polyholosides ou polysaccharides (par exemple l'amidon, le glycogène et la cellulose, Figure 3).

Les oses et les diholosides possèdent un pouvoir sucrant et sont souvent dénommés « sucres simples », tandis que les polyholosides sont insipides et dénommés « sucres complexes ». Quand on emploie le terme « sucres », sans préciser, il s'agit de sucres simples.

L'amidon et le glycogène sont des polymères de glucose. L'amidon constitue la réserve en glucides des végétaux et le glycogène, celle des animaux, des bactéries et des champignons. L'amidon est constitué de 15 à 30 % d'amylose et de 70 à 85 % d'amylopectine. L'amylose, tout comme la cellulose, est formé de chaînes linéaires de molécules de glucose, tandis que les chaînes de l'amylopectine sont ramifiées (Figure 3).

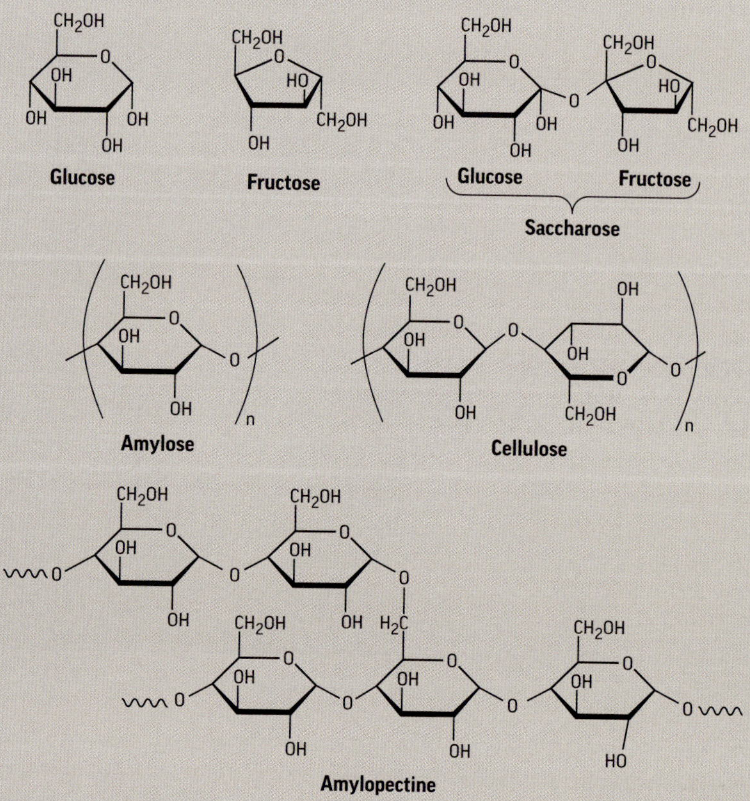


**3** Formules des glucides les plus courants.

## Les glucides, une source vitale d'énergie

Avant d'expliquer le mécanisme de la photosynthèse, il faut comprendre comment les organismes vivants utilisent les glucides comme aliments, car la photosynthèse est, comme nous le verrons, globalement fondée sur la transformation chimique inverse de la respiration qui consomme les glucides pour fournir de l'énergie.

Précisons tout d'abord ce que sont les glucides (voir leurs formules dans l'encadré ci-dessus). Certains d'entre eux vous sont familiers : le glucose bien sûr, présent dans les fruits, et le saccharose ou sucre de table, au pouvoir sucrant bien supérieur à celui du glucose. Citons aussi l'amidon que l'on trouve notamment dans le blé, le maïs, le riz, la pomme de terre, etc., ainsi que la cellulose qui constitue l'essentiel de la structure fibreuse des plantes (feuilles, tiges, racines) et représente plus de 50 % de la biomasse. Notons que nous sommes incapables de digérer la cellu-

lose au contraire des ruminants comme les bovins et les ovins : les bactéries qui peuplent leur système digestif la transforment pour la rendre assimilable.
Le saccharose est constitué de glucose lié à du fructose, tandis que l'amidon et la cellulose sont constitués d'un enchaînement de molécules de glucose (voir encadré ci-contre).
Lorsque des glucides sont utilisés par les organismes vivants à des fins alimentaires, la première étape de leur transformation consiste en leur conversion en sucres à six atomes de carbone, symbolisés par la formule $C_6H_{12}O_6$. Ces sucres sont impliqués dans le processus très général de la respiration cellulaire, qui fournit une grande quantité d'énergie par réaction avec le dioxygène. Cette transformation produit également du dioxyde de carbone et de l'eau, comme le fait apparaître son bilan simplifié (Figure 4) :

$$C_6H_{12}O_6 + 6\,O_2 \rightarrow 6\,CO_2 + 6\,H_2O + \text{énergie}$$

Ce bilan est similaire à celui de la combustion dans l'air du glucose, par exemple. La chaleur dégagée vous donne une idée de la grande quantité d'énergie libérée. Dans un organisme vivant, cette « combustion » nécessite un grand nombre d'étapes intermédiaires que nous ne détaillerons pas.
Penchons-nous maintenant sur la photosynthèse qui nous est la plus familière, celle des végétaux qui se déroule dans les chloroplastes, au sein des cellules végétales (voir p. 31). Son bilan simplifié est l'inverse de celui la combustion décrite ci-dessus, à savoir la synthèse de sucres à partir de dioxyde de carbone et d'eau, en utilisant la lumière comme source d'énergie (Figure 4) :

$$6\,CO_2 + 6\,H_2O \xrightarrow[\text{lumière}]{} C_6H_{12}O_6 + 6\,O_2$$

Ces sucres sont utilisés pour les besoins énergétiques immédiats de la plante. Pendant le jour, le surplus de sucres est transformé d'une part en glucides de réserve, tels que l'amidon, et d'autre part en cellulose qui, sous forme de fibres, sert à façonner la morphologie de la plante.
Là encore, la transformation nécessite de nombreuses étapes. Si vous exposez à la lumière du Soleil un mélange de dioxyde de carbone et de vapeur d'eau enfermé dans un récipient, il ne se passera rien, même si vous chauffez l'ensemble. Ces deux molécules figurent en effet parmi les plus stables et donc les moins réactives. Et pourtant, les végétaux réalisent quotidiennement leur transformation ! Comment la Nature réussit-elle cet exploit ?

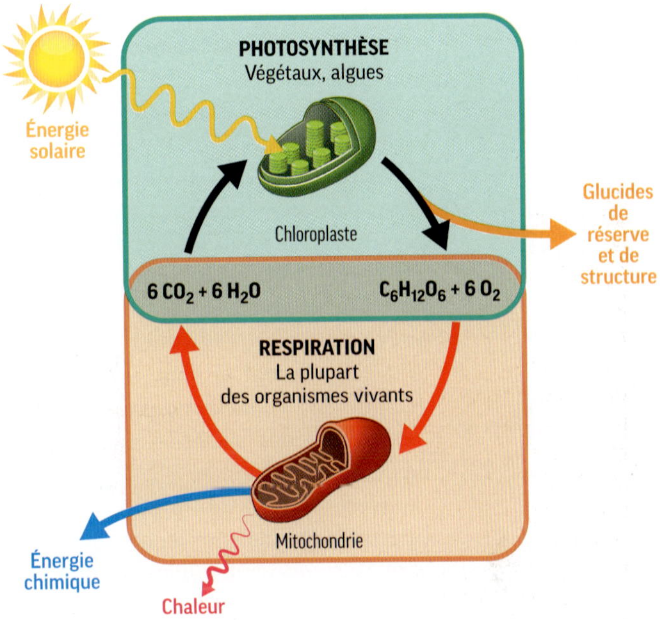


**4 La photosynthèse et la respiration cellulaire sont des processus globalement inverses.** La photosynthèse se déroule dans les chloroplastes et produit des sucres et du dioxygène. Quant à la respiration cellulaire, elle a lieu dans les mitochondries et consomme les sucres pour fournir de l'énergie dite chimique aux cellules, afin qu'elle puissent accomplir leurs fonctions vitales. La respiration cellulaire concerne non seulement les végétaux, mais aussi les animaux qui se nourrissent de ces derniers pour assurer des processus biologiques tels que les réactions de biosynthèse, la division cellulaire, la contraction musculaire, etc.

## Percer les secrets de la photosynthèse : une longue histoire

Depuis bientôt trois cents ans, les Hommes s'interrogent sur l'incroyable processus se déroulant au sein des plantes vertes et des algues exposées à la lumière. Du XVIII^e siècle jusqu'au début du XX^e, il a été établi progressivement qu'elles utilisaient l'énergie solaire pour transformer le gaz carbonique et l'eau en matière organique, et pour en extraire l'oxygène qui maintient la vie sur Terre ; et que cette transformation s'effectuait en présence de chlorophylle, un pigment vert.

Au début du XXe siècle, les études sur les organismes unicellulaires se sont multipliées, montrant en particulier que les bactéries pourpres et vertes ne dégageaient pas d'oxygène. Les interprétations se sont affrontées, et il a fallu attendre les années 1930 à 1940 pour que le microbiologiste américain Cornelis van Niel réunisse par le même concept la photosynthèse oxygénique des plantes vertes et celle, non oxygénique, des bactéries, en proposant une équation générale.

Ce n'est en fait qu'après la Seconde Guerre mondiale que le mécanisme de la photosynthèse commença à être compris : on élucida notamment le déroulement des différentes étapes, leur durée, et on explora la constitution des sites où se déroulent les réactions (les centres réactionnels). On pénétrait alors dans un abîme de complexité. Ce sont seulement les progrès conceptuels et expérimentaux du siècle dernier, et les évolutions techniques de ce début du XXIe siècle, qui ont permis et permettent encore de progresser dans la compréhension des phénomènes.

Relatons à présent quelques péripéties de cette aventure. Nombreux sont ceux qui s'y sont lancés, car la photosynthèse relève à la fois de la botanique et la bactériologie, de la biologie et la physiologie, de la chimie et la biochimie, de la physique et la biophysique... En outre, selon les époques et leurs préoccupations, les retombées espérées ont évolué, tantôt en médecine et en pharmacie, tantôt en agriculture et en agronomie, plus récemment en catalyse, dans les domaines de l'énergétique et des carburants, en écophysiologie, etc.

Afin de ne pas altérer le fil de l'histoire, il a été nécessaire d'évoquer certaines découvertes avant que leur explication précise n'ait encore été donnée. Le lecteur la découvrira par la suite.

### *Parce que la lumière provoquait des bulles, on alla au charbon...*

Plonger des feuilles fraîches et vertes dans l'eau d'un récipient au Soleil et voir leur face inférieure se couvrir de bulles qui disparaissent à l'obscurité : voilà l'expérience qui fut le point de départ des recherches sur l'*assimilation* par les plantes. Reproduite par plusieurs savants et amateurs éclairés du XVIIIe et du début du XIXe siècles, objet d'améliorations et de variantes, elle a fait progresser pas à pas l'interprétation du phénomène. Comme elle est spectaculaire et facile à reproduire chez soi, on la trouve proposée dans divers ouvrages de vulgarisation ou dans des dictionnaires jusque dans les années 1900 (Figure 5).

Le premier à en faire état et à observer le dégagement gazeux sur les feuilles est l'ecclésiastique genevois Charles Bonnet en 1754. Si ses conclusions ne sont pas encore décisives, les étapes suivantes le seront. Le pasteur anglais Joseph Priestley découvre dès 1771 qu'un air vicié par la combustion d'une chandelle ou par la respiration d'un animal peut être régénéré par des brins de menthe. Il identifie le gaz dégagé par ces végétaux comme étant de l'oxygène. Il observe également l'effet favorable de la lumière, sans toutefois en déduire une relation de cause à effet. C'est au médecin néerlandais Jan Ingen-Housz, préoccupé comme Priestley de la relation entre la qualité de l'air et la santé publique, de démontrer en 1779 que la lumière est l'élément déclenchant du phénomène. Parallèlement Jean Senebier, pasteur puis bibliothécaire à Genève, encouragé par Bonnet à mener des travaux en physiologie végétale, fait au même moment la relation entre l'acide carbonique absorbé par des feuilles immergées dans l'eau, et l'oxygène qu'elles dégagent à la lumière. Il pense même avoir montré que « *l'air fixe [$CO_2$], dissous dans l'eau, était la source de l'air pur que le Soleil soutire hors des feuilles exposées sous l'eau à son action* ».

La relation existe bien, mais le dioxygène $O_2$ qui se dégage ne provient pas de la décomposition du $CO_2$. Cette confusion perdurera cent cinquante ans.

Le gaz carbonique ou dioxyde de carbone est de fait le pivot historique des premières découvertes relatives à la photosynthèse. Habituellement gazeux, ce composé n'est présent dans l'air qu'en faible quantité : 0,04 % en volume dans l'air sec ; mais il est plus soluble dans l'eau que les autres constituants de l'air et, comme sa solution est modérément acide, Antoine-Laurent de Lavoisier, qui en réalise l'analyse en 1781, change son ancien nom d'*air fixe* en *acide carbonique* ou *acide de charbon*. Lavoisier établit également que le carbone est l'élément prédominant de la matière végétale.

Dans les années 1780-90, un tournant s'opère : la chimie nouvelle devient l'outil d'investigation de la physiologie végétale, comme le prouvent les méthodes expérimentales quantitatives et les raisonnements du chimiste et botaniste suisse Théodore de Saussure. Ce professeur à l'Université de Genève, qui affiche son objectif de perfectionner l'agriculture en améliorant les connaissances sur la nutrition des végétaux, confirme par ses travaux réalisés entre 1797 et 1804 que c'est le $CO_2$ qui fournit le carbone aux plantes vertes, et qu'il doit être mélangé à l'oxygène pour agir utilement. En outre il établit que les plantes doivent aussi s'approprier les éléments de l'eau pour fabriquer leur matière végétale. Or, s'il en est bien ainsi de l'élément hydrogène, l'avenir montrera que ce n'est pas exact pour l'oxygène.

Le bilan chimique est néanmoins en place. Anticipant sur l'écriture des réactions chimiques qui ne survient qu'en 1820, nous le schématiserons par :

$$\text{acide carbonique} + \text{eau} \xrightarrow{\text{lumière}} \text{matière végétale} + \text{oxygène}$$

Ce bilan est déjà compris comme étant l'inverse de celui de la respiration.

Au cours de la première moitié du XIX^e^ siècle, les apports viennent des progrès dans diverses techniques : en chimie analytique, avec les travaux de séparation du mélange vert obtenu à partir de feuilles par les pharmaciens et chimistes Pierre Joseph Pelletier et Joseph Bienaimé Caventou en 1817, et appelé par eux « chlorophylle » (du grec *phullon*, « feuille », et *khlôros*, « vert ») ; en spectroscopie, avec les expériences sur les radiations lumineuses du spectre visible les plus favorables à la photosynthèse ; en microscopie, avec la découverte d'amidon dans les grains de chlorophylle après exposition de feuilles à la lumière.

Mais la contribution conceptuelle la plus importante relève de la thermodynamique ; c'est une déduction théorique du chirurgien allemand Julius von Mayer en 1845 : « *Les plantes prennent une force, la lumière, et engendrent une force, l'énergie chimique* », le mot « force » devant ici être compris comme « énergie ». Autrement dit, il y a *conversion de l'énergie solaire en énergie chimique* lors de l'assimilation chlorophyllienne.

*Apparatus arranged to catch the O evolved from a sprig of leaves.*

**5 Jeune fille devant un appareil conçu pour collecter l'oxygène dégagé par un rameau de feuilles placé à la lumière** (Extrait de J. Dorman Steele, *Fourtheen weeks in chemistry*, Barnes & Company, New York, 1874, p. 99.)

Julius von Mayer (1814-1878)

Les concepts en place en cette moitié du XIX$^{e}$ siècle évolueront peu jusqu'à la fin de la Première Guerre mondiale. L'origine exacte du dioxygène rejeté est toujours ignorée, et *a fortiori* le mécanisme des processus mis en jeu. En 1889, dans le *Nouveau Dictionnaire de Chimie*, Émile Bouant résume ainsi l'état des connaissances sur l'*assimilation chlorophyllienne* par les plantes vertes : « *L'explication la plus simple consiste à admettre que l'acide carbonique a été décomposé dans le tissu, que le charbon est resté dans la plante et que l'oxygène a été rejeté à l'extérieur* ». Le terme assimilation chlorophyllienne sera par la suite remplacé par celui de photosynthèse (voir encadré ci-dessous).

### *L'oxygène que nous respirons ne serait-il qu'un déchet ?*

Dès 1888, les bactéries photosynthétiques pourpres ou vertes commencent à être étudiées. Organismes unicellulaires, elles représentent une simplification par rapport aux plantes. Mais les résultats sont différents de ceux obtenus avec les végétaux : il n'y a pas de dégagement d'oxygène (voir ci-dessus) et l'eau $H_2O$ n'est pas utilisée dans la réaction ; elle est par exemple remplacée par le sulfure d'hydrogène $H_2S$. En 1935 et 1941, Cornelis van Niel généralise alors le processus de photosynthèse et formule l'équation suivante :

$$CO_2 + 2\,H_2A \xrightarrow{\text{lumière}} \underset{\text{glucide}}{[CH_2O]} + H_2O + 2\,A$$

$H_2A$ représente toute espèce fournissant de l'hydrogène, c'est-à-dire réductrice selon l'ancienne théorie de l'oxydoréduction de Lavoisier. Elle est oxydée lors du processus. Notons qu'en 1930, le biophysicien français René Wurmser avait déjà imaginé que la photosynthèse était une oxydoréduction.

Cette hypothèse est confirmée en 1937, lorsque le biochimiste anglais Robert Hill réalise sa célèbre expérience *in vitro*. Des chloroplastes isolés, en suspension aqueuse, sont mis en présence d'un oxydant artificiel (benzoquinone ou oxalate ferrique), en l'absence de tout dioxyde de carbone. Hill note alors que

## De l'assimilation à la photosynthèse

Lorsqu'il fut compris que les plantes, à la lumière, s'appropriaient le gaz carbonique et l'eau afin de fabriquer leur matière végétale, on appela *assimilation* ce phénomène, mot déjà employé pour désigner l'anabolisme chez les animaux. Puis, quand on réalisa l'importance de la chlorophylle dans le processus, le qualificatif *chlorophyllienne* fut adjoint au substantif. Les termes *assimilation chlorophyllienne* ou *fonction chlorophyllienne* furent donc utilisés couramment, subsistant dans certains écrits jusqu'à la moitié du XX$^{e}$ siècle.

Conscient de la confusion qu'entraînait l'usage du même mot pour la nutrition des animaux comme des végétaux, le botaniste américain Charles Reid Barnes proposa en 1893 d'appeler « photosyntax », ou éventuellement « photosynthesis », « *la synthèse de composés carbonés complexes à partir d'acide carbonique en présence de chlorophylle, sous l'action de la lumière* ». Contrairement à la préférence de Barnes, l'usage retiendra le terme *photosynthesis*. Le mot français *photosynthèse* n'apparaîtra dans notre langue qu'en 1902 ; il faudra ensuite plusieurs dizaines d'années pour qu'il se substitue totalement à *assimilation* (ou *fonction*) *chlorophyllienne*.

En revanche, si le mot s'est installé, la définition de Barnes a posé un problème après la découverte des bactéries photosynthétiques qui utilisent comme source de carbone, non pas le $CO_2$, mais des composés organiques simples comme l'ion acétate ($CH_3COO^-$) par exemple. Cela conduisit certains scientifiques à vouloir reformuler la définition du mot photosynthèse. Retenons aujourd'hui celle du microbiologiste américain Howard Gest, qui suggère en 1993 : « *La photosynthèse consiste en une suite de processus par lesquels l'énergie électromagnétique est convertie en énergie chimique utilisée pour la biosynthèse des constituants des cellules vivantes ; un organisme est photosynthétique si la majeure fraction de l'énergie requise pour les synthèses cellulaires est fournie par la lumière* » (*traduction des auteurs*).

les chloroplastes libèrent du dioxygène à la lumière. Ce dernier, (i) résulte donc d'une oxydation et, (ii) ne peut pas provenir du $CO_2$ puisqu'il n'y en a pas.

La conclusion de cette histoire d'eau et d'oxygène est tirée en 1941, grâce à l'émergence des techniques de marquage isotopique. Samuel Ruben, Martin Kamen et leurs collaborateurs du *Berkeley Radiation Laboratory,* adoptant une algue unicellulaire du genre *Chlorella* (Figure 6) comme sujet d'expérience, « marquent » les molécules d'eau par l'isotope stable de l'oxygène $^{18}O$, et démontrent que les molécules $O_2$ formées le sont uniquement aux dépens de l'oxygène de l'eau. L'équation chimique de la photosynthèse oxygénique s'écrit donc bien :

$$CO_2 + 2\,H_2\mathbf{O} \xrightarrow{\text{lumière}} [CH_2O] + H_2O + \mathbf{O_2}$$

En terme de bilan, l'eau fournit l'hydrogène de la matière végétale, et la réaction rejette, tel un déchet, ses atomes d'oxygène car ils ne sont pas assimilés par l'espèce photosynthétique. Ils sont évacués sous forme du dioxygène ... que nous respirons !

### *Si c'est une affaire de système, mieux vaut en posséder deux*

Une oxydation est comprise aujourd'hui comme une libération d'électrons. Dans le cas de la photosynthèse oxygénique, la molécule $H_2O$, oxydée, se comporte en donneur d'électrons au début du processus qui, à son terme, conduit à la réduction du carbone de $CO_2$ et à la formation de glucides (voir encadré p. 34). Or, vers 1930, la machinerie conduisant de $H_2O$ et $CO_2$ aux sucres n'est encore qu'une boîte noire (ou verte... si l'on veut).

Il appartient aux années 1930-1960 de dévoiler la chaîne du transfert d'électrons mû par l'apport d'énergie lumineuse, et d'établir que la transformation de $CO_2$ en glucides a lieu selon un processus cyclique, sans intervention de lumière cette fois (le cycle de Calvin, voir p. 35). Les travaux de diverses équipes se conjuguent en s'appuyant sur les progrès de la biochimie et de la biologie, de la photophysique et de la photochimie, et en bénéficiant de techniques expérimentales innovantes. La richesse des avancées, mais aussi l'âpreté des controverses, confèrent à cette période le qualificatif de véritable âge d'or de la photosynthèse. Considérons, par exemple, la découverte progressive des deux photosystèmes qui sont le siège de l'absorption de lumière par les pigments et des transferts d'électrons en résultant. Parmi les pigments, les molécules de chlorophylle sont au cœur du problème. L'idée qu'elles s'associent en entités collectrices de lumière s'impose en 1932 à deux biophysiciens américains, Robert Emerson et William Arnold. À leur grande surprise, ils constatent en effet qu'au sein de la microalgue verte *Chlorella*, le rapport du nombre de molécules de chlorophylle au nombre de molécules de $O_2$ libérées à chaque fin de cycle, loin de valoir 1, est au moins de 2400. Puisque la libération d'une molécule de $O_2$ nécessite théoriquement l'absorption de 8 photons (voir p. 36), l'*unité photosynthétique* doit être composée d'environ 2400/8, soit 300 chlorophylles coopérant

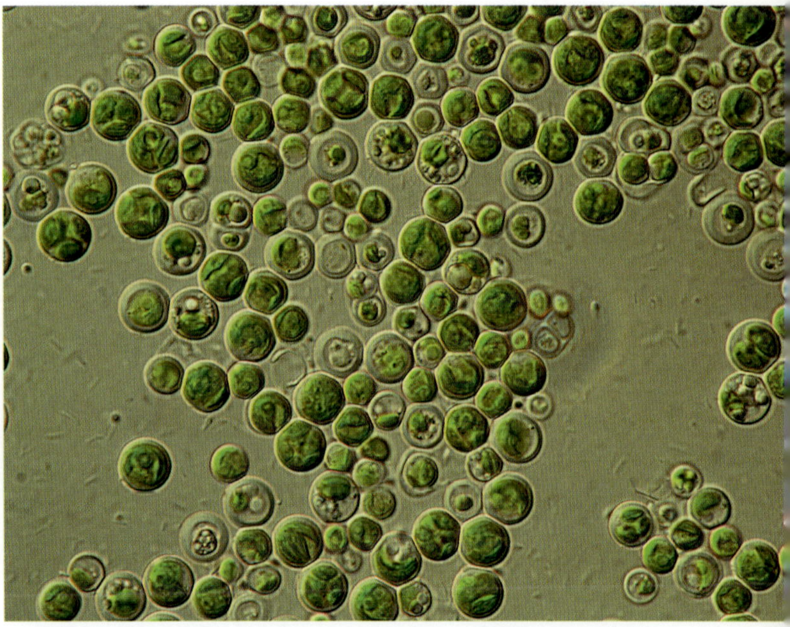

**G Vue au microscope de la microalgue *Chlorella vulgaris*, appartenant au genre *Chlorella* ou Chlorelle.** Sa taille est de quelques micromètres. Elle vit en eau douce dans les étangs et les lacs. Elle fut introduite comme sujet d'expérience vers 1920 par le biochimiste allemand Otto Heinrich Warburg, en raison de sa forte teneur en chlorophylle. Elle se révèlera un modèle expérimental exceptionnel. En raison de leur richesse en vitamines et acides gras essentiels, les chlorelles sont à la base de préparations vendues comme compléments alimentaires.

en antenne collectrice pour l'absorption d'un quantum de lumière, c'est-à-dire d'un photon. L'énergie est ensuite transférée à une entité plus réduite, le centre réactionnel, où se déroule le processus photochimique conduisant à la photosynthèse.

Le mécanisme du transfert de l'énergie d'excitation au centre réactionnel sera élucidé vingt plus tard par le biophysicien Louis N. M. Duysens dans sa thèse. Comme, en outre, les recherches de ce dernier ont porté sur les bactéries photosynthétiques, il apparaît que l'existence de pigments et de centres réactionnels est un dénominateur commun aux photosynthèses végétales et bactériennes.

Par ailleurs un certain nombre d'observations non compatibles avec l'hypothèse d'une seule unité photosynthétique commencent à être rapportées. L'une des plus connues est « l'effet Emerson » (1943) : en éclairant des Chlorelles simultanément à 700 nm et 650 nm, la photosynthèse s'avère plus efficace qu'en sommant les résultats obtenus indépendamment à chacune des longueurs d'onde. Dès lors, de 1945 où E. Rabinowitch discute déjà l'hypothèse de deux processus photochimiques distincts, à 1960 où R. Hill et Fay Bendall analysent les transferts d'électrons selon un schéma où la lumière agit à deux reprises, les anomalies non explicables par un acte photochimique unique s'accumulent. Enfin L. Duysens démontre en 1961 que la photosynthèse oxygénique fonctionne bien à l'aide de deux *photosystèmes* qu'il baptise I et II, opérant en série et fonctionnant en synergie. Nombre des protagonistes de cette époque ont le sentiment d'entrer dans une nouvelle ère.

Quant aux premières déterminations de la structure de centres réactionnels de photosystèmes, elles datent des années 1982-87 et furent réalisées par cristallographie de rayons X avec une résolution de 0,23 nm par Johann Deisenhofer, Hartmut Michel *et al.* De nos jours, c'est la dynamique même des processus qui peut être explorée, grâce à des méthodes cristallographiques résolues en temps (voir p. 36).

L'aventure continue et elle s'enrichit aujourd'hui des techniques de la biologie moléculaire. L'histoire est loin d'être terminée...

## L'ubiquité des chlorophylles

Qu'il s'agisse de plantes, d'algues ou de bactéries, tous les organismes capables de photosynthèse contiennent des chlorophylles. Ces pigments jouent un rôle essentiel à la fois pour capter la lumière et pour déclencher les réactions chimiques de synthèse.

Les chlorophylles des végétaux absorbent la lumière du Soleil aux longueurs d'onde inférieures à 700 nm. L'efficacité d'absorption est toutefois faible aux alentours de 530 nm (voir encadré ci-contre) et à ces longueurs d'onde, la lumière est donc renvoyée par réflexion diffuse (c'est-à-dire dans toutes les directions) jusqu'à nos yeux, ce qui nous procure une sensation générale de vert. Les diverses nuances de vert observées résultent de la présence de plusieurs sortes de chlorophylles et de celle d'autres pigments, comme par exemple les caroténoïdes et les flavonoïdes (voir les encadrés p. 117 et p. 118), qui contribuent un peu à la couleur. Si les feuilles des arbres prennent des teintes jaune, orangé et rouge à l'automne (voir chapitre 4), c'est parce que, en cette saison, la modification des processus biochimiques dont les feuilles sont le siège conduit à une diminution de la quantité de chlorophylles, ce qui rend visibles les autres pigments. D'autres couleurs que le vert sont également observées chez les algues : des pigments spécifiques leur confèrent en effet une couleur brune ou rouge (voir p. 38).

Les chlorophylles existent sous diverses formes. Les principales sont dénommées *a*, *b*, *c* et *d*. Les plus répandues sont les

## L'absorption de la lumière par les chlorophylles

Les molécules de chlorophylles possèdent une partie cyclique, appelée noyau porphyrine, comportant en son centre un ion magnésium (Figure 7). Cet ensemble est l'entité qui absorbe la lumière et qui confère la couleur. Sur le noyau est greffée une longue chaîne hydrophobe – c'est-à-dire qu'elle repousse l'eau. Les chlorophylles sont donc insolubles en milieu aqueux. Elles ne résident pas dans le milieu cellulaire, mais sont associées aux protéines des membranes. Les chlorophylles existent principalement sous deux formes, notées *a* et *b* (Figure 7).

Les spectres d'absorption des chlorophylles *a* et *b* sont représentés Figure 8. Le spectre d'absorption d'une substance traduit l'efficacité avec laquelle celle-ci absorbe la lumière en fonction de la longueur d'onde, et explique donc la couleur observée. La chlorophylle *a*, la plus abondante, absorbe efficacement la lumière dans le violet, le rouge et l'orangé, un peu dans le jaune, et presque pas dans le bleu et le vert. Le spectre de la chlorophylle *b* est légèrement différent : la molécule absorbe la lumière dans le bleu, contrairement à la chlorophylle *a*.

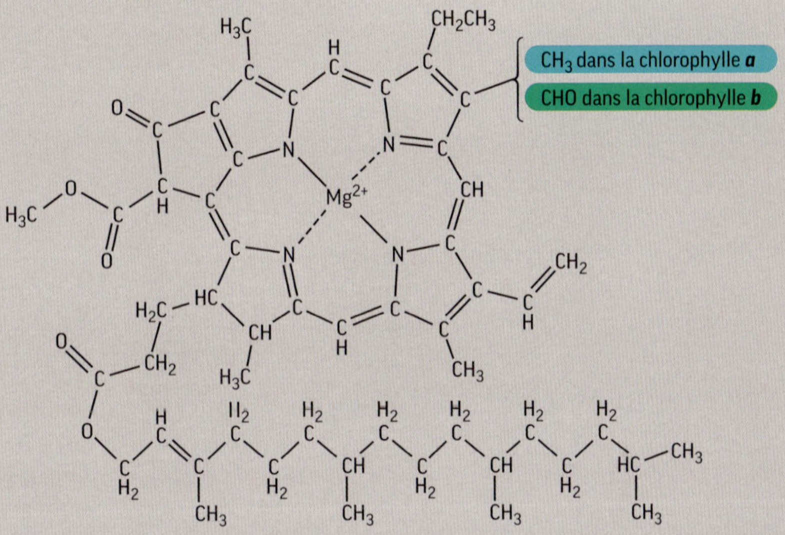


**7 Formule des chlorophylles *a* et *b*.** Un ion $Mg^{2+}$ est inséré au centre d'un noyau de type porphyrine. De tels cycles incluant un ion métallique se retrouvent dans d'autres molécules du monde vivant.

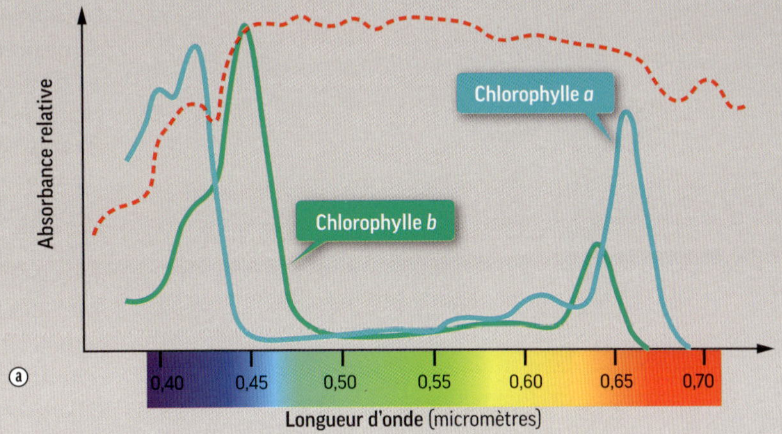


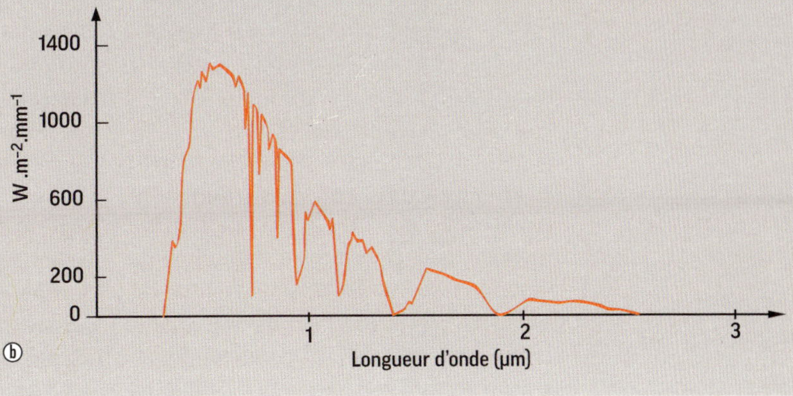


**8 a. Spectres d'absorption des chlorophylles *a* et *b*.** L'absorption est très faible dans le domaine du vert et du bleu pour la chlorophylle *a*, et du vert pour la chlorophylle *b*. La courbe en tirets rouges reflète l'intensité relative de la lumière du Soleil au niveau du sol.
**b. Spectre solaire complet** au niveau du sol après traversée de l'atmosphère (maximum vers 0,5 µm).

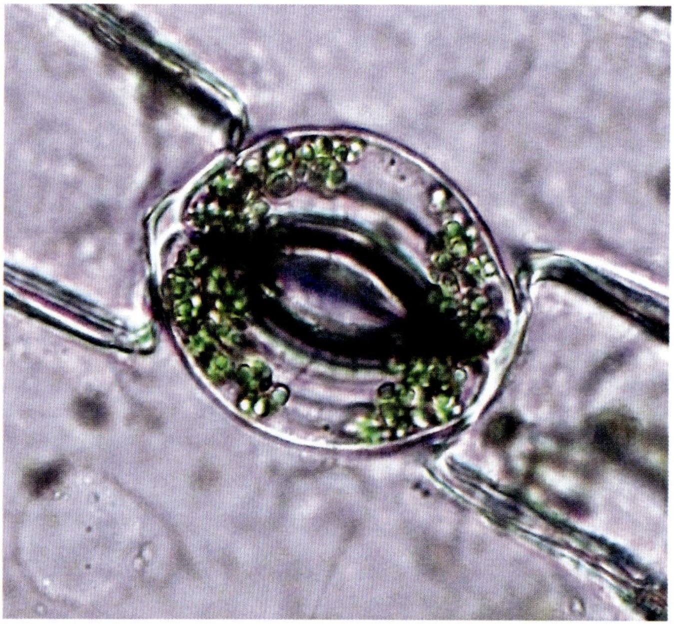

**9 Stomate d'épiderme inférieur d'une feuille verte** observé au microscope. Il contient un orifice qui permet de réguler les échanges gazeux avec l'atmosphère. Les stomates mesurent de 5 à 40 micromètres, et leur densité varie couramment de 20 à 400 par mm$^2$.

chlorophylles *a* et *b* (voir encadré p. 29). Tous les organismes photosynthétiques sont pourvus de chlorophylle *a*, à l'exception des bactéries vertes et pourpres qui, elles, contiennent des chlorophylles spécifiques (les bactériochlorophylles). Dans les plantes vertes et les algues vertes, on trouve la chlorophylle *b* en plus de la chlorophylle *a*. Les algues brunes comportent, quant à elles, de la chlorophylle *c* associée à la chlorophylle *a* (voir p. 38). Enfin, certaines cyanobactéries contiennent de la chlorophylle *d*.
Les chlorophylles absorbent peu dans le vert alors que c'est dans ce domaine de longueurs d'onde que l'intensité de la lumière solaire est maximale (voir Figure 8). L'absorption de la lumière n'est donc pas optimisée, ce qui paraît surprenant. Certains estiment que les chlorophylles seraient dégradées si elles absorbaient avec une trop grande efficacité la lumière verte venant du Soleil. En tout cas, dans une forêt, cela permet aux feuilles les plus hautes des arbres de laisser passer suffisamment de lumière pour que les plantes et arbustes du sous-bois bénéficient de l'éclairement nécessaire à leur développement. D'ailleurs, chez certaines plantes d'ombre, la capture de lumière est favorisée par la taille de l'antenne collectrice (c'est-à-dire le nombre total de chlorophylles) et par une proportion plus élevée de chlorophylle *b*, qui absorbe davantage la lumière solaire que la chlorophylle *a* (voir p. 29).

## Zoom sur une feuille verte

Continuons avec les végétaux terrestres (nous reviendrons plus loin sur les algues et les bactéries) et examinons une feuille verte sous toutes les coutures. On distingue à l'œil nu les nervures qui sont à la sève ce que les vaisseaux sont au sang des animaux : elles constituent un réseau vasculaire qui conduit l'eau absorbée par les racines jusqu'aux feuilles. Ces nervures transportent également les glucides vers les zones de la plante qui n'effectuent pas de photosynthèse, y compris les racines.
Observons maintenant la face inférieure d'une feuille au microscope. On repère en très grand nombre des pores microscopiques appelés *stomates* (du grec *stoma*, « bouche ») : leurs orifices s'ouvrent et se ferment sous le contrôle de la plante. L'ouverture est indispensable pour permettre des échanges gazeux avec l'air environnant, donc en particulier l'entrée et/ou la sortie de dioxyde de carbone et d'oxygène, ainsi que l'évacuation de vapeur d'eau (Figure 9). L'évaporation d'eau est nécessaire à la montée de la sève, mais elle fait courir un risque de déshydratation à la plante. La fermeture de l'orifice limite l'éventualité d'un dessèchement.
L'examen au microscope d'une feuille en coupe est riche d'informations (Figure 10). Les *cellules palissadiques* du parenchyme renferment les *chloroplastes* où s'effectue la photosynthèse fournissant à la plante les glucides dont elle a besoin (Figure 11). Les pigments qu'ils contiennent sont associés à des protéines et situés dans les membranes des *thylacoïdes* (du grec *thulakos*, « sac »),

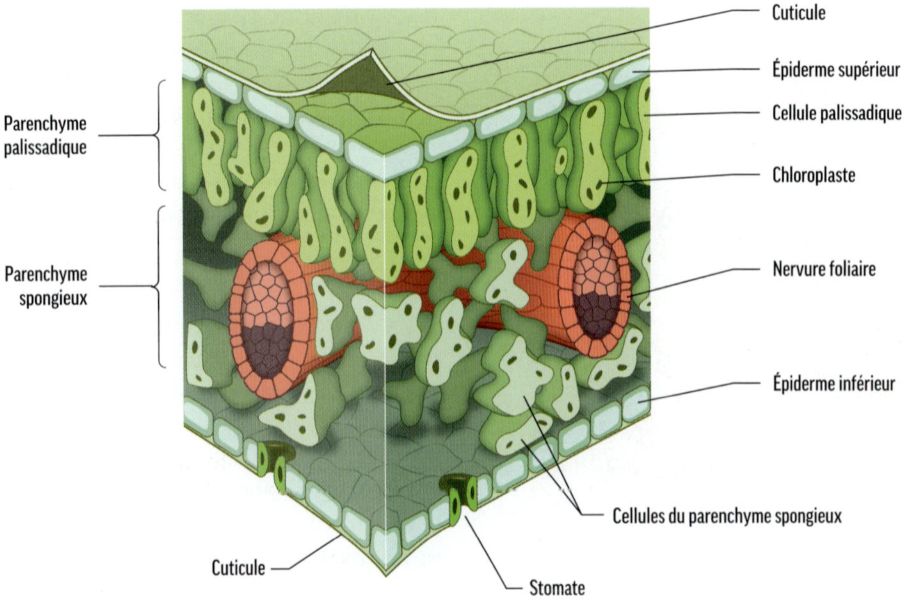


**10 Vue en coupe d'une feuille de plante dicotylédone.** Entre les épidermes supérieur et inférieur se situe le parenchyme, qui comporte deux parties : le parenchyme palissadique, où s'effectue la photosynthèse, et le parenchyme spongieux où se situent les nervures foliaires.

sortes de sacs aplatis, empilés les uns sur les autres. Une feuille contient plus de 100 000 chloroplastes par millimètre carré.

## Les voies de la lumière sont pénétrables

La lumière solaire fournit une énergie abondante mais très dispersée. Grâce à leur forme plane qui maximise la surface exposée à la lumière, les feuilles des plantes en interceptent autant que possible. De plus, beaucoup de plantes ont la faculté de se tourner vers la lumière (voir chapitre 2).

Nous avons précisé ci-dessus que ce sont les pigments des chloroplastes qui absorbent la lumière solaire. Pour rendre cette absorption plus efficace, les pigments (non seulement les chlorophylles *a* et *b* mais aussi des caroténoïdes) sont rassemblés en « antennes collectrices ». À l'instar des antennes de télévision ou de radar, ces dernières captent des ondes électromagnétiques, ici la lumière, et transfèrent l'énergie captée jusqu'en des lieux où celle-ci sera exploitée. Ces lieux sont les centres réactionnels, qui contiennent également des chlorophylles.

Voyons maintenant comment s'effectue le transfert de l'énergie au sein des antennes collectrices. Lorsqu'une molécule de pigment absorbe de la lumière, et plus précisément absorbe un photon, elle passe dans un état dit « excité » dont l'énergie est supérieure à celle de son état normal, appelé « état fondamental ». La molécule perd ensuite son surplus d'énergie, qu'on appelle « énergie d'excitation », pour revenir à l'état fondamental.

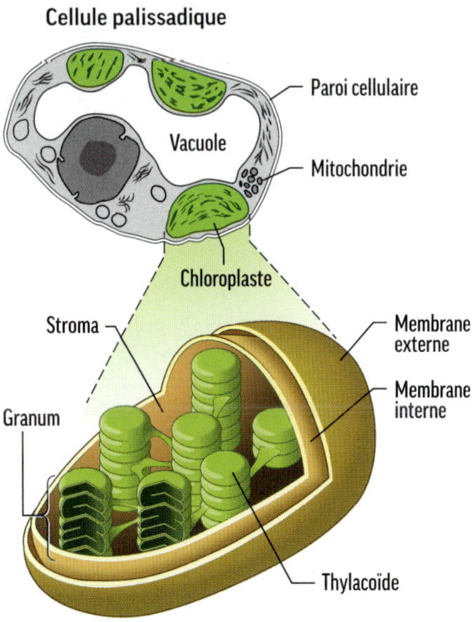


**11 La photosynthèse se produit dans les chloroplastes** situés à la périphérie des cellules palissadiques. Les chloroplastes comportent deux parties importantes jouant chacune un rôle particulier pendant la photosynthèse : d'une part le *stroma*, liquide interne, et d'autre part les *thylacoïdes*, structures constituées de membranes en forme de sacs aplatis empilés les uns sur les autres.

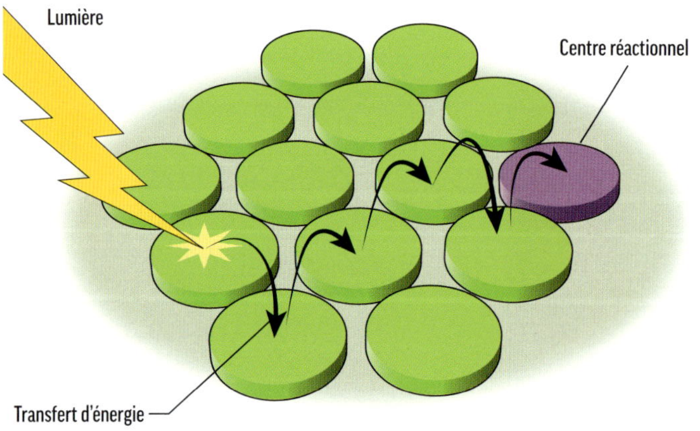


**12 Dans une antenne collectrice** de la membrane d'un thylacoïde (voir Figure 11), l'absorption d'un photon par une molécule de pigment procure à ce dernier un surplus d'énergie, appelé énergie d'excitation. Celle-ci est transférée à une voisine, et ainsi de suite, jusqu'à ce qu'elle soit piégée par le centre réactionnel.

Plusieurs voies sont possibles. La molécule peut céder de la chaleur au milieu environnant. Le retour peut aussi se produire par émission d'un photon (c'est le phénomène de fluorescence : voir chapitre 5). La molécule peut également transférer son énergie d'excitation à une autre située à proximité. Il existe encore d'autres voies de désexcitation, par exemple initiées par un transfert d'électron ou un transfert de proton.

C'est le processus de transfert d'énergie qui est prédominant dans une antenne collectrice. En effet, la distance entre pigments étant très courte, ce transfert est très rapide : il s'effectue en moins d'une picoseconde ($10^{-12}$ s, soit un millionième de millionième de seconde) ! Comme cette durée est beaucoup plus courte que celles des autres voies de désexcitation, le transfert d'énergie est le processus le plus probable. Ainsi, l'énergie d'excitation se propage de pigment en pigment par sauts aléatoires, jusqu'à ce qu'elle soit piégée par un centre réactionnel (Figure 12).

## Des réactions en cascade pour fabriquer des sucres

Dans les membranes des thylacoïdes, une antenne collectrice est associée à un centre réactionnel au sein de protéines, et l'ensemble constitue un complexe dont il existe deux types dans le cas de la photosynthèse oxygénique : le photosystème I (noté PS I) et le photosystème II (PS II), dont la découverte a été évoquée précédemment (p. 28). Comment ces deux photosystèmes fonctionnent-ils ?

### *Des chemins détournés pour parvenir à synthétiser des sucres*

C'est d'abord au sein du centre réactionnel du PS II qu'une cascade de réactions s'amorce, grâce à l'énergie piégée consécutivement à l'absorption d'un photon. Au départ de ce processus, deux molécules d'eau sont impliquées : elles subissent une oxydation conduisant au dégagement d'une molécule de dioxygène (voir p. 35). Bien d'autres réactions se produisent, et la cascade se poursuit dans le PS I via le centre réactionnel de ce dernier qui, lui aussi, reçoit de l'énergie résultant de l'absorption d'un photon (Figure 13). Un résultat de tous ces processus est de régénérer deux composés intermédiaires : l'ATP (adénosine triphosphate) et le NADPH (nicotinamide adénine dinucléotide phosphate). Voyons pourquoi ils sont essentiels.

La formation d'ATP au cours de la photosynthèse n'est pas surprenante : c'est le moyen habituel qu'emploient les organismes vivants pour mettre de l'énergie en réserve. En effet, l'hydrolyse de l'ATP libère une grande quantité d'énergie ainsi disponible pour diverses fonctions qui ne pourraient s'accomplir sans cet apport. Ici, l'ATP est impliqué dans le cycle de Calvin qui « exploite » le dioxyde de carbone $CO_2$ pour produire des sucres (voir Figure 13 et encadré p. 34). Quant au NADPH, c'est un agent réducteur universel au sein des cellules végétales et animales. Ce composé, qui est l'aboutissement de la cascade de réactions se produisant dans le PS I, est aussi impliqué dans le cycle de Calvin, en tant que réducteur d'atomes de carbone. Ces deux composés, ATP et NADPH, sont ainsi indispensables au déroulement de nombreuses réactions biochimiques qui aboutissent *in fine* à la production de sucres.

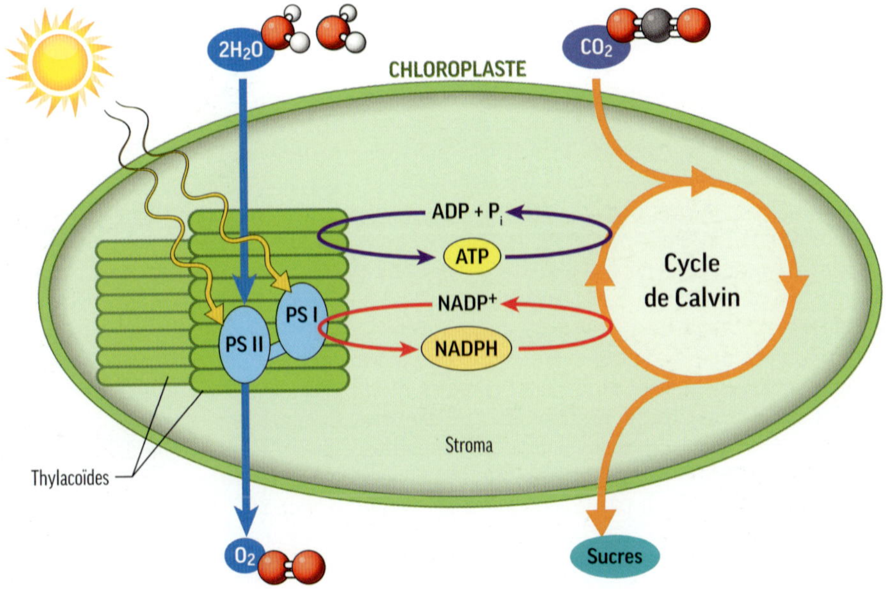


**13** **Schéma global de la photosynthèse** réalisée dans un chloroplaste (voir texte). ADP (adénosine diphosphate) et $P_i$ (ion hydrogénophosphate) sont les produits d'hydrolyse de l'ATP. $NADP^+$ est la forme oxydée de NADPH.

### *La séparation de charges, étape clé de la photosynthèse*

Un zoom sur les centres réactionnels révèle qu'ils possèdent, dans un support protéique, des chlorophylles *a* et des caroténoïdes mais aucune chlorophylle *b*. Deux des chlorophylles *a* forment une paire spéciale, désignée par P, qui, lorsqu'elle reçoit de l'énergie venant de l'antenne, passe dans un état excité noté P*. Elle n'a pas la possibilité de transférer son énergie d'excitation comme dans une antenne, car il n'y a pas, à proximité, de molécule susceptible de recevoir cette énergie pour être portée à son tour à l'état excité. Alors, que devient cette énergie ? C'est là qu'intervient une propriété tout à fait essentielle de la paire P sans laquelle la photosynthèse ne pourrait avoir lieu : à l'état excité, elle possède un très fort pouvoir réducteur, c'est-à-dire une aptitude à céder très facilement un électron à une autre molécule située en son voisinage. De fait, P* se désexcite en cédant un électron $e^-$ à une molécule voisine A qui se comporte comme un accepteur d'électrons. A se charge alors négativement (devenant $A^-$), et transmet à son tour un électron à une chaîne de transporteurs jusqu'à un accepteur final. À l'état fondamental où elle est revenue, la paire P, dépouillée d'un électron, est alors sous forme $P^+$ ; une séparation de charges électriques a donc eu lieu. Cet évènement induit par la lumière est l'étape clé de la photosynthèse et a fait l'objet de très nombreux travaux par les photobiologistes et les photochimistes.

Il est important que la séparation de charges se fasse en un temps beaucoup plus court que la durée de vie de l'état excité de la chlorophylle *a*, qui est de quelques nanosecondes (1 nanoseconde = $10^{-9}$ s, soit 1 milliardième de seconde), afin de ne pas entrer en compétition avec la désexcitation de la paire sous forme neutre P. C'est en effet la condition pour que les photons absorbés conduisant à l'excitation de la paire P (par suite des transferts d'énergie successifs) provoquent des séparations de charge avec un bon rendement. Le transfert d'électron est d'autant plus rapide que la distance entre la paire P et l'accepteur d'électron A est courte. La théorie, confirmée par l'expérience, montre que cette distance ne doit pas dépasser quelques dixièmes de nanomètres pour que le transfert se fasse à l'échelle de la picoseconde. Dans ces conditions, le rendement du phénomène est supérieur à 95 % ce qui montre que

## Les secrets de la formation de sucres

Comment l'oxydation de l'eau et la réduction du dioxyde de carbone conduisent-elles à la synthèse des sucres ? En 1941, les scientifiques ont montré que le dioxygène formé lors de la photosynthèse provient de l'eau, et non pas du dioxyde de carbone (voir p. 27). On a donc affaire à une oxydation des atomes d'oxygène de l'eau. En terme de bilan, le nombre d'électrons perdus par l'eau est égal au nombre d'électrons captés par le dioxyde de carbone lors de sa réduction.

Oxydation :

$$2\,H_2O \rightarrow O_2 + 4\,H^+ + 4\,e^-$$

Réduction :

$$CO_2 + 4\,H^+ + 4\,e^- \rightarrow [CH_2O] + H_2O$$

Le bilan global est donc :

$$CO_2 + 2\,H_2O \rightarrow [CH_2O] + O_2 + H_2O$$

où $[CH_2O]$ représente une fraction de molécule de sucre.

Ces réactions sont défavorables du point de vue de la thermodynamique, et c'est l'apport d'énergie que procure la lumière qui les rend possibles. Ce qui est capital dans l'oxydation de l'eau, ce n'est pas le dégagement de dioxygène (qui n'est finalement qu'un « déchet » de la photosynthèse, voir p. 26 !), mais la production de quatre protons $H^+$ et de quatre électrons $e^-$. Ces derniers sont captés à quatre reprises par les paires spéciales du centre réactionnel du PS II lorsqu'elles sont sous forme $P^+$. Quant aux protons, ils participent à la création d'une différence de concentration en protons de part et d'autre de la membrane thylacoïdale. Une telle différence représente une source d'énergie utilisée par une enzyme, l'ATP-synthase, pour produire de l'ATP à partir d'ADP et d'ions hydrogénophosphate ($P_i$).

Par ailleurs, l'énergie lumineuse est mise à profit dans le PS I pour induire une séparation de charges et une cascade de réactions aboutissant au NADPH.

L'ATP est un réservoir d'énergie libérable par hydrolyse et le NADPH possède un pouvoir réducteur (Figure 14). Ces propriétés sont mises à profit dans la transformation de dioxyde de carbone en sucres via le cycle de Calvin (Figure 15).

Ce cycle doit son nom à l'Américain Melvin Calvin qui a obtenu le prix Nobel de chimie en 1961, après avoir élucidé la fixation du carbone par les plantes. En collaboration avec

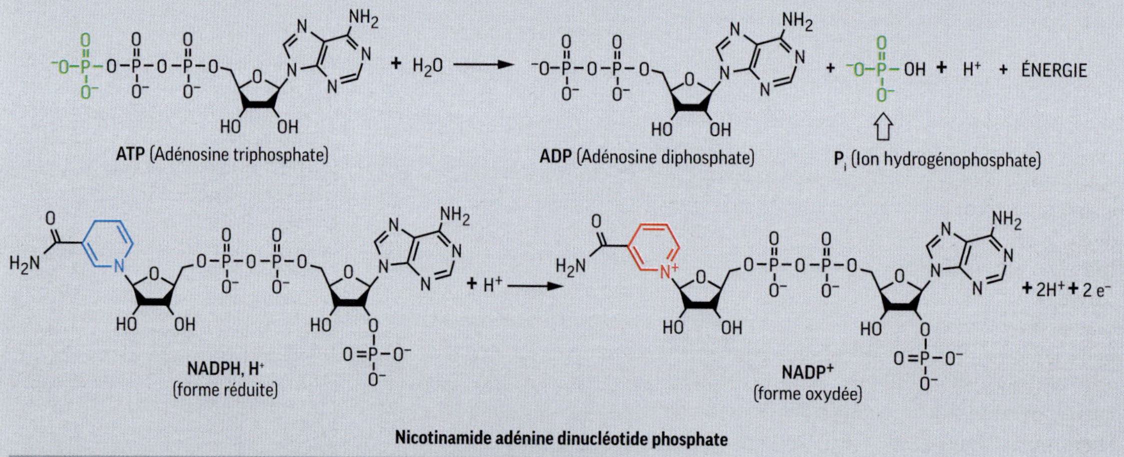


**14** L'hydrolyse de l'ATP et l'oxydation du réducteur qu'est le NADPH sont deux réactions essentielles dans le déroulement de la photosynthèse.

pratiquement chaque photon absorbé induit une séparation de charges.

À ce stade, il faut insister sur l'importance des antennes collectrices. Une paire spéciale P est associée à de très nombreux pigments antennaires (jusqu'à 400), ce qui permet de produire une centaine de séparations de charges par seconde. En l'absence d'antenne, une paire P recevant normalement de la lumière ne fonctionnerait qu'une fois par seconde.

### *Les conséquences de la séparation de charges*

Après une séparation de charges, que devient la paire sous forme $P^+$ ? Elle capte un électron provenant d'un donneur, ce qui régénère la forme neutre P. Dans le

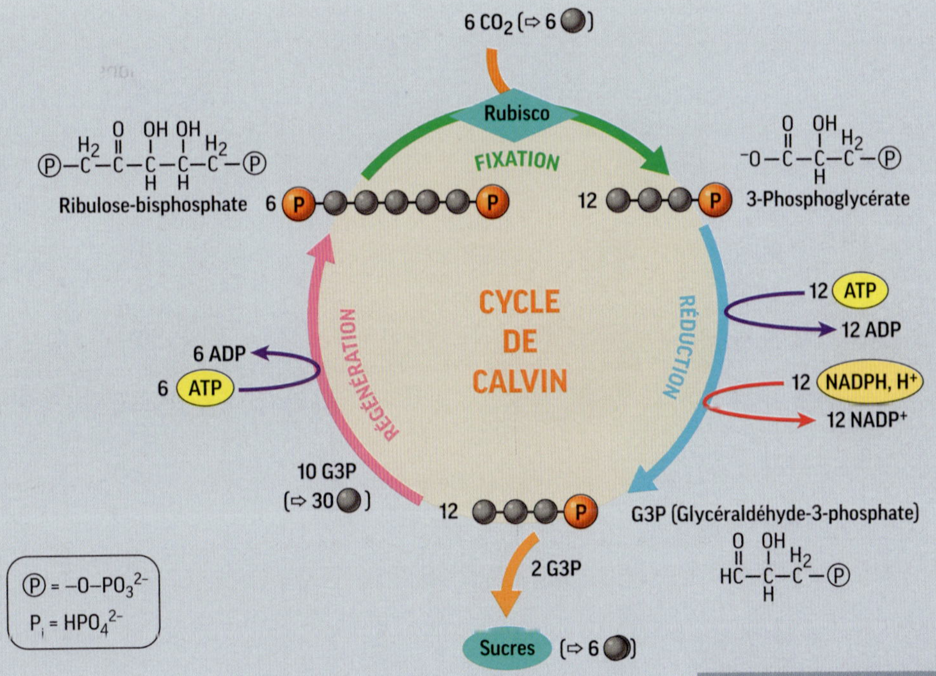


**15 Cycle de Calvin simplifié.** On distingue trois phases : la fixation de carbone provenant du dioxyde de carbone $CO_2$ sur le ribulose-bisphosphate, la réduction grâce au pouvoir réducteur du NADPH et l'apport d'énergie par l'ATP, et la régénération du ribulose-bisphosphate. L'accent est mis sur les atomes de carbone (cercles gris) pour suivre l'évolution du nombre de ces atomes. Parmi les enzymes impliquées, seule la Rubisco (ribulose 1,5-bisphosphate carboxylase/oxygénase) qui participe à la fixation de carbone est indiquée. De nombreux intermédiaires ne sont pas représentés par souci de clarté. Au total, pour former une molécule de sucre (possédant six atomes de carbone) et régénérer une molécule de ribulose-phosphate, le cycle est accompli six fois, à partir d'une nouvelle molécule de $CO_2$ à chaque fois. Le cycle de Calvin représenté ci-dessus est le bilan de ces six boucles.

Andrew Benson, ce biochimiste a mené des expériences très astucieuses mettant en œuvre du dioxyde de carbone marqué à l'isotope naturel radioactif $^{14}C$ pour suivre le devenir du carbone dans une cellule végétale de microalgues (Chlorelles). Ces chercheurs ont ainsi montré l'existence d'un cycle de réactions complexes aboutissant à des sucres (notamment du fructose 6-phosphate et du glucose 6-phosphate), qui seront par la suite convertis en amidon et saccharose. Ces réactions sont catalysées par treize enzymes, dont la plus importante est dénommée Rubisco. C'est grâce à cette enzyme que l'atome de carbone du $CO_2$ est incorporé dans une molécule de glucide en formation. Rubisco est l'enzyme la plus abondante sur Terre. Chez les organismes photosynthétiques, elle peut représenter jusqu'à 40-50 % du contenu en protéines !

photosystème II, cet électron vient de l'eau, via des donneurs intermédiaires que nous ne détaillerons pas. Ainsi, P est capable de céder, de façon répétée, autant d'électrons qu'elle en prélève aux molécules d'eau, lesquelles subissent une oxydation comme déjà mentionné. Plus précisément, ce sont les atomes d'oxygène qui sont oxydés. Lorsque quatre électrons ont été prélevés, et donc deux molécules d'eau ont été oxydées, une molécule de dioxygène $O_2$ se dégage. L'oxydation de l'eau produit également des protons $H^+$ (atomes d'hydrogène ayant perdu un électron) (voir encadré ci-dessus) ce qui crée des conditions d'acidité propices au fonctionnement d'une enzyme située dans la membrane des thylacoïdes. Cette enzyme

## Filmer la photosynthèse en action

Observer en temps réel les premières étapes de la photosynthèse au cours desquelles des molécules d'eau sont dissociées, c'est l'exploit qu'a accompli une équipe internationale pilotée par des chercheurs de l'Université de l'Arizona. Cette étude sans précédent, portant sur une cyanobactérie, a été publiée dans la prestigieuse revue *Nature* en 2014[1] ; elle met à profit la cristallographie à rayons X résolue en temps pour révéler les changements de structure du photosystème II induits par une impulsion lumineuse lors de l'oxydation de l'eau.

Pour obtenir des informations temporelles, un nano ou micro-cristal du photosystème II de la cyanobactérie *Thermosynechococcus elongatus* est illuminé par les flashs provenant de deux lasers : un premier laser émet de la lumière verte, puis un laser à rayons X envoie des impulsions successives ultracourtes (d'une durée de l'ordre de 50 femtosecondes, où 1 femtoseconde = $10^{-15}$ s). Les images obtenues fournissent des informations sur l'évolution de la structure du cristal dans le temps. L'énorme puissance du faisceau laser à rayons X conduit à la destruction de l'échantillon, mais la durée de l'impulsion est tellement courte que la diffraction des rayons X peut être observée avant destruction.

Les chercheurs ont ainsi réalisé un « film » des changements de structure qui se produisent dans le complexe d'émission d'oxygène (OEC : *Oxygen-evolving complex*), où est localisé l'amas métallique (constitué de quatre atomes de manganèse et d'un atome de calcium) qui catalyse la réaction. Cet amas s'allonge de façon significative pour permettre à deux molécules d'eau d'y subir une oxydation avec production d'une molécule de dioxygène, de quatre protons et de quatre électrons (Figure 16). Le domaine temporel exploré couvre moins d'un millième de seconde.

**16 Dans le photosystème II, le complexe d'émission d'oxygène (OEC)**, responsable de l'oxydation de l'eau et du dégagement d'oxygène, effectue un cycle impliquant cinq états ($S_0$ à $S_4$) au cours duquel quatre électrons sont séquentiellement produits par quatre séparations de charges induites par la lumière. Les ellipses noires montrent les images de l'amas $Mn_4CaO_5$ reconstituées à partir des données obtenues par cristallographie aux rayons X résolue en temps. Les atomes de manganèse sont représentés en violet et rose, l'atome de calcium en vert et les atomes d'oxygène en rouge.[1]

1. P. Fromme et coll. (59 co-signataires), « Serial time-resolved crystallography of photosystem II using a femtosecond X-ray laser ». *Nature* **513**, 261-265 (2014).

catalyse dans le stroma, liquide interne des chloroplastes, la transformation d'ADP (adénosine diphosphate) en ATP.

Quant à l'électron que l'accepteur A a capté, il est transféré à un autre accepteur, comme nous l'avons vu, puis à un suivant, etc., le long d'une chaîne de transport d'électrons. Un centre réactionnel peut donc être comparé à une microphotopile : il se charge sous l'action de la lumière, et engendre un flux d'électrons analogue au courant débité par une pile. En d'autres termes, l'énergie lumineuse a été convertie en énergie électrochimique. Amorcée dans le PS II et se poursuivant dans le PS I, la cascade de transferts d'électrons a pour résultat final la régénération de NADPH.

En terme de bilan dans les thylacoïdes, les centres réactionnels du PS I et du PS II doivent utiliser théoriquement chacun l'énergie de quatre photons, soit huit au total, pour l'oxydation de deux molécules d'eau, la formation d'une molécule de dioxygène ainsi que de deux molécules de NADPH.

**17** La canne à sucre possède un système efficace de capture et de transformation du dioxyde de carbone, de façon à résister à la sécheresse. Cette plante qui vient des Indes a été introduite en Amérique tropicale par les Portugais et les Espagnols au XVIe siècle. À partir des tiges, on produit du sucre raffiné, du rhum, de la nourriture pour le bétail ou encore un biocarburant (l'éthanol).

Quant à l'oxydation de l'eau, elle se produit dans un domaine spécifique du PS II, appelé complexe d'émission d'oxygène, et contenant en particulier quatre atomes de manganèse formant un amas jouant le rôle de catalyseur. Le mécanisme de l'oxydation a été élucidé par cristallographie de rayons X résolue en temps dans le cas d'une cyanobactérie (voir encadré ci-contre). Cette technique apporte des informations temporelles sur les réarrangements de structure associés à la réaction.

## Des différences notables selon les plantes

Si les mécanismes de la photosynthèse mis en œuvre par les plantes sont fondamentalement analogues, il n'en existe pas moins des différences selon les espèces. Pour près de 90 % des espèces végétales, le dioxyde de carbone pénètre dans les feuilles à travers les stomates pour être directement utilisé lors de la fixation du carbone. Les stomates restent ouverts en permanence tant que la plante est bien alimentée en eau.

Parmi les autres espèces végétales, certaines possèdent un système de capture du dioxyde de carbone en deux étapes. Dans un premier temps, ce gaz est efficacement piégé par des cellules foliaires qui s'en servent pour fabriquer des composés intermédiaires. Dans un deuxième temps, ces derniers passent dans d'autres cellules où ils participent à la production de sucres. Des plantes alimentaires d'une grande importance comme le maïs, le sorgho et la canne à sucre opèrent de la sorte (Figure 17). Pour quelle raison ces espèces ont-elles ainsi évolué ? La réponse est à chercher dans leur origine géographique : elles proviennent des zones tropicales qui, sans être des déserts, sont caractérisées par de longues périodes de chaleur et de sécheresse. Pendant ces périodes, les stomates restent partiellement fermés une grande partie de la journée pour limiter les pertes en eau de la plante, d'où la nécessité d'un système capable de piéger efficacement du dioxyde de carbone.

Et dans les déserts ? Comment font les cactus et autres plantes grasses pour survivre ? Complètement fermés pendant la journée, les stomates ne s'ouvrent que la nuit. Le dioxyde de carbone capté par la plante est alors piégé en se liant à des acides organiques, puis il est relargué, le

**18** Les algues rouges contiennent de la phycoérythrine qui absorbe la lumière dans le bleu et le vert. C'est précisément dans ce domaine de longueurs d'onde que la chlorophylle *a* absorbe très peu (voir p. 29). Un transfert de l'énergie captée par la phycoérythrine à la chlorophylle *a* permet d'augmenter l'efficacité de la photosynthèse.

jour, en vue d'être utilisé pour la photosynthèse. Ce système de piégeage du dioxyde de carbone a été observé pour la première fois chez les plantes de la famille des Crassulacées, d'où le qualificatif de CAM (*Crassulacean Acid Metabolism*) attribué aux plantes fonctionnant ainsi.

## Aperçu sur les algues et les bactéries photosynthétiques

Voyons en quoi la photosynthèse par les algues et les bactéries se distingue de celle des plantes dont les mécanismes ont été précédemment décrits.

### *Les algues : un fonctionnement proche de celui des végétaux*

Les algues sont d'une grande diversité. La plupart sont aquatiques et vivent dans les eaux douces ou marines. Elles constituent presque exclusivement la population végétale des océans où elles sont en suspension ou fixées sur le fond. Plus rarement, les algues sont aériennes : on en trouve sur les rochers et les troncs d'arbres.
À l'instar des végétaux, toutes les algues accomplissent une photosynthèse oxygénique ; elles possèdent deux photosystèmes et leurs chloroplastes contiennent des thylacoïdes (vésicules aplaties) au sein d'un stroma (voir p. 31). Toutefois, à l'exception de certaines algues vertes, les thylacoïdes ne sont pas empilés comme dans les chloroplastes des plantes mais sont, soit séparés, soit accolés par deux ou trois. En ce qui concerne les pigments, toutes les algues contiennent la chlorophylle *a* nécessaire à la photosynthèse, ainsi que des caroténoïdes. Dans le cas des algues vertes qui, rappelons-le, contiennent en outre de la chlorophylle *b*, la présence de caroténoïdes ne masque pas la couleur verte. Quant aux algues brunes, qui possèdent aussi de la chlorophylle *c*, elles doivent leur couleur à la présence d'un autre pigment, la fucoxanthine (une xanthophylle qui appartient à la famille des caroténoïdes ; voir encadré p. 117). Enfin, les algues rouges doivent leur couleur à la phycoérythrine, une protéine absorbant la lumière dans le bleu et le vert (Figure 18).
Tous les pigments associés à la chlorophylle *a* ont notamment pour rôle d'absorber la lumière sur des domaines de longueurs d'onde où cette dernière absorbe peu, et de lui transférer l'énergie qu'ils ont captée. Les algues rouges en offrent un bel

exemple : comme elles vivent à des profondeurs que n'atteignent pas les radiations rouges (en raison de l'absorption de celles-ci par l'eau), elles disposent de phycoérythrine qui absorbe dans la région du spectre où les chlorophylles n'absorbent quasiment pas (Figure 18).
Pour terminer, il convient de souligner le rôle primordial de la photosynthèse effectuée par les algues dans le cycle du carbone (voir p. 40).

## *Les cyanobactéries, libératrices d'oxygène*

Les cyanobactéries (voir la Figure 6 p. 13) constituent le groupe le plus diversifié des bactéries photosynthétiques, et varient considérablement, selon les espèces, en forme, aspect, habitat et modes de reproduction. Elles sont néanmoins toutes le siège de la photosynthèse oxygénique. On leur attribue d'ailleurs l'accumulation de dioxygène dans l'atmosphère terrestre depuis environ deux milliards d'années (voir p. 26).
Leur photosynthèse utilise l'eau comme réducteur et fonctionne avec deux photosystèmes, comme pour les plantes. Toutefois, les cyanobactéries ne possèdent pas d'antenne collectrice de lumière analogue à celle des plantes. Elles absorbent les photons au moyen des phycobilisomes, sorte d'antennes fixées à l'extérieur des thylacoïdes et équipées de grands bras collecteurs, spécifiquement associées au PS II (Figure 19). Le maximum d'activité photosynthétique se situe aux longueurs d'onde moyennes (à 560 nm).
La plupart des cyanobactéries apparaissent bleu-vert. Elles avaient été d'ailleurs appelées « algues bleues » avant qu'on ne reconnaisse que ce sont des bactéries. Leurs pigments sont la chlorophylle *a* et trois phycobiliprotéines (constituant les phycobilisomes) : la phycocyanine, qui confère aux bactéries leur couleur bleu-vert, la phycoérythrine, comme pour les algues rouges, qui donne un aspect rouge à certains isolats, et enfin l'allophycocyanine.

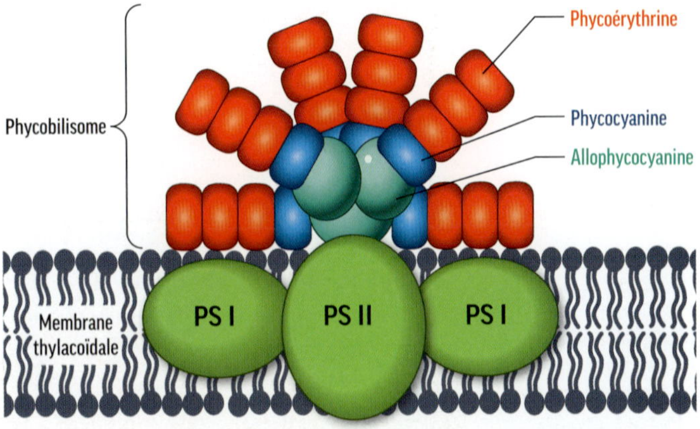


**19 Les phycobilisomes des cyanobactéries comportent trois phycobiliprotéines** chargées de la collecte de la lumière : la phycoérythrine, la phycocyanine et l'allophycocyanine. Leur maxima d'absorption se situent respectivement à 570, 630 et 650 nm, ce qui permet des transferts d'énergie en cascade jusqu'à la paire de chlorophylles *a* du centre réactionnel du photosystème II dont le maximum d'absorption est à 680 nm.

Les cyanobactéries ont la propriété d'optimiser la collecte de lumière en produisant de la phycocyanine quand elles sont éclairées d'une lumière orange, et de la phycoérythrine sous une lumière bleu-vert. Cette faculté est qualifiée d'adaptation chromatique. Et pour capter une quantité convenable de lumière, certaines possèdent même des vacuoles gazeuses qui leur servent à ajuster leur position verticale dans l'eau pour se placer à l'optimum d'éclairement.

## *Les bactéries pourpres et vertes, habitantes des zones anaérobies*

Les bactéries pourpres et vertes sont le siège d'une photosynthèse anoxygénique, considérée comme ayant précédé la photosynthèse oxygénique sur notre planète. Leur habitat est aquatique et anaérobie. Elles ne supportent en effet que de très faibles teneurs en oxygène, car ce dernier inhibe la synthèse de leurs pigments.
Le vocable de bactéries vertes ou pourpres recouvre quatre grands groupes. Les bactéries qui utilisent comme réducteurs des composés soufrés (soufre S, sulfure d'hydrogène $H_2S$, thiosulfate $S_2O_3^-$) sont des *Thiobactéries* ou *Bactéries sulfureuses* ; elles se trouvent dans des habitats où de la matière organique en décomposition libère des produits de dégradation soufrés. Les bactéries qui utilisent des composés organiques non soufrés comportant du carbone à l'état réduit sont appelées

*Athiobactéries*. Dans les deux cas, elles sont aussi susceptibles d'oxyder du dihydrogène. En outre, on ajoute à leur nom les préfixes *chloro-* ou *rhodo-* selon qu'elles sont vertes ou rouges, ce qui conduit à distinguer les *Thiochlorobactéries*, les *Thiorhodobactéries*, les *Athiochlorobactéries* et les *Athiorhodobactéries*.

L'appareil photosynthétique des bactéries vertes et pourpres ne comporte qu'un seul photosystème, analogue à PS I. Leurs pigments sont des bactériochlorophylles, accompagnées de caroténoïdes, en particulier pour les bactéries pourpres. Le centre réactionnel est constitué d'une paire de bactériochlorophylles *a* absorbant à des longueurs d'onde supérieures à 700 nm, par exemple 840 ou 870 nm, c'est-à-dire dans l'infrarouge. De telles radiations ne pénétrant pas en profondeur dans l'eau, même à 4 ou 5 m où l'on trouve les bactéries pourpres, la lumière est captée par les caroténoïdes qui transfèrent ensuite l'énergie aux bactériochlorophylles. Les bactéries vertes sulfureuses vivant plus en profondeur, elles sont dotées d'un des complexes collecteurs de lumière les plus efficaces parmi ceux que l'on trouve dans la Nature, appelé *chlorosome*.

Lors du processus de photosynthèse, ces bactéries diffèrent notablement des organismes aérobies. On observe en outre, selon les espèces, d'importantes variantes dans le cheminement des électrons, qui peut être cyclique ou non, et une grande variété d'intermédiaires.

## La photosynthèse dans le cycle du carbone

Les atomes, en particulier ceux de carbone, sont conservés lors des transformations chimiques et biochimiques à la surface de notre Terre. Ils circulent entre l'atmosphère, la biosphère (ensemble des organismes vivants, animaux et végétaux qui vivent à la surface du globe), l'hydrosphère (partie de la Terre constituée d'eau) et la lithosphère (partie superficielle minérale de la Terre), et ils sont échangés entre matière minérale et matière organique. Cette circulation s'inscrit, pour chaque élément chimique, dans de grands cycles de régulation sur des échelles de temps variées.

Beaucoup d'attention est portée aujourd'hui au cycle du carbone, en raison de l'augmentation constatée de la concentration du dioxyde de carbone atmosphérique, cause essentielle du réchauffement climatique. Bien que faible, cette concentration, qui était d'environ 270 ppmv (parties par million en volume, soit 0,027 %) en 1850, a dépassé la barre des 400 ppmv au printemps 2013 dans l'hémisphère nord, soit une augmentation de près de 50 %. Ce gaz est d'origine multiple (Figure 20) : la respiration des animaux et des végétaux, la décomposition des matières organiques, les éruptions volcaniques, et bien sûr les activités humaines (à savoir l'industrie, les transports, la production d'énergie électrique, etc.) nécessitant la combustion des combustibles fossiles : charbon, gaz et pétrole. Du carbone profondément enfoui dans l'écorce terrestre depuis plus de 200 millions d'années est ainsi extrait et introduit dans l'atmosphère sous forme de $CO_2$, alors que les gisements ne sont bien sûr pas renouvelables aux échelles de temps humaines. Le cycle est donc ainsi enrichi progressivement en carbone.

Une des voies d'élimination du dioxyde de carbone atmosphérique est sa dissolution dans les océans, d'autant plus efficace que la température est froide et l'eau salée. Il s'établit un équilibre entre le dioxyde de carbone à l'état gazeux dans l'atmosphère et à l'état dissous dans l'eau, ce qui provoque une acidification modérée de l'eau en surface. En profondeur, la production de phytoplancton par photosynthèse conduit à une accumulation de carbone dans le fonds des océans, d'où leur qualificatif de *puits de carbone*.

La photosynthèse est la deuxième grande voie d'absorption du dioxyde de carbone

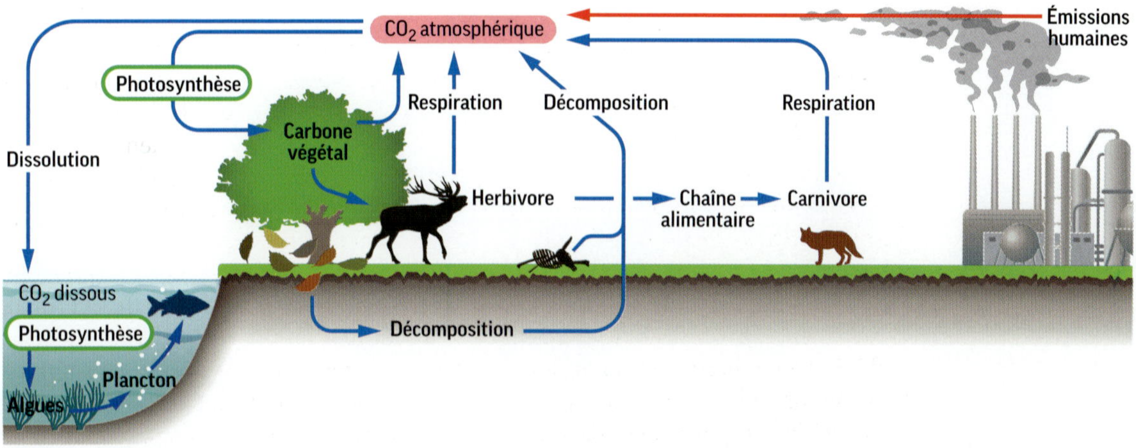


par les végétaux terrestres et les espèces aquatiques (algues, phytoplancton). En particulier, les forêts constituent des puits de carbone lorsqu'elles sont en phase de croissance. On estime que 1,5 tonne de $CO_2$ captée produit une tonne de bois et libère 1,1 tonne de dioxygène. L'effet de la photosynthèse est néanmoins contrebalancé par la respiration des végétaux, et le bilan n'est en faveur d'une diminution nette du dioxyde de carbone atmosphérique que du milieu du printemps au début de l'automne, dans l'hémisphère nord aux latitudes moyennes et hautes. C'est l'inverse de l'automne au début du printemps. Sur une année, les moyennes se compensent : environ 120 milliards de tonnes de carbone sont extraites de l'atmosphère, et 120 y retournent du fait de la respiration des végétaux.

Ainsi, la lumière s'invite dans le cycle du carbone, comme d'ailleurs dans le cycle de l'oxygène, pour y jouer un rôle majeur. Participant à ces cycles, elle contribue à maintenir les états stationnaires dont la pérennité, à notre échelle de temps, conditionne la durabilité de la vie telle qu'elle existe actuellement sur Terre.

**20** Schéma du cycle du carbone à l'échelle séculaire (flèches bleues) montrant l'implication de la photosynthèse dans les échanges de carbone entre la surface terrestre, l'atmosphère et les océans. Les activités humaines interviennent dans le cycle du carbone en rejetant dans l'atmosphère du dioxyde de carbone, dont une partie provient de la combustion des ressources fossiles (charbon, gaz, pétrole, etc.).

CHAPITRE 2

# Mouvements et rythmes sous le contrôle de la lumière

*Que d'hommes se pressent vers la lumière*
*non pas pour voir mieux mais pour mieux briller.*
*Qui se sait profond tend vers la clarté ;*
*qui veut le paraître, vers l'obscurité.*

Friedrich Nietzsche

**La photosynthèse par les végétaux est certes d'une importance capitale pour la vie sur Terre, mais la lumière a bien d'autres effets sur les plantes ainsi que sur les animaux. Elle induit en particulier divers types de mouvements. De plus, l'alternance journalière lumière-obscurité et la variation de la durée du jour au cours de l'année engendrent des comportements périodiques : l'ouverture et la fermeture des fleurs et des feuilles, la floraison saisonnière, les cycles veille-sommeil des animaux, la reproduction, l'hibernation, etc. Des horloges biologiques internes sophistiquées commandent ces rythmes et la lumière synchronise ces horloges.**

◄ Les boutons d'or alpins s'orientent vers le Soleil et le suivent tout au long de la journée.

*« Je remarquai que lorsque le Soleil fut près d'être entièrement éclipsé, tous les coqs de Londres se mirent à chanter comme au point du jour ; ils se turent ensuite pendant l'obscurité, et aussitôt que le Soleil reparut, ils recommencèrent de plus belle. Nous vîmes passer des hiboux [...] qui crurent apparemment qu'il était nuit. On dit que toutes les poules allèrent se percher comme la nuit [...]. Il y avait des chevaux à la campagne [...] qui se couchèrent ventre à terre et qui ne voulaient plus avancer.* » Ainsi s'exprimait l'astronome et mathématicien Jacques de Louville, de l'Académie Royale des Sciences, rapportant l'éclipse totale du Soleil qu'il observa à Londres le 3 mai 1715. Ces observations, parmi bien d'autres, illustrent à quel point la lumière, et son alternance avec l'obscurité, conditionnent certains agissements animaux. D'une manière générale, les êtres vivants exposés à la lumière en subissent peu ou prou le contrôle. Le présent chapitre en donne des illustrations.

## Une multitude de phénomènes contrôlés par la lumière

Vous avez sûrement observé que des plantes vertes placées derrière une vitre ont tendance à se tourner vers la lumière.

**1 L'orientation du fuschia vers la lumière lors de sa croissance** illustre le phénomène général de phototropisme des plantes.

Ce processus est une réaction des plantes à la lumière, modifiant leur croissance ; il est appelé *phototropisme* (du grec *phos, photos* (génitif), « lumière », et *tropein,* « tourner ») (Figure 1). Un cas particulier bien connu est l'*héliotropisme* (du grec *helios,* « Soleil ») : certaines plantes sont capables de modifier l'orientation de leurs feuilles et/ou de leurs fleurs par rapport au Soleil au cours de la journée. Ainsi, la lumière ne procure pas seulement l'apport d'énergie nécessaire à la photosynthèse (décrite au chapitre précédent), mais elle est aussi un facteur de contrôle dans le développement des plantes, comme le sont la température et l'humidité. Pour accomplir cette fonction, la lumière induit un ensemble de phénomènes qui porte le nom savant de *photomorphogenèse.* Il est important de souligner qu'en comparaison de la photosynthèse, la photomorphogenèse met en jeu une énergie considérablement plus faible, puisque la lumière agit comme signal et non comme source d'énergie : elle provoque des réactions photochimiques au sein de *photorécepteurs,* réactions qui elles-mêmes déclenchent une succession de processus biologiques aboutissant à la réponse terminale. On distingue trois étapes : la photoperception, la transduction du signal (c'est-à-dire la conversion du signal lumineux en un signal biophysique ou biochimique), et la réponse terminale (le mouvement par exemple), étapes qui se retrouvent dans tous les phénomènes qui seront décrits dans ce chapitre.

Dans le monde animal, la lumière peut également provoquer des mouvements. Le phénomène le plus connu est la *phototaxie,* désignant les mouvements induits dans la direction du signal lumineux. Les photorécepteurs sont, là encore, impliqués dans la première étape et sont mis en œuvre de diverses façons selon les animaux.

Qu'il s'agisse de végétaux, de micro-organismes ou d'animaux, les mouvements induits par la lumière peuvent être rassemblés sous le vocable de *photomouvement,* traduction du terme anglais

| PHÉNOMÈNES À L'ORIGINE DES PHOTOMOUVEMENTS | | |
|---|---|---|
| **MONDE ANIMAL** | **MONDE VÉGÉTAL** | |
| **Phototaxie**<br>Déplacement induit par la lumière dans la direction du signal lumineux ou dans la direction opposée. Il ne dépend pas de l'intensité lumineuse. | **Phototropisme**<br>Courbure d'une plante vers la lumière. | **Photonastie**<br>Ouverture et fermeture des fleurs ou des feuilles selon l'éclairement. |
| **Réponse photophobe**<br>Modification du déplacement induite par une variation d'intensité lumineuse. Elle ne dépend pas la direction du signal lumineux. | **Héliotropisme**<br>Courbure d'une plante vers le Soleil. | **Nyctinastie**<br>Ouverture et fermeture des fleurs ou des feuilles suivant le cycle jour/nuit. |
| **Photokinésie**<br>Modification de la vitesse de déplacement en fonction de l'intensité lumineuse. Elle ne dépend pas de la direction du signal lumineux. | | |

**Tableau 1. Phénomènes responsables des divers types de photomouvements** chez les animaux et les végétaux.

« *photomovement* » qui est largement reconnu par la communauté internationale des photobiologistes (voir tableau 1). Enfin, aussi bien pour le phototropisme que pour la phototaxie, on ajoute à ces termes le qualificatif *positif* ou *négatif* selon que le mouvement s'effectue respectivement vers la source de lumière ou dans le sens opposé.

Aussi bien chez les végétaux que chez les animaux, la lumière n'induit pas seulement des mouvements en fonction de sa direction. Par exemple, vous avez certainement remarqué que certaines fleurs ou feuilles s'ouvrent et se ferment selon l'éclairement. La courbure de l'organe végétal n'étant pas liée, dans ce cas, à la direction du signal lumineux, on ne parle plus de phototropisme mais de *photonastie* (du grec *nastos*, « resserré »). Dans le cas particulier où les ouvertures et fermetures suivent le cycle jour/nuit, on emploie le terme de *nyctinastie* (du grec *nux, nuktos* (génitif), « la nuit »).

Bien d'autres effets sur les végétaux sont provoqués par la lumière, comme la germination de certaines semences qui ne débute qu'après une exposition suffisante. Particulièrement important est le *photopériodisme végétal*, c'est-à-dire le contrôle d'un phénomène – tel que la floraison, la chute des feuilles, la dormance des bourgeons – par la variation de la durée d'éclairement journalier, appelée *photopériode*.

Le photopériodisme concerne également les animaux ; il est observé au cours de la reproduction, l'hibernation, la mue, la migration, etc. Comme pour les végétaux, tous ces phénomènes sont contrôlés par la variation de la photopériode au cours des saisons. L'alternance lumière-obscurité (jour-nuit) contrôle d'ailleurs une bonne partie de la physiologie tant végétale qu'animale, ce qui se traduit par de très nombreux rythmes biologiques. Le plus perceptible de ces rythmes, pour chacun d'entre nous, est l'alternance veille-sommeil. Les rythmes dont la période est de l'ordre de 24 heures sont appelés *rythmes circadiens* (du latin *circum*, « autour de », et *dies*, « le jour »). Il existe aussi des *rythmes circannuels,* dont la période est de l'ordre d'un an.

L'étude de ces rythmes biologiques relève de la chronobiologie. Ils sont commandés par des horloges internes, et la lumière (ou les variations de photopériode dans le cas des rythmes circannuels) joue le rôle de synchronisateur de ces horloges.

## Des plantes qui se courbent vers la lumière : le phototropisme

Une expérience – que vous réaliserez facilement chez vous – consiste à éclairer latéralement des coléoptiles (gaines des

**2 Les coléoptiles** de blé, en présence d'une source de lumière, s'inclinent vers celle-ci, tandis qu'ils croissent verticalement dans l'obscurité.

jeunes pousses) de graminées comme l'avoine et le blé. On observe alors que l'extrémité des coléoptiles s'oriente vers la source lumineuse, et que la courbure se situe dans la partie basse des plantules (Figure 2). Comment la lumière influence-t-elle la morphologie de la pousse ? Avant de pouvoir donner l'explication, il faut décrire d'autres expériences intéressantes qui ont été effectuées sur ces coléoptiles.

Lorsqu'on recouvre l'extrémité d'un coléoptile d'un capuchon opaque ou lorsqu'on la sectionne, aucune courbure n'est observée. Cela prouve que la zone de perception de la lumière se situe à la pointe du coléoptile, appelée *apex*, et puisque la courbure se produit plus bas, un message doit être transmis du haut vers le bas de la tige. De quelle nature est ce message ? Électrique ? Chimique ? Des expériences réalisées dans les années 1910-1920 ont clarifié ce point. L'insertion d'un petit bloc de gélose entre l'apex et la tige n'empêche pas la courbure vers la lumière. En revanche, cette courbure ne se produit plus si l'on remplace le bloc de gélose par une lame de mica. En effet, le mica empêche le passage de substances hydrosolubles, contrairement à la gélose. Conclusion : le message est de nature chimique, et le composé impliqué est hydrosoluble. Il s'agit de l'*auxine*, une hormone végétale découverte en 1926 par le Hollandais Frits Went. Sa formule chimique sera définitivement établie quelques années plus tard.

Dans les années 1940, on a confirmé que l'auxine produite par l'apex migre du haut vers le bas de la tige et stimule la croissance de la plante dans sa partie moyenne. La courbure vers la lumière s'explique alors en considérant que cette dernière fait migrer l'auxine vers les régions où l'éclairement est plus faible. Dans ces conditions, les parties peu éclairées grandissent plus vite que celles qui sont directement exposées, ce qui provoque une dissymétrie de la croissance de la plantule qui se tourne ainsi vers la lumière (Figure 3). Le rôle de l'auxine au niveau cellulaire est aujourd'hui bien compris (voir encadré ci-contre).

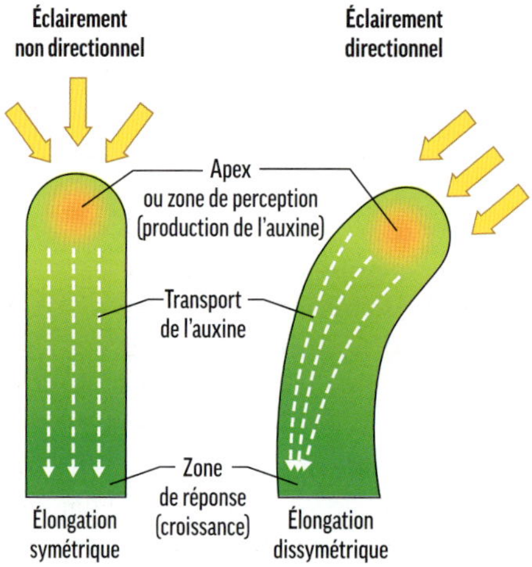


**3 La migration de l'auxine,** hormone de croissance, s'effectue préférentiellement vers les régions les moins éclairées. Les zones où cette hormone a migré croissent plus vite, ce qui induit une orientation de la plantule vers la source lumineuse.

## L'auxine en action

L'auxine (du grec *auxein*, « croître ») est une hormone de croissance présente chez toutes les plantes. Chimiquement, l'auxine est l'acide indole 3-acétique.

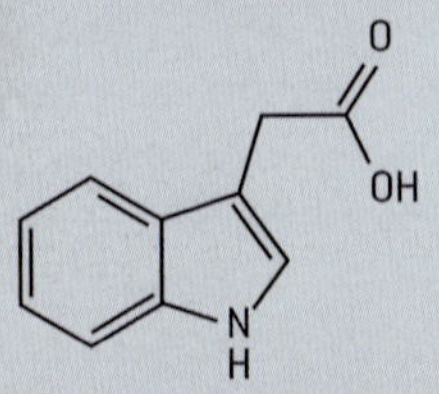


Quel est son mode d'action ? Lorsque l'auxine pénètre dans une cellule, elle se fixe sur son récepteur membranaire, ce qui déclenche une série de processus (Figure 4). Tout d'abord, des protons $H^+$ affluent vers la paroi ; le pH décroît alors de 7 à environ 4,5, ce qui provoque la désolidarisation des constituants de la paroi (cellulose/hémicellulose) dont la plasticité augmente. De l'eau peut ainsi entrer dans la vacuole, ce qui accroît la pression de turgescence.

Par ailleurs, au sein du noyau, l'auxine stimule la production d'ARN messager correspondant à des gènes spécifiques dévolus à la synthèse de molécules constitutives de la paroi. Grâce à la production de ces molécules pariétales, la taille de la cellule peut augmenter sous l'effet de la pression de turgescence.

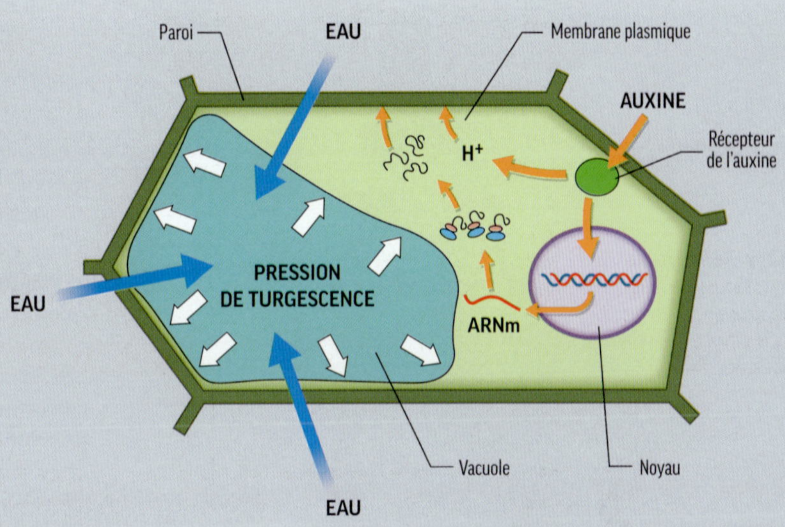


**4 L'action de l'auxine à l'échelle cellulaire.** La pénétration de l'auxine dans la cellule provoque un assouplissement de la paroi cellulaire et rend possible l'entrée d'eau dans la vacuole, ce qui a pour effet d'augmenter la pression de turgescence.

Nous verrons plus tard (p. 65) quelle est la nature des photorécepteurs qui déclenchent la production d'auxine.

Le phototropisme des tiges que nous venons de décrire est positif, puisque l'orientation se fait dans la direction des rayons lumineux. En revanche, on constate que les racines s'orientent dans la direction opposée : il s'agit de phototropisme négatif (Figure 5).

Le phototropisme existe également chez les plantes adultes. Il est en général moins marqué que pour les plantules. Des plantes en pot que l'on place derrière une vitre peuvent subir des courbures importantes après plusieurs jours d'exposition. Quel avantage en tirent-elles ? Leurs différentes parties sont ainsi illuminées de manière optimale, en vue d'un développement équilibré.

Par ailleurs, il existe des plantes dont les feuilles et/ou les fleurs peuvent s'orienter rapidement et sont ainsi capables de suivre le Soleil d'est en ouest au cours de la journée. Ce type de phototropisme est appelé *héliotropisme* (voir p. 45). La position du Soleil est repérée par des photorécepteurs sensibles dans le bleu (voir p. 65). Un exemple bien connu est le tournesol ; du moins ses fleurs en boutons, car la fleur arrivée à maturité n'est plus apte à s'orienter par rapport au Soleil (voir encadré p. 49). En revanche, les fleurs de certaines plantes conservent cette faculté. C'est le cas par exemple du *bouton d'or alpin* (voir la photographie p. 42) qui

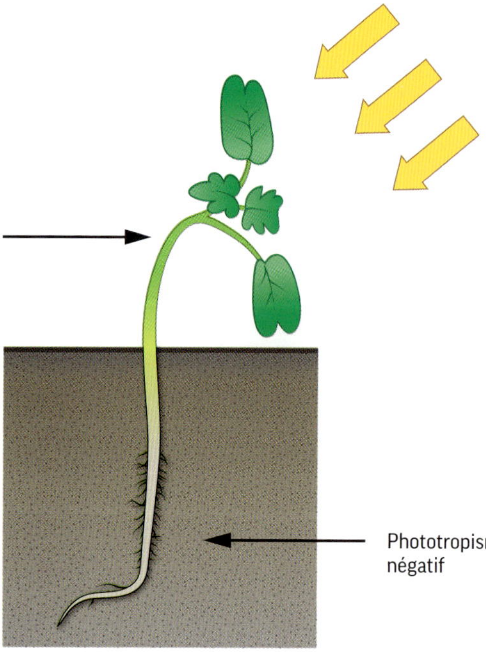


**5** La courbure d'une plante vers la lumière (phototropisme positif) est souvent accompagnée d'une orientation opposée des racines (phototropisme négatif).

collecte ainsi le maximum de lumière et de chaleur tout au long de la journée. La chaleur facilite vraisemblablement la pollinisation, car les insectes pollinisateurs visitant la fleur trouvent ainsi un nid douillet où ils ont plaisir à se réchauffer – l'atmosphère étant souvent froide en altitude – tout en accomplissant leur mission : polliniser. De plus, la chaleur favorise la germination du pollen, une fois ce dernier libéré dans une autre fleur.

Signalons un cas intéressant de fort héliotropisme : les jeunes feuilles de *Vigna* et de bien d'autres légumineuses s'orientent le matin et le soir de façon à intercepter au mieux les rayons du Soleil, alors que vers midi, elles prennent une position presque verticale pour éviter les effets néfastes d'un trop fort rayonnement, tels que la déshydratation et l'action délétère des ultraviolets. Ce phénomène est appelé *parahéliotropisme*.

Enfin, il faut souligner que si l'on fait pousser des plantes dans l'obscurité, elles s'allongent démesurément, leurs tiges deviennent filiformes et la taille des feuilles est réduite. De plus elles ne verdissent pas, car il ne se forme pas de chlorophylles. C'est le phénomène d'étiolement.

## Les micro-organismes : de l'ombre à la lumière et inversement

Nous avons vu comment la lumière induit des mouvements chez les végétaux, qui n'ont pas la faculté de se déplacer. Examinons maintenant son influence sur les mouvements des organismes libres de se mouvoir, en commençant par les organismes unicellulaires (c'est-à-dire constitués d'une seule cellule) tels que les protozoaires, les bactéries photosynthétiques et les microalgues. Leur appareil locomoteur comporte des cils ou des filaments, les flagelles. Quant à la sensibilité à la lumière, elle est encore due à des photorécepteurs. Selon les cas, ces derniers répondent, soit à la direction de la lumière, soit à la variation de l'intensité lumineuse. Cette photoréception cellulaire peut être considérée comme le premier stade de l'évolution vers de réels systèmes visuels qui seront décrits dans le chapitre suivant.

### *Une diversité de comportements*

C'est ainsi la lumière qui conduit certains micro-organismes présents dans l'eau à se disperser ou à s'accumuler en divers endroits. Par exemple, les bactéries photosynthétiques et les microalgues sont susceptibles de se positionner à la profondeur optimale pour concilier un bon rendement de photosynthèse avec l'absence de dommages provoqués par un excès d'irradiation. Dans d'autres cas, la lumière est un vecteur d'information permettant aux micro-organismes de se rassembler dans des habitats favorables à leur reproduction et propices à leur nutrition.

Tous ces mouvements sont souvent rassemblés sous le vocable *phototaxie* (voir p. 45). Pourtant, en toute rigueur, on doit réserver ce terme aux déplacements d'un micro-organisme, soit dans la direction du signal lumineux, soit dans la direction opposée. Dans le premier cas, la

## Le tournesol porte-t-il bien son nom ?

Lorsqu'il s'agit de justifier le nom du tournesol, une même explication est souvent avancée : le fait que sa fleur se tourne vers le Soleil et le suit au cours de la journée. Est-ce si sûr ? Regardez un champ de tournesols cultivé (*Helianthus annuus*) à la tombée du jour. Toutes les fleurs sont orientées vers l'est : elles tournent donc le dos au Soleil qui est à l'ouest (Figure 6) !

En fait, seules les fleurs en bouton sont capables de suivre le Soleil d'est en ouest tout au long de la journée. Leur tige se courbe en effet en raison de la croissance dissymétrique induite par la migration de l'auxine dans les zones les moins éclairées (voir p. 46). Les fleurs en bouton sont donc orientées vers l'ouest au coucher du Soleil. Puis, au moment où le jour se lève, elles se sont déjà réorientées vers l'est comme l'impose leur rythme veille-sommeil sur lequel nous reviendrons plus tard. Lorsque les fleurs sont arrivées à maturité et sont complètement ouvertes, leur tige est devenue trop rigide pour qu'elles puissent continuer à s'orienter : elles restent alors dirigées vers l'est.

Quant au tournesol sauvage, ses fleurs sont orientées dans toutes les directions. Finalement, pas de quoi vous faire tourner la tête !

**6** Champ de tournesols lors du coucher du Soleil : leurs fleurs arrivées à maturité sont orientées dans une direction opposée au Soleil, car la rigidité de leurs tiges les empêche désormais de s'orienter par rapport à ce dernier.

phototaxie est qualifiée de positive, et dans le second, de négative.

Il existe aussi deux autres types de réponses à la lumière induisant un mouvement qui, elles, ne dépendent pas de la direction du signal lumineux : la *réponse photophobe* et la *photokinésie*.

La réponse photophobe est une réaction à une brusque variation d'intensité lumineuse. Cette réponse se traduit en général par le fait que l'organisme cesse d'avancer, puis reprend son déplacement de façon aléatoire. Contrairement à ce que le terme « photophobe » laisserait supposer (c'est-à-dire une phobie de la lumière), la réponse n'est pas toujours un déplacement des micro-organismes pour fuir la lumière ; dans certains cas en effet, le déplacement se produit vers celle-ci (Figure 7). Il peut donc en résulter une accumulation des micro-organismes dans des zones, soit sombres, soit éclairées.

Quant à la photokinésie, elle désigne le phénomène par lequel l'intensité de la lumière affecte la vitesse de déplacement des micro-organismes. Si l'exposition accrue à la lumière induit une augmentation de vitesse, la photokinésie est dite positive et favorise la dispersion des micro-organismes. Dans le cas inverse, la photokinésie est dite négative et conduit à leur regroupement.

Au sein des photorécepteurs impliqués dans le mouvement, il existe des protéines photoréceptrices possédant un chromophore (c'est-à-dire une molécule responsable de l'absorption de la lumière). Ces protéines n'ont pas été toutes identifiées. Quelques exemples sont donnés dans l'encadré p. 51. En

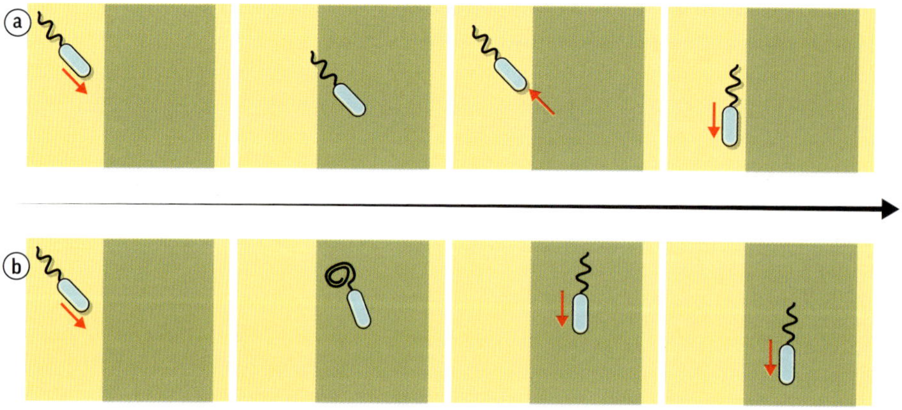


**7 Exemples de réponses photophobes de micro-organismes.** (a) En pénétrant dans une zone d'ombre, la bactérie *Chromatium* recule en inversant le sens de rotation de son flagelle, puis reprend son mouvement dans la zone éclairée. (b) La bactérie *Rhodobacter sphaeroides* s'arrête en pénétrant dans une zone d'ombre puis s'y déplace.

outre, les mécanismes moléculaires mis en jeu lors de la transduction du signal sont variés et complexes ; ils sont loin d'avoir été tous élucidés.

### *La lumière induit des mouvements par battements de cils*

Les protozoaires ciliés sont des micro-organismes complexes et évolués : ils sont capables de répondre à un stimulus non seulement lumineux mais aussi chimique, thermique, gravitationnel et mécanique. Cette réponse se traduit par un déplacement provoqué par les battements de leurs cils. Dans le cas d'un stimulus lumineux, l'absorption d'un photon par le chromophore des protéines photoréceptrices constitue le signal qui conduit ces micro-organismes à se rassembler dans des habitats favorables à leur survie, comme déjà mentionné. Leurs photomouvements sont du type phototaxie (positive ou négative) et du type réponse photophobe (voir Figure 7). Deux micro-organismes ciliés ont fait l'objet de nombreuses observations : *Blepharisma japonicum* et *Stentor coeruleus* (Figure 8). Les structures de leurs chromophores ont été établies : il s'agit respectivement de la *blépharismine* et de la *stentorine* qui sont chimiquement similaires (voir leurs formules dans l'encadré ci-contre). Comme ces molécules sont fluorescentes (voir chapitre 5), il est possible de déterminer leur distribution spatiale par microscopie de fluorescence. Ces chromophores sont couplés à des protéines dont la structure n'a pas encore été établie. En outre, la succession des réactions consécutives à l'absorption de photons n'a pas encore été clarifiée, et il reste à élucider les processus biochimiques qui en découlent. Du pain sur la planche pour les chercheurs !

Notons au passage que la blépharismine possède une propriété intéressante : sous illumination et en présence d'oxygène, elle produit de l'oxygène singulet, un poison cellulaire dont le protozoaire *Blepharisma japonicum* se sert comme arme contre ses prédateurs. Quand l'illumination est prolongée, comment ce micro-organisme évite-t-il l'accumulation de ce poison létal pour lui-même ? En transformant la blépharismine en oxyblépharismine, enfouie plus profondément dans la protéine-hôte. Ainsi protégé de l'oxygène, le chromophore ne génère plus d'oxygène singulet. Le photomouvement reste néanmoins possible.

### *La lumière, « carburant » de moteurs à base de flagelles*

Divers micro-organismes possèdent des flagelles qui leur permettent de se mouvoir en réponse à un stimulus lumineux. C'est le cas de nombreuses bactéries pourpres photosynthétiques (voir chapitre 1) qui se déplacent, comme nous l'avons déjà vu, pour s'accumuler dans des zones lumineuses favorables à la photosynthèse. Le photorécepteur induisant

## Les protéines photoréceptrices des micro-organismes

Les micro-organismes offrent une grande variété de protéines photoréceptrices comportant un chromophore.[1] Des exemples sont donnés dans le tableau 2. Les processus photochimiques primaires sont essentiellement des transferts d'électron et des isomérisations (changements de conformation des chromophores, comme dans le cas des cryptochromes : voir p. 65). Il est important de souligner que les propriétés des chromophores sont considérablement influencées par leur environnement immédiat au sein des protéines auxquelles ces derniers sont couplés.

| Micro-organisme | Protéine photoréceptrice | Chromophore | Processus primaire |
|---|---|---|---|
| Protozoaire cilié *Blepharisma japonicum* | Chromoprotéine incluant la blépharismine | Blépharismine 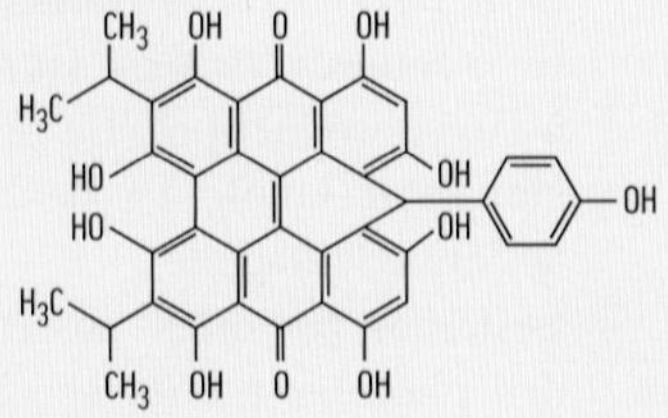 | Phototransfert d'électron |
| | Chromoprotéine incluant l'oxyblépharismine | Oxyblépharismine 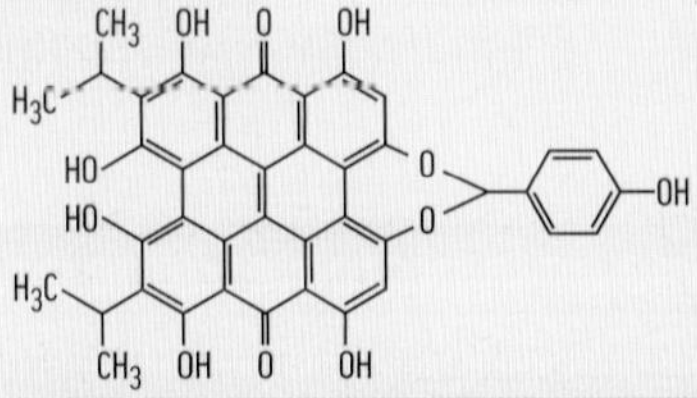 | Phototransfert d'électron |
| Protozoaire cilié *Stentor coeruleus* | Chromoprotéine incluant la stentorine | Stentorine 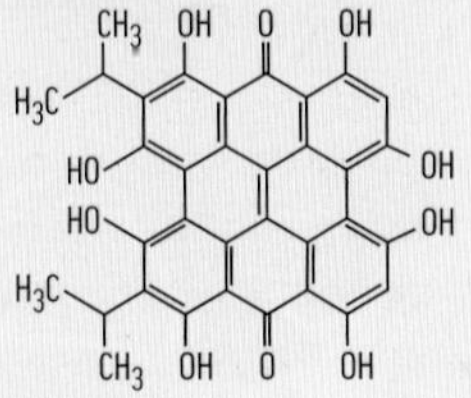 | Phototransfert d'électron |
| Halobactérie *Halobacterium salinarum* | Rhodopsines sensorielles I et II | Rétinal[a] 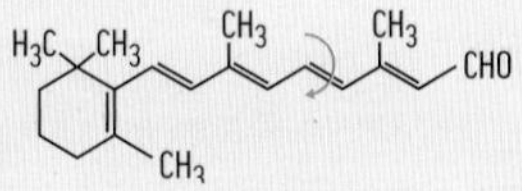 | Photoisomérisation trans-cis |
| Halobactérie *Halorhodospira halophila* | Protéine jaune photoactive (PYP) | Acide *para*hydroxycinnamique[a] 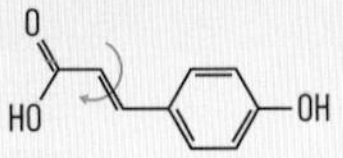 | Photoisomérisation trans-cis |
| Algue verte flagellée | Rhodopsine | Rétinal[a] 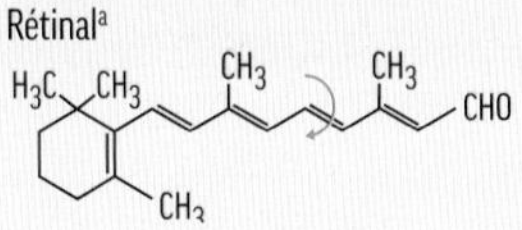 | Photoisomérisation trans-cis |
| Microalgue flagellée photosynthétique *Euglena gracilis* | Flavoprotéine | Flavine 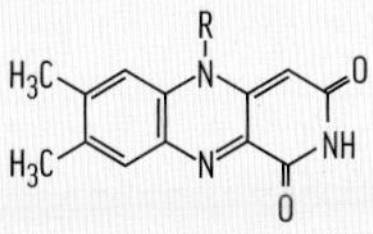 | Phototransfert d'électron |

a. Les flèches indiquent la rotation (autour d'une double liaison) induite par l'absorption d'un photon par le chromophore qui passe ainsi de la forme trans à la forme cis (voir les détails dans l'encadré p. 100-101).

**Tableau 2. Exemples de micro-organismes et de leurs protéines photoréceptrices.**[1]

1. A. Sgarbossa, G. Checcucci et F. Lenci, « Photoreception and photomovements of micoorganisms », *Photochem. Photobiol. Sci. 1*, 459-467 (2002).

le mouvement des flagelles de ces bactéries n'est autre que la machinerie photosynthétique elle-même : l'illumination déclenche un transport d'électron, processus essentiel de la photosynthèse (voir p. 33), et à ce transport est associé un « senseur redox » (système sensible à l'oxydoréduction). Ce dernier relaie le signal au « moteur » de la bactérie qui actionne le flagelle.

Certaines bactéries possèdent en outre des photorécepteurs spécifiques déclenchant le mouvement. C'est le cas des halobactéries, qui vivent dans les eaux à forte teneur en chlorure de sodium comme les lacs salés et les marais salants. Un exemple particulièrement intéressant est l'*Halobacterium salinarum* : ses protéines photoréceptrices sont du type rhodopsine (comme ceux de la rétine des animaux) dont le chromophore, le rétinal, subit une photoisomérisation (voir l'encadré p. 100). Plus précisément, cette bactérie possède quatre rhodopsines différentes. Deux d'entre elles sont impliquées dans la photosynthèse, et les deux autres, appelées rhodopsines sensorielles I et II (SRI et SRII), sont à l'origine des processus conduisant à des mouvements qui dépendent de la longueur d'onde de

## La vie intime de la protéine jaune photoactive

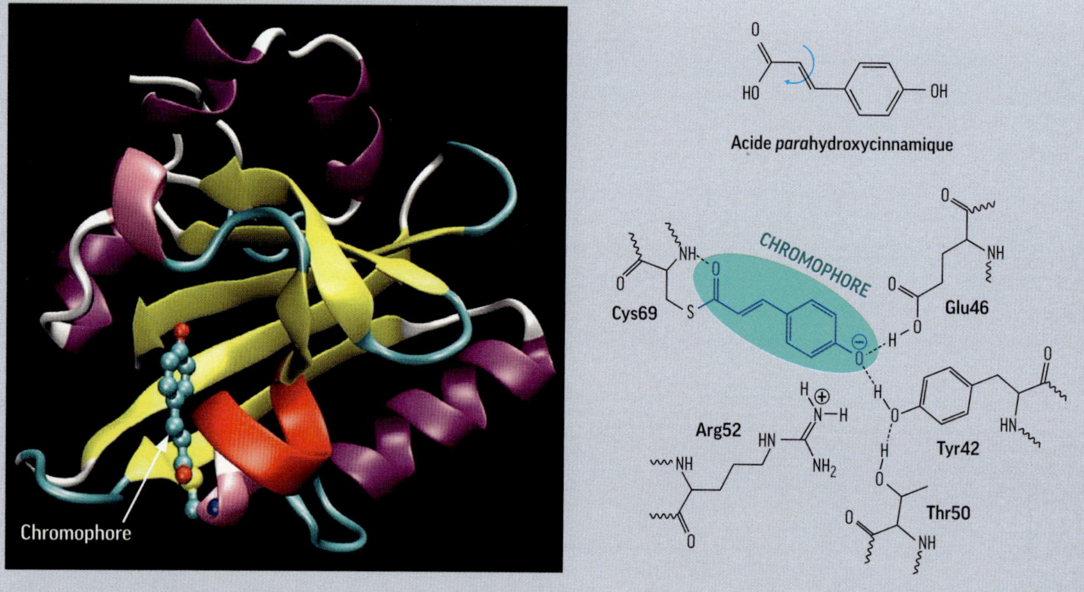


La protéine jaune photoactive est une protéine photoréceptrice découverte en 1987 chez plusieurs halobactéries présentant une réponse photophobe à la lumière bleue. Cette protéine est relativement petite (125 aminoacides). La figure 9 montre sa structure (déterminée par cristallographie) et la façon dont le chromophore – l'acide parahydroxycinnamique (appelé aussi paracoumarique) –, est lié aux acides aminés des chaînes polypeptidiques qui l'entourent. Un tel microenvironnement du chromophore a une influence considérable sur les évènements qui suivent l'absorption d'un photon.

Ce chromophore fait l'objet de l'attention non seulement des photobiologistes mais aussi des photochimistes.[1,2] À l'état fondamental, il est sous la forme trans et son groupe OH

**9** **Structure de la protéine jaune photoactive (à gauche). Insertion de son chromophore, l'acide parahydroxycinnamique (à droite).** Ce dernier est lié de façon covalente à la protéine via l'atome de soufre d'un acide aminé (cystéine 69). Le groupe OH du chromophore est déprotoné, et la charge négative que porte l'atome d'oxygène est stabilisée par un réseau de liaisons hydrogène (en pointillés) impliquant plusieurs acides aminés : tyrosine 42, acide glutamique 46, thréonine 50. En outre, la charge positive de l'arginine 52, située à proximité, contribue à la stabilisation de la charge négative.

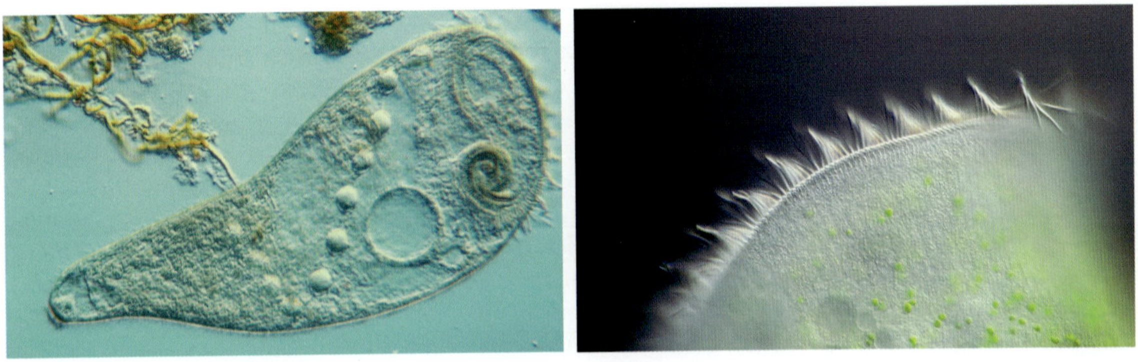

la lumière. En effet, les bactéries s'accumulent dans les zones où la lumière orangée est relativement intense, alors que la lumière bleue provoque leur dispersion. Il est facile d'imaginer pourquoi : la lumière orangée est effectivement favorable à la photosynthèse alors que la lumière bleue, de longueur d'onde plus courte et donc de plus grande énergie, risque de provoquer des dommages.

**9 Un des protozoaires les plus étudiés : *Stentor coeruleus*.** Sa taille est de l'ordre du millimètre. La photo de droite montre les cils en pleine action.

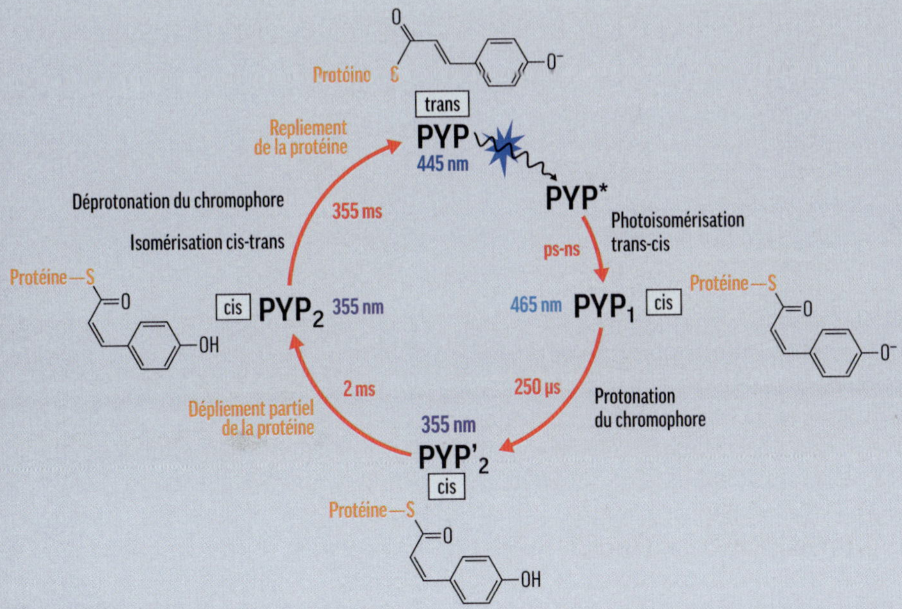


**10 Le photocycle du chromophore de la protéine jaune photoactive** implique trois phénomènes : l'isomérisation, la protonation/déprotonation du chromophore et le changement de structure de la protéine. Les intermédiaires sont représentés avec l'indication de la longueur d'onde de leur maximum d'absorption. Les durées des diverses étapes sont indiquées en rouge.

est déprotoné (Figure 10). L'absorption d'un photon fournit l'énergie nécessaire à la rotation autour de la double liaison C=C conduisant à la forme cis. Cette photoisomérisation est la première étape d'un cycle de réactions, appelé photocycle (Figure 10). La seconde étape est la protonation du chromophore par transfert de proton au sein de la molécule, avec pour conséquence un changement de structure de la protéine (dépliement partiel). La déprotonation du chromophore et le repliement de la protéine reconduisent la PYP à son état initial. Ce schéma est simplifié (!) car des études approfondies par diverses techniques ont révélé l'existence d'autres espèces intermédiaires que celles représentées sur la figure 10.


1. K. J. Hellingwerf, J. Hendriks et T. Gensch, « Photoactive yellow protein, a new type of photoreceptor protein: will this "yellow lab" bring us where we want to go ? » *J. Phys. Chem. A*, **107**, 1082-1094 (2003).

2. P. Changenet-Barret, A. Espagne, P. Plaza, K. J. Hellingwerf et M. M. Martin, « Investigations of the primary events in a bacterial photoreceptor for motility: photoactive yellow protein (PYP) », *New J. Chem.* 29, 527-534 (2005).

D'autres halobactéries flagellées, comme *Halorhodospira halophila*, présentent un comportement analogue : elles sont attirées par la lumière efficace pour la photosynthèse mais fuient la lumière bleue. Toutefois, leur détecteur de lumière bleue est différent : il s'agit de la *protéine jaune photoactive* (PYP), qui doit sa couleur jaune au fait qu'elle absorbe la lumière dans le bleu. L'absorption est due au chromophore qu'elle possède, l'acide parahydroxycinnamique, qui change de conformation sous l'action de la lumière (voir encadré p. 51). Ce changement de conformation, appelé photoisomérisation, induit une série de processus qui *in fine* activent la rotation des flagelles de la bactérie.
Bien que les rhodopsines sensorielles et la protéine jaune photoactive aient des structures et des chromophores différents, il est frappant de constater que la première étape est une photoisomérisation dans les deux cas. Il s'agit d'un exemple remarquable d'évolution convergente.

### Les yeux microscopiques des algues vertes unicellulaires

Les algues vertes (voir chapitre 1 p. 38) existent sous forme unicellulaire ou pluricellulaire, ainsi que sous forme de colonies ou de filaments. Nous nous limiterons ici aux algues unicellulaires dont les photomouvements ont été observés depuis très longtemps : les premières observations rapportées par Antony van Leewenhoek et Robert Hooke remontent en effet à la fin du XVII^e siècle. Néanmoins, on sait encore peu de choses sur les mécanismes régissant ces mouvements selon les trois processus décrits précédemment : la phototaxie, la réponse photophobe et la photokinésie (voir p. 45).
Ce qui est remarquable chez ces algues unicellulaires, c'est la présence d'une tache oculaire (*eyespot* en anglais), appelée *stigma*, dont le diamètre est de l'ordre du micromètre. Ces micro-organismes dont la taille est de 10-20 micromètres peuvent donc être considérés comme les plus petits êtres du monde vivant possédant un œil. En fait, cet œil primitif n'est qu'un simple détecteur de lumière, et non pas, bien sûr, un œil capable de former une image (voir chapitre suivant).
Le stigma comporte des gouttelettes de lipides contenant des pigments caroténoïdes, d'où sa couleur orangée. Ces gouttelettes sont arrangées en couches superposées, l'ensemble étant recouvert d'une membrane contenant les protéines photoréceptrices. Le stigma est un détecteur directionnel : l'angle de perception est estimé à 60° environ. Cela permet au micro-organisme de s'orienter par rapport à la direction du signal lumineux. Voyons comment. Les algues unicellulaires se déplacent grâce à des flagelles (deux dans la majorité des cas) qui induisent un mouvement hélicoïdal. L'organisme tourne ainsi sur lui-même au cours de sa progression. Or, le stigma est situé latéralement par rapport à la direction du mouvement produit par les flagelles. Pendant la rotation de l'algue, le stigma explore ainsi son environnement (Figure 11). Par conséquent, les photorécepteurs reçoivent une lumière modulée dans le temps, et la modulation est d'autant plus importante que l'organisme se déplace perpendiculairement à la source de lumière, le stigma étant alors orienté alternativement vers la source et à l'opposé. Pour se diriger vers la source de lumière (phototaxie), l'organisme modifie la direction de son mouvement jusqu'à ce que le signal lumineux qu'il perçoit ait une modulation minimale.
Quant à la protéine photoréceptrice, il s'agit de la canal-rhodopsine comportant le rétinal en tant que chromophore. Cette protéine possède un canal ionique qui, sous illumination, permet le passage d'ions à travers la membrane cellulaire. Il s'ensuit une cascade de phénomènes électriques et de réactions biochimiques. La dépolarisation de la membrane cel-

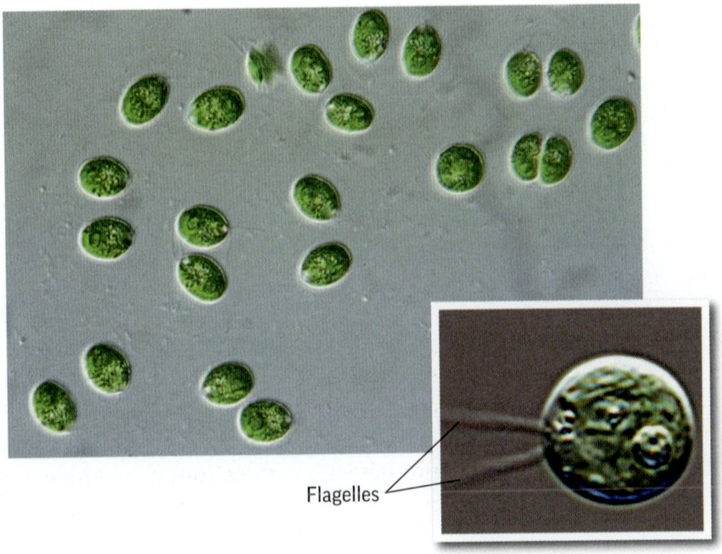


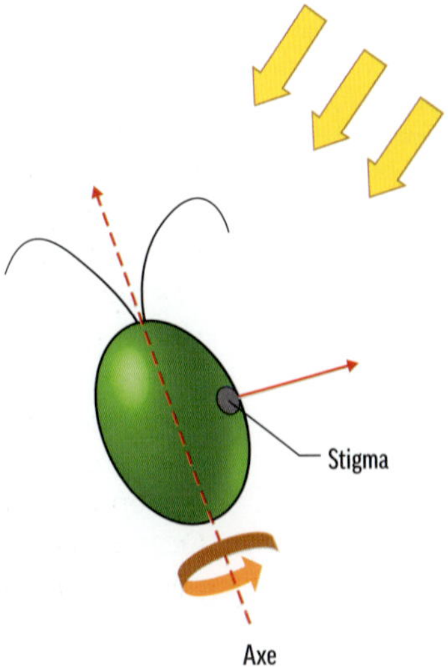


lulaire qui en résulte produit *in fine* les mouvements des flagelles.

La photosensibilité de la canal-rhodopsine a donné l'idée aux chercheurs de la mettre à profit pour exercer un contrôle des mouvements (et plus généralement de l'activité nerveuse) des êtres vivants par la lumière. C'est l'un des objectifs de l'*optogénétique*, nouveau champ de recherche très prometteur associant l'optique et la génétique (voir chapitre 7 p. 206).

Au passage, notons que les algues vertes retiennent aussi l'attention pour une autre de leurs propriétés : elles sont capables de catalyser la décomposition de l'eau sous l'action du Soleil, ce qui produit de l'hydrogène.

Il est important de remarquer que les protéines photoréceptrices du type opsine que nous venons de rencontrer à plusieurs reprises dans les micro-organismes sont extrêmement répandues dans le règne animal : on les trouve non seulement dans la rétine des yeux des vertébrés et des invertébrés (voir chapitre suivant) mais aussi dans le cerveau de divers animaux (oiseaux, reptiles, amphibiens, poissons, certains insectes, etc.), à l'exclusion semble-t-il du cerveau des mammifères.

## Quel rôle la lumière joue-t-elle dans les mouvements migratoires ?

Passons sans transition des micro-organismes aux oiseaux. Chaque année, des millions d'oiseaux migrateurs franchissent des milliers de kilomètres entre les sites de reproduction et les zones d'hivernage. Comment font-ils pour s'orienter ? Question difficile, car plusieurs éléments peuvent entrer en jeu. Les deux principaux sont le champ magnétique terrestre et/ou la position du Soleil, qui leur servent respectivement de compas magnétique ou de compas solaire.

Certains oiseaux sont sensibles au champ magnétique terrestre grâce à la présence de petites particules de magnétite (oxyde de fer $Fe_3O_4$) qui se comportent comme de petits aimants, à l'instar d'une aiguille de boussole. C'est le cas du pigeon qui emploie ce type de magnétoréception pour s'orienter par temps couvert alors que par temps clair, il se repère par rapport à la position du Soleil. Il a en effet été possible de détecter la présence de particules de magnétite à la base du bec et surtout dans la partie charnue située à la limite de la partie cornée et de la partie emplumée.

**11** L'algue verte unicellulaire *Chlamydomonas reinhardtii* se déplace selon un mouvement hélicoïdal induit par la rotation de ses deux flagelles. Elle tourne ainsi sur elle-même à une vitesse variant de 1 à 2,5 tours par seconde. Son détecteur de lumière (stigma) sonde l'environnement dans une direction perpendiculaire à celle de son mouvement. La modulation de la lumière perçue au cours de la rotation est minimale lorsque l'organisme se déplace dans la direction de la source lumineuse.

**12 Expérience de G. Kramer montrant qu'un oiseau se sert du Soleil pour s'orienter dans l'espace.** Un étourneau ou une fauvette à tête noire est mis dans une grande cage circulaire dépourvue de tout repère visuel et éclairée par un Soleil artificiel. La direction des envols est repérée. Puis on occulte le Soleil par un écran et on fait parvenir sa lumière dans la cage sous un autre angle grâce à un miroir convenablement placé. La direction des envols est décalée du même angle que celui que font entre elles l'ancienne et la nouvelle direction du Soleil (D'après J. D. Palmer, *The living clock*, Oxford University Press, 2002.)

Il existe un autre type de magnétoréception, impliquant cette fois-ci la présence de radicaux, espèces chimiques possédant un ou plusieurs électrons non appariés et ayant de ce fait des propriétés magnétiques. C'est de cette façon que les oiseaux migrateurs nocturnes comme le rouge-gorge et la fauvette des jardins détectent le champ magnétique terrestre... via leurs yeux ! Une expérience réalisée sur le rouge-gorge le montre sans ambiguïté : lorsque son œil droit est occulté par un bandeau, l'oiseau ne peut plus déterminer la direction de migration, alors que si c'est l'œil gauche qui est occulté, il en a encore la capacité. La détection est donc latéralisée. En outre, le rouge-gorge est incapable de s'orienter dans la direction voulue si la lumière ambiante est rouge ! Pas de problème en revanche si la lumière est bleue ou verte, et *a fortiori* blanche. Quelle est donc l'entité photoréceptrice située dans l'œil des oiseaux migrateurs et capable de conférer une sensibilité au champ magnétique ? En 2004, des chercheurs ont montré qu'il s'agissait de cryptochromes, une classe de protéines analogues aux photolyases (flavoprotéines impliquées dans la réparation de l'ADN, suite à des dégâts provoqués par les UV). En absorbant la lumière bleue, les cryptochromes produisent des paires de radicaux dont la durée de vie est suffisamment longue (quelques millisecondes) pour que la détection du champ magnétique puisse s'effectuer. Nous verrons plus loin que les cryptochromes sont omniprésents dans le monde vivant et jouent un rôle important dans les rythmes biologiques.

Certains oiseaux migrateurs comme les étourneaux et les fauvettes à tête noire ne se servent pas du champ magnétique terrestre. Si le ciel est couvert, ils sont désorientés, preuve qu'ils ne disposent pas de magnétorécepteurs. Pour s'orienter dans la bonne direction au cours de leur migration, ils repèrent la direction du Soleil, comme l'a montré le zoologiste allemand Gustav Kramer (1910-1959). Une de ses expériences le montre clairement (Figure 12).

Le comportement de ces oiseaux soulève alors une interrogation, car la position du Soleil change au cours de la journée : pour maintenir un cap en se repérant par rapport au Soleil, il faut donc tenir compte du temps qui s'est écoulé depuis son lever. Pour cela, il faut disposer d'une horloge. Alors, l'oiseau migrateur possède-t-il une horloge interne qui fonctionne indépendamment du cycle solaire ? C'est à partir de 1954 que la preuve en a été donnée, grâce à des expériences de décalage horaire (Figure 13).

Les oiseaux ne sont pas les seuls à se repérer par rapport au Soleil lors

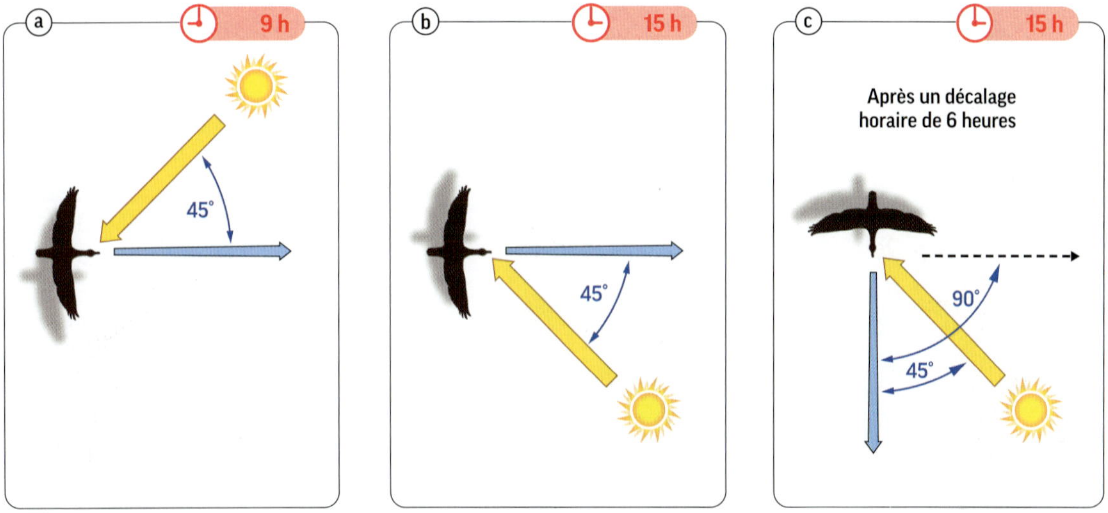


**13 Expérience de décalage horaire prouvant l'existence d'une horloge interne.** Dans des conditions d'éclairement naturel, un oiseau migrateur maintient son cap en se repérant par rapport au Soleil tout en tenant compte de la variation de position de ce dernier au cours de la journée (a et b). On place maintenant un oiseau dans un environnement artificiel où l'alternance jour-nuit est retardée de 6 heures par rapport à l'heure solaire. Au bout de deux semaines, l'oiseau est remis dans son environnement naturel. À 3 heures de l'après-midi, il interprète alors la position du Soleil comme étant celle de 6 heures plus tôt, c'est-à-dire 9 heures du matin. L'écart d'angle par rapport à direction normale de vol est d'environ 90° (c). (D'après J. D. Palmer, *The living clock*, Oxford University Press, 2002.)

de leurs migrations. Les papillons monarques font de même tous les ans à travers l'Amérique du Nord sur 3 500 kilomètres. Des expériences réalisées en 2002 ont montré une capacité d'orientation tout à fait semblable à celle des oiseaux migrateurs. En particulier, le décalage horaire a le même effet sur leur direction de vol.

Ainsi, dans les années 1950, le vol des oiseaux migrateurs a joué un rôle important dans la formulation d'une nouvelle hypothèse : l'existence d'une horloge biologique, permettant à presque tous les organismes vivants de mesurer le temps « de l'intérieur ». C'est au biologiste américain Colin Pittendrigh (1918-1996) que revient le mérite d'avoir unifié ce concept qui englobe toutes les manifestations des rythmes calés sur l'alternance jour-nuit, appelés rythmes circadiens. Ces rythmes sont présents aussi bien chez les animaux que chez les végétaux, indépendamment des conditions environnementales (voir les sections suivantes). Il restait à montrer comment fonctionnent les horloges biologiques. Tâche d'une immense difficulté qui exigera des dizaines d'années d'efforts des chercheurs. Avant de nous pencher sur les mécanismes intimes de ces horloges, revenons au monde végétal qui a fait l'objet des toutes premières observations des rythmes circadiens.

## Les premières observations de phénomènes périodiques sous contrôle de la lumière chez les végétaux

Androsthène, un officier qui accompagnait Alexandre le Grand, remarqua que les feuilles d'un arbre tropical, le tamarinier, se dressaient pendant la journée et s'affaissaient pendant la nuit. Au premier siècle de notre ère, Pline l'Ancien fit des observations analogues, de même qu'Albert le Grand au XIIIe siècle.

En 1729, Jean-Jacques d'Ortous de Mairan, plus connu pour ses travaux en astronomie qu'en botanique, étudia les mouvements d'ouverture et de fermeture des feuilles de *Mimosa pudica*. Ces mouvements sont régis par les variations de lumière selon le cycle jour/nuit. En maintenant la plante dans l'obscurité, il observa à sa grande surprise que ces mouvements persistaient selon le même cycle. Il en déduisit que la plante est sensible à l'alternance jour/nuit, sans pourtant percevoir directement la lumière solaire.

**[14] Une des représentations de l'horloge florale de Linné.** Les fleurs choisies s'ouvrent à tour de rôle au cours de la journée et indiquent ainsi l'heure.

Au milieu du XVIII$^{e}$ siècle, le naturaliste suédois Carl von Linné étudia de nombreuses espèces de fleurs et détermina les moments de la journée où les pétales s'ouvrent et se referment. Il conçut ainsi l'idée de réaliser une « horloge florale » en disposant des fleurs judicieusement choisies pour connaître l'heure sans avoir besoin de consulter sa montre (Figure 14) ! Bien sûr, il ne faut pas s'attendre à une bonne précision, mais peut-on rêver d'une horloge plus écologique ? C'est à Charles Darwin que l'on doit le premier ouvrage décrivant de façon approfondie le mouvement des plantes en général, et l'effet de la lumière en particulier. La première édition de ce livre, intitulé *The power of movement in plants*, parut en 1880. Darwin relatait de nombreuses expériences réalisées sur plus de 300 plantes avec l'assistance de son fils Francis (Figure 15). Ces expériences mémorables interpellèrent les botanistes de l'époque et ouvrirent la voie à la découverte de l'*auxine*, l'hormone végétale la plus importante (voir p. 47). Darwin démontra en outre que certaines plantes sont le siège de rythmes circadiens, confirmant ainsi les travaux de d'Ortous de Mairan.

## Des feuilles et des fleurs qui s'ouvrent et se referment : photonastie et nyctinastie

Nombre de fleurs se ferment lorsque l'éclairement diminue et s'ouvrent quand il augmente (Figure 16). Il en est de même des feuilles de certaines plantes qui,

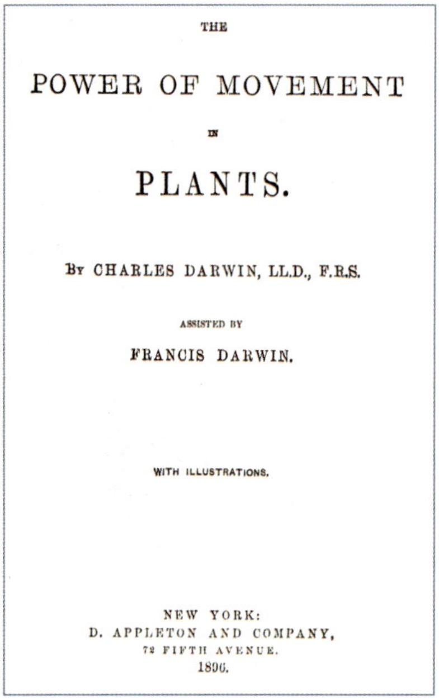
THE

POWER OF MOVEMENT

IN

PLANTS.

BY CHARLES DARWIN, LL.D., F.R.S.

ASSISTED BY

FRANCIS DARWIN.

WITH ILLUSTRATIONS.

NEW YORK:
D. APPLETON AND COMPANY,
72 FIFTH AVENUE.
1896.

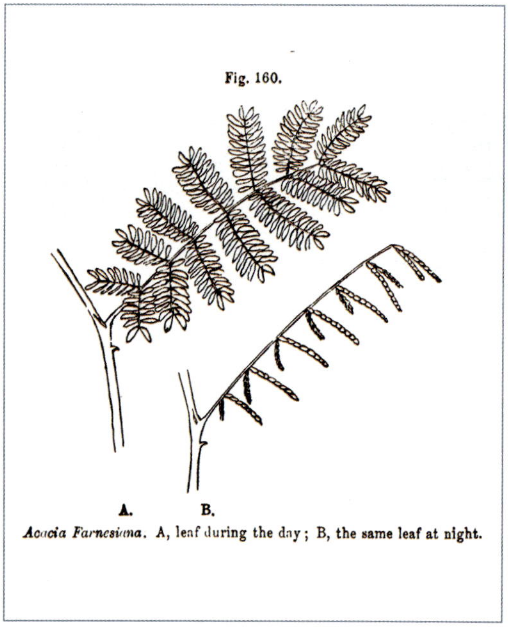


**[15] La page de titre de l'ouvrage de Charles Darwin** *(The Power of Movement in Plants*, 1880) et l'une des nombreuses planches montrant le repliement des feuilles la nuit. Sont représentées ici des feuilles d'*Acacia Farnesiana* le jour (A) et la nuit (B).

selon la luminosité, s'ouvrent et se ferment, ou bien se dressent et s'affaissent. Rappelons que ce phénomène est appelé *photonastie* pour lequel, contrairement au phototropisme, la direction d'où vient la lumière importe peu. Lorsque ces mouvements d'ouverture et de fermeture suivent le cycle circadien (jour-nuit), on parle de *nyctinastie* (voir p. 45). Des fleurs telles que la *Dame d'onze heures*, la *Belle de nuit* et la *Gloire du matin* en sont des exemples bien connus.

Les mouvements peuvent résulter non seulement d'une variation d'intensité lumineuse, mais aussi d'une variation de température : dans ce dernier cas, ce phénomène est appelé *thermonastie*. Il est particulièrement important dans le cas du Crocus et de la Tulipe. Photonastie et thermonastie se produisent souvent conjointement, la température étant plus basse la nuit que le jour.

Pourquoi les fleurs se ferment-elles ? La première idée qui vient à l'esprit est qu'une fleur protège ses organes reproducteurs. Et puis à quoi bon rester ouverte la nuit alors que ses insectes pollinisateurs s'activent le jour ? Ainsi la fleur appelée *Gloire du matin* (*Ipomoea violacea*), de la famille des ipomées, s'ouvre le matin et peut ainsi être pollinisée par les abeilles ou d'autres insectes diurnes (Figure 17). Toutefois, certaines fleurs s'ouvrent la nuit ! C'est le cas de la *Belle de nuit* (*Moonflower* en anglais), une autre espèce d'ipomée (*Ipomoea alba*) qui porte bien son nom, car aux environs de 20 heures, elle s'ouvre en quelques minutes. La pollinisation n'est alors possible que par les papillons de nuit. De tels comportements opposés pour des plantes génétiquement aussi proches ont de quoi surprendre. Les adaptations au cours de l'évolution n'ont visiblement pas suivi le même chemin. Remarquons que l'occupation de « niches temporelles » distinctes par des espèces proches est courante. Il s'agit

**16 Le Gazania fait partie des nombreuses fleurs qui se ferment lorsque la luminosité diminue.** Il s'agit ici de photonastie et non pas de nyctinastie, car cette fleur ne s'ouvre pas dans la journée si le ciel est couvert.

**17 Deux espèces d'ipomées qui ont des comportements opposés :** la Belle de nuit s'ouvre la nuit et la Gloire du matin s'ouvre le jour.

d'une forme de spécialisation qui réduit la compétition inter-espèces.

Concernant le repliement des feuilles, diverses hypothèses ont été avancées. Selon Darwin, cela aurait constitué un bon moyen pour la plante de se protéger du froid la nuit, surtout s'il gèle. En fait, des expériences de laboratoire réalisées dans les années 1970 ont infirmé cette hypothèse. Une autre possibilité serait que les feuilles se ferment pour éviter le ruissellement de l'eau qui favorise la croissance bactérienne et fongique.

Examinons de plus près le mouvement des feuilles (Figure 18). Le changement de courbure se fait au niveau des *pulvinus,* petits renflements à la base du pétiole (petite tige qui relie la feuille à la tige principale). Le repliement des feuilles et la courbure des pétioles sont provoqués par le rétrécissement de la partie inférieure des cellules motrices des pulvinus. Ces mouvements sont induits par une variation d'intensité lumineuse perçue par les photorécepteurs (comportant les *phytochromes* que nous décrirons plus loin), ce qui modifie la perméabilité des membranes cellulaires aux ions potassium et chlorure. La concentration cellulaire de ces ions n'est alors pas la même pour les cellules de la face inférieure et celles de la face supérieure de l'organe végétal. Par effet d'osmose, il en résulte un flux d'eau qui modifie la turgescence des cellules (voir Figure 18). La feuille se replie lorsque les cellules de la face inférieure du pulvinus rétrécissent et celles de la face supérieure gonflent. Elle se redresse et s'ouvre dans le cas inverse.

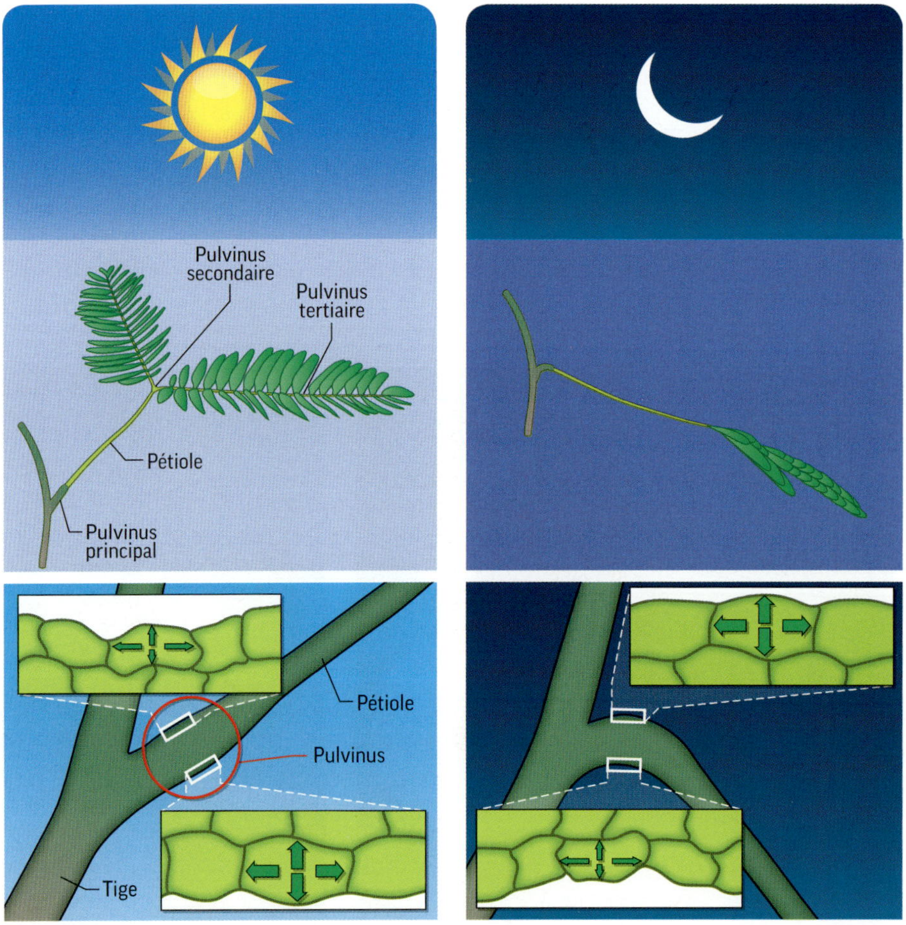


**18 Les feuilles de *Mimosa pudica* se replient la nuit.** La courbure du pétiole et le repliement se font au niveau des pulvinus, où les cellules de la face inférieure rétrecissent tandis que celles de la face supérieure gonflent. Cette plante est dénommée « la sensitive » car elle se replie également au moindre choc, au toucher par exemple.

## Le mouvement des feuilles sous contrôle chimique

Comment explique-t-on le contrôle chimique de la nyctinastie? On doit à des chercheurs japonais la proposition d'un mécanisme universel [1,2]. Deux composés distincts, appelés facteur d'ouverture et facteur de fermeture, sont mis en œuvre pour l'ouverture et le repliement des feuilles de la plante. En outre, ces molécules diffèrent selon la plante. Dans tous les cas, ces facteurs sont en compétition: lorsque la concentration du facteur d'ouverture est supérieure à celle du facteur de fermeture par exemple, la feuille est ouverte. Les concentrations relatives de ces facteurs changent au cours de la journée sous le contrôle de l'horloge biologique. Voyons comment.

L'un de ces facteurs est sous forme glucoside; il peut donc être hydrolysé par l'enzyme β-glucosidase, ce qui en fait baisser la teneur. En revanche, la concentration de l'autre facteur varie peu. Pour certaines plantes c'est le facteur d'ouverture qui est sous forme glucoside (ex.: *Lespedeza cuneata*), pour d'autres c'est le facteur de fermeture (ex.: *Phyllanthus urinaria*). Toutefois, le principe de base est analogue. L'enzyme β-glucosidase joue donc un rôle essentiel dans le mécanisme: son activation initie le rythme circadien du mouvement de la feuille. Ainsi, en contrôlant l'activation de cette enzyme, l'horloge biologique régule le mouvement.

Le mécanisme établi pour la plante *Phyllanthus urinaria* est détaillé sur la Figure 19 à titre d'exemple. Les variations des concentrations des facteurs d'ouverture et de fermeture au cours de la journée sont indiquées sur la Figure 20.

1. M. Ueda et S. Yamamura, «Chemistry and biology of Plant Leaf Movement», *Angew. Chem. Int. Ed.*, **39**, 1400-1414 (2000).

2. M. Ueda et Y. Nakamura, «Chemical Basis of Plant Leaf Movement», *Plant Cell Physiol.* **48**, 900-907 (2007).

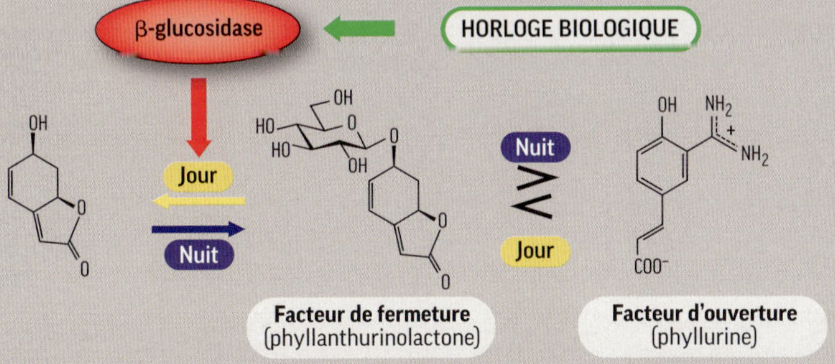


**19 Mécanisme du contrôle chimique de la fermeture et de l'ouverture des feuilles de *Phyllanthus urinaria* (D'après la référence 1).** Les concentrations relatives des facteurs d'ouverture et de fermeture sont régulées par l'horloge biologique qui contrôle l'activation de l'enzyme β-glucosidase. Lorsqu'elle est activée, cette dernière hydrolyse le facteur de fermeture (sous forme glucoside).

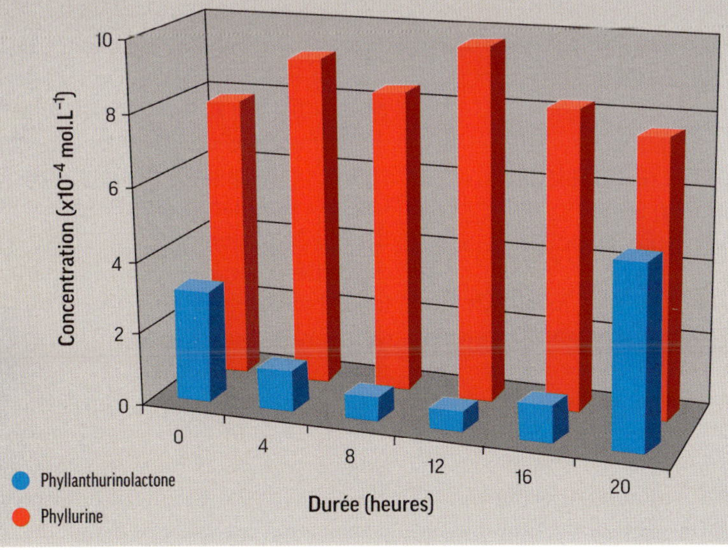


**20 Évolution, au cours de la journée, des concentrations du facteur d'ouverture (phyllurine) et du facteur de fermeture (phyllanthurilactone) des feuilles de *Phyllanthus urinaria*.** La première varie peu alors que la seconde diminue pendant la journée car la phyllanthurinolactone est hydrolysée par la β-glucosidase dont l'activation est régulée par l'horloge biologique (D'après la référence 2).

**21** **L'Arabette des dames** (*Arabidopsis thaliana*) (a) est l'une des plantes les plus étudiées par les botanistes. Elle fleurit si les jours sont suffisamment longs. En revanche, **les chrysanthèmes** (b) fleurissent lorsque les jours sont courts. Il est bien connu qu'ils fleurissent en automne.

La nyctinastie est un rythme circadien qui ne peut s'expliquer que par l'implication d'une horloge biologique dont nous avons déjà mentionné l'existence. Comment cette horloge contrôle-t-elle le mouvement des feuilles ? On a longtemps cru, à tort, à l'intervention d'une hormone. Les agents régulateurs sont en fait des signaux chimiques. Chaque plante fait intervenir des composés spécifiques, qui, pour une plante donnée, sont différents pour la fermeture et l'ouverture des feuilles. C'est la proportion relative de ces composés qui conditionne l'état de fermeture ou d'ouverture. L'horloge biologique régule cette proportion via le contrôle de l'activité d'une enzyme, la β-glucosidase (voir encadré page précédente).

## Contrôle de la floraison par la durée du jour : le photopériodisme floral

La durée de l'éclairement journalier (ou *photopériode*) a souvent une influence importante sur la floraison. Les premières études remontent à 1912 : le botaniste français J. Tournois observe que les floraisons du chanvre et du houblon sont plus précoces lorsque la durée de l'éclairement journalier est réduite. Par ailleurs, les américains W. Garner et H. Allard montrent en 1920 que la floraison d'une variété de tabac (*Nicotiana tabacum* ou Maryland Mammoth) est également favorisée par des journées courtes, et ne se produit donc qu'en hiver. Ils donnent le nom de *photopériodisme* à ce phénomène. Leurs travaux conduisent à classer les plantes en fonction de l'influence de la longueur du jour sur leur floraison : les « plantes de jours courts » (ex. : le Soja, les Chrysanthèmes), les « plantes de jours longs » (ex. : l'Arabette des dames, la Moutarde) et les plantes indifférentes (ex. : la Tomate, le Tournesol) (Figure 21).
Les recherches menées dans les années 1930 ont révélé que la photopériode n'a pas d'effet direct sur les bourgeons prêts à fleurir, mais sur les feuilles. Ces dernières doivent donc transmettre un signal pour que la floraison s'amorce. Quelle est la nature de ce signal ? S'agit-il d'une hormone florigène ? Pendant des décennies, des chercheurs appartenant aussi bien au monde universitaire qu'à de grands groupes industriels ont vainement tenté de l'identifier.

À partir des années 1990, on a fait appel à la génétique pour y voir plus clair. L'étude de plantes mutées ou génétiquement modifiées est alors entreprise en portant une attention particulière à l'Arabette des dames (*Arabidopsis thaliana*) (Figure 21) dont le génome a été entièrement séquencé. Aussi les gènes impliqués dans la floraison ont-ils pu être identifiés. Une étape essentielle est la découverte en 2005 de la protéine FT (sigle issu du terme anglais *Flowering Locus T*) qui est produite dans les feuilles. Migre-t-elle vers les boutons pour activer la floraison ? Pour le savoir, les chercheurs ont accroché à la protéine FT une protéine fluorescente, la GFP (*Green Fluorescent Protein*) (voir chapitre 7), de façon à la suivre à la trace sous microscope. Pas de doute, la protéine FT migre bien vers les bourgeons (Figure 22). Il s'agit donc de la substance florigène tant recherchée. Toutefois, elle n'est pas seule à constituer ce signal mobile : elle fait partie d'un « cocktail » de floraison comportant notamment des sucres et des hormones.

Bien sûr, pour que la protéine FT soit produite dans les feuilles, il faut que les conditions favorables à la floraison soient réunies : la photopériode ainsi que la température (et d'autres facteurs environnementaux) doivent être appropriées. La température est cruciale. En effet, de nombreuses plantes à fleurs ont besoin d'une période de températures froides (allant de quelques jours à quelques mois) pour que les étapes préparatoires indispensables à la floraison puissent se dérouler convenablement. C'est le processus de *vernalisation* (du latin *vernum*, « printemps »).

**22 La protéine FT est produite par les feuilles sous l'effet de la lumière (1)** lorsque les conditions sont favorables (durée du jour adéquate en particulier). Elle constitue avec d'autres substances (sucre et hormones notamment) un signal mobile de floraison (2) transporté par la sève jusqu'aux bourgeons (3).

## Le phytochrome, premier photorécepteur découvert

Pour tous les phénomènes que nous venons de décrire chez les végétaux, la première étape est bien évidemment la détection de la lumière par les protéines photoréceptrices. Dans la suite du texte, nous les désignerons par « photorécepteurs » pour simplifier. Pour en comprendre le rôle, prenons l'exemple de la floraison des plantes. Comment la lumière influe-t-elle sur ce phénomène, et quelle est la fonction du photorécepteur concerné ?

Nous savons déjà qu'il existe des plantes à jours courts et des plantes à jours longs, selon la façon dont la photopériode contrôle leur floraison. Mais la durée d'éclairement n'est pas seule à agir. Considérons une plante à jours longs. En période de jours courts (automne par exemple), elle ne fleurit pas. Pourtant, de façon surprenante, la soumettre à un flash de lumière rouge (de l'ordre de 660 nm) pendant la nuit induira sa floraison. Plus étonnant encore, faire suivre le premier flash d'un second dans le rouge sombre cette fois (au moins 720 nm) supprime cet effet. L'inverse est observé avec une plante à jours courts. Si, en période de floraison, on interrompt la nuit par un bref éclair de lumière rouge, la floraison est inhibée, et si on applique un nouvel éclair rouge sombre, l'inhibition est levée et la plante peut à nouveau fleurir. Comment interpréter ces observations pour le moins étonnantes ?

C'est la sagacité de deux Américains, le biologiste H.A. Borthwick et le physicien S.B. Hendricks, qui a permis de

## Le phytochrome à la loupe

Examinons de plus près les deux formes Pr et Pfr du phytochrome, qui sont interconvertibles par exposition à des lumières de longueurs d'onde appropriées (Figure 23). En quoi diffèrent-elles ? Tout d'abord le chromophore, qui est susceptible d'exister sous forme d'isomères *cis* ou *trans*, se trouve respectivement sous forme *cis* dans Pr et sous forme *trans* dans Pfr. De plus, la conformation de la protéine support diffère dans chacune de ces espèces. L'illumination à 660 nm de Pr, et donc de l'isomère *cis*, conduit à l'isomère *trans*, et donc à Pfr. Inversement, ce dernier est converti en Pr par illumination à 730 nm (Figure 24). Le retour à la forme *cis* s'effectue également dans l'obscurité, par une réaction enzymatique (lente chez les graines et rapide chez les plantules). En outre, le phytochrome sous forme Pfr est susceptible de subir une dégradation enzymatique, tandis que la forme Pr peut être renouvelée par synthèse.

Notons que les longueurs d'onde optimales de la photoisomérisation correspondent effectivement aux maxima d'absorption des formes Pr et Pfr du phytochrome, qui sont situés respectivement à 666 et 730 nm (Figure 25). Les maxima dans le bleu sont de moindre importance, d'autant qu'il existe dans les plantes d'autres photorécepteurs sensibles à la lumière bleue (voir p. 65).

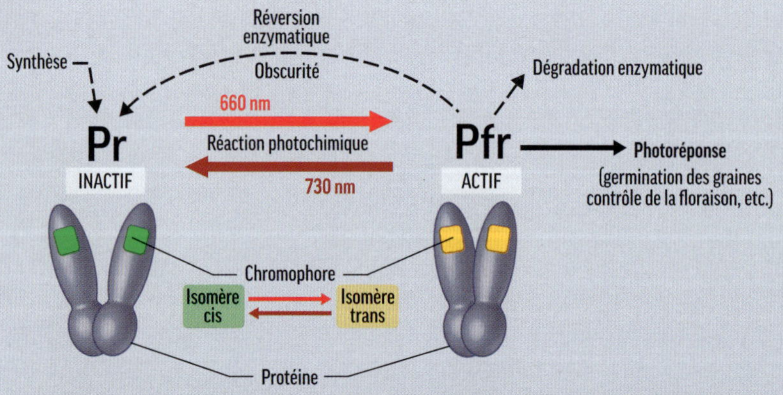


23 **Interconversion des deux formes Pr et Pfr du phytochrome** sous l'effet de la lumière.

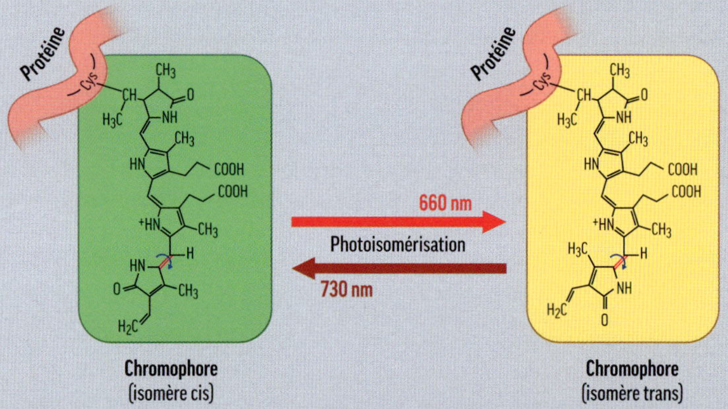


24 **Photoisomérisation du chromophore du phytochrome.** Le chromophore est lié de façon covalente à la protéine via un aminoacide (cystéine). Sous l'action de la lumière, le passage de la forme *cis* à la forme *trans* et réciproquement se fait par rotation autour d'une double liaison (en rouge).

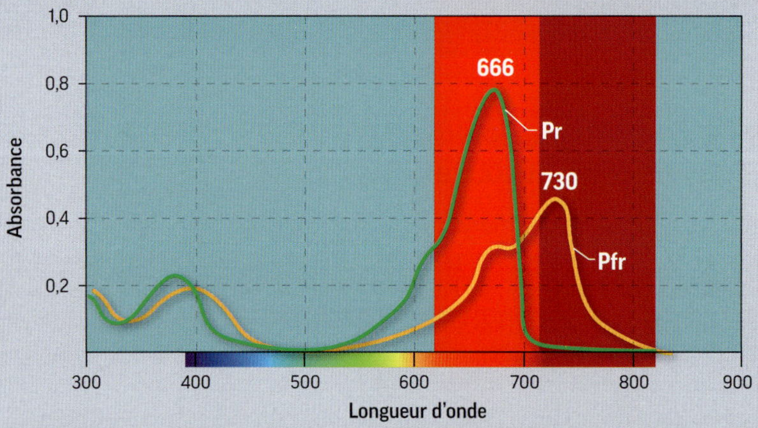


25 **Spectres d'absorption des deux formes Pr et Pfr du phytochrome.**

comprendre. À l'issue d'une série d'expériences voisines de celle qui vient d'être décrite, ils ont découvert en 1952 que la clé de l'énigme résidait dans le comportement du photorécepteur qu'ils ont baptisé *phytochrome* (du grec *phyton*, « végétal » et *chroma*, « couleur »).

Quelle est la nature chimique du phytochrome ? Les expériences décrites précédemment nous donnent quelques indices. Puisque les effets d'une lumière rouge clair et d'une lumière rouge sombre sont opposés, le phytochrome doit exister sous deux formes, une sensible dans le rouge clair, et l'autre dans le rouge sombre. En outre les deux formes doivent être interconvertibles par illumination à des longueurs d'onde appropriées. La forme du phytochrome sensible dans le rouge est désignée par Pr, et celle qui est sensible dans le rouge sombre, appelé aussi rouge lointain, par Pfr (r et fr proviennent de l'anglais *red*, « rouge », et *far red*, « rouge lointain ») (voir encadré ci-contre).

Le phytochrome a pu être isolé à partir de plantules étiolées de graminées : la croissance dans l'obscurité permet d'éviter la production de chlorophylles dont l'absorption masquerait celle du phytochrome. Il s'agit d'une chromoprotéine constituée d'une protéine support (apoprotéine) à laquelle est lié un chromophore (dont la nature est précisée dans l'encadré ci-contre). Elle ne représente que 1 ‰ des protéines cellulaires.

Grâce à son spectre d'absorption caractéristique, le phytochrome a été mis en évidence dans de nombreux tissus végétaux : graines, bulbes, bourgeons, feuilles, etc. Il est impliqué dans de très nombreux phénomènes dont certains ont été décrits précédemment :

- la germination de certaines semences : une durée d'exposition minimale à la lumière est nécessaire pour que la quantité de la forme Pfr, produite à partir de la forme Pr, soit suffisante pour déclencher la germination ;
- la croissance : développement de jeunes plants, régression de l'étiolement ;
- le photopériodisme floral (voir p. 62-63) : la forme Pfr induit la floraison des plantes de jours longs et au contraire inhibe la floraison des plantes de jours courts ;
- la photonastie (voir p. 58).

Cette liste n'est pas exhaustive. Notons en outre que, dans plusieurs de ces phénomènes, le phytochrome n'est pas seul à intervenir. Nous allons donc examiner les autres photorécepteurs.

## Les photorécepteurs des végétaux sensibles dans le bleu

Les *cryptochromes* constituent une autre classe très importante de photorécepteurs. Sensibles dans le bleu, ils sont, au plan de l'évolution, à la base de phénomènes induits

### Les photorécepteurs de type flavine et ptérine

Quels sont les effets de la lumière sur les cryptochromes et les phototropines, photorécepteurs contenant les chromophores flavine et/ou ptérine ?

En ce qui concerne les cryptochromes, ces effets ne sont pas complètement élucidés. L'absorption d'un photon dans le bleu induit très probablement, non pas une photoisomérisation comme dans le cas du phytochrome, mais un transfert d'électron impliquant la flavine FAD (flavine adénine dinucléotide) sous forme oxydée, qui est alors réduite.

Quant au second chromophore des cryptochromes, il est de type ptérine. Servant d'antenne pour le FAD, il lui transfère son énergie d'excitation après absorption d'un photon.

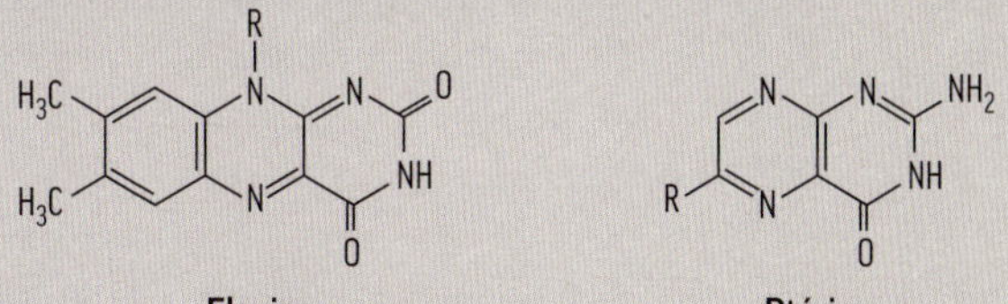


**Flavine** **Ptérine**

Même si deux types de cryptochromes ont été mis en évidence, Cry1 et Cry2, ils ne se distinguent que par la séquence terminale de la protéine, et non par les chromophores.

Qu'en est-il des phototropines ? Leur chromophore est également du type flavine : le FMN (flavine adénine mononucléotide). Ce chromophore subit un photocycle complexe aboutissant à sa fixation sur une cystéine d'une chaîne protéique via l'atome de soufre de cet aminoacide.

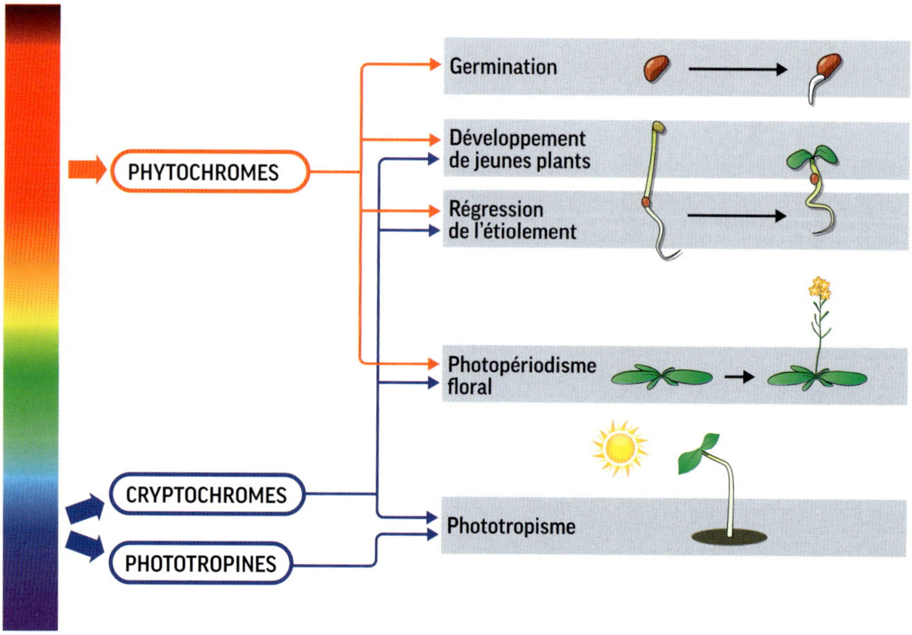


**26** **Les photorécepteurs impliqués dans la croissance et le développement des plantes avec leur domaine de sensibilité (à gauche).**

par la lumière parmi les plus anciens. Ils sont présents non seulement chez les plantes mais aussi chez les champignons, les algues, les bactéries et les animaux. Nous les avons déjà mentionnés dans le cas des oiseaux migrateurs (voir p. 55).

La nature des cryptochromes est restée longtemps inconnue, d'où leur nom qui vient du grec *kruptos*, « caché, secret ». En effet, les plantes contiennent de nombreuses flavoprotéines et caroténoprotéines absorbant dans le bleu, et il n'est pas aisé de distinguer les protéines auxquelles sont associés les photorécepteurs. C'est grâce aux techniques de la génétique moléculaire que l'on a enfin réussi à « décrypter » les cryptochromes en 1994. Ce sont des flavoprotéines comportant deux chromophores : l'un est du type flavine et l'autre du type ptérine (voir encadré p. 65).

Les cryptochromes interviennent dans la régulation de divers aspects de la croissance des plantes et de leur développement : la régression de l'étiolement, le photopériodisme floral, l'ouverture des stomates des feuilles, la hauteur de la plante, la croissance des racines, la taille des fruits, etc.

Pour finir, mentionnons les *phototropines*, des photorécepteurs également sensibles dans le bleu. Elles doivent leur nom au fait qu'elles sont principalement impliquées dans le phototropisme. Le chromophore est du type flavine (voir encadré p. 65).

Il est important de remarquer que pour un phénomène donné, plusieurs types de photorécepteurs peuvent être impliqués et être en interaction. La Figure 26 en donne des exemples. En particulier, les phytochromes et les cryptochromes interviennent conjointement dans le photopériodisme floral et sont donc impliqués dans les horloges circadiennes.

## Le photopériodisme animal

Comme pour les végétaux, la variation de la photopériode au cours des saisons contrôle divers comportements chez les animaux, en particulier la reproduction et l'hibernation que nous allons maintenant brièvement décrire.

**27** **Le brame du cerf,** manifestation de la période de reproduction, se produit de la fin août au début octobre. La gestation de la biche dure en moyenne 235 jours (soit environ 8 mois). La période des naissances s'étale donc de la fin avril au début juillet, mais surtout entre le 15 mai et le 15 juin. Le cerf peut être chassé du début septembre à fin février.

### *Lumière sur la reproduction*

Comme chacun sait, les animaux se reproduisent préférentiellement à la fin de l'hiver ou au printemps, car cette période est évidemment favorable à la survie des jeunes. La période de fécondation dépend alors de la durée de la gestation. Lorsque celle-ci dure quelques semaines, la période d'activité sexuelle se situe au printemps. C'est le cas des rongeurs et des oiseaux (pour ces derniers, c'est la durée de la période d'incubation qui est concernée). Il en est de même si la gestation dure environ un an, comme pour les chevaux et les ânes. Quand la durée de la gestation est de l'ordre de six à neuf mois (cas des ovins, caprins, cervidés), la période d'activité sexuelle est l'automne, afin que les naissances surviennent au printemps suivant (Figure 27).

### *L'hibernation sous contrôle de la lumière et de la température*

Comment les animaux réagissent-ils lorsque la mauvaise saison approche, c'est-à-dire lorsque les jours raccourcissent et que la température moyenne décroît ? Certains oiseaux vont migrer vers des zones plus favorables, puis ils reviendront au printemps dans leur région habituelle de reproduction. Ces migrations impliquent des cycles circannuels régis essentiellement par la photopériode.

Les mammifères, quant à eux, maintiennent pour la plupart leur température constante, au prix d'une dépense énergétique importante. Toutefois, pour réduire celle-ci, certaines espèces entrent en hibernation, c'est-à-dire dans un état d'hypothermie régulée. C'est le cas par exemple de la marmotte, du hérisson, du lérot et du hamster. La dépense d'énergie est alors réduite de plus de 95 %, de façon à n'assurer que le métabolisme de base requis pour un corps au repos complet. Il ne faudrait pas croire que, pendant l'hibernation, les animaux dorment sans interruption pendant plusieurs mois. En fait, ils émergent périodiquement de leur léthargie, l'espace d'une journée au cours de laquelle ils doivent puiser dans leurs réserves de graisse. Puis ils se replongent dans le sommeil.

Il a été prouvé que la photopériode a plus d'effet que la température sur l'entrée en hibernation. Au contraire, c'est la température qui a le plus d'influence sur la longueur de l'hibernation. La disponibilité

**28 Un moyen simple de mesurer le rythme circadien d'un petit animal,** un hamster par exemple, est de le placer dans une cage munie d'une roue à barreaux. Il passe en effet une bonne partie de son temps à courir sur place dans la roue. Il suffit d'enregistrer automatiquement le nombre de tours de roues pour évaluer son activité locomotrice journalière. On obtient ainsi un *actographe*.

de nourriture peut également jouer un rôle synchronisateur.
Quant aux insectes, si nombre d'entre eux résistent et survivent aux variations climatiques, et en particulier aux basses températures en hiver, c'est parce qu'ils se mettent dans un état de vie ralentie, appelé *diapause*. Cette phase d'arrêt du développement est régie par la photopériode dont la valeur critique est fixée génétiquement. Il ne faut pas confondre la diapause et la simple quiescence, vie ralentie qui cesse dès que des conditions favorables reviennent.

## Le rythme circadien dans le monde animal

Le rythme circadien, qui régule les diverses fonctions des organismes vivants, est contrôlé par des horloges biologiques. Où se situent-elles ? Quels en sont les rouages ? Comment la lumière intervient-elle pour les remettre à l'heure ?
Rappelons qu'une fonction biologique qui obéit à un rythme circadien, rythmée par l'alternance jour/nuit, se reproduit toutes les 24 heures environ. En réalité, selon les espèces, cette période varie de 22 heures à 26 heures, ou davantage. Un point important est que cette valeur moyenne est propre à chaque espèce et précisément définie, les variations interindividuelles étant faibles (Figure 28).
Chez l'Homme, le rythme circadien dure entre 23h30 et 24h30 selon les individus. Presque toutes les fonctions biologiques humaines, en étant soumises à ce rythme, sont ainsi assujetties aux différents moments de la journée : le cycle veille-sommeil, le fonctionnement de l'appareil digestif, la production d'hormones, la régulation de la température corporelle, etc. Le dérèglement de ce rythme provoque des perturbations importantes, notamment des troubles du sommeil. Où se trouve donc l'horloge qui régule les cycles circadiens ?

### *Le noyau suprachiasmatique donne le tempo*

L'horloge centrale des mammifères se situe au centre du cerveau ; il s'agit d'une petite structure double à peine plus grosse qu'une tête d'épingle, située dans la partie antérieure de l'hypothalamus, et appelée noyau suprachiasmatique (NSC) (Figure 29). Comme le révèle son nom, il est positionné juste au-dessus du chiasma optique où se croisent les deux nerfs optiques provenant des deux yeux. Le rôle de régulateur circadien du NSC est illustré par l'expérience suivante : lorsqu'on supprime le NSC chez le hamster ou le rat par exemple, les activités – comme l'alternance veille-sommeil – cessent d'être rythmiques : elles deviennent indépendantes du cycle jour-nuit. En revanche, si l'on prélève le NSC chez un embryon et qu'on le transplante dans le cerveau de l'animal lésé, la rythmicité réapparaît avec un taux de réussite de 80-90 %. Le NSC est donc bien le siège d'une horloge. De plus celle-ci est autonome, car des chercheurs ont montré en 1982 qu'elle continue à fonctionner lorsque, isolé du cerveau, le

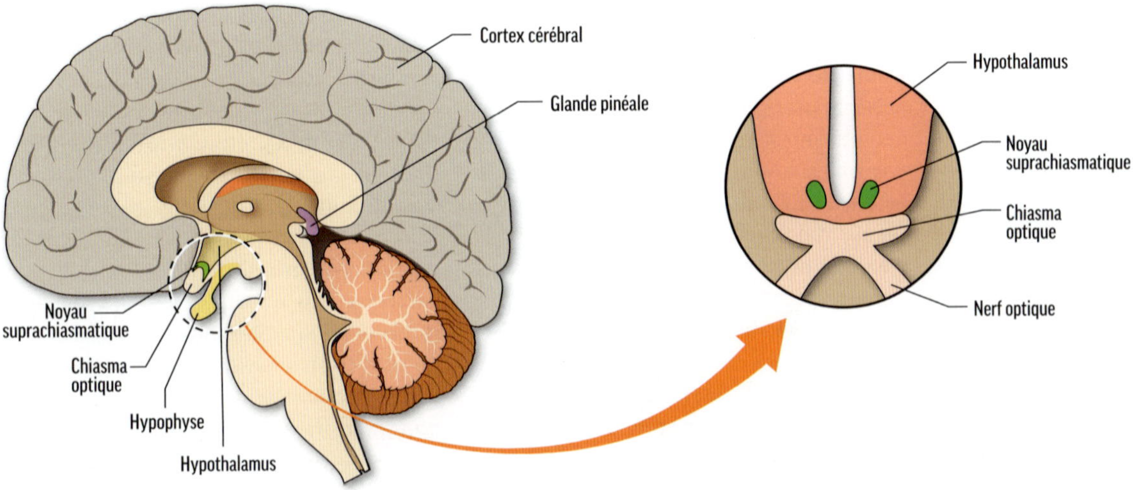


NSC est cultivé dans une boîte avec les nutriments nécessaires ! Cette horloge endogène, dont les individus sont génétiquement pourvus, est-elle susceptible, comme toute horloge, de dériver ?

### *Une horloge interne remise périodiquement à l'heure*

Sans repère de temps, un individu dont l'horloge fonctionne sur la base de 24h30 et qui est enfermé dans une grotte, s'endort une demi-heure plus tard chaque jour ; le retard accumulé au bout d'une semaine est de 3h30. Pour lui, le temps passe en quelque sorte moins vite. Dans ses conditions habituelles de vie, la personne ne subit pas de tels décalages car l'horloge interne de son NSC est remise à l'heure chaque jour, c'est-à-dire resynchronisée sur un cycle de 24 heures. Comment s'effectue cette resynchronisation ?

Au début des années 1970, on a découvert que la position du NSC au-dessus du chiasma est stratégique. En effet, il est apparu que certaines fibres des nerfs optiques ne parvenaient pas jusqu'aux aires visuelles du cerveau, mais bifurquaient vers cette petite zone, réalisant une connexion entre l'œil (ou plus précisément la rétine) et le NSC. Sachant que l'ablation des globes oculaires, ou la destruction des nerfs optiques due à une atteinte cérébrale, font disparaître la synchronisation de la régulation circadienne, on comprend que cette connexion avec la rétine permet la transmission au NSC d'une information fournie par la lumière du jour afin de « remettre à l'heure » l'horloge biologique. Cette information est-elle d'ordre visuel ? Non, car les rythmes circadiens peuvent être resynchronisés chez certains aveugles par photothérapie, à condition qu'ils aient conservé leurs yeux. En réalité, le stimulus responsable de la resynchronisation de l'horloge biologique avec la lumière du jour est la luminosité extérieure perçue par la rétine, et ce stimulus est transmis par le nerf optique. La rétine possède donc une double fonction, la fonction visuelle « classique », et une fonction de régulation non visuelle.

Notons que d'une façon générale, chez les vertébrés, la lumière est le facteur de régulation de leurs rythmes biologiques ; la régulation se produit majoritairement par l'intermédiaire de la glande pinéale, petite glande endocrine située au sommet de leur cerveau. Cette glande est directement sensible à la lumière qui traverse la boîte crânienne pour l'atteindre. Cependant, la voie rétinienne est aussi observée pour de nombreux oiseaux, la rétine présentant alors, comme chez les mammifères, la dualité

**2.9 Vue schématique d'un cerveau humain montrant la position du noyau suprachiasmatique.** Il est situé au dessus du chiasma optique où se croisent les nerfs optiques venant des yeux.

fonctionnelle évoquée plus haut (voir encadré ci-contre).
Chez l'Homme, la synchronisation pourrait aussi reposer sur d'autres facteurs liés à son activité journalière (conditionnée bien sûr par l'alternance jour-nuit), à sa vie sociale et à son habitat, qui fournissent à l'organisme de nombreux repères temporels. Néanmoins, comme le démontre l'absence de synchronisation chez les aveugles qui ont subi une ablation des yeux, la lumière du jour perçue par la rétine demeure le synchronisateur essentiel de l'horloge circadienne humaine, comme d'ailleurs chez tous les mammifères.

## *Des photorécepteurs spécifiques pour synchroniser l'horloge*

Quels photorécepteurs, au niveau de la rétine des mammifères, permettent la régulation de l'horloge circadienne ? Cette fonction n'est pas visuelle, il ne s'agit donc pas des cônes ni des bâtonnets (voir chapitre suivant), mais d'autres photorécepteurs sensibles aux variations de luminosité.
Ces photorécepteurs n'ont été identifiés qu'en 1998. Il s'agit de certaines cellules ganglionnaires de la rétine, constituant un petit sous-groupe d'environ 2 000 unités disséminées parmi ces dernières. Les prolongements de ces cellules (axones) rejoignent le noyau suprachiasmatique au lieu de participer au nerf optique. Parmi l'ensemble des cellules ganglionnaires réparties dans une couche de la rétine distincte de celle des cônes et des bâtonnets, ces cellules particulières forment ainsi un système photosensible parallèle au système visuel qui, lui, forme les images. La réponse électrique des cellules ganglionnaires photosensibles à une stimulation lumineuse est beaucoup plus lente que celle des cônes et des bâtonnets ; elle est également de nature différente.
En revanche, comme les cônes et les bâtonnets, ces cellules comportent une protéine du type opsine associée à un chromophore du type rétinal (voir chapitre suivant). On a donné à cette protéine le nom de mélanopsine, car c'est dans des cellules cutanées de crapaud productrices de mélanine qu'elle fut décelée pour la première fois. C'est pourquoi on parle de cellules ganglionnaires à mélanopsine. Chez les mammifères, ces dernières ne jouent pas seulement un rôle de synchronisation de l'horloge circadienne. Par exemple, les variations de luminosité qu'elles détectent sont également transmises aux muscles de l'iris qui contrôlent le diamètre de la pupille (voir chapitre suivant).

## *L'hormone du sommeil sous contrôle de l'horloge circadienne*

L'horloge centrale des mammifères contrôle la quasi totalité des rythmes biologiques, en particulier les rythmes hormonaux, c'est-à-dire la sécrétion d'hormones comme la mélatonine et le cortisol (ou hydro-cortisone) secrété par les glandes surrénales. Examinons de plus près le contrôle de la sécrétion de la mélatonine, la fameuse « hormone du sommeil » (voir encadré p. 72).
Chez tous les vertébrés, la mélatonine est produite par la glande pinéale. Chez les mammifères, cette glande a perdu toute sensibilité à la lumière. La production cyclique de mélatonine est sous contrôle exclusif de l'horloge du noyau suprachiasmatique. Ce dernier, informé par les cellules ganglionnaires à mélanopsine, envoie alors des signaux à la glande pinéale, et ce par une voie neuronale complexe malgré la proximité de ces deux structures dans le cerveau. Ainsi, la mélatonine commence à être produite à la tombée de la nuit. L'élévation de la concentration de cette hormone dans le sang induit alors le besoin de dormir et provoque une légère baisse de la température du corps. Chez les êtres humains, la concentration passe par un maximum entre 2 et 4 heures du matin puis diminue durant la seconde moitié de la nuit, pour préparer le réveil.

## Photoréception et horloge biologique chez d'autres animaux que les mammifères

Comment sont régulés les rythmes biologiques chez d'autres animaux que les mammifères ? Commençons par décrire de brillantes expériences conduites par le biologiste français Jacques Benoit (1896-1983), l'un des pionniers de la photobiologie, sur la régulation de la fonction sexuelle des oiseaux par la lumière. Benoit commence à étudier le canard domestique en 1934, à une époque où l'on savait déjà qu'une exposition globale du corps à la lumière a un effet sur le développement des organes sexuels de nombreux animaux, en particulier sur la croissance testiculaire (effet photosexuel). Sous un éclairement de l'ordre de 15 heures par jour (simulant un jour long), le poids des testicules de canard augmente d'un facteur 60 à 80. Sachant qu'il n'y a pas d'action directe de la lumière sur ces derniers, où se situe donc la zone photosensible responsable de cette observation ? Et à quelles longueurs d'onde répond-elle ?

Tout d'abord, Benoit éclaire la rétine des yeux du canard à diverses longueurs d'onde (la morphologie du bec de cet animal se prêtant bien au port de lunettes colorées employées à cette fin !). Il observe que l'effet photosexuel se produit seulement pour les longueurs d'onde situées dans l'orangé et le rouge ($\lambda > 600$ nm), et non pour l'ensemble des radiations du bleu au rouge perçues par les yeux du canard, avec une sensibilité maximale dans le jaune ($\lambda = 575$ nm). Benoit apporte ainsi la première démonstration d'une double fonction de la rétine : la fonction visuelle classique sur l'ensemble du spectre visible, et une fonction dédiée à une régulation non visuelle, ici sexuelle, s'exerçant aux grandes longueurs d'onde.

Cependant, après avoir occulté les yeux du canard, Benoit constate encore l'effet photosexuel, alors que si la tête est totalement couverte, il disparaît. À l'aide de fines baguettes de quartz conduisant la lumière (ancêtres des fibres optiques), le biologiste explore alors le crâne du canard et parvient à localiser une zone extrêmement photosensible dans le cerveau, au niveau de l'hypothalamus. La sensibilité en est dix fois plus élevée que celle de la rétine, ce qui permet la détection de la lumière malgré l'atténuation de celle-ci lors de la traversée des tissus qui recouvrent cette zone. De plus, la réponse photosexuelle est cette fois observée à toutes les longueurs d'onde du domaine visible. L'hypothalamus possède donc des photorécepteurs propres consacrés à cette régulation physiologique.

Chez les moineaux également, une zone photosensible, responsable de l'effet photosexuel, existe dans le cerveau. Pour preuve, des expériences réalisées en 1970 ont montré que cet effet est supprimé lorsqu'on injecte un produit opacifiant dans les tissus recouvrant le cerveau, alors qu'il est exalté si on enlève quelques plumes du sommet du crâne. Contrairement au canard, les yeux n'interviennent pas.

La structure située au niveau de l'hypothalamus des oiseaux participe donc à l'horloge biologique de ces derniers. Leur cas diffère de celui des mammifères, qui ne détectent la lumière que par leurs yeux. En outre, chez de nombreux vertébrés (oiseaux, reptiles, amphibiens, poissons, etc.), la glande pinéale (ou épiphyse), glande endocrine, compte aussi parmi les structures sensibles à la lumière et responsables des rythmes biologiques. Depuis les années 1980, on sait que les protéines photoréceptrices de cette glande sont du type opsine, comme ceux des cônes et des bâtonnets de la rétine de nombreux animaux (voir chapitre suivant), et comme certains photorécepteurs des micro-organismes (voir encadré p. 51).

L'importante sécrétion nocturne est une caractéristique essentielle de cette hormone, d'où la dénomination d'hormone du sommeil. Bien qu'il n'existe aucune relation entre la sécrétion de la mélatonine et les phases du sommeil, la mélatonine a un rôle d'induction de ce dernier et en réduit les troubles. C'est aussi un agent de resynchronisation à la suite d'une perturbation des rythmes biologiques, due au décalage horaire par exemple.

Indépendamment du contrôle exercé par l'horloge circadienne, la production de mélatonine est ralentie par une exposition à la lumière. La lumière artificielle est donc le perturbateur endocrinien à la fois le plus ancien, le plus largement répandu, et le moins reconnu… Aussi est-il déconseillé d'utiliser un ordinateur ou une tablette tard le soir, car la perception de la lumière émise par l'écran réduit la sécrétion de mélatonine, d'où un retard possible à l'endormissement. Si l'écran possède un rétro-éclairage à base de diodes électroluminescentes (LED) blanches, l'effet est encore plus prononcé : elles émettent un rayonnement riche en lumière bleue, or les cellules ganglionnaires à mélanopsine

## Zoom sur la mélatonine

La mélatonine ou « hormone du sommeil » a-t-elle un rapport avec la mélanine, responsable de la pigmentation de la peau ? Effectivement, chez certaines espèces comme les crapauds, la mélatonine induit l'agrégation de particules de mélanine sécrétées par des cellules spécialisées de la peau, appelées mélanocytes (voir l'encadré p. 120).

La mélatonine est la N-acétyl-5-méthoxy-tryptamine. Sa biosynthèse s'effectue à partir d'un acide aminé, le tryptophane, par l'intermédiaire de la sérotonine et avec l'intervention de plusieurs enzymes dont la production et l'activité sont régulées de façon circadienne.

La mélatonine n'a pas seulement une action sur le sommeil. C'est un antioxydant et un antidépresseur. En outre, des chercheurs ont montré qu'un traitement à base de mélatonine appliqué à la musaraigne musette retarde l'apparition des premiers signes de vieillissement (Figure 30).[1] On rêve évidemment d'une application à l'Homme !

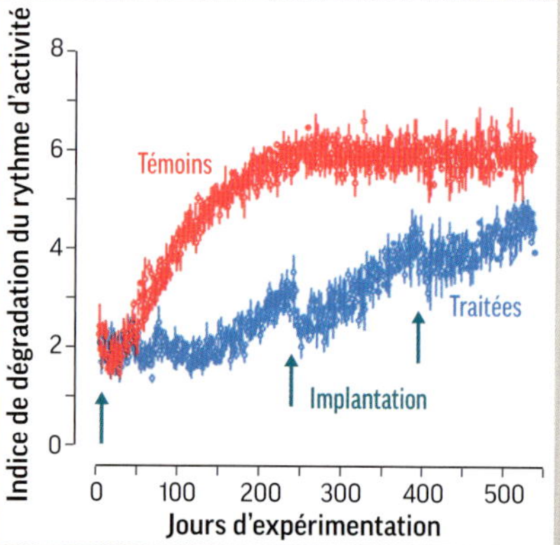


**30** **L'injection de mélatonine à des musaraignes** *Crocidura russula* réduit l'indice de dégradation de leur rythme d'activité journalière (courbe bleue). Les flèches indiquent les dates d'implantation successives. Les injections ont débuté pour des animaux âgés de 12 mois, juste avant que les témoins ne manifestent les premiers signes de vieillissement (courbe rouge).[1]

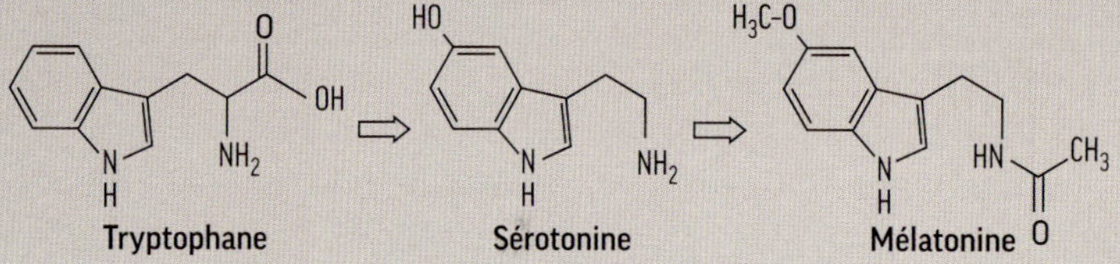


1. E. Magnanou, J. Attia, R. Fons et G. Boeuf, *PLoS ONE 4*, e5904 (2009).

sont particulièrement sensibles dans le bleu. C'est d'ailleurs la raison pour laquelle certains conseillent aux conducteurs de placer une LED bleue à l'avant du véhicule, lors de leurs trajets de nuit : cette solution s'avère aussi efficace qu'une tasse de café pour maintenir la vigilance. Ce conseil n'est pourtant pas à suivre, car une exposition excessive à la lumière bleue est nocive pour les cellules rétiniennes et favorise l'apparition de la DMLA (dégénérescence maculaire liée à l'âge).

### *Les rouages de l'horloge circadienne*

Le siège de l'horloge étant localisé, il faut maintenant en préciser les rouages, c'est-à-dire les molécules faisant office de roues dentées. Rappelons d'abord que l'horloge, dont le NSC est le siège, continue à fonctionner lorsque ce dernier est cultivé *in vitro*. On a même constaté que chaque neurone du NSC, isolé dans un milieu de culture et soumis à un éclairage constant, continue à faire varier son activité de façon oscillante sur une période de l'ordre de 24 h, même si, bien sûr, on n'observe plus la synchronisation par les stimuli lumineux qu'il subirait dans le cerveau du fait des variations de luminosité du cycle jour/nuit. Plus généralement, d'autres cellules du corps humain, placées dans des conditions analogues, continuent aussi à manifester des fluctuations cycliques de leur activité sur environ 24 h, comme par exemple celles de l'expression de certains gènes ou de la production de diverses substances. Même un organisme unicellulaire procaryote tel qu'une cyanobactérie obéit à une horloge circadienne. Il est fascinant de réaliser qu'une telle horloge fonctionne au

| Organisme | Rythmes circadiens | Principaux gènes de l'horloge |
|---|---|---|
| Mouche drosophile  | Activité locomotrice<br>Éclosion des adultes | *per, tim, cyc, clk* |
| Mammifères (souris, rat, hamster, homme)  | Veille/sommeil<br>Sécrétion d'hormones<br>Température | *per1, per2, per3, cry1, cry2, bmal1* (homologue de *cyc*), *clk* |

**Tableau 3. Principaux gènes des horloges biologiques** de la mouche drosophile et de mammifères ayant fait l'objet d'études génétiques.

sein même des cellules. Quels en sont les rouages moléculaires ?

Ce sont d'abord des gènes, mais aussi les protéines que codent ces gènes. Les recherches initiées en 1971 par Ronald Konopka et Seymour Benzer sur la mouche drosophile conduisirent à la première identification d'un gène impliqué dans le cycle circadien, baptisé *period,* abrégé en *per.* La caractérisation du gène *per,* c'est-à-dire la détermination de sa séquence de bases, ne sera menée à bien qu'en 1984 grâce aux progrès du génie génétique. Ce gène code la structure d'une protéine appelée PERIOD (abrégé PER) dont on connaît l'enchaînement des acides aminés. Un autre gène *tim,* abréviation de *timeless,* est découvert chez la drosophile en 1994. Puis d'autres suivront.

Qu'en est-il des mammifères ? Le premier gène d'horloge identifié chez la souris en 1997 est baptisé *clock* ; ce mot signifie bien sûr « horloge » en anglais, mais est aussi l'acronyme de *circadian locomotor output cycle kaput* (traduisez cet anglo-germanisme par « perte de la manifestation de cycles locomoteurs circadiens » !). Puis en recherchant chez la souris un gène analogue au gène *per* de la drosophile, les chercheurs en ont trouvé trois : *mper1, mper2* et *mper3* (*m* pour *mouse,* « souris »). Il existe également les gènes *cry1* et *cry2* codant pour des protéines qui appartiennent à la famille des cryptochromes, récepteurs sensibles à la lumière bleue que nous avons déjà décrits (voir p. 65), mais qui, chez les mammifères, semblent jouer surtout un rôle de rouage de l'horloge circadienne.

Bien d'autres gènes d'horloge ont été découverts dans divers organismes, mais nous nous limiterons à la mouche drosophile et aux mammifères (Tableau 3).

Comment ces rouages s'engrènent-ils ? Question complexe qui mobilise de nombreuses équipes de recherche. Bien des aspects restent à élucider. On peut toutefois dégager un principe général de fonctionnement d'une telle horloge. La cellule produit des protéines qui régulent

## 24 heures de la vie d'une cellule

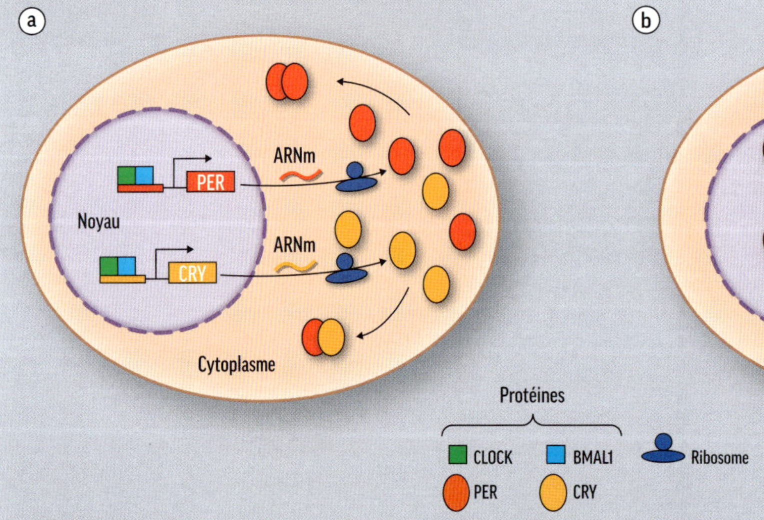


Comment l'horloge d'une cellule de mammifère fonctionne-t-elle sur une durée de 24 heures ? Les deux rouages principaux de cette horloge sont les gènes *per* (*per1*, *per2*, *per3*) et *cry* (*cry1*, *cry2*). Ils ne sont actifs qu'en présence de deux protéines, CLOCK et BMAL1, qui, liées l'une à l'autre, forment un couple se fixant en un point précis de l'ADN (Figure 31). La transcription de ces gènes en ARN-messagers est alors possible, et ces derniers rejoignent le cytoplasme où ils sont décodés par les ribosomes pour produire les protéines PER et CRY. Celles-ci forment des couples PER/PER et PER/CRY qui pénètrent dans le noyau et vont interagir avec le couple CLOCK/BMAL1 pour inhiber son activité, c'est-à-dire empêcher l'expression des gènes *per* et *cry*. Ainsi s'est formée une boucle de rétroaction négative au cours de laquelle les protéines PER et CRY s'opposent à leur propre synthèse. Au bout d'un certain temps, les couples PER/PER et PER/CRY se dégradent. Ils sont remplacés par d'autres couples de même type présents dans le noyau, puis il arrive un moment où il n'y a plus assez de couples pour inhiber l'activité des gènes *per* et *cry*. Alors la transcription des ARN messagers de ces gènes peut reprendre. Ainsi, une nouvelle boucle démarre au bout de 24 heures environ après le début de la précédente. La lumière agit indirectement sur les gènes *per* pour réguler précisément la durée de la boucle.

**31** Mécanisme de l'horloge biologique des mammifères selon une boucle de rétroaction négative. Dans un premier temps (a), les gènes *per* et *cry* sont exprimés grâce à l'activation par le couple de protéines CLOCK/BMAL1 ce qui conduit à la synthèse des protéines PER et CRY. Dans un deuxième temps (b), ces protéines, sous forme de couples, pénètrent dans le noyau et inhibent l'activité de CLOCK/BMAL1. En réalité, il existe trois gènes *per* (*per1*, *per2*, *per3*) et deux gènes *cry* (*cry1* et *cry2*). Dans un souci de clarté, un seul de chaque est représenté. Les ribosomes décodent les ARNm produits dans le noyau pour assembler les acides aminés formant les protéines PER et CRY.

elles-mêmes leur concentration de façon à maintenir cette dernière en moyenne pratiquement constante. Cette régulation est cyclique : les protéines produites, et dont la teneur augmente donc, pénètrent dans le noyau pour inhiber les gènes responsables de leur propre synthèse (voir encadré ci-dessus) ; leur concentration diminue alors, et lorsqu'elle atteint un certain seuil, la biosynthèse recommence. La régulation cyclique est très fréquente chez les êtres vivants et est appelée « boucle de rétroaction négative » (voir encadré ci-dessus). Ce qui est remarquable ici, c'est que la durée de la boucle est de 24 heures, alors qu'elle est habituellement de l'ordre de la minute, de la seconde ou même de la milliseconde, par exemple lors de la régulation de l'activité d'une enzyme.

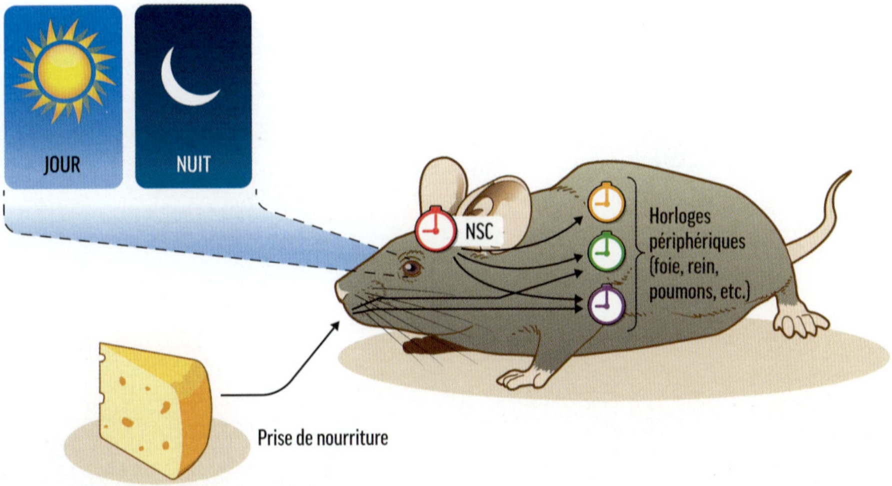


**32 L'horloge centrale des mammifères,** située dans le noyau suprachiasmatique (NSC), est synchronisée par l'alternance jour/nuit. Elle régule les horloges périphériques situées dans le foie, le rein, les poumons et d'autres tissus. La nutrition, les fluctuations cycliques de température, l'activité, la sécrétion d'hormones, etc. sont autant de facteurs impliqués.

Un tel processus oscillant de régulation relève de l'homéostasie, terme introduit par Claude Bernard pour désigner la capacité d'un organisme à maintenir pratiquement constantes les teneurs de ses différents constituants (bio)chimiques. Plus généralement, il s'agit ici du maintien d'un état stationnaire, malgré le déroulement permanent de processus biochimiques au sein de la cellule considérée et ce, sans échange avec le milieu environnant des espèces réagissantes lors de l'évolution du système. L'analogie avec les réactions chimiques oscillantes, par exemple celles de la classe des réactions de Belousov-Zhabotinsky, est frappante. En effet, lors de ces réactions, les concentrations des réactifs et des produits fluctuent de façon cyclique au lieu d'évoluer de façon monotone vers l'état d'équilibre final, comme généralement. Certaines réactions chimiques oscillantes peuvent d'ailleurs être commandées par des stimuli lumineux.

### *De multiples horloges*

Les gènes de l'horloge circadienne sont exprimés de manière cyclique non seulement dans le noyau suprachiasmatique (NSC), mais aussi dans d'autres parties du cerveau, ainsi que dans le foie, les reins, le cœur, la peau, et bien d'autres tissus. Ce sont autant d'horloges périphériques coordonnées par l'horloge centrale du NSC ; cette dernière donne ainsi le tempo à toutes les horloges périphériques et en maintient la cohérence de phase. Synchronisé par la luminosité extérieure, le NSC communique à son tour aux horloges périphériques des informations de synchronisation. De quelle façon ? Les voies de contrôle sont indirectes et multiples, et loin d'être complètement démêlées. Elles impliquent la transmission indirecte de signaux par voie neuronale, la sécrétion d'hormones, la nutrition, l'activité, le temps d'alimentation, les fluctuations cycliques de température (Figure 32). Les chercheurs ne sont pas au bout de leur peine ! En revanche, un tissu qui se trouve déconnecté du NSC poursuit son activité cyclique, mais ses oscillations globales s'amortissent dans le temps, principalement parce que la multitude de cellules oscillantes qui s'y trouvent se déphasent petit à petit les unes par rapport aux autres.

## Et les animaux qui vivent dans l'obscurité ?

Après avoir décrit tant de comportements contrôlés par la lumière, on peut légitimement s'interroger sur la vie animale dans l'obscurité, d'autant que les zones

**33 La salamandre cavernicole d'Europe *Proteus anguinus*.** Les yeux rudimentaires qu'elle possède à la naissance disparaissent complètement en vieillissant, tandis que sa couleur évolue du gris au blanc rosé.

## Les poissons aveugles cavernicoles ont-ils perdu leur horloge ?

Depuis deux millions d'années environ, des poissons (*Phreatichthys andruzzii*) vivent dans les nappes phréatiques du désert somalien, dans l'obscurité totale (Figure 34). Beau sujet d'étude pour les chercheurs qui ont voulu savoir ce qu'est devenue l'horloge circadienne qu'ils possédaient avant d'avoir été piégés.[1] Tout d'abord ils ont observé que ces poissons n'étaient pas sensibles à la lumière et qu'une alternance lumière-obscurité n'avait aucun effet sur leur activité. Ont-ils pour autant perdu toute horloge biologique? Non, répondent les chercheurs, car en donnant à manger à ces poissons à heure fixe, ils ont constaté que ces derniers étaient conditionnés par l'heure du repas: ils pointaient le bout de leur nez un peu avant l'heure. Même comportement chez un poisson de référence, le poisson zèbre. Cela montre que dans les deux cas, une horloge biologique est susceptible de fonctionner, et qu'elle est régulée par un signal externe tel que la nutrition régulière.

Toutefois, si la lumière joue le rôle de synchronisateur pour l'horloge du poisson zèbre, il n'en est pas de même pour le poisson cavernicole. Pourquoi? Les chercheurs ont pourtant observé que les gènes d'horloge de ce dernier étaient normaux. En fait, l'absence de sensibilité à la lumière ne provient pas de la dégénérescence des yeux, mais d'une déficience des photorécepteurs non visuels de type opsine (dont la mélanopsine) présents dans le corps du poisson. Au cours du temps, ces photorécepteurs ont en effet subi des mutations qui les rendent aujourd'hui inopérants. Quand les chercheurs ont inséré les gènes de deux des photorécepteurs du poisson zèbre chez le poisson cavernicole, ce dernier est redevenu sensible à la lumière.

**34 Le poisson cavernicole *Phreatichthys andruzzii*** vit dans les nappes phréatiques du désert somalien. Devenus insensibles à la lumière, ils possèdent néanmoins une horloge biologique d'une période anormalement longue.

Mais une surprise de taille attendait les scientifiques. Dans certaines conditions, ils ont observé que le rythme biologique de ce poisson de Somalie atteignait 47 heures! Nous savions déjà que les oscillations circadiennes s'amortissent dans l'obscurité, mais à ce point, c'est étonnant.

1. N. Cavalleri *et al.* « A blind circadian clock in cavefish reveals that opsins mediate peripheral clock photoreception », *PLoS Biol* **9**(9) e1001142 (2011).

les plus peuplées sont celles où règne l'obscurité ! De nombreuses espèces, appelées *lucifuges,* fuient en effet la lumière : araignées, mille-pattes, scorpions, opilions (ou faucheux), et nombre de coléoptères comme les carabes. Leurs refuges se situent sous les feuilles, les pierres, les écorces, les mousses, ou bien dans le sable, la vase, l'humus.

Il faut distinguer ces animaux lucifuges des animaux nocturnes. Ces derniers attendent la tombée de la nuit pour s'activer, c'est-à-dire se nourrir ou se reproduire, sans être dérangés (par l'Homme en particulier) ou attaqués par des prédateurs. On en trouve dans toutes les classes d'animaux : mammifères, oiseaux, reptiles, amphibiens, insectes, etc.

Enfin, les animaux dénommés *cavernicoles* vivent dans les milieux souterrains tels que les grottes et les cavernes. On en distingue trois types :

- les *trogloxènes* qui pénètrent temporairement dans ces milieux pour diverses raisons : hibernation, diapause estivale, refuge, recherche de nourriture ;
- les *troglophiles* qui ont élu domicile en milieu souterrain, sans pour autant présenter de modifications morphologiques typiques ;
- les *troglobies* dont l'adaptation à la vie souterraine s'est effectuée au prix de transformations morphologiques et physiologiques telles que la dégénérescence des yeux, la réduction de la pigmentation cutanée et le fort ralentissement de la croissance et du développement. La salamandre cavernicole en est un exemple (Figure 33).

Les troglobies méritent une attention particulière. Qu'il s'agisse d'insectes, d'amphibiens, de poissons ou de crustacés, ces animaux vivaient initialement à l'extérieur, puis ils ont colonisé les grottes et les cavernes, et après des milliers d'années, ils se sont complètement adaptés à ce milieu humide et obscur. Désormais, ils ne pourraient plus vivre en surface. Une question se pose alors pour ces espèces qui ne sont plus soumises à l'alternance lumière-obscurité depuis très longtemps : leur horloge biologique s'est-elle maintenue ? L'étude de poissons cavernicoles aveugles apporte des éléments de réponse (voir encadré ci-contre).

Enfin, d'innombrables espèces plus étranges les unes que les autres vivent dans les grandes profondeurs de la mer où la lumière du Soleil ne parvient pas. La lumière n'est toutefois pas totalement absente car nombre de ces espèces émettent de la lumière (voir chapitre 6). Ainsi, dans les profondeurs des abysses, la lumière joue encore de multiples rôles !

CHAPITRE 3

# La perception de la lumière dans le monde animal

*Bleus ou noirs, tous aimés, tous beaux,*
*Des yeux sans nombre ont vu l'aurore,*
*Ils dorment au fond des tombeaux,*
*Et le Soleil se lève encore.*

Sully Prudhomme

**Les yeux des animaux sont d'une extraordinaire diversité: microscopiques ou énormes, de type caméra comme ceux de l'aigle ou à facettes comme ceux du taon et de l'abeille, avec ou sans focalisation, munis de lentilles ou de réflecteurs... tous sont adaptés au mode de vie de l'espèce. La complexité de certains yeux est stupéfiante, et il ne fait pas de doute que ce sont de véritables chefs d'œuvre de l'évolution. Force est de constater que nombre d'animaux ont des yeux bien plus performants que les nôtres en termes d'acuité visuelle, de vision nocturne ou encore de perception des couleurs, etc.**

◄ Les yeux à facettes de ce taon (*Tabanus bromius*) arborent des couleurs iridescentes provenant des interférences de la lumière dues à leur microstructure périodique.

## L'extraordinaire diversité des yeux

Savez-vous que l'araignée sauteuse possède quatre paires d'yeux et saute sur ses proies avec une précision étonnante (Figure 1) ? Que de questions alors vous devez vous poser ! Pourquoi autant d'yeux ? Est-ce pour sauter avec précision ? Chaque œil fonctionne-t-il comme les nôtres ? Les réponses à ces questions vous seront données plus loin (voir p. 97). En attendant, commençons par remarquer que les yeux des animaux sont d'une extraordinaire diversité à de nombreux égards : leur principe de fonctionnement, leur taille, leur nombre, leur disposition, l'acuité visuelle, le champ de vision, la perception des couleurs… Il existe presqu'autant de systèmes visuels que d'espèces ! Pourquoi une telle diversité ? C'est d'abord parce que la fonction visuelle s'est adaptée au milieu dans lequel l'animal évolue, qu'il soit terrestre, aquatique ou aérien. C'est aussi parce qu'à chaque mode de vie (diurne ou nocturne) correspond une vision optimisée pour détecter un prédateur, fuir, attaquer une proie, pour séduire ou être séduit… bref, optimisée pour la survie de l'espèce ! D'une façon générale, plus les rapports d'un animal avec son environnement sont importants, plus les organes de ses sens sont développés et complexes, et ce n'est pas seulement vrai pour la vision.
Corrélativement, il existe une grande diversité de modes de perception visuelle chez les animaux. Comprendre la façon dont le cerveau des animaux traite les informations reçues de leur organe visuel est une tâche délicate. La plus grande prudence s'impose car c'est avec nos yeux et notre cerveau d'humain que nous évaluons la fonction visuelle des animaux, et non avec les leurs ! Même les mammifères les plus proches de nous par la morphologie, les chimpanzés et les gorilles, n'ont pas la parole pour nous dire comment ils voient. Sommes-nous sûr de voir la même chose qu'eux ? Et au sein de l'espèce humaine, les perceptions de chacun sont-elles identiques ?
Après une revue rapide des différentes classes d'yeux, chacune d'elle sera détaillée, puis des cas particuliers seront évoqués.

## Les diverses classes d'yeux

Les yeux sont habituellement classés en deux catégories : d'une part les yeux camérulaires (du latin *camera*, « chambre »),

**1** Macrophotographie de la tête d'une araignée sauteuse (*Maevia inclemens*) montrant quatre de ses huit yeux. Séduisante n'est-ce pas, cette jolie blonde ?

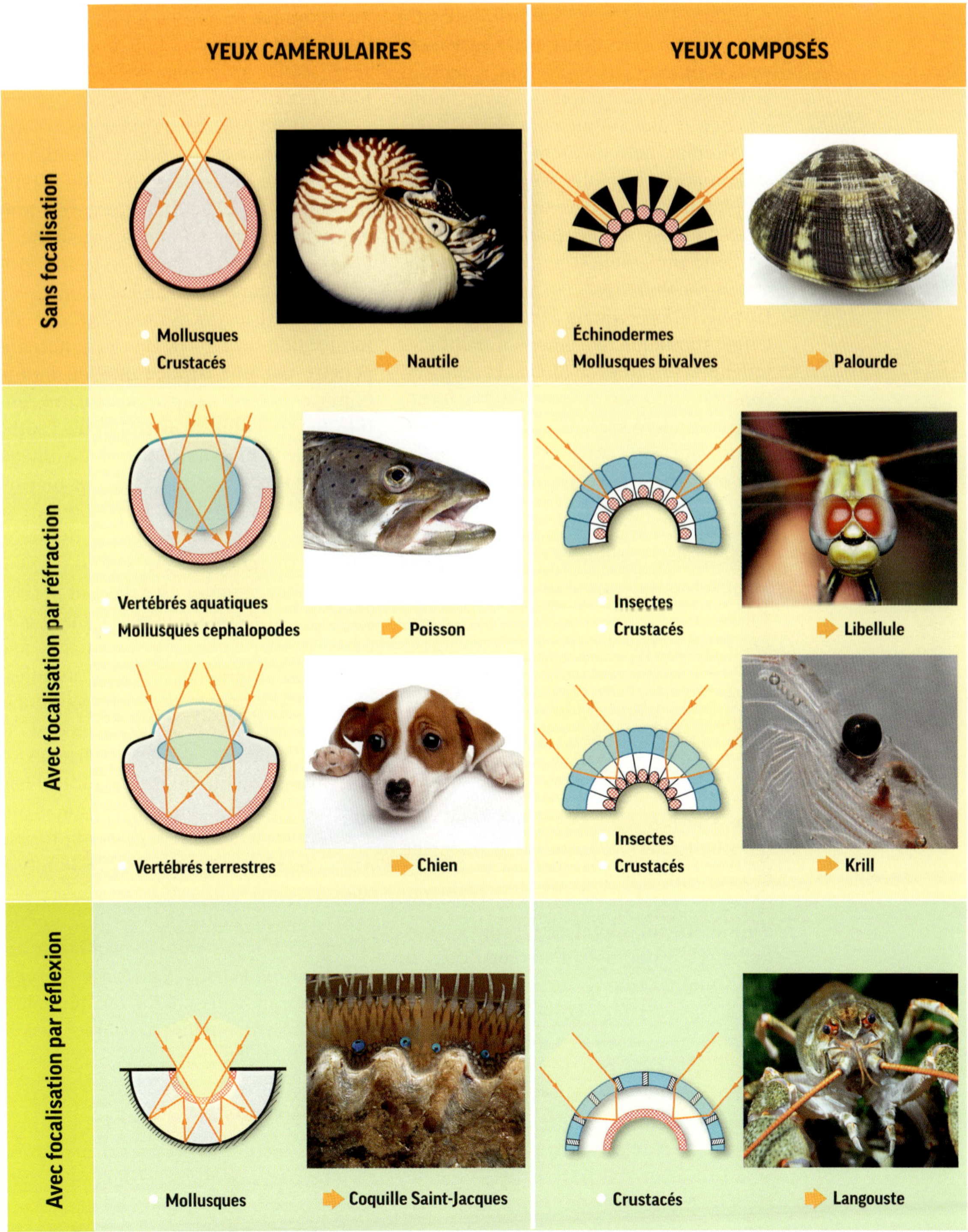


**2 Les divers types d'yeux camérulaires et composés,** avec pour chacun un exemple d'espèce munie de tels yeux. Les couches de photorécepteurs sont représentées en rouge, et les éléments optiques réfractant la lumière, en bleu clair. On distingue les cas où l'image est formée sur la rétine sans focalisation (par ombre portée), ou avec focalisation par réfraction ou réflexion. Tous les vertébrés ont des yeux camérulaires, qu'ils soient terrestres ou marins. En revanche, chez les invertébrés, le système visuel peut être différent selon les phylums et au sein d'un phylum, suivant les groupes ou même les espèces. C'est en particulier le cas des arthropodes (insectes, crustacés) et des mollusques (céphalopodes, bivalves, gastéropodes).

dénommés aussi yeux simples, et d'autre part les yeux à facettes, appelés également yeux composés par opposition. Attention, la dénomination d'*yeux simples* ne signifie pas que le fonctionnement de ces yeux est simple, mais provient du fait qu'ils ne comportent qu'une seule « chambre » de photorécepteurs, comme l'exprime le terme anglais *single-chambered eye.* Il est donc préférable d'employer le terme d'*yeux camérulaires.*

Un œil composé, quant à lui, est constitué d'une mosaïque d'éléments identiques (quelques dizaines à plusieurs milliers) comprenant chacun une lentille focalisant la lumière sur des photorécepteurs. Il équivaut à un agrégat d'yeux simples, chacun avec une sensibilité directionnelle légèrement différente.

Au sein de ces deux catégories d'yeux, il existe des variantes que nous allons maintenant décrire.

## *Les yeux camérulaires*

La première colonne de la figure 2 montre les trois types d'yeux camérulaires. Tous possèdent une cavité plus ou moins sphérique dans laquelle se forme une image sur une couche sensible à la lumière constituée de photorécepteurs, la *rétine.* Celle-ci transforme le signal lumineux (caractérisé par son intensité en fonction de la longueur d'onde) en un signal électrique (influx nerveux) transmis au cerveau par le *nerf optique.* L'image est formée sur la rétine de trois façons, ce qui distingue les trois types d'yeux : sans focalisation, avec focalisation par réfraction et avec focalisation par réflexion.

Dans les cas les plus simples, c'est-à-dire sans focalisation, il n'y a pas de lentilles et si l'ouverture de l'œil est trop grande, l'image formée sur la rétine n'est pas nette. En revanche, si l'ouverture est rétrécie, l'image est alors l'ombre portée sur la rétine, selon le vieux principe de la « chambre noire » (*camera obscura* en latin), déjà décrit dans l'Antiquité par Aristote. Chacun des points de la rétine ne reçoit que les rayons lui parvenant en ligne droite à partir d'un point donné, situé dans le champ visuel. L'image formée est inversée (gauche-droite) et renversée (haut-bas), et d'autant plus nette que l'ouverture est rétrécie. Le Nautile est le seul animal possédant un œil de ce type (voir p. 85) avec une ouverture « en trou d'épingle » permettant une image nette.

Les performances de ce système primitif sont considérablement améliorées lorsqu'il existe un système optique de focalisation par réfraction. La lumière pénètre par une surface plus ou moins bombée (la cornée) puis traverse une lentille (le cristallin) ; l'une comme l'autre contribuent à la focalisation d'une image sur la rétine. Pour les animaux marins (poissons, mollusques céphalopodes), la cornée est peu bombée car la différence d'indice de réfraction entre l'eau de mer et l'humeur aqueuse est faible, et le cristallin est presque sphérique (voir p. 90). En revanche, les yeux des animaux terrestres (mammifères, oiseaux, reptiles, etc.) ont une cornée plus bombée (donc plus réfractive) car la différence d'indice de réfraction entre le milieu extérieur (l'air) et l'intérieur de l'œil (milieu aqueux) est plus importante que dans le cas précédent ; le cristallin a la forme d'une lentille plus ou moins bombée selon l'espèce (voir p. 86).

Enfin, une alternative à la focalisation de la lumière par des lentilles est la mise en œuvre de réflecteurs. Ce troisième type d'yeux se rencontre chez divers animaux marins microscopiques ainsi que chez la coquille Saint-Jacques.

## *Les yeux composés*

Contrairement aux yeux camérulaires, les yeux composés possèdent des systèmes optiques multiples au lieu d'un seul système (seconde colonne de la Figure 2). On distingue les yeux fonctionnant par apposition et ceux fonctionnant par superposition.

Dans les *yeux à apposition* (comme ceux de la plupart des insectes diurnes), chacune des petites lentilles collecte la lumière dans une direction donnée et conduit à une image d'une toute petite partie du champ visuel. La juxtaposition de ces images minuscules forme une image globale en mosaïque. En revanche, avec des *yeux à superposition* (comme ceux des insectes nocturnes ou de certains crustacés), les petites lentilles fonctionnent de concert pour former une seule image.

Dans certains cas, les lentilles sont remplacées par des réflecteurs. Enfin, en ajoutant le système fonctionnant par ombre portée, on a ainsi, comme pour les yeux camérulaires, les trois types de systèmes visuels : sans focalisation, avec focalisation par réfraction et avec focalisation par réflexion.

La figure 2 montre que tous les systèmes visuels possibles sont adaptés à la vision sous l'eau. Les premiers organismes marins ont développé des cavités qui, tapissées de photorécepteurs, peuvent détecter une variation d'intensité lumineuse mais sont incapables de produire une image. Puis l'évolution a conduit, presque toujours, à des organes permettant de former une image sur une rétine. C'est ainsi que la focalisation par une lentille (et parfois par plusieurs lentilles) est de loin le système le plus répandu en milieu marin : tous les vertébrés marins ont en effet des yeux camérulaires ; c'est également le cas des mollusques céphalopodes comme les poulpes, calmars et seiches. Les autres types d'yeux camérulaires (sans lentille ou avec réflecteurs) sont néanmoins présents chez certaines espèces aquatiques. Enfin, certains crustacés ont des yeux composés.

En revanche, sur terre, les vertébrés sont équipés d'yeux camérulaires, et les insectes, d'yeux composés. On observe toutefois, dans les deux cas, des différences notables quant à la morphologie de l'œil et ses performances selon la famille et l'espèce. Le cas particulièrement étonnant des araignées est à mettre à part ; il sera développé à la fin de ce chapitre (p. 96).

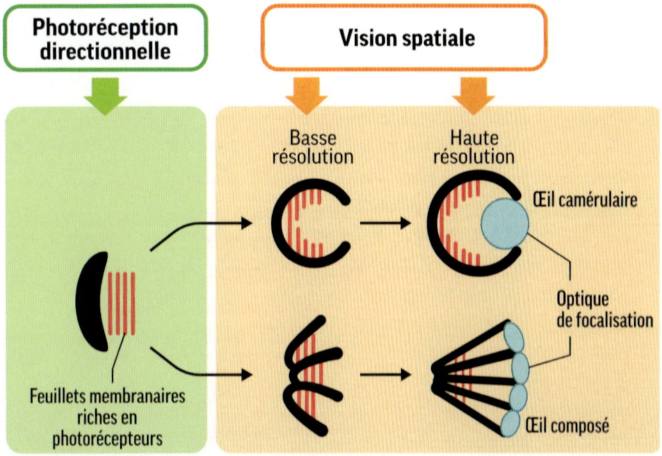


**3** **Évolution de la photoréception directionnelle vers la vision spatiale « haute résolution »** grâce à des yeux camérulaires ou des yeux composés.

## L'œil : ce chef d'œuvre de l'évolution

Comprendre comment l'évolution a conduit à des systèmes visuels aussi complexes et variés est une tâche d'une grande difficulté. Comme les yeux sont formés de tissus mous, ils sont rarement fossilisés, contrairement aux os dont se « délectent » les paléontologues. Il est néanmoins possible d'obtenir des informations sur l'évolution, d'une part en observant le développement des yeux chez les embryons et, d'autre part, en analysant les analogies et les différences entre les yeux de différentes espèces – en particulier ceux des ancêtres des poissons actuels. Il s'avère que, d'une façon générale, l'œil a d'abord été un détecteur de lumière (régissant les rythmes circadiens, voir p. 68) avant d'évoluer vers un organe visuel capable de transmettre au cerveau les informations nécessaires à la reconstitution d'une image.

À partir du Cambrien, c'est-à-dire il y a 540 à 490 millions d'années, un formidable élan de l'évolution s'est produit. En particulier, il y a eu le passage d'une photoréception directionnelle – sans formation d'image – à une vision spatiale à basse résolution, puis à haute résolution grâce

## Quelle est la durée de l'évolution de l'œil des vertébrés ?

Des chercheurs suédois de l'université de Lund ont simulé les chemins par lesquels les structures optiques des yeux sont vraisemblablement passées au cours de l'évolution[1,2]. Si la pression de sélection favorise constamment une augmentation de la quantité d'information détectable spatialement, alors un simple fragment d'épithélium sensible à la lumière se convertit progressivement en un œil de type caméra. Cette évolution s'effectue par étapes successives apportant chacune une petite amélioration des performances visuelles (Figure 4). Avec un minimum d'hypothèses, les chercheurs ont calculé la valeur supérieure du nombre de générations requis pour achever la transformation de l'œil. Le calcul le plus pessimiste montre qu'il suffit de 364000 générations, à raison de 0,005% de modification par génération. Le type de départ est un œil plat épithélial possédant une couche externe protectrice et une couche interne (appelée rétine) contenant des cellules photoréceptrices et des cellules pigmentaires formant écran. La première moitié de la séquence aboutit à un œil permettant la formation d'une image par ombre portée: ce type d'œil en cupule existe de nos jours chez le nautile (voir p. 85). L'étape suivante est la mise en place d'une lentille, appelée cristallin, permettant de focaliser la lumière. La durée requise pour une telle évolution ne serait donc que de quelques centaines de milliers d'années. Une durée incroyablement courte à l'échelle de la durée du Cambrien (soit un demi-milliard d'années).

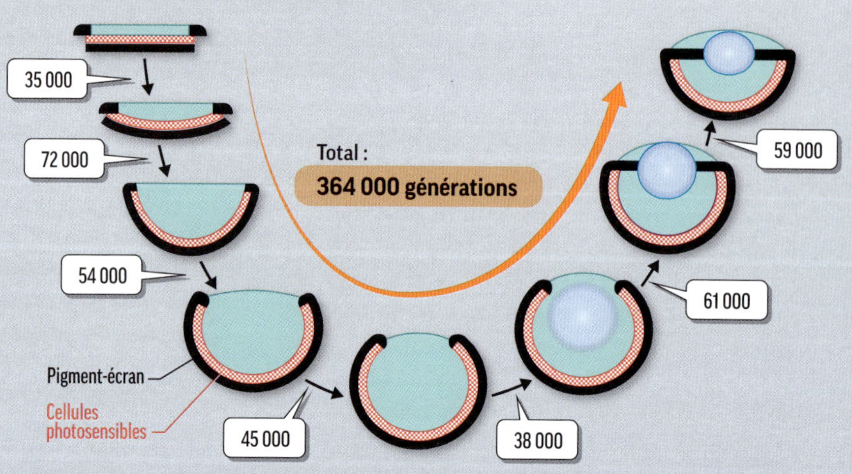


**4** L'évolution progressive d'un simple fragment d'épithélium sensible à la lumière jusqu'à un œil camérulaire (en haut à droite) aurait requis moins de 400 000 générations, c'est-à-dire quelques centaines de milliers d'années.[2]

1. D.-E. Nilsson et S. Pelger, « A pessimistic estimate of the time required for an eye to evolve ». *Proceedings of the Royal Society of London, Biological Sciences*, **256**, 53-58 (1994).

2. M. Land et D.-E. Nilsson, *Animal eyes*, OUP, Oxford, 2012.

à une optique de focalisation. Ce passage s'est fait selon deux voies distinctes aboutissant aux yeux camérulaires ou aux yeux composés tels que nous venons de les décrire. La figure 3 illustre l'évolution graduelle d'un morceau d'épithélium sensible à la lumière. Notons qu'il a fallu moins d'une centaine de millions d'années pour que l'œil des vertébrés devienne l'organe élaboré que nous admirons aujourd'hui (voir encadré ci-dessus).

L'œil, par son inhérente complexité, embarrassait le naturaliste anglais Charles Darwin (1809-1882). Aux « yeux » des chercheurs d'aujourd'hui, il ne fait plus de doute que cette évolution résulte d'une sélection continue qui a abouti à une résolution spatiale améliorée. Conséquence importante : exit le concept de « complexité irréductible » avancé par les créationnistes, selon lequel une évolution naturelle depuis une forme « primitive » pour aboutir à un organe aussi élaboré que l'œil serait impossible !

Pourquoi certains animaux ont-ils développé des yeux camérulaires, et d'autres des yeux composés ? Ces derniers, présents chez les insectes et chez certains animaux de taille modeste, leur assurent le grand angle de vue et la résolution spatiale dont ils ont besoin. Mais un tel système visuel ne convient pas aux animaux de grande taille car pour offrir une bonne résolution, les yeux seraient démesurés ! Si les humains possédaient deux yeux à facettes avec des performances visuelles analogues à nos deux yeux camérulaires, de tels yeux auraient 1 m de diamètre (Figure 5) ! En revanche, si au lieu d'avoir des yeux à facettes, une abeille avait des yeux camérulaires comme les nôtres, ces derniers seraient plus lourds que le reste de son corps, à vision équivalente !

Examinons maintenant en détail les principaux types d'yeux camérulaires et composés. Les yeux avec réflecteurs, ainsi que le cas exceptionnel des araignées, et les ocelles des insectes, feront, quant à eux, l'objet de sections à part. Enfin, la perception des couleurs sera examinée pour l'ensemble des animaux quel que soit leur système visuel.

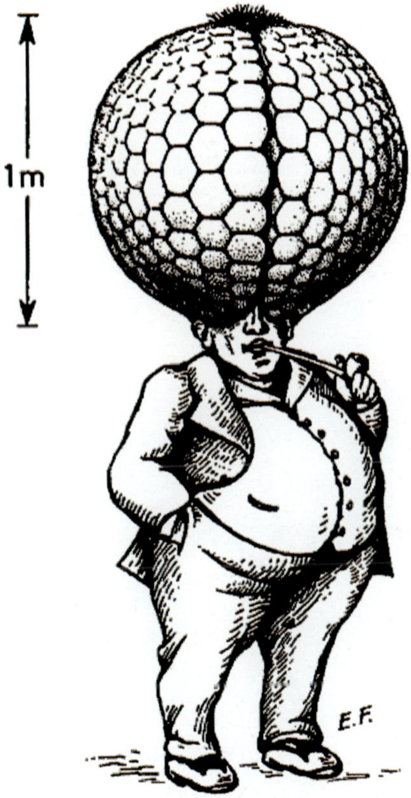


**5** Cette image montre à quoi ressemblerait un homme avec des yeux composés aussi performants que les nôtres. (D'après Kuno Kirschfeld.)

## Les yeux camérulaires

Après une brève description des yeux du Nautile qui, dépourvus de lentille, font exception, les performances des yeux camérulaires vont maintenant être examinées.

### *Le Nautile, un sous-marin sans lentille*

Revenons au seul animal ayant des yeux camérulaires sans lentille capables de former une image par ombre portée, le Nautile ; ce mollusque céphalopode primitif est le seul représentant actuel d'un groupe autrefois très répandu dans les océans, il y a 450 millions d'années. En comparaison des autres yeux sans lentille dont le diamètre est en général d'une fraction de millimètre, ceux du Nautile sont grands : de l'ordre du centimètre. En outre, ses yeux possèdent une pupille dont le diamètre varie de 0,4 à 2,8 mm

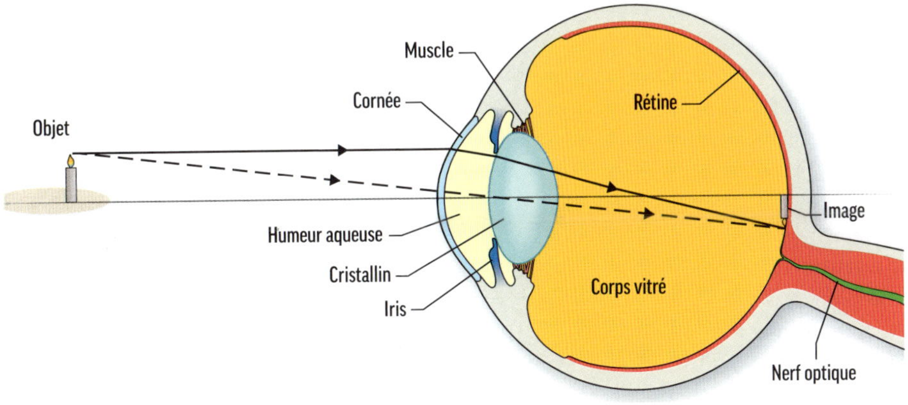


**6** Schéma optique des yeux camérulaires chez les mammifères montrant la formation d'une image inversée sur la rétine. La forme générale de l'œil ainsi que la taille et la forme du cristallin varient toutefois notablement selon les espèces (voir figure 7).

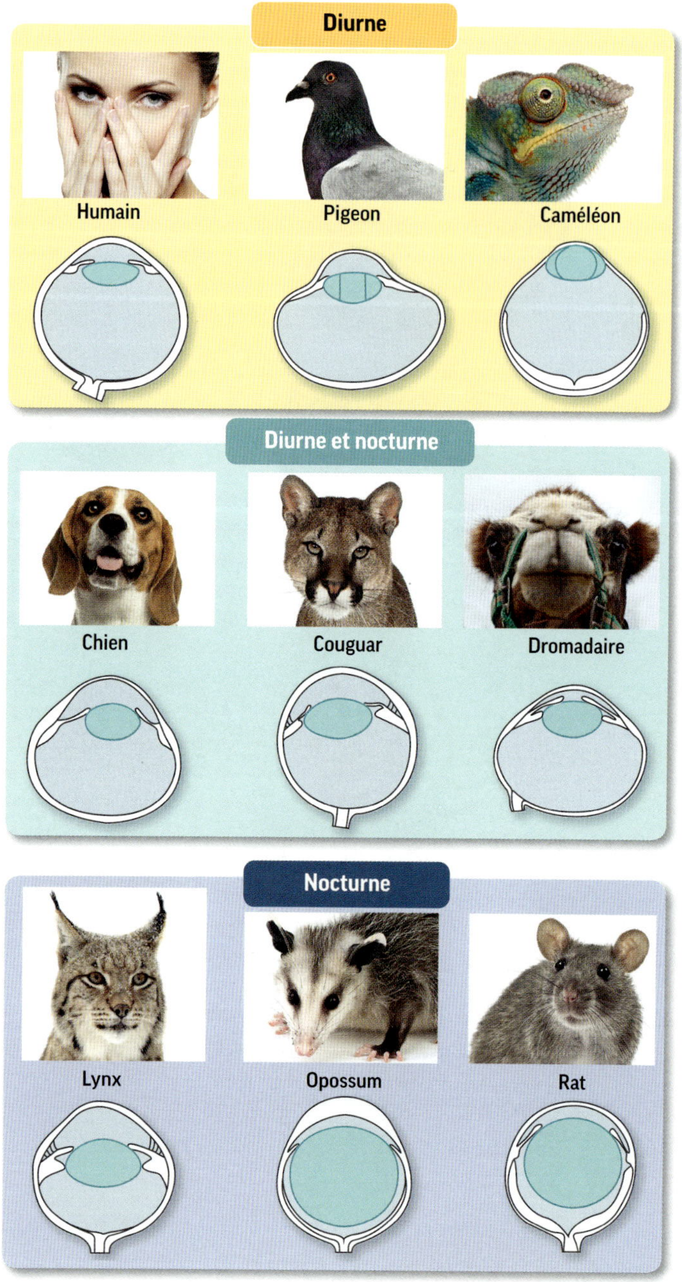


**7 La forme du cristallin des yeux des vertébrés** diffère selon leur mode de vie.

selon l'intensité de la lumière. Plus petite est l'ouverture, meilleure est la résolution, mais plus faible est la quantité de lumière pénétrant dans l'œil. Pour la plus petite ouverture de 0,4 mm, la résolution est comparable à celle atteinte par les yeux d'un petit insecte.

Ce système de vision a donc ses limites, et l'ajout d'un système de focalisation améliore ses performances. Chez de nombreuses espèces, l'évolution a ainsi conduit à l'apparition et au développement d'une lentille (Figure 3). Notons que l'Homme a procédé de façon analogue en ajoutant une lentille à l'ancien dispositif de « chambre noire », comme l'a fait Daniele Barbaro en 1568 pour constituer un des premiers ancêtres de l'appareil photographique. Le fait que le l'œil du Nautile n'ait pas évolué vers un système de focalisation d'image par lentille reste une énigme.

Car sans lentille, point de salut ! Les autres mollusques céphalopodes en possèdent (voir p. 90), ainsi que tous les vertébrés (y compris les humains). Nous allons maintenant décrire les caractéristiques des yeux avec lentille (la netteté de l'image, la perception de l'espace environnant et l'acuité visuelle) qui dépendent de l'anatomie de ces yeux et diffèrent notablement selon l'espèce.

## *La netteté de l'image*

Le principe des yeux camérulaires chez les vertébrés est illustré sur la figure 6, dans le cas des mammifères. Comme déjà vu, la cornée est bombée et participe, avec le cristallin, à la réfraction de la lumière pour former une image sur la rétine.

La forme et le volume du cristallin sont adaptés au mode de vie. Ainsi les espèces diurnes possèdent-elles un cristallin lenticulaire permettant une bonne vision de loin, alors que les espèces nocturnes (les lémuriens et les rongeurs) ont un gros cristallin presque sphérique procurant une bonne vision de près. Les animaux qui sont actifs aussi bien le jour que la nuit ont un cristallin de taille intermédiaire (Figure 7).

L'accommodation – c'est-à-dire la mise au point de l'image sur la rétine – est assurée par des muscles qui déforment le cristallin, avec toutefois des variantes selon qu'il s'agit de mammifères, d'oiseaux ou de reptiles.

Ce sont les oiseaux plongeurs/pêcheurs comme les cormorans qui possèdent le

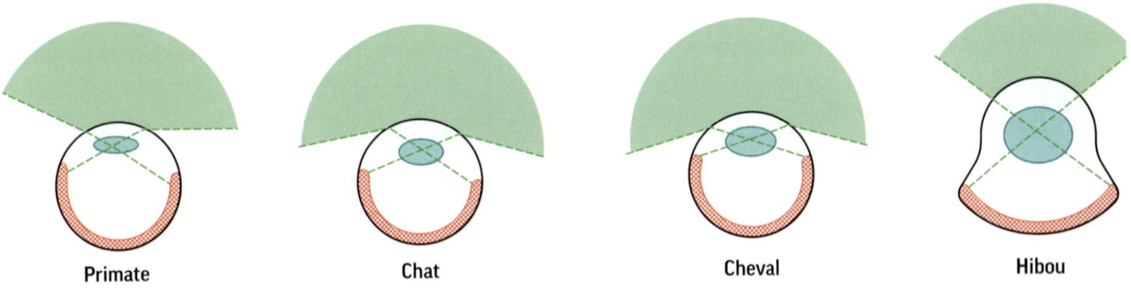


**8** **Champ visuel monoculaire de divers animaux (en vert).** Le côté nasal est à gauche et le côté temporal à droite.

système d'accommodation le plus sophistiqué. Un muscle déforme le cristallin, et lorsque l'oiseau est en plongée, un autre muscle augmente le rayon de courbure de la cornée pour l'aplatir comme chez les yeux des poissons. Ainsi ces oiseaux peuvent-ils faire varier la convergence de leurs yeux jusqu'à posséder une vision nette à 2 cm de leur œil.

Chez les carnivores, le cristallin est au repos pour une vision à l'infini, ce qui leur permet de voir leur proie de loin (c'est le cas également de l'œil humain). Pour une vision rapprochée, l'accommodation se fait grâce à la déformation du seul cristallin par des muscles appelés muscles ciliaires. Ces derniers augmentent d'autant plus le rayon de courbure que l'on veut voir de près. En revanche, chez les herbivores, le cristallin est plus globuleux, leur conférant ainsi une vision nette de l'herbe qu'ils broutent sans avoir besoin d'accommoder. Pour ne pas effrayer un bovin, approchez-vous de lui lentement ; il aura ainsi le temps d'accommoder pour voir qui vient vers lui.

### *La perception de l'espace environnant*

La façon dont un animal perçoit les objets dans l'espace qui l'environne dépend des caractéristiques optiques de chaque œil et de la position relative des yeux : soit latérale (de part et d'autre de la tête), soit frontale (en avant de la tête). En outre, la concertation entre les deux yeux offre un certain champ de vision. Enfin, les mouvements des yeux et/ou de la tête contribuent à élargir l'espace perçu.

Le *champ de vision monoculaire* est l'ensemble de tous les points de l'espace qui, en fixant un point, sont vus simultanément par un œil. La figure 8 montre des exemples. Le champ de vision dépend de la surface rétinienne, de la courbure de la surface par laquelle la lumière pénètre et de l'ouverture de la pupille. Pour un œil de primate (dont l'œil humain), le champ de vision s'étend jusqu'à 60° du côté du nez, 90° du côté de la tempe, 60° vers le haut et 70° vers le bas. Le champ de vision particulièrement large d'un œil de cheval provient, outre l'absence de proéminence osseuse autour de l'œil, d'une grande extension de la rétine. C'est pourquoi, dans certaines circonstances, on met des œillères à un cheval pour l'empêcher de voir derrière lui et sur les côtés. En revanche, le champ de vision plus limité des oiseaux est dû à une surface réduite de la rétine. Il faut enfin distinguer le champ de vision central et le champ de vision périphérique : la vision est nette dans le premier, et floue dans le second.

Le *champ de vision binoculaire* est la zone d'intersection des deux champs de vision monoculaires. Le *champ de vision panoramique* est l'ensemble de tous les points de l'espace qui sont vus par les yeux sans mouvement de ceux-ci. Chacun de ces champs de vision dépend beaucoup de la position des yeux, frontale ou latérale, comme le montre le tableau 1. La position frontale est plus favorable au champ de vision

| | Position des yeux | Champ de vision binoculaire | Champ de vision panoramique |
|---|---|---|---|
| **Homme** | Frontale | 110-130° | 170-190° |
| **Chat** | Frontale | 100-130° | 250-280° |
| **Chien** | Frontale | 80-110° | 250-290° |
| **Lapin** | Latérale | 10-35° | proche de 360° |
| **Cheval** | Latérale | 30-70° | 330-350° |
| **Bovin** | Latérale | 25-50° | 330° |

**Tableau 1. Champ de vision** de quelques animaux comparés à celui de l'Homme.

binoculaire, tandis que la position latérale favorise le champ panoramique. Par exemple, les yeux des bovins sont placés de façon latérale, ce qui leur offre un large champ de vision panoramique, mais un faible champ de vision binoculaire (Figure 9).

Lorsque les yeux sont en position frontale, le champ de vision binoculaire est large et procure une vision stéréoscopique : les images reçues par chacun des yeux sont légèrement différentes et le cerveau les traite pour procurer une image unique en relief, ce qui permet de bien apprécier les distances. C'est le cas en particulier de l'Homme qui a un champ de vision binoculaire de 100-130° ; celui des chiens et des chats est à peine inférieur (Tableau 1). Chez le lapin, ce champ n'est que de 25° environ car ses yeux sont latéraux, mais son champ panoramique est proche de 360° : il n'a pas besoin de bouger la tête pour voir tout autour de lui, ce qui est fort utile pour détecter l'apparition d'un prédateur et prendre la poudre d'escampette.

Chez les oiseaux, la position des yeux dépend du régime alimentaire. Surprenant n'est-ce pas ? Cette position est latérale chez les oiseaux frugivores et insectivores qui n'ont pas à chasser mais doivent détecter leurs prédateurs. En revanche, les oiseaux carnivores tels que les faucons et les aigles (mais pas les charognards comme les vautours !) sont des prédateurs ; ils ont les yeux en position frontale, car il est important pour eux d'évaluer la distance à laquelle se trouvent leurs proies et à quelle vitesse elles se déplacent.

Les mouvements oculaires contribuent à une meilleure perception de l'espace environnant. Chez les mammifères, ils sont coordonnés, alors que chez tous les autres vertébrés, ils ne le sont pas. Les espèces qui ont des yeux peu mobiles ont souvent une grande mobilité de la tête qui compense. C'est en particulier le cas des oiseaux : certains rapaces sont capables de tourner leur tête de près de 360°.

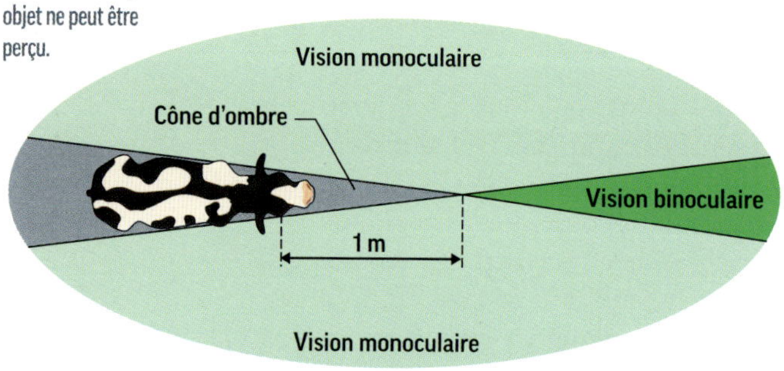


**9 Vision monoculaire et binoculaire des bovins.** Le champ de vision panoramique (l'ensemble des zones vertes) est vaste (il couvre 330°), tandis que le champ de vision binoculaire est restreint (de 25 à 50°). Il existe un cône d'ombre juste devant la tête et derrière le corps où aucun objet ne peut être perçu.

## *L'acuité visuelle*

L'acuité visuelle caractérise l'aptitude d'un observateur à discerner les détails d'objets distants. Elle s'évalue en mesurant l'écart le plus petit entre deux points qu'il est capable de discriminer, à une distance donnée. Par convention, si vous avez une acuité visuelle de 10 dixièmes, vous êtes capable de distinguer, à une distance de 1 m, deux points séparés de 0,3 mm. L'acuité visuelle est très variable selon l'espèce animale.

La qualité de la focalisation sur la rétine – grâce à la réfraction par la cornée et le cristallin – joue évidemment un rôle important ; l'acuité visuelle dépend aussi de la densité de photorécepteurs (les cônes, voir p. 100) qui tapissent la zone centrale de la rétine. Cette zone est appelée *aera centralis* chez de nombreux animaux (chiens, chats, ruminants, etc.). Chez les primates, elle est dénommée *macula* et comporte en son centre la *fovea*.

La qualité de la focalisation sur la rétine et la densité de photorécepteurs ne sont pas les seuls facteurs dont dépend l'acuité visuelle. La discrimination spatiale mise en œuvre dans la vision est en effet un processus complexe impliquant le traitement des signaux transmis au cerveau.

Les oiseaux de proie possèdent une acuité visuelle exceptionnelle : un aigle en vol à

**10 Les pupilles ont des formes très variées selon l'espèce animale.** Les pupilles sous forme de fente réduisent plus efficacement la lumière qui pénètre dans l'œil que les pupilles circulaires.

1 m d'altitude est capable de distinguer, au sol, un petit animal d'une quinzaine de centimètres. Les yeux d'un aigle royal sont aussi gros que ceux d'un cheval et leur rétine possède un million de photorécepteurs par $mm^2$ (à comparer à la densité de 180 000 par $mm^2$ dans la région centrale de la rétine humaine). C'est cet oiseau qui détient le record d'acuité visuelle dans le règne animal : elle est six fois supérieure à celle de l'Homme.

## *Pour éviter l'éblouissement : l'iris*

*« Quand Iris aux beaux yeux,*
*Paroist en quelques lieux,*
*Il n'est cœur qui ne tremble,... ».*

Ces vers de Vincent Voiture, poète du XVII^e^ siècle, expriment l'association faite entre l'iris de l'œil, sa beauté et l'émotion qu'il suscite. Pourtant l'iris est avant tout un moyen de protection de la rétine vis-à-vis d'une lumière vive. Cette membrane contractile, dont l'ouverture centrale est la pupille par laquelle pénètre la lumière, joue le rôle du diaphragme d'un appareil photographique. La taille de la pupille est régulée en fonction de l'intensité de la lumière reçue, grâce à la contraction ou la dilatation réflexe de l'iris par des muscles antagonistes. Dans le cas des espèces nocturnes dont les yeux sont doués d'une grande sensibilité à la lumière, l'ouverture de la pupille est large ; elle se referme dès l'exposition au jour.

Circulaire chez divers animaux (et l'humain), la pupille existe sous bien d'autres formes (Figure 10). Dans le cas des pupilles circulaires, la fermeture ne peut pas être complète en raison du mécanisme musculaire qui la commande. Les pupilles en forme de fente sont aptes à se fermer davantage. Par exemple, chez le chat, la surface des pupilles est réduite d'un facteur 135 lorsqu'il passe de l'obscurité à la lumière (une valeur 10 fois plus grande que pour la pupille circulaire de l'œil humain).

## *Les yeux camérulaires en plongée*

Comme les vertébrés terrestres, les vertébrés marins tels que les poissons possèdent tous des yeux camérulaires. Comme nous l'avons déjà signalé, la cornée de ces derniers est aplatie et ne contribue pas

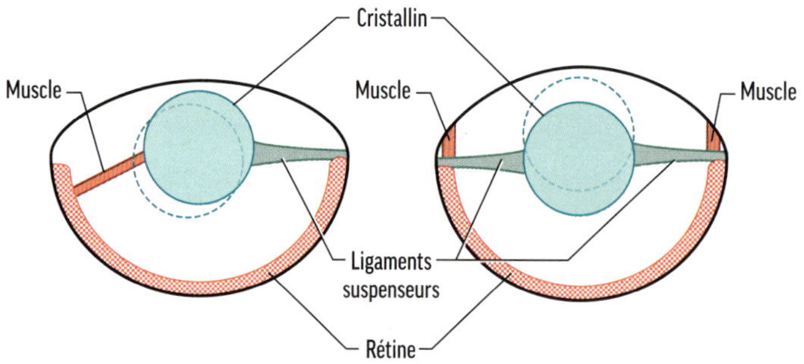


**11 Principe de l'accommodation par déplacement du cristallin** à l'aide de muscles chez les poissons : à gauche, le cas de la plupart des poissons osseux, et à droite, le cas des poissons cartilagineux tels que les requins et les raies, avec un principe un peu différent. Les pointillés indiquent la position du cristallin après contraction des muscles.

à la réfraction. Les mollusques céphalopodes tels que les calmars, les poulpes (ou pieuvres) et les seiches possèdent également des yeux camérulaires. Cette analogie d'organes visuels entre les mollusques céphalopodes et les vertébrés paraît curieuse à première vue, car ces animaux sont issus de branches très séparées dans l'arbre de l'évolution. En fait, cela signifie que l'adaptation de la vision au milieu marin a conduit au même principe d'organe visuel.

Il existe toutefois des différences notables entre les yeux des céphalopodes et ceux des poissons : la structure de la rétine est très différente et le cristallin est souvent en deux parties chez les céphalopodes, alors qu'il est unique et sphérique chez les poissons. En revanche, le système d'accommodation, c'est-à-dire la mise au point de l'image sur la rétine, se fait dans les deux cas grâce à des muscles qui déplacent le cristallin en l'approchant ou en l'éloignant de la rétine (comme la lentille d'un appareil photo lors de la mise au point) (Figure 11), alors que chez les vertébrés terrestres, l'accommodation met en jeu des muscles qui contractent le cristallin (voir p. 87).

Quant à la taille des yeux, elle est extrêmement variable. Plus l'œil est gros, meilleure est l'acuité visuelle, et surtout, plus la quantité de lumière collectée est importante ; avantage appréciable pour les espèces vivant en eaux profondes, par exemple le calmar colossal (voir encadré ci-contre).

## Les yeux composés

La plupart des invertébrés possèdent des yeux composés, appelés également yeux à facettes. On les rencontre principalement chez les insectes et les crustacés (Figure 12).

Ces yeux sont formés de la juxtaposition d'un grand nombre d'éléments identiques, appelés *ommatidies* (du grec *ommation*, « petit œil » et *idion*, suffixe diminutif). La forme conique de ces dernières permet une disposition en éventail, offrant ainsi à l'œil un champ de vision étendu (Figure 15). Chaque ommatidie possède une cornée et un cristallin en vue de focaliser la lumière sur sa partie centrale, constituée du *rhabdome* contenant les photorécepteurs L'ensemble des neurones issus de tous les rhabdomes constitue le nerf optique.

Comme nous l'avons déjà mentionné, il convient de distinguer deux types d'yeux composés : les yeux à vision par apposition ou par superposition.

**12 Gros plan sur divers yeux à facettes :** (a) libellule, (b) abeille, (c) mouche.

## Le plus gros œil du règne animal : celui du calmar colossal

Dans la famille des calmars, quel est le plus gros ? Ce n'est pas le calmar géant mais le calmar colossal (*Mesonychoteuthis hamiltoni*), encore plus gros : sa taille peut atteindre 14 mètres ! Il est rarissime de pouvoir l'observer, car ce céphalopode vit dans les grandes profondeurs de l'Océan Austral, vers 1000 mètres.

Celui qui a été pêché en Nouvelle-Zélande en 2007 bat tous les records, avec un poids de 495 kg (Figure 13). Quant à son œil, il s'est avéré être le plus gros du règne animal, avec un diamètre de 27 cm (de la taille d'une assiette !). Son cristallin est une lentille sphérique en deux parties, d'un diamètre de 8-9 cm (de la taille d'une orange !). Contrairement au calmar géant dont les yeux sont disposés de part et d'autre de la tête, ce qui lui permet de voir simultanément devant et derrière, le calmar colossal a ses yeux du même côté de la tête. Sa vision est donc binoculaire (comme la nôtre) : il voit ainsi en relief et apprécie bien les distances, ce qui lui est utile pour la capture de ses proies.

La lumière venant du Soleil ne parvient pas à une profondeur de 1000 mètres, car elle est presque complètement absorbée par une telle épaisseur d'eau de mer. Les quelques photons qui y parviennent sont trop peu nombreux pour être perçus – du moins par l'œil humain : pour nous, c'est la nuit noire au-delà de 500-600 m. L'œil gigantesque du calmar colossal, toutefois, est susceptible de détecter ces rares photons.

Des chercheurs suédois ont émis l'hypothèse que c'est la capacité à détecter son principal prédateur, le grand cachalot, qui explique le développement d'un œil aussi gros. En effet, un tel œil détecterait jusqu'à 120 m de distance la bioluminescence du plancton stimulée mécaniquement (voir chapitre 6 p. 181) par l'agitation de l'eau provoquée par le cachalot.

Et pour voir une proie de près dans la nuit abyssale, cet œil possède un organe lumineux (photophore contenant des bactéries bioluminescentes) qui sert de phare (Figure 14). Ainsi quand le monstre tourne ses yeux dans la direction de ses tentacules, la lumière produite par le photophore serait suffisante pour qu'il distingue sa proie dans le noir.

Dans l'Antiquité, les Pythagoriciens expliquaient la vision par le fait que l'œil émet des rayons lumineux en direction des objets. Ils n'avaient donc pas complètement tort !

**13** Calmar colossal pêché en Nouvelle Zélande en 2007.

**14** Vue partielle du cristallin d'un calmar colossal. Le photophore est repéré par une flèche.

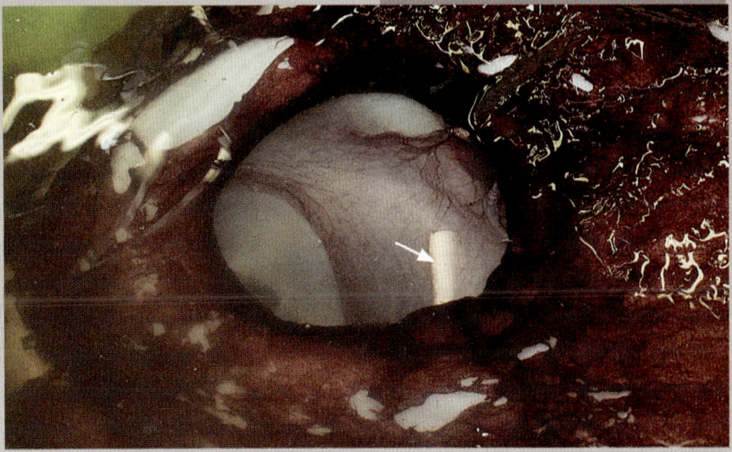

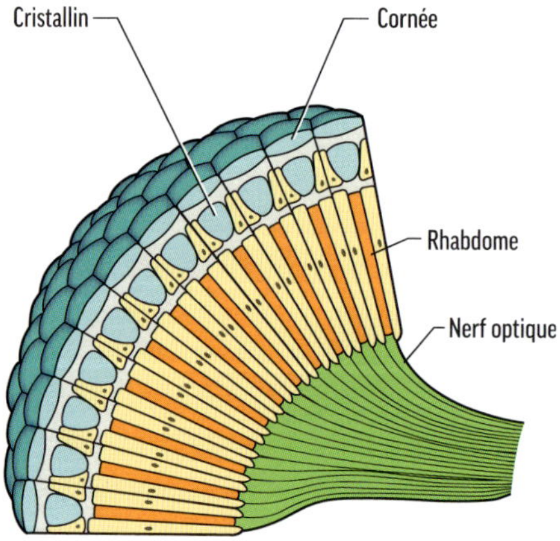

**15 Structure d'un œil composé d'une abeille ou d'une libellule.** À droite : macrophotographie d'un œil de libellule (*Aeshna cyanea*) montrant la juxtaposition des ommatidies selon un arrangement hexagonal compact.

Dans les yeux à apposition (Figure 16) que l'on trouve tout particulièrement chez les insectes diurnes et chez certains crustacés, chaque ommatidie ne collecte la lumière que dans la direction correspondant à son axe, avec un angle d'ouverture très réduit (1° chez l'abeille et jusqu'à 7-8° chez d'autres animaux). Une ommatidie est entièrement gainée de cellules pigmentaires qui empêchent la lumière issue des autres ommatidies d'interférer. Ainsi, chacune produit une toute petite image, partie de l'image globale, laquelle se forme alors dans le cerveau comme une mosaïque. Ainsi, contrairement à une idée répandue, un insecte ne voit pas autant d'images qu'il y a d'ommatidies. La netteté de l'image globale est suffisante pour détecter des formes avec la précision nécessaire. Toutefois, elle n'est pas aussi bonne que dans nombre d'yeux camérulaires (les yeux humains par exemple).

**16 Principe des yeux à apposition et superposition.** Dans les deux cas, la lumière provenant d'une direction donnée est focalisée sur un seul rhabdome. Toutefois, dans un œil à apposition un seul élément optique est mis en œuvre, alors que dans un œil à superposition, plusieurs interviennent. Un œil à superposition offre donc une meilleure sensibilité à la lumière, mais une résolution spatiale inférieure.

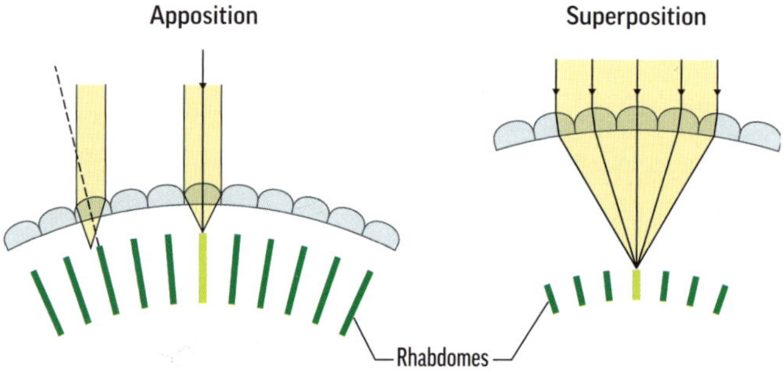


Dans les yeux à superposition (Figure 16), la lumière venant d'une direction donnée est collectée par plusieurs ommatidies voisines et focalisée par les cristallins vers un seul rhabdome. Ainsi, tous les éléments contribuent à la formation d'une seule image globale. Il en résulte une meilleure sensibilité à la lumière, et c'est pourquoi les espèces nocturnes ou crépusculaires possèdent ce type d'yeux. La contrepartie est une sensibilité directionnelle limitée, d'où une image également moins nette qu'avec les yeux camérulaires.

Il va de soi que les yeux à facettes procurent à l'insecte une image d'autant plus précise de son environnement que le nombre d'ommatidies est élevé. Ce nombre n'est que de 800 chez la mouche drosophile, alors qu'il peut atteindre 30 000 pour les libellules. L'acuité visuelle de ces dernières est donc bien meilleure, ce qui leur est utile pour capturer aisément leurs proies en plein vol (mouches, moustiques, etc.). Chez les abeilles, la Reine qui se sert peu de ses yeux possède 3 500 ommatidies environ, alors que l'ouvrière en a près de 5000, et le mâle 7 500. La meilleure acuité visuelle de ce dernier n'est pas sans rapport avec sa mission essentielle : l'accouplement avec la Reine. Les abeilles n'ont pas fini de nous étonner par leur comportement : leurs tâches sont parfaitement organisées et elles possèdent d'étonnantes aptitudes

## Des abeilles et des guêpes physionomistes

En 2005, un chercheur australien avait réussi, en appâtant des abeilles domestiques avec de l'eau sucrée, à leur faire associer la photographie d'un visage humain à une récompense. Les abeilles voyaient-elles dans ce visage une sorte de fleur? Le chercheur était resté sur cette interrogation.

En 2010, des expériences ont été réalisées à l'Université de Toulouse pour étudier l'aptitude des abeilles à distinguer la photo d'un visage humain parmi d'autres dessins[1]. Dans une première expérience, les chercheurs ont présenté aux abeilles deux types d'image: d'une part des émoticônes (représentations symboliques de l'expression faciale, comme le *smiley*), et d'autre part des ensembles désordonnés de traits et de points (Figure 17). Pour conditionner les abeilles, on leur offrait de l'eau sucrée à chaque fois qu'elles s'approchaient des émoticônes. Après avoir répété l'expérience plusieurs fois, les abeilles étaient libres d'évoluer autour des deux types d'image. Elles se dirigeaient alors plus spontanément vers les émoticônes. Cette expérience montre que les abeilles sont capables de reconnaître de fines différences. Est-ce au point de pouvoir reconnaître un visage?

Une deuxième expérience a consisté à présenter aux abeilles la photo d'un visage et un dessin quelconque. Si elles choisissaient la photo du visage, de l'eau sucrée leur était offerte. Après plusieurs essais réussis, on leur a montré deux nouvelles images représentant comme auparavant une photo de visage et un dessin, mais entièrement différentes des précédentes. Elles se sont dirigées spontanément vers la photo de visage alors qu'elles ne l'avaient jamais vue auparavant.

En outre, les abeilles qui apprennent à reconnaître un visage sous un certain angle de vue peuvent extrapoler afin de reconnaître ce visage vu sous un autre angle.[2] Elles sont même capables de faire la distinction entre un tableau de Picasso et un tableau de Monet![3]

De telles capacités cognitives sont vraiment étonnantes de la part de si petits cerveaux, quand on songe que chez l'Homme, plusieurs aires du cerveau sont mises en action pour la reconnaissance faciale.

**17** **Les images présentées à des abeilles** sont des émoticônes symbolisant un visage (en haut) et dessins avec les mêmes éléments mais selon des arrangements quelconques (en bas).

Le cas des abeilles est-il unique? Non, car nous savons que les guêpes sociales de l'espèce *Polistes fuscatus* sont capables de reconnaître un congénère grâce à son faciès et aux marques jaunes que présente son abdomen.[4]

1. A. Avargues-Weber *et al.*, «Configural processing enables discrimination and categorization of face-like stimuli in honeybees», *Journal of Experimental Biology* **213**, 593-601 (2010)
2. A. G. Dyer, et Q. C. Vuong, «Insect brains use image interpolation mechanisms to recognise rotated objects», *PLoS ONE* **3**, e4086 (2008).
3. W. Wu *et al.* «Honeybees can discriminate between Monet and Picasso paintings», *Journal of Computational Physiology A* **199**, 45-55 (2013).
4. M. J. Sheehan et E. A. Tibbetts, «Specialized face learning is associated with individual recognition in paper wasps», *Science*, **334**, 1272-1275 (2011).

cognitives, au point de pouvoir reconnaître un visage humain (voir encadré ci-dessus).

Il faut ajouter que les yeux des libellules sont capables de détecter des objets (volants identifiés !) en mouvement rapide : près de 200 images par seconde se forment en effet dans leur cerveau (à comparer aux 10 images par seconde dans notre propre cerveau). Surprenant n'est-ce pas ? C'est ce qui permet aux libellules d'attaquer leurs proies avec une agilité prodigieuse. Gare à celles qui se trouvent dans leur ligne de mire ! Si une libellule s'égare dans une salle de cinéma (où 24 images sont projetées par seconde), elle verra sur l'écran une succession d'images fixes, et nos lampes alimentées par un courant alternatif à 50 Hz sont vues par elle comme des clignotants.

Enfin, les crustacés possèdent des yeux composés ne comportant souvent que quelques centaines d'ommatidies, d'où une acuité visuelle réduite. Toutefois, contrairement aux yeux des insectes qui sont fixes, les yeux de certains d'entre eux sont très mobiles : ceux des crabes-fantômes par exemple sont de véritables mini-périscopes (Figure 18) avec un angle de vue extraordinairement large

**18 Les yeux des crabes ont une très grande mobilité.** Ici un crabe-fantôme, qui doit son nom à sa faculté de disparaître très rapidement. Ses yeux à facettes forment de mini-périscopes.

pouvant atteindre 360°. Si vous vous êtes posé la question de savoir pourquoi ils marchent… en crabe, c'est-à-dire de façon latérale, ce n'est pas à cause de leur vision. La raison est tout autre : certains de leurs muscles sont atrophiés.

## Les yeux avec réflecteurs

Des réflecteurs offrent une alternative aux lentilles pour la focalisation de la lumière dans certains yeux, aussi bien camérulaires que composés. De tels yeux offrent l'avantage d'être compacts et de collecter efficacement la lumière. Toutefois, on les rencontre peu souvent, et seulement chez certains animaux marins.
Divers organismes aquatiques microscopiques (rotifères, copépodes) possèdent des yeux camérulaires munis de réflecteurs, qui fournissent seulement une information sur des variations d'intensité lumineuse. Nettement plus grande est la coquille Saint-Jacques, qui possède une centaine d'yeux de ce type, répartis sur le bord de sa coquille (Figure 19). Leur aspect bleu et métallique est dû à une structure réfléchissante disposée derrière la rétine. Comme le montre le schéma de principe donné sur la figure 2 p. 81, la lumière traverse d'abord la couche de photorécepteurs avant d'être réfléchie pour se focaliser sur cette dernière. Les images formées dans chacun des yeux ont donc un faible contraste. Néanmoins, la vision est suffisamment bonne pour permettre à l'animal de suivre le mouvement d'un objet et de se

**19 Une multitude de petits yeux bleus** permettent à la coquille Saint-Jacques de détecter un objet se déplaçant à proximité.

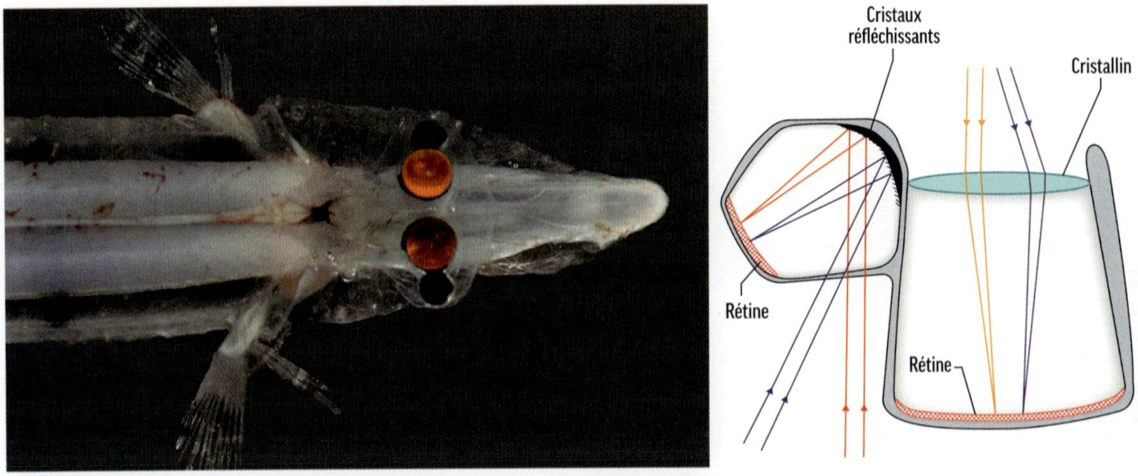


fermer aussitôt quand la présence d'un prédateur est suspectée.

Le seul vertébré connu ayant développé des yeux à réflecteurs est un petit poisson abyssal d'une vingtaine de centimètres de long, *Dolichopteryx longipes*, appelé communément *spookfish*. Comme il vit vers 1 000 m de profondeur, la lumière du Soleil ne lui parvient pas. Ses yeux sont adaptés à la détection de la faible lumière provenant d'espèces bioluminescentes des abysses (voir chapitre 6) dont il se nourrit. Il possède en réalité deux yeux doubles camérulaires : chacun comporte une partie principale pour la vision vers le haut, et un diverticule pour la vision vers le bas (Figure 20).

La partie permettant de voir vers le haut fonctionne avec une lentille selon un arrangement classique, alors que l'autre met en œuvre un miroir. Ce dernier n'est pas une simple couche réfléchissante, comme dans le cas de la coquille Saint-Jacques, mais il est constitué d'une succession de plaquettes réfléchissantes (probablement à base de cristaux de guanine) dont l'angle par rapport au support membranaire varie continûment (Figure 20). Ainsi une image nette peut-elle se former sur la rétine sous un grand angle, ce qu'aucune surface réfléchissante unique (sphérique ou parabolique) ne permet. L'avantage de ces réflecteurs est de produire une image plus brillante et plus contrastée qu'avec une lentille. Il s'agit là d'un cas unique, dans le règne animal, de formation d'une image nette par un système de réflecteurs.

Examinons enfin les yeux composés avec réflecteurs que possèdent des crustacés comme la langouste (Figure 21) et certaines crevettes. Vue en gros plan, la surface de ces yeux montre une juxtaposition de petits carrés qui rappelle le quadrillage d'un papier millimétré : ce sont les extrémités de minuscules tubes à section carrée, disposés selon une répartition sphérique. Les parois de ces tubes – dont la longueur est le double de la largeur – sont réfléchissantes, et l'arrangement géométrique est tel que des rayons lumineux parallèles sont réfléchis et focalisés en un point de la rétine (Figure 21). L'arrangement carré est crucial, car seuls des réflecteurs à angle droit peuvent former une image à partir de rayons provenant de n'importe quelle direction. Ce système concentre la lumière sous un angle large, ce qui est avantageux dans la pénombre. Toutefois, lorsque la lumière devient vive, la langouste doit protéger ses yeux. Elle fait alors migrer des pigments protecteurs autour de chaque tube : ils limitent le passage des rayons lumineux à ceux qui sont parallèles à l'axe des tubes.

**20 Le poisson abyssal *Dolichopteryx longipes* possède deux yeux doubles camérulaires.** Chacun est constitué d'une partie avec lentille pour voir vers le haut (en orangé sur la photo) et d'une partie avec réflecteurs pour voir vers le bas (en noir) (H.-J. Wagner et al., « A novel vertebrate eye using both refractive and reflective optics », *Current Biology* 19, Jan. 27, 2009, p. 108-114).

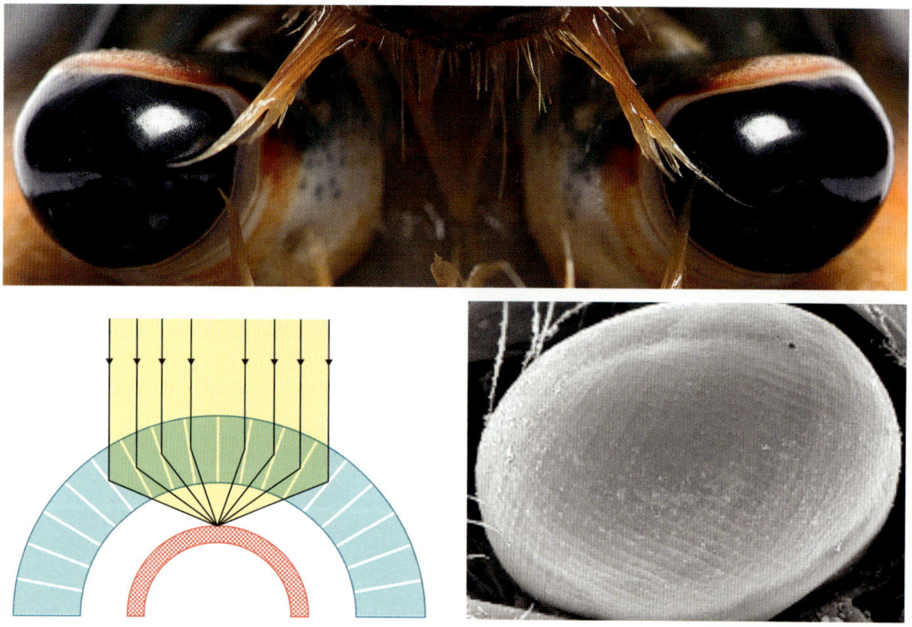

**21 Les yeux des langoustes sont des yeux composés avec réflecteurs.** Chaque élément réfléchissant a la forme d'un tube de section carrée et deux fois plus long que large comme le montre le schéma de principe. Un gros plan montre les sections carrées.

## Le cas exceptionnel des araignées

Les arachnides (araignées, scorpions) se distinguent nettement des insectes. Au lieu de posséder deux yeux composés comme l'immense majorité de ces derniers, les araignées disposent de quatre paires d'yeux, parfois trois paires. Quant aux scorpions, ils en possèdent cinq paires. Il s'agit d'yeux camérulaires qui toutefois n'atteignent pas le degré de perfectionnement de ceux des vertébrés. En effet, ils ne possèdent pas de cristallin, et la focalisation de la lumière par réfraction est réalisée seulement grâce à la courbure de la cornée.

Signalons que les araignées mettent également en œuvre des capteurs mécaniques pour détecter des mouvements d'air (dus au vol d'un insecte par exemple) ou les vibrations du sol.

Regardons de plus près les yeux des araignées. En général, il faut distinguer la paire principale et les paires secondaires dont les structures sont différentes. Il en est de même des couches de photorécepteurs de la rétine. Tous ces yeux sont très petits (ils mesurent moins d'un millimètre de diamètre) mais d'un ordre de grandeur plus grands qu'une facette d'un œil composé. L'acuité visuelle de ces yeux reste limitée. Une exception cependant : les yeux principaux des araignées sauteuses (voir encadré ci-contre).

## Les ocelles

Les yeux secondaires des araignées qui viennent d'être évoqués font partie de la catégorie d'yeux appelée *ocelle* (du latin *ocellus,* « petit œil »). Ce sont des yeux camérulaires de petite taille qui possèdent une simple cornée bombée. Ils figurent parmi les yeux les plus élémentaires, car ce sont plutôt des détecteurs d'intensité lumineuse – comme ceux des algues unicellulaires rencontrés au chapitre précédent (voir p. 55) – que de véritables yeux. La résolution spatiale qu'offrent ces yeux est faible, puisqu'il n'y a pas réellement de focalisation sur les photorécepteurs.

Nombre de larves d'insectes possèdent aussi des ocelles qui, à l'âge adulte, seront remplacés par des yeux composés. Les insectes volants adultes, comme

## La remarquable précision du saut de l'araignée sauteuse

Les animaux – ainsi que les humains – qui possèdent deux yeux dont les champs de vision se recouvrent jugent des distances avec précision grâce à la comparaison, par le cerveau, des informations reçues par chacun des yeux (voir p. 87). Tel n'est pas le cas des araignées sauteuses qui ont huit yeux, mais dont les champs de vision ne se recouvrent pas. Alors comment font-elles pour sauter avec précision sur leurs proies ?

Des chercheurs japonais[1] ont plus particulièrement étudié l'araignée sauteuse *Hasarius adansoni* (Figure 22). Leurs deux yeux principaux possèdent quatre couches de photorécepteurs sensibles à des domaines de longueurs d'onde différents. Les deux couches les plus profondes contiennent des photorécepteurs sensibles à la lumière verte, mais la focalisation de cette lumière n'est possible que sur la couche la plus profonde, alors que l'autre couche reçoit toujours une image floue.

À quoi peut bien servir cette défocalisation plus ou moins importante de l'image dans le vert sur la couche de photorécepteurs ? Les chercheurs ont émis l'hypothèse qu'elle permettait aux araignées d'estimer la distance d'un objet. Pour la vérifier, ils ont placé les araignées successivement sous des lumières verte et rouge : les araignées placées sous une lumière verte effectuaient des bonds précis sur leur proie, alors qu'elles retombaient presque toujours avant cette dernière sous une lumière rouge. En effet, dans ces conditions, la perception d'images plus ou moins défocalisées n'est plus possible, et la distance évaluée par l'araignée est sous-estimée.

1. T. Nagata *et al.*, *Science*, **335** (6067), 469-471 (2012).

22 L'araignée sauteuse (*Hasarius adansoni*) étudiée par des chercheurs japonais possède quatre paires d'yeux dont seulement deux paires sont visibles ici. La paire principale (les yeux les plus volumineux) lui permet d'apprécier précisément la distance d'une proie, grâce à la formation d'une image plus ou moins floue sur une couche de photorécepteurs sensibles au vert.

les abeilles et les frelons, possèdent – en plus de leurs yeux composés – trois ocelles disposés en triangle sur la tête (Figure 23). Ces ocelles constituent pour l'insecte un système de stabilisation de vol fondé sur la détection de l'horizon.

## Et bien d'autres yeux surprenants !

Nous sommes loin d'avoir décrit tous les systèmes visuels. Les profondeurs des abysses abritent des espèces dont les yeux n'ont pas fini de nous surprendre. Nous

23 Tête de frelon sur laquelle on distingue les trois ocelles disposés en triangle sur le sommet, et les deux yeux latéraux à facettes.

**24** **Le poisson *Macropinna microstoma*** a une morphologie de la tête étonnamment ressemblante à celle d'un visage humain. Les deux orifices au-dessus de sa bouche ressemblent à des yeux, mais il s'agit en fait des narines. Les yeux sont ces deux globes verts placés plus haut, dirigés vers le haut et protégés par un dôme transparent. Ce sont les chercheurs du Monterey Bay Aquarium Research Institute de Moss Landing (Californie, États-Unis) qui ont éclairci le mystère du système visuel de ce poisson hors du commun.

avons vu le cas exceptionnel du calmar colossal (p. 91) et celui, non moins exceptionnel, de ce petit poisson abyssal qui est doté d'yeux à base de réflecteurs (p. 95). Encore plus mystérieux est ce poisson aux yeux verts qui vit vers 600-800 m de profondeur (Figure 24). Avec un faciès humanoïde des plus surprenants (voyez la forme de la bouche), il semble venu d'un autre monde. Ses yeux sont tubulaires et orientables. Leur couleur verte est due à des pigments qui constituent sans doute un filtre bien adapté à la détection de la bioluminescence d'espèces dont ce poisson se nourrit, en particulier des méduses.

Terminons ce panorama des systèmes visuels avec le *Copilia*, un petit copépode (crustacé) de la taille d'une tête d'épingle. Ses yeux méritent la palme de l'originalité : ils n'entrent en effet ni dans la catégorie des yeux camérulaires, ni dans celle des yeux composés. Ils fonctionnent par balayage (Figure 25). Le système photorécepteur est analogue à celui d'un insecte ; la distance entre la cornée et le cristallin est cependant bien plus grande. Le récepteur et le cristallin qui lui est associé se déplacent de concert, à une fréquence de balayage variant de 0,5 à 10 Hz.

C'est décidément la vie sous-marine qui comporte la plus grande diversité de systèmes visuels.

## Les photorécepteurs en voient de toutes les couleurs

Portons maintenant notre attention sur un autre sujet : celui de la perception des couleurs. Les animaux voient-ils en couleurs ? Dans l'affirmative, ont-ils une

vision des couleurs voisine ou différente de la nôtre ? Questions difficiles. En effet, les animaux n'étant pas en mesure de nous décrire les images qu'ils perçoivent, on ne peut *a priori* répondre qu'avec circonspection. C'est, rappelons-le, avec notre cerveau que nous évaluons leur fonction visuelle, et non avec le leur...
Néanmoins, avec des expériences judicieuses, on sait tester la réaction des animaux aux couleurs qu'on leur présente, et conclure s'ils y sont sensibles ou non. En outre, la détermination du nombre et du type de photorécepteurs que possèdent leurs yeux, ainsi que des domaines de longueur d'onde où ces photorécepteurs absorbent la lumière, autorise à sortir d'une totale réserve. L'aperçu que nous en fournirons, tant pour les vertébrés que pour les invertébrés, donne une idée de ce que les scientifiques déduisent aujourd'hui.

## Pas moins de deux photorécepteurs pour voir en couleurs

Une chose est certaine : au moins deux types de photorécepteurs de même nature sont nécessaires pour obtenir une sensation colorée. En effet, un seul type de photorécepteur ne donne d'information que sur l'intensité lumineuse globale dans le domaine de longueurs d'onde où il est sensible. Un deuxième type de photorécepteur ayant un domaine spectral de sensibilité différent du premier produit, à une longueur d'onde donnée, un signal d'amplitude différente. Les photorécepteurs étant de même nature, les deux signaux sont susceptibles d'être comparés par le cerveau. Leur rapport, qui est indépendant de l'intensité lumineuse, mais dépend de la longueur d'onde, caractérise donc cette dernière qui est alors perçue par le cerveau sous forme d'une couleur.
La très grande majorité des vertébrés et des invertébrés possèdent au moins deux types de photorécepteurs de même nature (ainsi dédiés à la vision en couleurs). Un certain nombre en ont beaucoup plus.

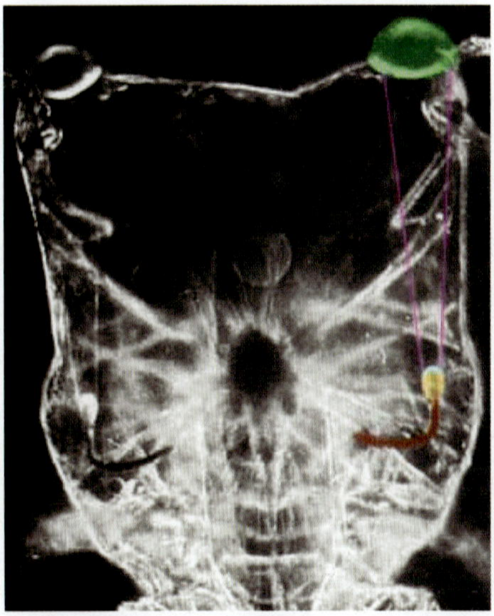

**25** **Microphotographie du petit crustacé copépode *Copilia quadrata*.** La transparence de la tête permet de voir le système visuel : des couleurs ont été ajoutées pour distinguer la cornée (en vert), le cristallin (bleu pâle) et le récepteur qui lui est attaché (jaune et brun). Le mouvement de balayage effectué par le cristallin et le récepteur lui permet d'analyser l'image produite par la cornée. (H.E. Gregory *et al.* « The curious eye of *Copilia* », *Nature*, **201**, 1166-8 (1964)).

## Les photorécepteurs de l'œil des vertébrés

Chez tous les vertébrés, la rétine est constituée de façon similaire, à quelques variantes près. En particulier, la couche cellulaire photosensible est une mosaïque de bâtonnets et de cônes, photorécepteurs qui sont donc aussi les nôtres. Les bâtonnets fonctionnent à bas niveau d'intensité lumineuse, « entre chien et loup », et procurent une image en niveaux de gris. Les cônes nécessitent une intensité lumineuse nettement supérieure, équivalente à celle du jour ; ils sont responsables de la vision colorée, car la rétine en comporte le plus souvent de plusieurs types.
Les bâtonnets étant adaptés à la lumière crépusculaire, il n'est donc pas étonnant qu'ils soient en quantité nettement prépondérante chez les animaux nocturnes, mais il est plus surprenant qu'il en soit de même chez les animaux diurnes. La proportion de cônes est de l'ordre de 5 % chez le chien, comme chez l'Homme qui compte environ 100 millions de bâtonnets et 5 millions de cônes. Chez le chat qui a une bonne vision crépusculaire mais voit mal les couleurs, la proportion de cônes est plus faible (1,5 %).
La répartition des cônes et des bâtonnets est inhomogène sur la rétine. Les cônes

## Ouvrons l'œil sur l'activité des cônes et des bâtonnets

Les cônes et les bâtonnets sont des cellules nerveuses spécialisées de l'arrière de la rétine. Comment s'exerce leur fonction qui est d'émettre un signal nerveux lorsqu'ils reçoivent de la lumière? Tout commence au niveau de l'une de leurs extrémités, le segment externe, d'aspect conique ou cylindrique, dont ces cellules tirent d'ailleurs leur nom. Chez les bâtonnets, ce segment comporte un empilement de disques aplatis, isolés de la paroi cellulaire; leur membrane, qui est donc distincte de la membrane plasmique, contient les molécules de rhodopsine. Chez les cônes, il n'y a pas de disques indépendants, mais plutôt des repliements de la membrane plasmique, les iodopsines étant incluses dans cette dernière, au sein des creux formés. Dans les deux cas, le segment externe se distingue totalement du segment interne qui contient le noyau et les organites (Figure 26).

Lorsque le photorécepteur, et donc ses pigments, reçoivent une radiation lumineuse à laquelle ils sont photosensibles, il y a absorption d'un photon par le rétinal qui subit un changement de géométrie de sa molécule, appelé *photoisomérisation*: cette dernière passe de la forme *cis* à la forme *trans* (Figure 27). Cela modifie la conformation, soit de la rhodopsine pour un bâtonnet, soit de l'iodopsine pour un cône, et les active.

Ensuite, dans le cas des bâtonnets aujourd'hui bien décrit, la rhodopsine activée stimule environ 100 molécules d'une protéine intermédiaire, la transducine, qui, à son tour, rend active une enzyme, une phosphodiestérase. Cette enzyme est alors capable d'hydrolyser jusqu'à 1 000 molécules de GMPc (guanosine 3'-5' monophosphate cyclique) présentes dans le cytoplasme des bâtonnets. Le rôle des molécules de GMPc est de maintenir ouverts les canaux transmembranaires de la membrane plasmique qui assurent la perméabilité de la cellule aux ions sodium. En revanche, quand les molécules de GMPc sont hydrolysées, un certain nombre de canaux se ferment, le passage des ions sodium est bloqué, ce qui modifie le potentiel de la membrane et donne naissance à une impulsion électrique. Soulignons que la multiplication des processus lors de la cascade des réactions biochimiques conduit une rhodopsine activée à provoquer *in fine* l'hydrolyse d'environ $100 \times 1000$ molécules de GMPc, et la fermeture de 300 à 400 canaux. Il en résulte une amplification du signal généré par l'absorption des photons. Les bâtonnets s'avèrent ainsi capables d'en détecter un à deux lorsque l'éclairage est faible, ce qui constitue leur seuil de détection. En ce qui concerne les cônes, la succession des étapes est analogue, mais leurs mécanismes ne sont pas encore connus précisément. Cependant, on sait que la transducine a des caractéristiques biochimiques différentes dans les cônes et dans les bâtonnets; cela expliquerait en partie que les cônes ne captent des photons que si l'énergie lumineuse est 1000 fois supérieure à la valeur seuil des bâtonnets. Quant à l'obtention d'une image colorée chez l'Homme grâce à ses trois sortes de cônes, elle nécessite une énergie 10 millions de fois supérieure à ce même seuil!

Les signaux délivrés par les photorécepteurs passent ensuite par les cellules bipolaires via la terminaison synaptique, puis par les cellules gan-

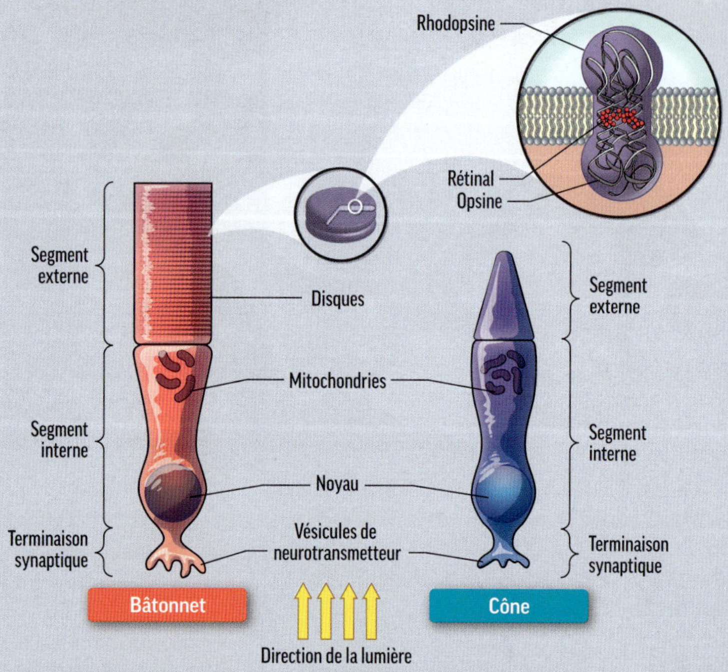


**26 Structure des cônes et des bâtonnets.** Le segment externe des bâtonnets contient des disques séparés de la membrane plasmique. Chez les cônes, ce sont des repliements de la membrane plasmique qui font office de disques. Les pigments (opsine + rétinal) sont enchâssés dans la membrane, discale pour les bâtonnets, ou plasmique pour les cônes, car l'opsine est une protéine membranaire. Cela est illustré par la partie supérieure droite de la figure dans le cas de la rhodopsine des bâtonnets. Chez l'Homme, les bâtonnets ont une longueur de l'ordre de 30 µm et un diamètre de l'ordre de 1 à 2,5 µm. Leur segment externe contient en moyenne 900 disques. La longueur des cônes se réduit de 80 à 22 µm en se déplaçant du centre de la rétine vers la périphérie. Parallèlement, le diamètre de leur segment externe varie de 1,5 µm (fovea) à 6 µm (périphérie).

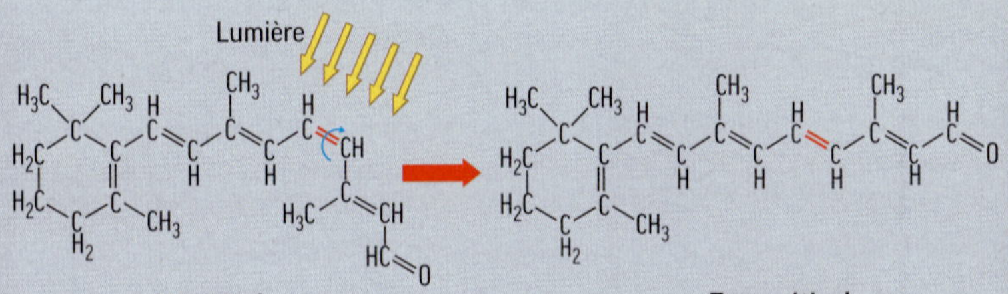


Cis-rétinal

Trans-rétinal

**27 Lorsque la molécule de rétinal absorbe un photon, elle passe de la forme *cis* à la forme *trans*** par rotation autour d'une double liaison. Ce phénomène, appelé photoisomérisation, se produit également lorsque le rétinal est lié à l'opsine via le groupe amine d'un acide aminé de cette protéine. La photoisomérisation induit un changement de conformation de l'opsine, et son activation.

glionnaires et bien d'autres (Figure 28) avant d'être transmis aux aires cérébrales via le nerf optique. Toutes ces cellules jouent un rôle dans le traitement des signaux avant l'analyse par le cortex visuel dont le fonctionnement dépasse le cadre de cet ouvrage, et ne sera donc pas décrit.

Notons que la lumière doit traverser plusieurs strates avant d'atteindre ces photorécepteurs (Figure 28). C'est une bizarrerie de l'évolution, car on s'attendrait à ce qu'elle atteigne en premier les cônes et les bâtonnets. Toutefois la transparence des couches cellulaires à traverser est suffisamment bonne pour que le signal lumineux soit peu altéré. Remarquons que dans d'autres yeux que ceux des vertébrés, la lumière frappe directement les photorécepteurs ; c'est le cas chez les mollusques céphalopodes en particulier.

On remarque également que, du côté de leurs segments externes, les cônes et les bâtonnets sont englobés dans des cellules pigmentées (Figure 28). Ces dernières collectent les photons non absorbés par la rhodopsine ou les iodopsines, ce qui empêche la diffusion de la lumière, un phénomène qui pourrait altérer l'acuité visuelle. Chez certains animaux (chat, bovins, ovins, poissons, etc.), il existe une couche très réfléchissante appelée *tapetum* (ou tapis) derrière les photorécepteurs. Ainsi, les photons non absorbés lors du premier passage sont réfléchis et passent à nouveau dans la couche de photorécepteurs, ce qui augmente la sensibilité à faible luminosité, sans toutefois améliorer l'acuité visuelle.

**28 Organisation de la rétine des vertébrés en cinq couches cellulaires,** dont celle qui contient les photorécepteurs (cônes et bâtonnets). Cellules bipolaires et cellules ganglionnaires traitent les signaux envoyés par les photorécepteurs. Des cellules pigmentées collectent les photons non absorbés. Les cellules amacrines jouent le rôle d'un intégrateur local qui module les signaux transmis des cellules ganglionnaires aux cellules bipolaires. Les cellules horizontales mettent en relation chaque cellule bipolaire directement connectée à sa population de cônes avec une autre population de cônes.

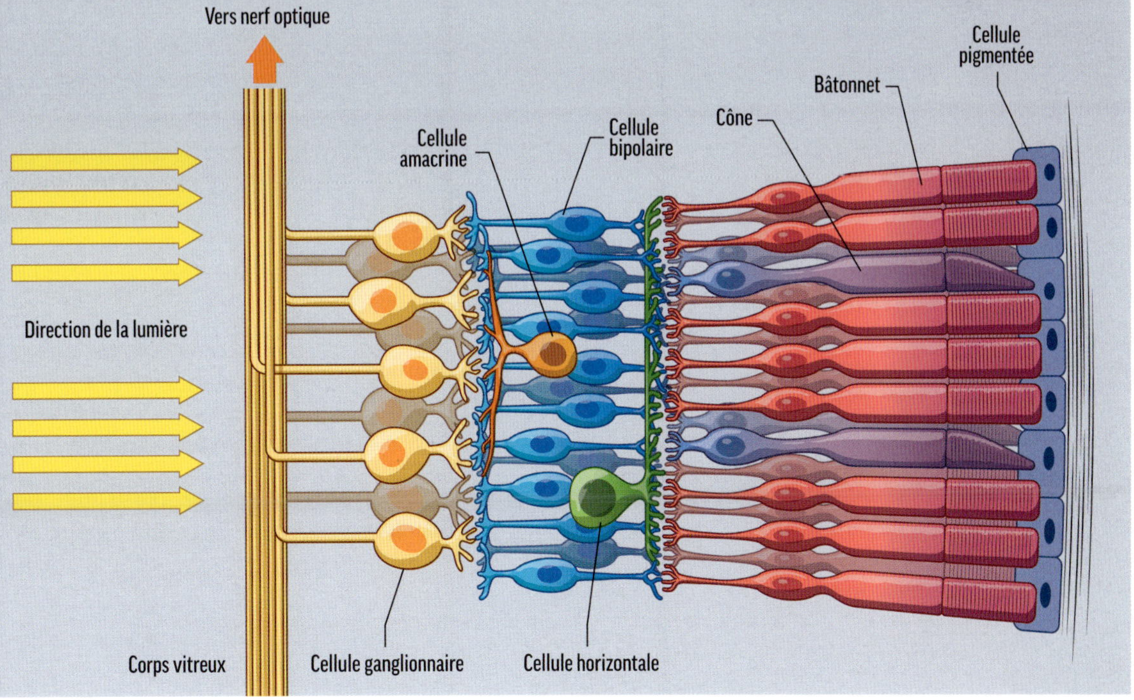

| Espèce | Types de cônes et longueurs d'onde des maxima d'absorption (nm) | | | | |
|---|---|---|---|---|---|
| | S1 | S2 | M | | L |
| Homme | | 430 | | 530 | 560 |
| Chimpanzé | | 430 | | 530 | 560 |
| Chien | | 430 | | 555 | |
| Cheval | | 430 | | 540 | |
| Poulet | | 420 | 455 | 510 | 560 |
| Rouge-gorge | 355 | | 455 | 500 | 570 |
| Pigeon | | 405 | 470 | 540 | 600 |
| Poisson rouge | 360 | | 450 | 540 | 625 |
| Dorade grise | | | 475 | 560 | |

**Tableau 2. Les domaines spectraux de sensibilité des cônes chez les vertébrés** sont indiqués par les lettres S, M, et L, initiales des mots anglais *small*, *medium* et *long*, selon la situation du domaine concerné dans les courtes, moyennes et grandes longueurs d'onde, respectivement. Plus précisément, en référence à la vision humaine, les cônes de type S1 sont sensibles dans l'UV et ceux du type S2 dans le proche visible (violet et bleu). Seuls les cônes du type L ont une sensibilité qui s'étend jusque dans le domaine de longueur d'onde que nous dénommons rouge. Le tableau indique les longueurs d'onde des maxima des spectres d'absorption (en nm), les bandes étant plus ou moins larges selon les cas comme le montre la figure 29.

sont présents sur toute sa surface, avec une densité élevée au niveau de la fovea et faible en périphérie. Les bâtonnets s'intercalent entre les cônes, mais prédominent en périphérie et sont absents au centre de la fovea ; en revanche, c'est à 5 ou 6 mm du centre de cette dernière que leur densité est maximale chez l'Homme. La couche photosensible constituée de ces deux photorécepteurs est située au fond de la rétine.

Le rôle des cônes et des bâtonnets est de générer des impulsions électriques lorsque, recevant de la lumière, ils absorbent des photons. Il en résulte une activité nerveuse qui se propage, via le nerf optique, jusqu'aux aires visuelles du cerveau, et qui est à l'origine de la vision. Malgré leurs anatomies différentes et leurs spécialisations complémentaires, cônes et bâtonnets génèrent l'influx nerveux selon des processus biochimiques voisins (voir encadré p. 100).

L'absorption de la lumière par ces photorécepteurs a lieu au niveau d'une protéine photoréceptrice, généralement qualifiée de « pigment ». Elle consiste en un *chromophore*, le *rétinal* (dérivé de la vitamine A), associé à une protéine membranaire, l'*opsine*. Le pigment est dénommé *rhodopsine* dans le cas des bâtonnets, et *iodopsine* dans celui des cônes. En réalité, il existe autant d'iodopsines que de types de cônes. Les différences entre tous ces pigments résident dans la séquence et le nombre des acides aminés de l'opsine qui constitue chacun d'eux. En revanche, la molécule de rétinal est identique pour tous les pigments. Il est intéressant de réaliser que le rapport de taille entre une opsine et le photorécepteur (cellule nerveuse) est de l'ordre de 2/10 000. Les molécules de pigment sont rassemblées dans le *segment externe* du photorécepteur, qui en constitue donc la partie photosensible (voir encadré p. 100).

## *La perception des couleurs chez les vertébrés*

Rappelons que la vision colorée est un processus différentiel qui nécessite la présence d'au moins deux types différents de photorécepteurs (p. 99). On comprend donc pourquoi les bâtonnets, possédant tous la même rhodopsine, sont inaptes à cette fonction. Seuls les cônes, qui contiennent des iodopsines différentes, peuvent l'exercer. Les petites variantes structurales entre ces opsines procurent des environnements différents au rétinal et influent sur le domaine spectral d'absorption des cônes, conférant une sensibilité spectrale propre à chacun des types. C'est pourquoi ces derniers sont caractérisés par la longueur d'onde de leur maximum d'absorption (c'est-à-dire celle où la probabilité d'absorption d'un photon est maximale). Le tableau 2 montre que le nombre de types de cônes est variable selon les espèces, et que chaque type correspond à un domaine spectral spécifique. D'après les chercheurs, il est très probable que l'ancêtre commun à tous les vertébrés possédait une vision tétrachromatique. Par la suite, la plupart des mammifères ont perdu deux types de cônes et sont donc devenus dichromates : c'est le cas en particulier des chiens et des chats, qui ne voient pas dans le domaine des grandes longueurs d'onde que nous qualifions de rouge. Il en est de même des taureaux : ce sont les mouvements qui les excitent et non pas la couleur rouge !

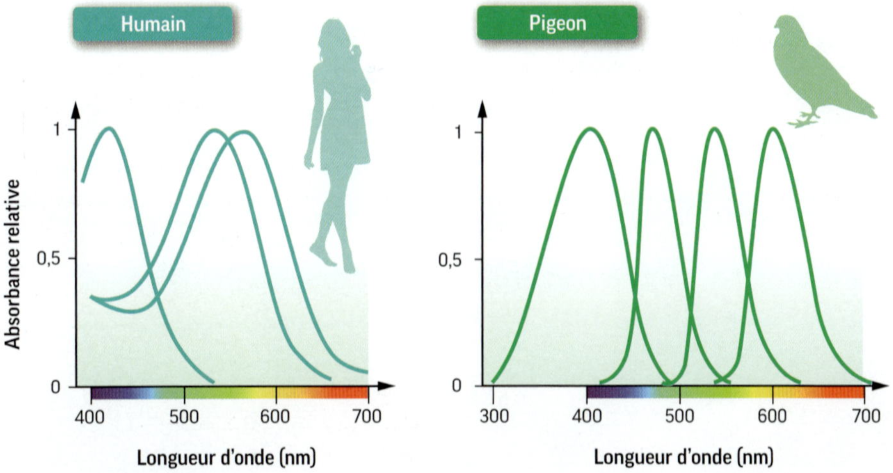


**29 Sensibilités spectrales relatives des cônes chez l'être humain et le pigeon.** Ce dernier a une vision des couleurs dans un domaine de longueurs d'onde beaucoup plus large que nous.

Signalons au passage que les mammifères marins n'ont qu'un type de cône en plus des bâtonnets ; ils n'ont donc vraisemblablement pas de vision colorée. À l'inverse, les oiseaux sont mieux dotés : ils possèdent quatre types de cônes. Il en est de même pour de nombreux poissons osseux (téléostéens). Tant chez les oiseaux que chez les poissons qui le possèdent, le cône S1 confère même une sensibilité dans l'ultraviolet. Cela donne, chez le pigeon par exemple, une vision possible de 300 à 700 nm (Tableau 2, Figure 29). La perception des couleurs de nombreux vertébrés apparaît donc supérieure à celle de l'Homme.

Chez ce dernier, trichromate, les trois types de cônes coopèrent pour produire une sensation colorée dans le domaine allant de 400 à 700 nm (Figure 29), et même un peu au-delà selon les personnes et l'intensité de la lumière. La rétine reçoit alors, soit une radiation monochromatique (c'est-à-dire d'une seule couleur), soit une lumière polychromatique (une superposition de plusieurs radiations de couleurs différentes). Dans ce dernier cas, l'œil ne les discrimine pas. L'ensemble des radiations peut même ne pas inclure celle dont la longueur d'onde est spécifique de la couleur ressentie. Prenons l'exemple du jaune, qui, selon sa nuance, correspond à un petit intervalle de longueurs d'onde autour de 580 nm. Une radiation de longueur d'onde 580 nm donne donc la sensation de jaune. Mais curieusement, la couleur jaune est aussi ressentie lors de la perception simultanée d'une lumière verte (vers 530 nm) et d'une lumière rouge (vers 680 nm), sans la présence de radiations de l'ordre de 580 nm. Encore une subtilité de la vision colorée, raisonnablement transposable au moins aux autres primates trichromates.

En effet, la vision trichromatique de l'Homme est partagée par les autres grands primates catarhiniens d'Asie et d'Afrique (chimpanzés, orangs-outangs, gorilles, etc.). La similitude entre les cônes humains et ceux du chimpanzé, par exemple, est frappante (Tableau 2). Chez les primates d'Amérique et d'Océanie (marmousets, tamarins, singes-écureuils, singes-araignées), la situation est plus complexe. Par exemple, les singes-écureuils mâles sont tous dichromates, ne distinguant que le bleu et le jaune, alors qu'un tiers seulement des femelles sont dichromates comme eux, les deux autres tiers étant trichromates. Pourquoi de telles différences ?

Les grands primates, d'abord dichromates, sont devenus trichromates au cours de l'évolution. En effet, il y a environ quarante millions d'années, après la séparation progressive des continents africain et

**30 Résultat d'une expérience de thérapie génique visant à rendre un singe-écureuil mâle trichromate.** Avant l'opération, l'animal naturellement dichromate n'est pas spécialement attiré par les fruits rouges (à gauche). Après l'opération, il distingue les aliments rouges, et … s'en régale (à droite) !

sud-américain, un mécanisme génétique a provoqué le dédoublement de leur type de cône sensible aux longueurs d'onde moyennes. Il en a résulté les deux nouveaux types M et L dont les longueurs d'onde du maximum de sensibilité sont proches, 530 et 560 nm, c'est-à-dire dans le jaune-vert. Cependant, le cône L permet de voir dans le rouge, comme déjà mentionné. La distinction entre le vert et le rouge est ainsi devenue possible. Il est vraisemblable que cela a été fort utile pour choisir les fruits mûrs, qui sont rouges, et laisser de côté les fruits non mûrs, qui sont verts, ou encore pour distinguer les jeunes feuilles rouges riches en protéines des feuilles plus âgées, moins riches et peu digestes ! Et l'on sait qu'être bien nourri favorise la survie et constitue un avantage pour la sélection, ce moteur de l'évolution…

Chez les primates d'Amérique et d'Océanie, c'est un autre mécanisme génétique qui est observé, faisant que seules des femelles peuvent naître avec le troisième cône de grande longueur d'onde. Cette vision trichromatique n'est pas permanente comme pour les grands primates ; elle se produit au hasard de chaque reproduction et n'est pas obligatoirement transmissible à un bébé femelle.

Les connaissances sur les gènes qui codent les opsines des pigments photosensibles sont telles que la thérapie génique est déjà employée sur des animaux pour modifier les pigments de leur rétine. Un exemple spectaculaire est celui des singes-écureuils mâles, prénommés Sam et Dalton, qui vivent avec un couple d'ophtalmologistes de l'université de Washington aux USA. Ces animaux dichromates ont subi une intervention destinée à introduire parmi leurs cônes le gène de l'opsine du cône L, d'origine humaine, vectorisé par un virus inoffensif. Il s'agissait en quelque sorte de soigner leur daltonisme naturel, car ils dis-

**Tableau 3.** Longueurs d'onde correspondant aux maxima de sensibilité des photorécepteurs chez les invertébrés.

| Espèces | Maximum d'absorption des photorécepteurs (nm) |
|---|---|
| **Mollusques** | |
| Poulpe (*Octopus vulgaris*) | 540 |
| Palourde géante (*Tridacna sp.*) | 360, 490, 540 |
| **Crustacés** | |
| Crabe vert (*Hemigrapsus sanguineus*) | 440, 508 |
| Crevette mésopélagique (*Systellapis debilis*) | 410, 498 |
| Isopode (*Ligia exotica*) | 340, 470, 520 |
| Daphnie (*Daphnia magna*) | 348, 434, 525, 608 |
| Crevette mante (*Gonodactylus, Ondotodactylus*) | 12 types (315-710) |
| **Insectes** | |
| Fourmi du désert (*Cataglyphis bicolor*) | 350, 510 |
| Abeille (*Apis mellifera*) | 344, 436, 556 |
| Criquet (*Gryllus bimaculatus*) | 332, 445, 515 |
| Papillon Belle-Dame (*Vanessa cardui*) | 360, 470, 530 |
| Mouche domestique (*Musca domestica*) | 335, 355, 460, 490, 530 |
| Libellule (*Sympretum rubicundum*) | 330, 430, 490, 520, 620 |

tinguaient très faiblement le vert et pas du tout le rouge. L'opération a été un succès : les cônes traités par le gène ont développé une sensibilité au rouge et vert, et le cerveau s'est adapté à l'analyse des nouveaux signaux. Sam et Dalton savent en témoigner en frappant, sur l'écran de l'ordinateur, des taches rouges ou vertes qu'on leur présente parmi des taches grises. En 2009, deux ans après l'intervention, aucun effet secondaire n'était à déplorer. Sam et Dalton voient aujourd'hui aussi bien que les femelles trichromates de leur espèce (Figure 30) !

### *Le cas des invertébrés*

Passons maintenant aux invertébrés. La majorité d'entre eux est trichromate ou tétrachromate, avec souvent un photorécepteur sensible dans l'UV. Des exemples sont donnés dans le tableau 3. Le poulpe possède un seul type de photorécepteur, et c'est l'un des rares cas d'absence de vision colorée. Dans quelques cas, comme celui de la palourde géante, la présence de plusieurs photorécepteurs couvrant un large domaine spectral sert sans doute simplement à améliorer la détection, alors que dans la plupart des autres cas, une vision colorée est très probable. Chez les insectes, le système de vision colorée est souvent complexe et sophistiqué. Par exemple, certaines libellules, mouches et papillons possèdent cinq types de photorécepteurs.

Notons toutefois qu'aucun animal n'est connu pour utiliser plus de quatre types de photorécepteurs en même temps. Il n'existe donc pas de vision pentachromatique, par exemple. Ainsi les papillons machaons, qui possèdent huit types de photorécepteurs, sont seulement tétrachromates lorsqu'ils prospectent des fleurs pour se nourrir.

La figure 31 donne les sensibilités spectrales des divers photorécepteurs chez l'abeille. Les yeux de l'abeille sont sensibles aux longueurs d'ondes situées dans l'ultraviolet, le bleu et le vert, mais pas dans le rouge. Si l'abeille est attirée par les coquelicots, c'est uniquement parce que ces fleurs réfléchissent les UV.

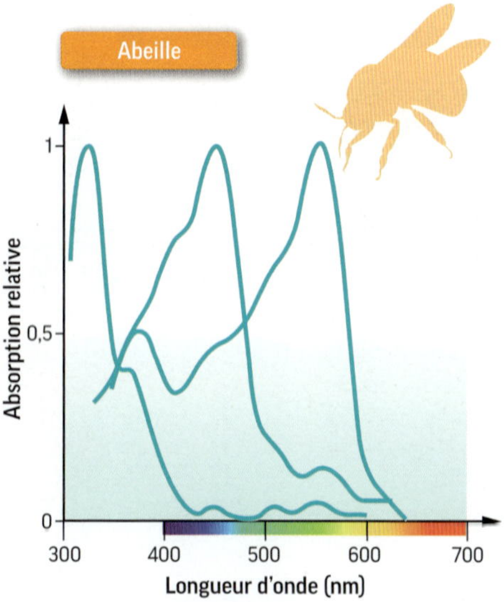


**31** Sensibilités spectrales relatives des photorécepteurs chez l'abeille montrant en particulier qu'elle est sensible aux UV.

### *Au delà du visible*

Existe-t-il des animaux qui voient dans l'infrarouge ? Oui, c'est le cas du redoutable serpent crotale, communément appelé serpent à sonnette, qui est capable de chasser dans l'obscurité totale en captant la chaleur dégagée (rayonnement infrarouge) par ses

**32** Le serpent crotale détecte ses proies la nuit grâce à deux récepteurs à infrarouge situés au fond de fossettes entre les yeux et les narines.

## Lumière naturelle et lumière polarisée

La lumière se manifeste comme une onde électromagnétique constituée d'un champ électrique et d'un champ magnétique, perpendiculaires l'un à l'autre, qui se propagent de concert en oscillant. Seul le champ électrique intervient dans les phénomènes de polarisation. Dans le cas de la lumière naturelle émise par le Soleil, le champ électrique n'a pas de direction privilégiée; cette dernière varie aléatoirement. En revanche, si le champ électrique a une direction privilégiée, la lumière est polarisée linéairement (Figure 33). On l'obtient par exemple en faisant passer de la lumière naturelle à travers des filtres spéciaux (Polaroïd) qui sélectionnent une direction particulière du champ électrique.

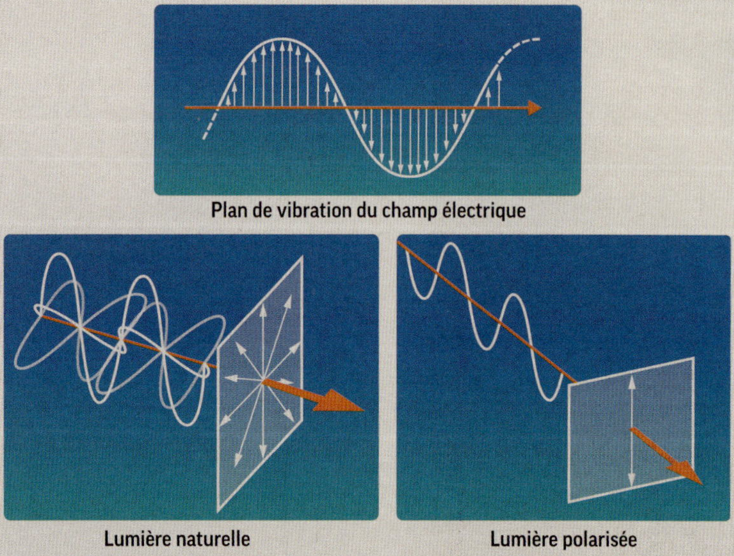


**33 Lumière naturelle et lumière polarisée.** La lumière est dite naturelle s'il n'existe pas de direction privilégiée du champ électrique par rapport à la direction de propagation. Elle est linéairement polarisée lorsque le champ électrique a une direction privilégiée.

Examinons maintenant comment la lumière est polarisée à la suite d'une diffusion par les molécules de l'air (dioxygène et diazote principalement). La taille de ces molécules étant inférieure au dixième de la longueur d'onde de la lumière incidente, la diffusion relève de la théorie de Rayleigh. L'origine physique du phénomène est l'interaction entre le champ électrique oscillant de l'onde électromagnétique et les molécules. Dans un modèle classique, ce champ électrique fait osciller les électrons. Les molécules se comportent alors comme des dipôles oscillants et rayonnent à leur tour de la lumière dans toutes les directions sans perte d'énergie, c'est-à-dire à la même longueur d'onde que la lumière incidente. Puisque les dipôles n'oscillent que dans le plan de vibration du champ électrique et que ce plan a une orientation aléatoire, la lumière diffusée, observée selon l'axe de propagation, n'est pas polarisée. En revanche, comme le montre la figure 34, dans une direction perpendiculaire à la direction de propagation, la lumière diffusée est totalement polarisée. Dans la situation intermédiaire entre ces deux cas extrêmes, la lumière est partiellement polarisée et ce, d'autant plus que l'angle d'observation est proche de 90° par rapport à sa direction de propagation.

La lumière naturelle est également polarisée après réflexion sur une surface, comme déjà mentionné. Pour un angle particulier appelé angle de Brewster (égal à 53° pour un plan d'eau), la lumière réfléchie est totalement polarisée horizontalement (Figure 35).

Enfin, dans certains cas, la lumière est polarisée circulairement: le vecteur champ électrique tourne autour de la direction du rayon lumineux. Puisque deux sens de rotation sont possibles, il existe des lumières polarisées circulairement à gauche, et des lumières polarisées circulairement à droite; par convention, on qualifie de «droite» la polarisation quand le vecteur champ électrique tourne dans le sens des aiguilles d'une montre (en regardant l'onde arriver vers soi).

proies: rongeurs, lézards, grenouilles et parfois petits mammifères. Il possède deux récepteurs situés au fond de deux fossettes entre les yeux et les narines (Figure 32). Il ne s'agit pas de photorécepteurs détectant des photons infrarouges, mais de thermorécepteurs mettant en œuvre une membrane innervée par des cellules du système somato-sensoriel. L'échauffement de cette membrane résultant de la chaleur dégagée par une proie située à moins d'un mètre est suffisant pour provoquer l'ouverture de canaux ioniques et produire une impulsion électrique transmise au cerveau. Ce dernier construit une image 3D, comme le ferait une caméra thermique.

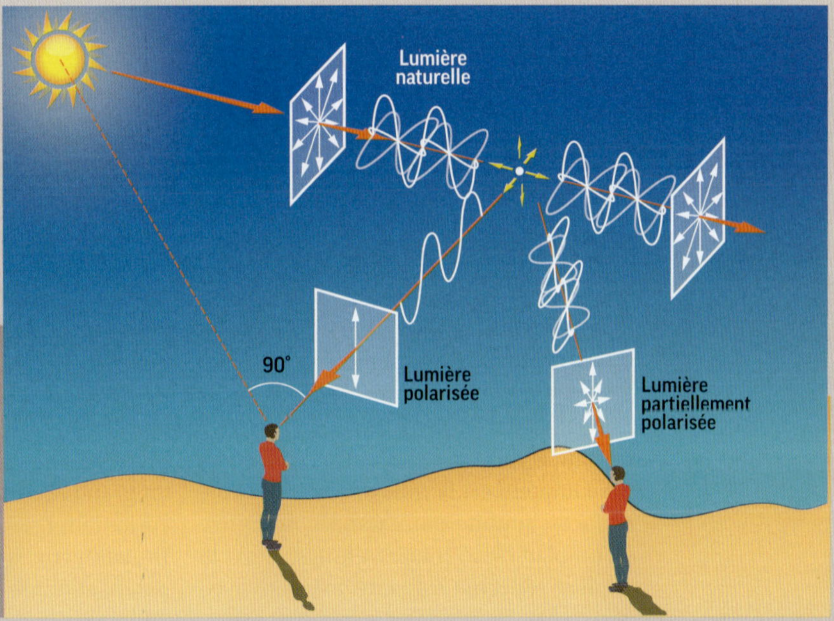


**34** La lumière issue du Soleil et observée directement n'est pas polarisée, alors que la lumière diffusée par l'atmosphère et observée latéralement est polarisée. La polarisation est totale pour un angle d'observation de 90° par rapport à la direction d'observation directe du Soleil. Elle est partielle pour un angle inférieur ou supérieur à 90°.

**35** La lumière naturelle réfléchie par un plan d'eau devient totalement polarisée horizontalement quand l'angle d'incidence est de 53° (angle de Brewster $i_B$). La polarisation est partielle pour d'autres angles d'incidence.

## Détecter la polarisation de la lumière

Dans ce qui précède, il a été question de la sensibilité des yeux à l'intensité de la lumière, et aux longueurs d'onde des radiations qui la composent. Or, la lumière solaire, qui nous parvient après avoir traversé l'atmosphère, possède aussi une autre propriété : sa polarisation. Certains animaux la détectent et la mettent à profit pour se diriger, et parfois pour communiquer.

La lumière émise par le Soleil dans le vide est non polarisée. On la qualifie de lumière naturelle. Quand elle se propage dans un milieu matériel, plusieurs phénomènes sont susceptibles de la polariser, c'est-à-dire de privilégier une direction du champ électrique qui la compose (voir encadré p. 106). Quels sont-ils ?

L'un d'eux est la diffusion de la lumière qui, tout en dispersant cette dernière dans toutes les directions, la polarise. Cela résulte des interactions entre l'onde lumineuse, et plus particulièrement le champ électrique qui la constitue, avec les particules rencontrées sur son chemin (voir encadré p. 106). Ainsi les molécules constitutives de l'air se comportent comme autant de petites sources secondaires de lumière polarisée.

Une autre cause naturelle de polarisation de la lumière est la réflexion sur diverses surfaces, comme par exemple une vitre ou un plan d'eau (mares, étangs, lacs) : la lumière réfléchie est cette fois renvoyée dans une direction déterminée, mais comme pour la diffusion, elle est partiellement ou totalement polarisée, selon l'angle avec lequel elle frappe la surface (voir encadré p. 106).

Les yeux camérulaires, et donc les nôtres, sont quasiment insensibles à la polarisation. En revanche, si nous regardons un objet dont émane une lumière polarisée à travers un polariseur ou des lunettes polarisantes, nous observons des variations de l'intensité lumineuse avec l'angle d'observation ; preuve que, dans ces conditions, nous percevons la lumière polarisée. C'est ce que des yeux composés accomplissent naturellement, par exemple ceux d'insectes comme l'abeille, le papillon monarque, le criquet ou encore la mouche drosophile.

Voyons quelle différence entre les classes d'yeux justifie leurs sensibilités différentes à la polarisation de la lumière. Examinons d'abord l'élément important des photorécepteurs qu'est le chromophore. Cette molécule est capable d'absorber la lumière dans un certain domaine de longueur d'onde, ce qui constitue la première étape du mécanisme de la vision. Le chromophore absorbe préférentiellement la lumière dont le champ électrique oscille selon une direction parallèle à une direction privilégiée, conditionnée par la géométrie de la molécule et la nature de ses atomes constitutifs. L'absorption ne se produit pas si le champ électrique est perpendiculaire à cette direction. Pour toutes les orientations relatives intermédiaires, la probabilité d'absorption est d'autant plus grande que les deux directions sont proches du parallélisme.

Dans les yeux des vertébrés, les chromophores (molécules de rétinal) sont orientés aléatoirement au sein du segment externe des bâtonnets et des cônes (voir figure 26 p. 100). Ainsi, une lumière polarisée incidente rencontre toujours un grand nombre de chromophores dont l'orientation est favorable à l'absorption. De tels yeux sont donc insensibles à la polarisation de la lumière.

En revanche, dans les yeux composés, les chromophores des photorécepteurs situés dans les rhabdomes des ommatidies (p. 90) sont préférentiellement orientés selon une direction parallèle au grand axe de l'ommatidie. L'efficacité d'absorption dépend alors de l'orientation relative de cet axe et de la direction du champ électrique de la lumière polarisée. Les yeux composés sont donc capables de détecter la polarisation de la lumière.

Citons maintenant quelques exemples de mise à profit de la lumière polarisée par les animaux, en commençant par les insectes aquatiques. Si leur mare ou leur étang s'assèchent, certains d'entre eux se mettent à la recherche de nouveaux plans d'eau et les repèrent grâce à la polarisation de la lumière réfléchie. Petite expérience amusante réalisée par Rudolf Schwind en 1983 : en disposant une feuille de Polaroïd de telle sorte que la lumière qui en sort soit polarisée horizontalement comme l'est la lumière réfléchie sur un plan d'eau, il a constaté que des insectes aquatiques comme les *notonectes* (communément appelées punaises d'eau) (Figure 36) se précipitaient contre cette feuille avec la même

fougue que s'ils avaient plongé dans une mare d'eau !

Les abeilles se servent couramment du Soleil pour s'orienter, mais quand ce dernier disparaît derrière les nuages, c'est la polarisation de la lumière diffusée qu'elles mettent à profit. Signalons en passant qu'elles sont en outre capables de s'orienter par rapport au champ magnétique terrestre grâce aux cristaux de magnétite qu'elles ont accumulés dans leur abdomen lorsqu'elles étaient à l'état de nymphe. Elles ont donc à leur disposition tous les moyens possibles pour ne pas perdre le nord ... à condition de ne pas être exposées à certains pesticides, qui les perturbent au point qu'elles éprouvent des difficultés à retrouver leur ruche.

Le papillon monarque et le criquet sont des insectes migrateurs pour qui il est essentiel de parcourir de longues distances en ligne droite. Ils maintiennent leur cap grâce à leur aptitude à détecter la polarisation de la lumière diffusée par l'atmosphère.

La polarisation de la lumière intervient également dans la communication entre animaux. Elle est mise à profit en particulier par une abeille lors de sa danse communicative, destinée à informer ses congénères des bons coins pour s'approvisionner en pollen de fleurs. Par ailleurs, la seiche et la crevette mante présentent, sur certaines parties de leur corps, des motifs spécifiques détectables seulement par des yeux sensibles à la polarisation de la lumière. La squille (espèce particulière de crevette mante) est capable de détecter non seulement la lumière polarisée linéairement, mais aussi la lumière polarisée circulairement. Son système visuel est le plus complexe de tout le règne animal (voir encadré p. 110).

Pour conclure ce chapitre, comparons les performances de nos yeux à celles des

**36 La punaise d'eau est capable de mettre à profit la polarisation de la lumière.** Ses yeux composés la détectent en effet : l'efficacité d'absorption de la lumière par les ommatidies dépend de l'orientation relative du grand axe de l'ommatidie et de la direction du champ électrique de la lumière polarisée.

## Les yeux de la crevette mante, grand prix de l'innovation

Parmi les 400 espèces de crevettes mantes, la squille multicolore ou squille mante paon (*peacock mantis shrimp* en anglais) fascine non seulement par la diversité de ses couleurs (Figure 37) mais surtout par son système visuel qui est le plus complexe de tout le règne animal et le plus performant connu à ce jour! Ce crustacé détient en effet le record du nombre de types de photorécepteurs: 16 types différents, dont 12 sont destinés à la vision colorée. Ses yeux pédonculés peuvent se mouvoir indépendamment l'un de l'autre, offrant ainsi un très large champ de vision. Chacun des yeux est divisé en trois parties et forme ainsi trois images (vision trinoculaire). En outre, ils sont sensibles à la lumière polarisée linéairement et circulairement (voir encadré p. 106). Stupéfiant!

Examinons de plus près ces yeux exceptionnels à nous faire pâlir d'envie! Il s'agit d'yeux composés par apposition (voir p. 92) possédant près de 10 000 ommatidies réparties dans trois régions différentes (Figure 37): deux hémisphères séparés par une région médiane constituée de six rangées d'ommatidies. L'œil de cet animal a ainsi la faculté de former des images d'un objet dans trois parties différentes du même œil. Une telle vision trinoculaire lui permet d'apprécier les distances avec précision.

Les deux hémisphères sont destinés à reconnaître les formes et détecter les mouvements en vision monochromatique, tandis que la région médiane est spécialisée dans la vision des couleurs (rangées 1 à 4) et la détection de la polarisation (rangées 5 et 6). Les rangées 1 à 4 impliquent 12 types de photorécepteurs, dont 8 sont sensibles dans le visible (entre 400 et 700 nm) et 4 dans l'UV (maxima d'absorption à 315, 300, 340 et 380 nm). Peut-on en déduire que la crevette mante a une aptitude exceptionnelle à discriminer les couleurs? Non, répondent les chercheurs: ils ont montré qu'elle ne distingue deux radiations que si leurs longueurs d'onde sont séparées d'au moins 25 nm.[1] Pour que le nombre important de photorécepteurs soit mis à profit pour distinguer un grand nombre de couleurs, il faudrait que le crustacé compare les signaux issus des divers récepteurs, comme le font bien d'autres animaux... et nous-mêmes. Or il s'avère qu'un tel traitement n'est pas effectué par le cerveau de la crevette mante.

Enfin, les rangées 5 et 6 de la région médiane de l'œil mettent en œuvre quatre autres types de photorécepteurs en vue de la détection de la polarisation de la lumière. Ce qui est tout à fait remarquable, c'est que l'arrangement spatial des récepteurs dans les rhabdomes permet non seulement la détection de la lumière polarisée linéairement, mais aussi la distinction entre les lumières polarisées circulairement à gauche et à droite, ce qui est exceptionnel dans le règne animal. Il semble que la lumière polarisée circulairement soit un moyen de communication spécifique de la crevette mante. Chez les mâles de l'espèce *Odontodactylus*, certaines parties du corps réfléchissent différemment les lumières polarisées circulairement à gauche et à droite.

**37 La squille mante paon ou squille multicolore** (*Odontodactylus scyllarus*) est une crevette mante arborant de superbes couleurs. Ses yeux sont les plus sophistiqués du règne animal. À droite, un gros plan montrant les trois parties dont ils sont constitués. La partie médiane, composée de six rangées parallèles d'ommatidies, est spécialisée dans la vision des couleurs.

1. H. H. Thoen *et al.*, «A different form of color vision in mantis shrimp», *Science* **343**, 411-413 (2014).

yeux de l'ensemble des espèces du règne animal. Bien des animaux sont dotés d'yeux beaucoup plus efficaces que les nôtres vis-à-vis de telle ou telle fonction.

• Notre acuité visuelle est bonne, mais celle de l'aigle est six fois meilleure.

• Nous ne disposons que de quatre types de photorécepteurs dont trois (les cônes) sont consacrés à la perception des couleurs. Nombre d'animaux possèdent plus de types de photorécepteurs que nous, et voient dans l'UV contrairement à nous.

• Notre vision dans la pénombre est très moyenne comparée à celle de divers animaux nocturnes.

• Nos yeux ne sont quasiment pas sensibles à la polarisation de la lumière, contrairement à ceux de nombreux insectes.

Cependant, la créativité humaine ne cesse de repousser les limites. Soucieux de ne pas garder les yeux dans sa poche, l'Homme a su concevoir des instruments pour corriger sa vue (lunettes), pour dépasser son acuité visuelle (loupes, microscopes, jumelles, télescopes, etc.), et pour élargir le domaine de longueurs d'onde auquel son œil est sensible (caméras infrarouge, détecteurs UV, etc.). Il sait également réparer ses yeux avec un laser ou par la chirurgie.

CHAPITRE 4

# Les couleurs du monde vivant

*Pour les oiseaux, il est bien certain que les mâles cherchent à briller aux yeux de celles qu'ils veulent fasciner.*

Georges Pouchet (1833-1894)

**Que la nature est belle ! La lumière la pare d'une multitude de nuances de couleurs. Si les physiciens et les chimistes ont percé maints secrets entourant les mécanismes de production des couleurs dans le monde vivant, il est bien plus difficile de cerner le rôle des couleurs perçues par les animaux. La communication intra- ou inter-espèces via les couleurs a néanmoins été démontrée dans de nombreux cas. Les pigments responsables des couleurs ont également d'autres fonctions, notamment la protection contre le rayonnement solaire.**

◄ Ce colibri (*Chlorostilbon mellisugus*) est attiré par la couleur rouge de cette plante dont il aspire le nectar grâce à son long bec courbé.

## Un monde de couleurs

Qu'est-ce que la couleur ? Rien d'autre que la sensation que le cerveau procure lorsque la lumière frappe la rétine des yeux, sensation qui, *a priori*, dépend de chaque espèce (voir chapitre précédent, p. 98 à 105).

Voyons d'abord d'où proviennent les couleurs. Si la lumière qui vient du Soleil apparaît blanche aux êtres humains que nous sommes, c'est parce qu'elle contient toutes les radiations dont les longueurs d'onde appartiennent au domaine visible, entre 400 et 700 nm environ. Perçues séparément, ces radiations occasionnent, via nos yeux et notre cerveau, diverses sensations colorées allant du violet au rouge – par longueur d'onde croissante. Leur superposition procure donc la sensation de blanc. Quant à un objet, exposé à la lumière du jour, il nous apparaît coloré si son interaction avec la lumière conduit, soit à la disparition partielle ou totale de radiations à certaines longueurs d'onde, soit au renforcement de l'intensité lumineuse à certaines longueurs d'onde au détriment d'autres.

Dans le premier cas, l'apparition des couleurs s'explique par le phénomène d'absorption : des substances que l'on appelle pigments absorbent la lumière à certaines longueurs d'onde. Comme ce sont des composés chimiques qui sont à l'origine des couleurs, on parle habituellement de *couleurs chimiques* (raccourci de « couleurs liées à la nature chimique »). La dénomination de *couleurs par absorption* est toutefois préférable. Dans le monde vivant, c'est le terme *couleurs pigmentaires* qui est le plus souvent employé (Figure 1).

Dans le second cas, ce sont des phénomènes physiques (dispersion, diffusion,

**1** La genèse des couleurs dans le monde vivant. Il faut distinguer d'une part, les couleurs qui résultent d'une interaction entre la lumière et la matière dont sont constitués les êtres vivants, et d'autre part, les lumières colorées émises par certains d'entre eux. Dans le premier cas, on parle de couleurs structurales (cas du plumage de la perruche, des ailes du papillon Morpho, de la carapace du scarabée, etc.) ou de couleurs pigmentaires (fleurs, caméléon, etc.). Dans le second cas, il s'agit de bioluminescence (vers luisants, certains champignons, certaines méduses, etc.) ou de fluorescence (coraux, scorpions, certaines fleurs, etc.)

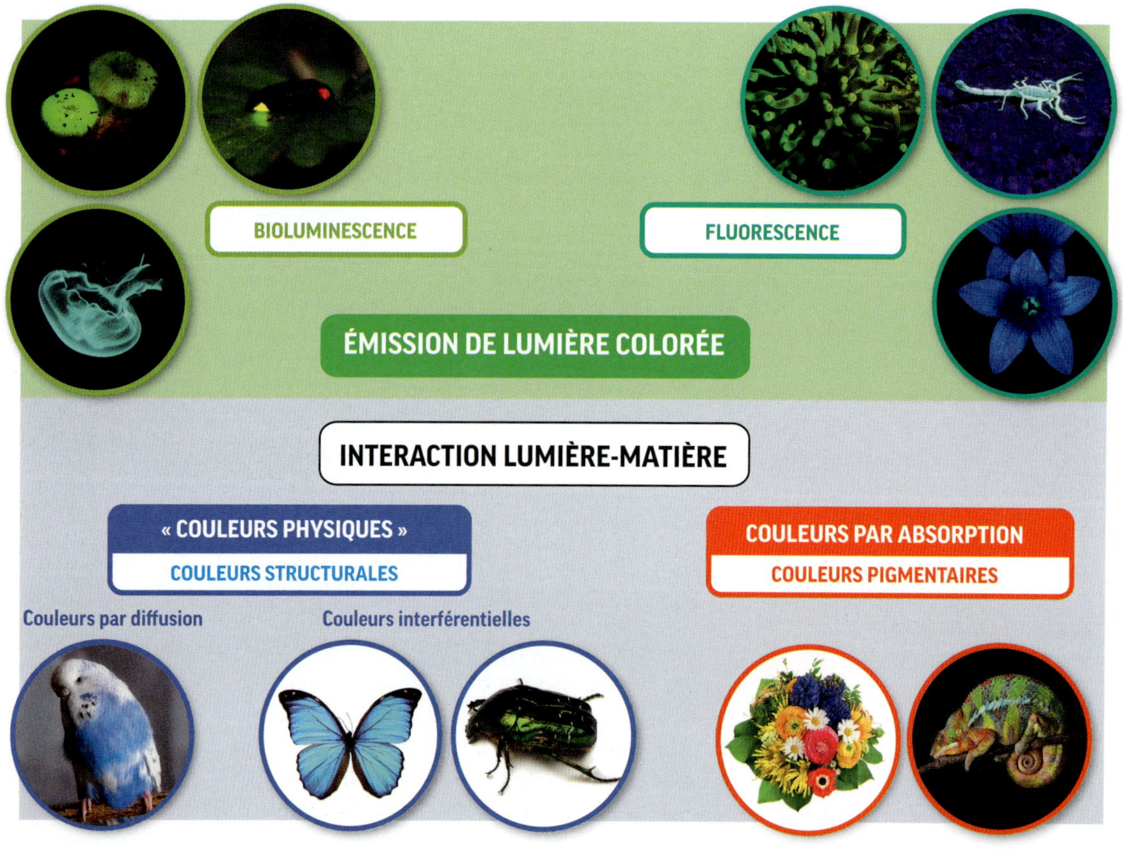

interférences et diffraction) qui sont à l'origine du renforcement de l'intensité lumineuse à certaines longueurs d'onde. Les couleurs qui en résultent ne dépendent quasiment pas de la composition chimique de l'objet. En conséquence, l'appellation d'usage est *couleurs physiques*. Comme ces couleurs sont liées à la microstructure du matériau, il est fréquent d'employer le terme de *couleurs structurales*, par opposition aux couleurs pigmentaires (Figure 1).

Chez les végétaux, les couleurs sont quasiment toujours pigmentaires (nous signalerons des exceptions), tandis que chez les animaux, elles sont pigmentaires et/ou structurales. Il est fréquent qu'un animal arbore à la fois des couleurs pigmentaires et des couleurs structurales. Le perroquet en est un exemple remarquable (Figure 2). Les couleurs jaune, orangé et rouge du bec et du plumage sont dues à des pigments, alors que la couleur bleue est d'origine structurale : elle résulte de la diffusion de la lumière par la microstructure de la plume (voir p. 127). Toutefois, c'est un pigment – non pas bleu mais brun-noir – qui confère au bleu sa profondeur. Quant à la couleur verte, elle résulte de la superposition de cette couleur bleue et de la couleur jaune d'un autre pigment. Enfin, les couleurs irisées des plumes du sommet de la tête sont encore d'origine structurale, mais il s'agit cette fois de couleurs interférentielles (voir p. 122) auxquelles s'ajoute à nouveau la contribution de pigments.

Toutes ces couleurs résultent de l'interaction de la lumière du jour avec la matière. Cependant, il ne faut pas oublier que la matière elle-même peut se faire source de lumière colorée. En effet, certains pigments végétaux ou animaux émettent des lumières colorées après avoir absorbé de la lumière : c'est le phénomène de *fluorescence* (voir chapitre 5). Aux couleurs par absorption se superposent alors des couleurs par émission. Par ailleurs, certaines espèces vivantes produisent spontanément des lumières colorées qui résultent d'une réaction biochimique : il s'agit de *bioluminescence* (voir chapitre 6).

**2** **Ce magnifique perroquet exhibe à lui seul un très grand nombre de couleurs vives** qui sont d'origine pigmentaire (le jaune, l'orangé et le rouge) ou structurale (le bleu) ou encore simultanément pigmentaire et structurale (le vert résultant de la superposition de jaune et de bleu).

La figure 1 rassemble tous les phénomènes impliqués dans la genèse des couleurs. Dans ce chapitre, nous nous limiterons aux couleurs pigmentaires et structurales. Après en avoir examiné les divers aspects chez les végétaux puis chez les animaux, nous examinerons le rôle qu'on leur attribue dans le monde vivant.

## Les couleurs pigmentaires des végétaux

Les végétaux doivent une grande partie de leurs couleurs à diverses familles de pigments, les trois plus importantes étant les *chlorophylles*, les *caroténoïdes* et les *flavonoïdes* (Figure 3). Les chlorophylles, responsables de la couleur verte dans le règne végétal, ont déjà été décrites dans le chapitre 1 et nous n'y reviendrons pas. Les caroténoïdes, très répandus (voir encadré p. 117), confèrent des couleurs jaune, orange et rouge. Par exemple, la carotte doit sa couleur orange au β-*carotène*, et la tomate doit sa couleur rouge au *lycopène* ; ces deux pigments appartiennent au groupe des carotènes. La

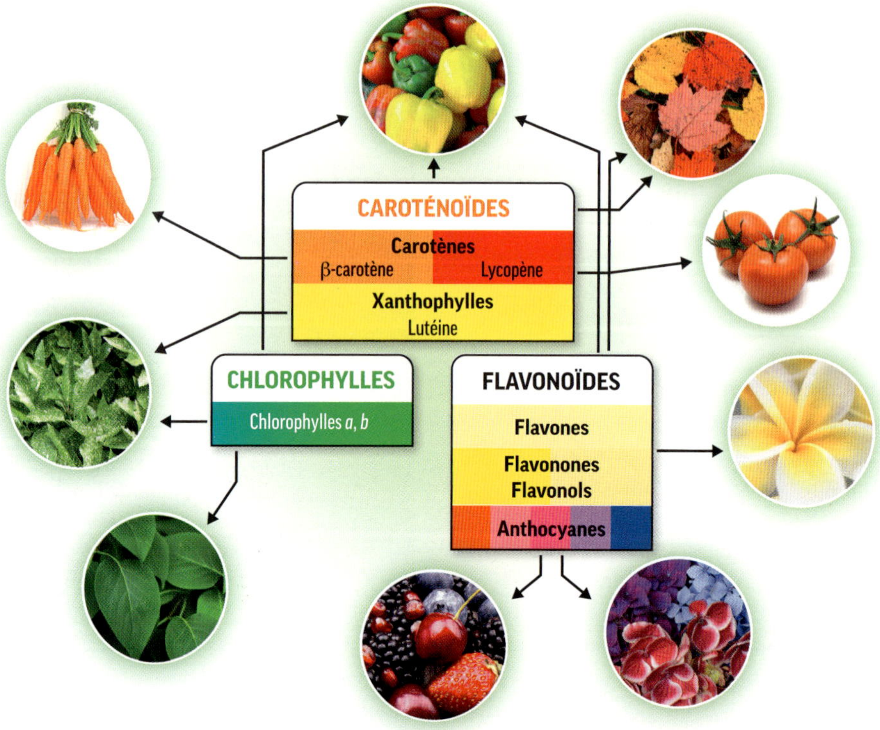


**3** Les couleurs des végétaux sont dues à diverses familles de pigments qui peuvent être présentes simultanément dans une même plante. Les trois principales familles de pigments sont indiquées au centre de la figure, avec les teintes qui leur sont généralement associées.

lutéine (du latin *luteus*, « jaune »), du groupe des *xanthophylles*, est un pigment jaune que l'on trouve notamment dans le maïs, et surtout dans les feuilles vertes des légumes (épinards, oseille, brocoli, choux, etc.), même si sa couleur est masquée par les chlorophylles.

Les flavonoïdes (voir encadré p. 118) sont, quant à eux, surtout présents dans les fleurs. Parmi eux, les *anthocyanes* parent les pétales de couleurs rouge, rose, bleue, violette et pourpre. Ils sont également responsables de la couleur des fruits rouge foncé, comme les myrtilles, les grains de cassis et les raisins.

Le poivron se distingue par la diversité de ses couleurs. En faisant votre marché, vous avez certainement observé qu'il prend des couleurs variées : rouge, vert, jaune, orange, lilas, etc. Il est vert lorsque les chlorophylles sont dominantes, rouge s'il contient du lycopène, et jaune s'il ne possède ni chlorophylle, ni lycopène, mais des flavonoïdes. Les autres teintes proviennent de mélanges de pigments en diverses proportions.

Outre les trois grandes classes de pigments végétaux que nous venons de décrire, la famille des *bétalaïnes* mérite d'être citée. Les deux sous-classes de cette famille sont les *bétaxanthines* (de couleur jaune à orange) et les *bétacyanines* (de couleur rouge à violet). En particulier, c'est une bétacyanine, la *bétanine*, qui est principalement à l'origine de la couleur de la betterave rouge. D'ailleurs, tous ces préfixes « béta » viennent du nom latin de cette dernière : *Beta vulgaris*. La bétanine est employée comme colorant alimentaire sous le nom de rouge de betterave (numéro de code : E162).

Enfin, les *mélanines*, très présentes dans le monde animal (voir p. 120), se rencontrent parfois chez les végétaux. Elles contribuent à des teintes allant du jaune au brun, et même au noir.

## Les couleurs pigmentaires des animaux

Quels sont les pigments responsables de la couleur des animaux ? Pour répondre

# Les caroténoïdes

Dans la famille des caroténoïdes, on distingue les *carotènes* et les *xanthophylles*. Les premiers ne sont constitués que d'atomes de carbone et d'hydrogène, tandis que les seconds contiennent en outre des atomes d'oxygène.

Les formules des caroténoïdes se caractérisent par un enchaînement régulier de doubles liaisons carbone-carbone séparées par une simple liaison. Le motif répétitif est l'isoprène, une molécule à cinq atomes de carbone.

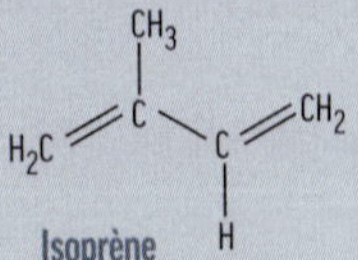

Isoprène

Via une suite complexe de réactions enzymatiques, l'association de huit molécules d'isoprène conduit au lycopène qui est le précurseur des autres caroténoïdes. En effet, deux enzymes du type cyclase sont capables de former les cycles à six atomes de carbone qui figurent dans la formule des carotènes (Figure 4). Quant à l'introduction d'oxygène (associé à l'hydrogène), c'est une autre enzyme qui s'en charge.

Le plus important des carotènes est le β-carotène, présent en particulier dans la carotte. Voyons pourquoi sa couleur est l'orange. Ce pigment absorbe la lumière à des longueurs d'onde inférieures à 530 nm environ, c'est-à-dire correspondant au violet, au bleu et au vert (Figure 4). En revanche, pour celles qui se situent dans le jaune, orangé et rouge, la lumière n'est pas absorbée mais renvoyée par réflexion diffuse. Captée par notre œil, cette lumière nous donne donc, via notre cerveau, une sensation de couleur orange. Le lycopène absorbe la lumière dans un domaine qui s'étend vers de plus grandes longueurs d'onde, d'où sa couleur rouge.

Les xanthophylles, quant à elles, se situent en particulier dans les feuilles, et plus précisément dans les chloroplastes des cellules végétales. Le mot xanthophylle vient du grec *xanthos*, « blond » et *phullos*, « la feuille ». La xanthophylle la plus importante est la lutéine qui est en effet de couleur jaune (du latin *luteus*, « jaune ») (Figure 4). La zéaxanthine est un isomère de la lutéine : il en diffère seulement par la position d'une double liaison (en rouge dans la formule). Cette dénomination dérive du nom d'espèce du maïs (*Zea Mays*, en latin), végétal dans lequel on trouve ce pigment.

La lutéine et la zéaxanthine sont employées comme additifs alimentaires (de codes respectifs E161b et E161h).

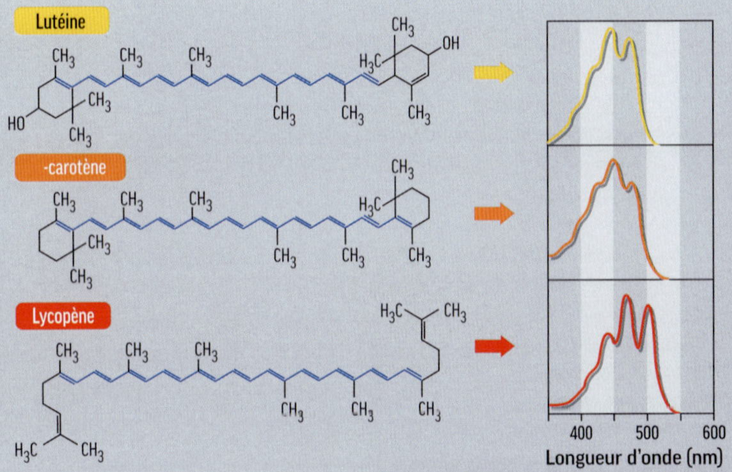


**4** **Formules des principaux caroténoïdes** et leurs spectres d'absorption enregistrés en solution diluée. Sont indiquées en bleu les doubles liaisons conjuguées (alternance de liaisons simples et doubles) responsables de l'absorption de la lumière. Les diverses couleurs sont dues aux différences structurales des extrémités des molécules, ce qui modifie les spectres d'absorption.

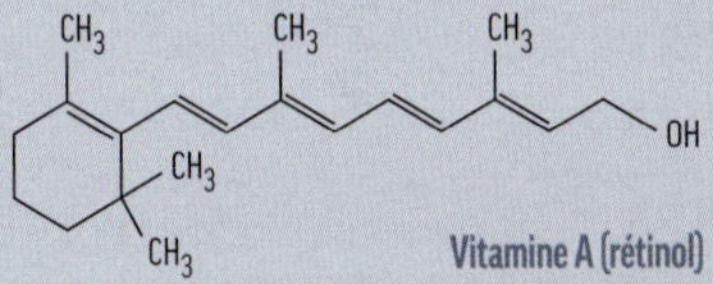

Vitamine A (rétinol)

L'hydrolyse enzymatique du β-carotène conduit à deux molécules de vitamine A (aussi appelée rétinol). C'est à partir de la vitamine A que de nombreux animaux (et l'Homme en particulier) fabriquent le rétinal impliqué dans les photorécepteurs de leur rétine (voir chapitre précédent p. 101). C'est pourquoi une carence sévère en vitamine A peut conduire à la cécité.

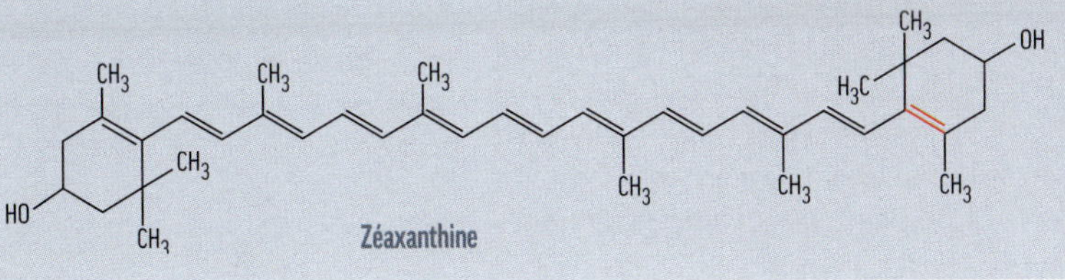

Zéaxanthine

## Les flavonoïdes

Les flavonoïdes, découverts en 1936 par le Hongrois Albert Szent-Gyögyi dans le zeste de citron, sont des composés flavoniques appartenant à la classe des polyphénols. Le squelette de base est constitué de trois cycles portant des substituants, le plus souvent hydroxyle (–OH), en diverses positions. Ils se répartissent dans plusieurs groupes de composés : les flavones, les flavanones, les flavonols et les anthocyanidines, dont les structures de base sont données sur la figure 5. Les flavones sont responsables d'une couleur blanchâtre proche de celle de l'ivoire, alors que les flavanones et les flavonols donnent des couleurs tirant sur le jaune avec diverses nuances. Concernant les anthocyanidines, leurs couleurs (rouge, rose, bleue, violette ou encore pourpre) dépendent du nombre et de la position de leurs substituants (Figure 6).

Dans les plantes, la glycosylation des anthocyanidines par une enzyme du type glucosyltransférase (c'est-à-dire le remplacement de l'hydrogène du groupe -OH par un sucre) conduit à des hétérosides couramment appelés *anthocyanes*. Les sucres impliqués sont le plus souvent des monosaccharides comme le glucose et le galactose, ou des di- et trisaccharides formés par la combinaison de monosaccharides. La glycolisation augmente la stabilité du pigment et accroît sa solubilité dans l'eau des vacuoles. Il arrive que les couleurs des anthocyanes diffèrent de celles des anthocyanidines correspondantes. En outre, la complexation de métaux ou encore la modification de l'acidité affectent les couleurs. Par exemple la cyanidine, qui est bleue en milieu basique, devient violette en milieu neutre et rouge en milieu acide. C'est ainsi que l'on explique la couleur bleue du bleuet et la couleur rouge du coquelicot ! Les fruits rouges et acides doivent également leur couleur aux anthocyanes.

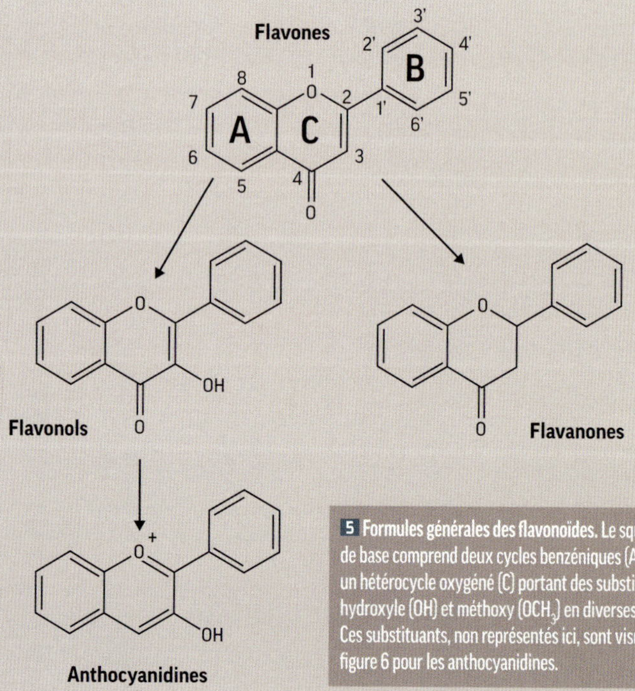


**5 Formules générales des flavonoïdes.** Le squelette de base comprend deux cycles benzéniques (A et B) et un hétérocycle oxygéné (C) portant des substituants hydroxyle (OH) et méthoxy ($OCH_3$) en diverses positions. Ces substituants, non représentés ici, sont visualisés sur la figure 6 pour les anthocyanidines.

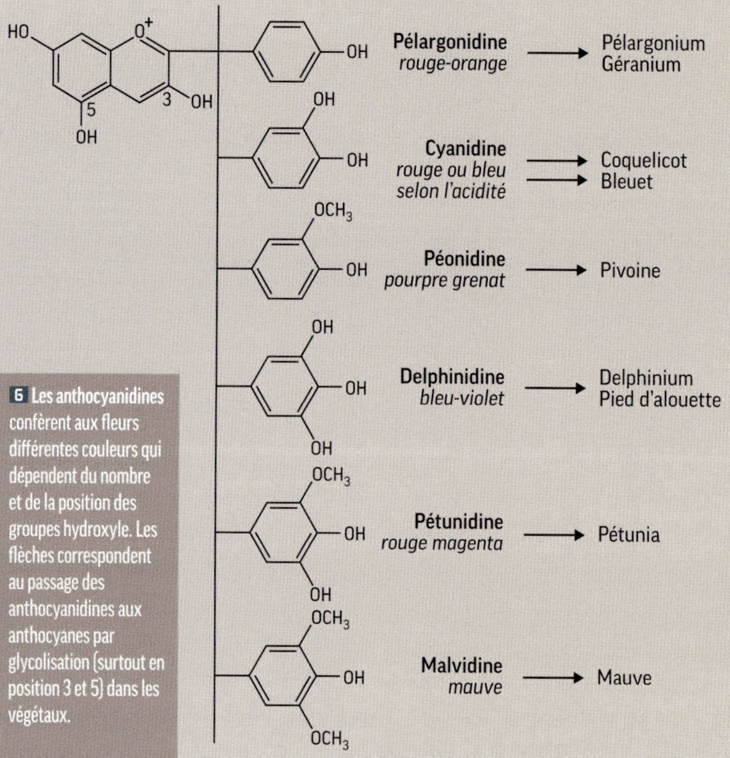


**6 Les anthocyanidines** confèrent aux fleurs différentes couleurs qui dépendent du nombre et de la position des groupes hydroxyle. Les flèches correspondent au passage des anthocyanidines aux anthocyanes par glycolisation (surtout en position 3 et 5) dans les végétaux.

à cette question, nous distinguerons ceux que l'animal produit par lui-même, dits *endogènes*, et ceux qui sont d'origine alimentaire, dits *exogènes*.

## *Les pigments produits par les animaux*

Les pigments les plus répandus sont les *mélanines* (du grec *melas, melanos*, « noir ») dont la couleur va le plus souvent du brun au noir, et parfois du jaune au roux (voir encadré p. 120). On les trouve en association ou non avec d'autres pigments, en particulier dans les poils des mammifères (Figure 7), les plumes d'oiseaux, les ailes de papillons, etc. Si la production de mélanines est défaillante, l'animal est blanc avec des yeux rouges (*albinos*). Lorsque les mélanines ne migrent pas dans les poils ou les plumes, l'animal a un pelage ou un plumage blanc, mais la pigmentation des yeux, de la peau, et des pattes est normale. Enfin, une production très importante de mélanines confère une couleur noire, ou presque. Lapins, chiens, hamsters, chats de cette couleur nous sont familiers... plus que la panthère noire ! La panthère rose, quant à elle, n'est évidemment que le fruit de l'imagination d'un scénariste inventif. Toutefois, les peaux roses existent bien sûr : la couleur provient des vaisseaux sanguins sous-cutanés.

Et chez l'Homme ? Comme chez les autres mammifères, les mélanines sont responsables de la couleur des poils et des cheveux – lesquels blanchissent lorsque la production de mélanine diminue. Quant à la peau, elle est d'autant plus foncée que sa teneur en mélanine est élevée. D'ailleurs le bronzage résulte de la production de mélanine sous l'action de la lumière solaire, tout comme l'accentuation des taches de rousseur.

Une autre famille de pigments est intéressante : les *ptérines* (voir encadré p. 121). Elles doivent leur nom aux ailes de papillon (en grec *pteron* signifie « aile ») où elles sont abondantes, car c'est précisément là qu'elles ont été découvertes. Leurs couleurs vont du blanc au rouge en passant par le jaune. Citons également les *ommochromes*, pigments initialement découverts dans les ommatidies des yeux d'insectes (voir p. 90). Par la suite, leur présence a été détectée dans les tissus et les sécrétions de nombreux Arthropodes. Ces pigments (voir encadré p. 121) de couleur jaune, orangé, rouge, fauve ou brun, sont aussi présents dans des ailes de papillons, notamment ceux de la famille des *Nymphalidés* (Figure 8). Il existe bien d'autres familles de pigments moins couramment rencontrés : les *papiliochromes* (analogues aux ommochromes), les *pigments biliaires*, etc.

Et les pigments des perroquets (Figure 2 p. 115) ? Les couleurs éclatantes jaune, orangé et rouge de leurs plumes sont dues à des pigments que ces animaux sont les

**7 Les couleurs des lapins et des chiens** sont dues aux mélanines qui migrent plus ou moins abondamment dans leurs poils. Les poils blancs sont dépourvus de mélanines, tandis qu'une concentration élevée de ces pigments donne aux poils une couleur noire.

**8 Ce papillon de la famille des Nymphalidés** possède des ailes riches en pigments du type ommochrome.

## Familles chimiques des pigments présents chez les animaux

Les **mélanines** sont produites au sein de cellules spécialisées, appelées mélanocytes. La synthèse est effectuée à partir d'un acide aminé, la tyrosine, selon des réactions complexes (Figure 9). L'oxydation de la tyrosine, catalysée par une enzyme, la tyrosinase, conduit *in fine* à l'*eumélanine* (brun à noir). Si une cystéine, un autre acide aminé, est impliquée en plus de la tyrosine, il se forme de la *phéomélanine* (jaune à roux). Ces pigments se trouvent sous forme de polymères et la couleur varie selon le degré de polymérisation. Ces polymères sont difficiles à extraire, d'où la difficulté à les étudier.

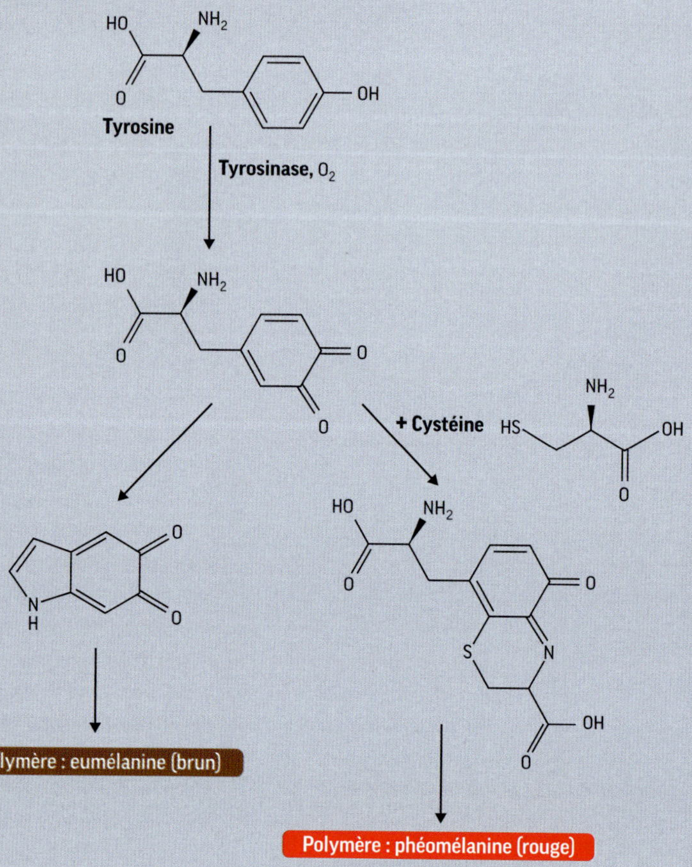


**9** Principales étapes de la synthèse des mélanines à partir de la tyrosine avec implication ou non d'une cystéine.

seuls à produire dans le monde vivant : les *psittacofulvines* (cette dénomination vient de *Psittacidé,* famille à laquelle appartiennent ces oiseaux) (voir encadré ci-dessus). Leur structure est quelque peu analogue à celle des caroténoïdes.

### *Les pigments d'origine alimentaire*

Les animaux ne sont pas capables de produire des caroténoïdes. Ainsi, ceux qu'ils possèdent proviennent des végétaux qu'ils ingèrent. Deux cas sont alors à distinguer : l'animal les utilise tels quels (comme la lutéine, par exemple), ou bien il les transforme par des réactions biochimiques (le β-carotène est transformé en canthaxanthine, et la zéaxanthine en astaxanthine, par exemple) (voir encadré p. 121). Les caroténoïdes ainsi obtenus sont en général spécifiques des animaux. Les oiseaux sont particulièrement aptes à effectuer la transformation de caroténoïdes. C'est pourquoi nombre d'entre eux comme le chardonneret, le rouge-gorge, la mésange ou encore le pinson exhibent notamment des couleurs allant du jaune au rouge.

Un des plus beaux exemples de couleur due à un pigment d'origine alimentaire nous est offert par le flamant rose. Sa couleur provient exclusivement des minuscules crustacés du plancton qui constituent l'essentiel de sa nourriture. En effet, ces crustacés consomment des algues riches

Les **ptérines** sont constituées de deux hétérocycles possédant chacun deux atomes d'azote. Elles sont produites à partir d'un nucléotide, la guanosine triphosphate (GTP), en présence d'une enzyme, la GTP cyclohydrolase.

Voici trois exemples de ptérines :

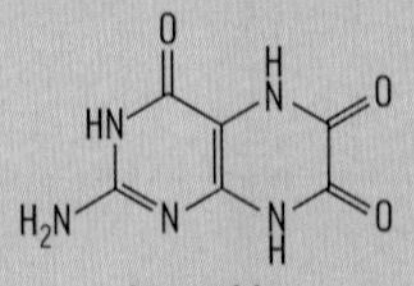

**Leucoptérine**

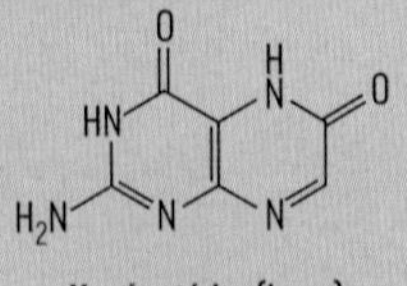

**Xanthoptérine (jaune)**

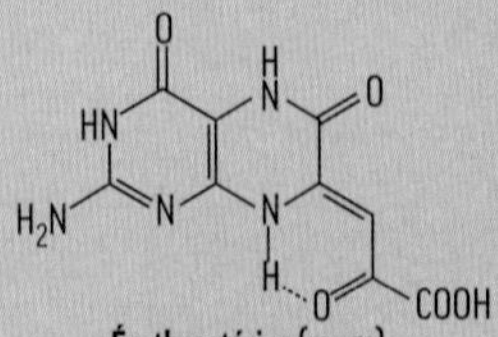

**Érythroptérine (rouge)**

Les **ommochromes** sont des pigments formés par polymérisation d'acides aminés cycliques (principalement le tryptophane). Ils confèrent diverses couleurs : jaune, rouge, orangé, fauve ou brun. Ils sont solubles dans les acides, à la différence des mélanines. Il existe trois groupes d'ommochromes : les ommines, les ommidines et les ommatines. Parmi ces dernières, la rhodommatine est rouge, la xanthommatine est jaune et l'ommatine D est brun-rouge.

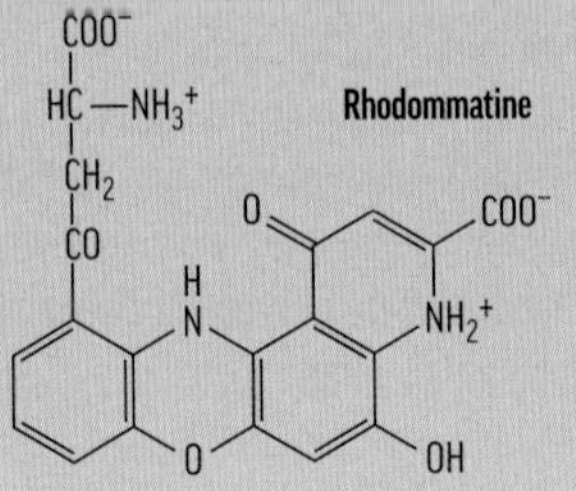

**Rhodommatine**

Les **caroténoïdes** que l'on trouve chez les animaux proviennent de leur alimentation. Ce sont soit les caroténoïdes qu'ils ingèrent (comme la lutéine, par exemple ; voir encadré p. 117), soit les produits de la transformation de ces derniers. Dans ce cas, les caroténoïdes sont plus « oxygénés » que leurs homologues chez les végétaux. La canthaxanthine dérive du β-carotène, et l'astaxanthine dérive de la zéaxanthine. Ces deux pigments sont rouges.

**Canthaxanthine**

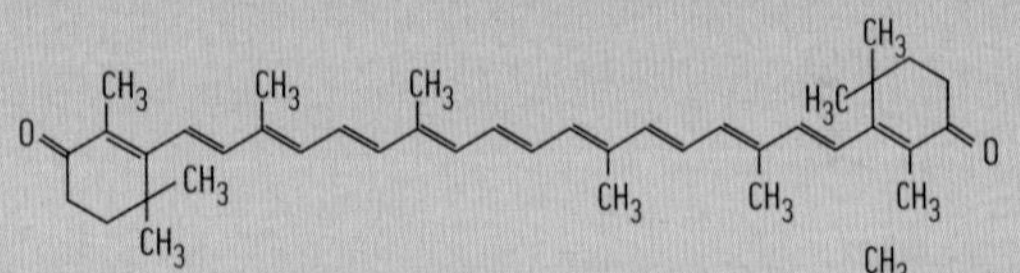

**Astaxanthine**

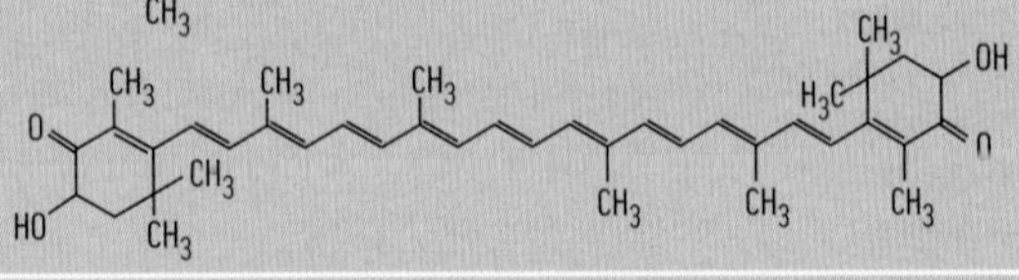

Les **psittacofulvines** que les perroquets sont seuls à produire présentent, du fait de leurs doubles liaisons conjuguées, une analogie avec les caroténoïdes. Leurs couleurs varient du jaune au rouge selon le nombre de doubles liaisons qui varie de 6 à 9.

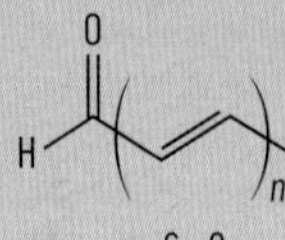

$n = 6 - 9$

en caroténoïdes qu'ils transforment principalement en *astaxanthine* et *canthaxanthine* de couleur rouge (voir encadré ci-dessus). Pour récupérer ces crustacés, le flamant traite l'eau qui en est chargée : grâce à son bec muni de lamelles, il sépare les aliments de la boue et de la vase, filtrant ainsi 1 000 litres d'eau par jour ! Pas étonnant donc de voir un flamant plus souvent le bec dans l'eau que la tête en l'air ! Le bébé flamant est, lui, d'un blanc virginal à la naissance et devra manger des crustacés pour rosir (Figure 10). Les pigments ainsi ingérés sont transformés par des réactions biochimiques et se fixent dans les plumes qui prennent des couleurs rouge, orangé, jaune, ou crème selon la structure chimique du pigment et selon la façon dont ils sont associés aux autres constituants cellulaires. Comme les pigments finissent par se dégrader, un flamant qui cesse de se nourrir de crustacés redevient blanc !

La belle couleur de la chair des saumons sauvages a la même origine que celle des flamants roses, car ces poissons se nourrissent également de plancton. Les saumons d'élevage, quant à eux, ont une nourriture à base de soja et de céréales, et de ce fait, leur chair est de couleur beige. Pour faire rougir la chair, le pisciculteur ajoute de l'astaxanthine à la nourriture. Cela n'a aucun effet sur le goût du saumon ! Une telle addition n'est donc

**10 Le bébé flamant est blanc à la naissance,** puis rosit en mangeant de petits crustacés contenant des caroténoïdes. Pour se nourrir, il filtre de grandes quantités d'eau grâce à son bec peu gracieux mais très efficace.

pas destinée à satisfaire les papilles gustatives du consommateur, mais à flatter son impression visuelle, car il a une préférence subjective pour les saumons à chair plus rouge... comme pour les truites saumonées, également nourries avec un supplément en astaxanthine. À quand les poissons à chair bleue obtenue en ajoutant du bleu de méthylène à leur nourriture ? Le bleu n'est-il pas la couleur de la mer ? Et puis, en les mangeant, on se désinfecterait la gorge...
Restons dans le domaine culinaire. La carapace des crustacés dont nous raffolons (langouste, homard, crevette, écrevisse, etc.) contient de l'astaxanthine : pourquoi alors ces animaux ne sont-ils pas rouges dans leur milieu naturel mais seulement dans notre assiette, c'est-à-dire après avoir été cuits ? Vous trouverez la réponse dans l'encadré ci-contre.

### *Le cas particulier des couleurs verte et bleue*

Jusqu'à présent, il n'a pas été question de couleur verte. C'est parce que la présence de pigments verts est exceptionnelle chez les animaux. Quelques rares ailes de papillons en contiennent (il s'agit de pigments biliaires). Citons également un pigment vert appelé *turacoverdine* que l'on trouve chez un oiseau d'Afrique : le turaco. Ce pigment est une porphyrine de cuivre. Quant à la couleur pigmentaire bleue des animaux, elle est également inhabituelle. Il existe de rares pigments bleus chez les papillons. En ce qui concerne le cas du homard bleu mentionné dans l'encadré, il résulte du comportement particulier de pigments naturellement rouges, les astaxanthines, qui sont inclus dans la *crustacyanine* (protéine de la carapace). Dans la grande majorité des cas, la couleur bleue des animaux est d'origine physique, comme nous allons le voir maintenant. Quant à la couleur verte, elle résulte le plus souvent d'une couleur structurale bleue à laquelle se superpose la couleur jaune d'un pigment (voir Figure 2).

## Les couleurs structurales des animaux

### *L'iridescence*

Observez de près les couleurs vert métallique à reflets dorés des carapaces de scarabées (Figure 12) : elles changent selon l'angle d'observation. Ce phénomène est appelé *iridescence*. Ce sont des interférences lumineuses qui en sont à l'origine (voir encadré p. 124), c'est pourquoi on parle de *couleurs interférentielles*. Ici, pas de pigments responsables des couleurs, mais une structure particulière de la matière à l'échelle du micromètre. Ces couleurs entrent donc dans la catégorie des *couleurs structurales*.
Chez les scarabées, et d'une façon générale chez les coléoptères, la carapace (le terme exact est cuticule) est constituée de plusieurs couches fines superposées dont l'épaisseur est de l'ordre de grandeur des longueurs d'onde de la lumière. Une onde lumineuse qui atteint la surface subit des réflexions partielles sur les différentes couches. Les ondes lumineuses qui émergent par la face avant suite à ce jeu de réflexions interfèrent entre elles : selon l'épaisseur locale et selon l'angle

## Le secret du changement de couleur du homard quand il cuit

La différence de couleur entre le homard cru et le homard cuit est spectaculaire. Le homard européen (appelé homard breton en France) est naturellement gris-bleu, couleur bien plus discrète en milieu marin que le rouge qui apparaît à la cuisson (Figure 11) !
De fait, la carapace du homard contient une protéine, la crustacyanine, qui absorbe dans le rouge et très peu dans le bleu, d'où la couleur gris-bleu. Pourtant le seul chromophore de la crustacyanine est l'astaxanthine, qui, lorsqu'elle est libre, absorbe majoritairement dans le bleu, d'où une couleur habituellement rouge. Pourquoi donc une telle disparité de couleur entre le chromophore libre et ce dernier inséré dans la protéine chez le homard vivant ? Chaque sous-unité de la protéine contient même deux molécules d'astaxanthine. Certes ces dernières sont en interaction avec les aminoacides des chaînes protéiques voisines via leurs atomes d'oxygène. Mais cet argument n'est pas suffisant pour expliquer un décalage aussi important de l'absorption vers le rouge.
Ce sont des chercheurs hollandais qui, en 2005, ont découvert le fin mot de l'affaire. Ils ont montré que la raison principale de ce décalage est l'interaction forte, au sein de chaque sous-unité, entre les deux molécules d'astaxanthine qui sont associées en paires.[1] Lorsque l'une d'elle absorbe un photon, l'énergie qu'elle acquiert est délocalisée sur l'ensemble des deux molécules (on parle dans ce cas de *couplage excitonique*). Il en résulte une séparation de la bande d'absorption de la molécule isolée en deux bandes d'absorption, dont l'une est située dans le rouge. Et le homard vivant paraît bleuté…
En revanche, lors de la cuisson, l'élévation de température provoque une dénaturation de la protéine qui libère les molécules d'astaxanthine, lesquelles retrouvent alors leur couleur rouge originelle. Et la carapace, dont la couleur aura longtemps fait « bisquer » les scientifiques, peut servir à parfumer et colorer de savoureuses bisques…

1. A. A. C. van Wijk *et al.*, *J. Am. Chem. Soc.* **127**, 1438 (2005).

**11** Le homard bleu (*Homarus gammarus*) devient rouge lorsqu'il est ébouillanté.

d'observation, l'intensité de la lumière à certaines longueurs d'onde est renforcée alors qu'elle est au contraire réduite à d'autres longueurs d'onde, d'où l'apparence de couleurs (voir encadré p. 124).
Examinons maintenant un papillon Morpho dont la superbe couleur bleue (Figure 18) a fait sa gloire au point qu'il figure dans nombre de publicités. La couleur change avec l'angle d'observation : elle est donc d'origine interférentielle, mais elle ne s'explique pas par la présence d'une structure en plusieurs couches. Un zoom sur cette aile révèle en effet l'existence d'écailles ; ces dernières sont recouvertes d'un réseau régulier de stries composées d'un empilement de lamelles de chitine. Ces stries constituent des éléments structuraux dont la taille est de l'ordre de grandeur

**12 L'iridescence des scarabées** résulte des interférences des ondes lumineuses réfléchies par les diverses couches constituant leur carapace.

## Interférences et diffraction

Comme leur nom l'indique, les couleurs interférentielles résultent du phénomène d'interférences. De quoi s'agit-il ? Pour comprendre, prenez deux cailloux de taille analogue et jetez-les simultanément dans l'eau. Vous observez des ondes circulaires qui se propagent et interfèrent entre elles (Figure 13). Aux points où les maxima d'amplitude coïncident, il y a renforcement de l'amplitude, tandis qu'aux points où un maximum de l'une correspond à un minimum de l'autre, il y a réduction ou même annihilation de l'amplitude.

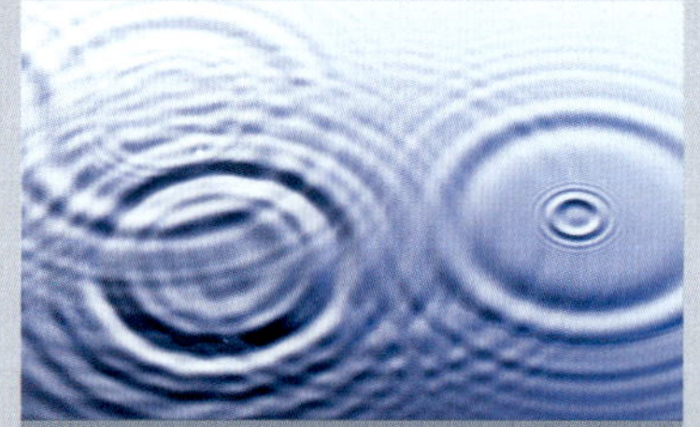

**13** **Interférences produites par des ondes circulaires** créées par des cailloux jetés simultanément dans l'eau.

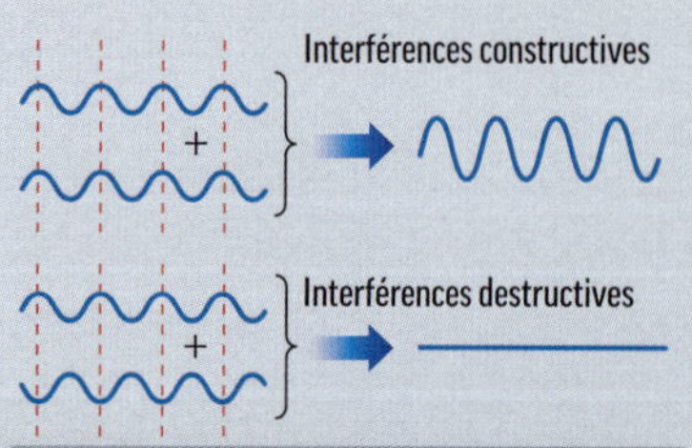


**14** **Les interférences entre deux ondes** de même amplitude et de même fréquence sont constructives si elles sont en phase, ou destructives si elles sont en opposition de phase.

D'une façon générale, et plus précisément, la superposition de deux ondes issues de deux sources vibrant à la même fréquence et avec la même amplitude donne lieu à des *interférences constructives* (doublement de l'amplitude) aux points où les deux ondes passent simultanément par un maximum, et à des *interférences destructives* (annihilation de l'amplitude) aux points où l'une passe par un maximum à l'instant où l'autre passe par un minimum (Figure 14). Ainsi, dans le cas d'ondes lumineuses, la lumière en s'ajoutant à la lumière peut produire... de l'ombre ! Ou encore des couleurs si la lumière incidente est blanche.

Regardons de plus près une couche mince transparente (d'une bulle de savon ou d'un film d'huile sur l'eau) dont l'épaisseur est de l'ordre de grandeur des longueurs d'onde de la lumière. Un faisceau de lumière blanche qui atteint sa surface se divise en deux faisceaux : l'un est réfléchi, tandis que l'autre pénètre à l'intérieur de la couche, se réfléchit sur la face arrière, traverse la couche en sens inverse et rejoint avec un léger retard le premier qui avait été réfléchi (Figure 15.a). Les deux ondes lumineuses provenant d'une même onde initiale et ayant des intensités similaires interfèrent alors. Comme le montre la figure 15.b, le renforcement ou l'annihilation dans une direction donnée dépendent de la longueur d'onde. Des couleurs apparaissent ainsi. Elles varient selon la direction de l'illumination et l'angle d'observation, ainsi que selon l'épaisseur de la couche. C'est la raison pour laquelle une couche mince apparaît diversement colorée.

Lorsque plusieurs couches sont empilées (Figure 16), le facteur de réflexion global est considérablement augmenté, et les couleurs apparaissent plus vives. C'est en particulier le cas de la nacre qui revêt l'intérieur de la coquille de certains mollusques, et qui est constituée de couches alternativement minérales et organiques produites par l'animal au cours de sa croissance.

Un autre type de couleurs interférentielles apparaît lorsque la matière possède une microstructure périodique

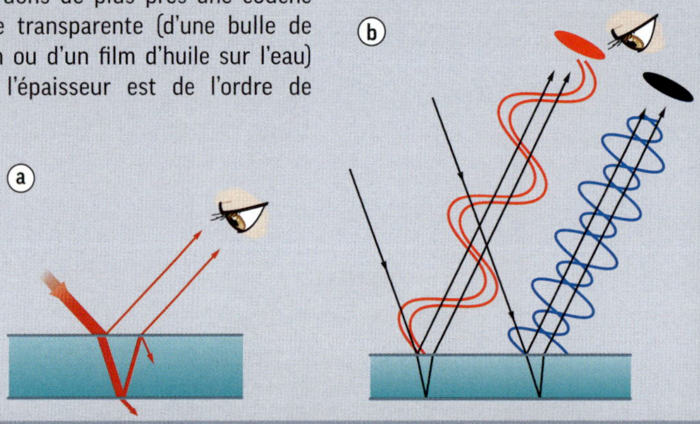


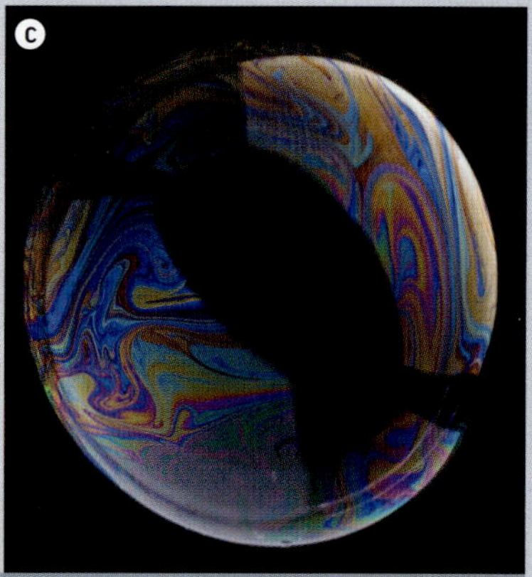


**15** **Une couche mince transparente éclairée en lumière blanche** produit diverses couleurs en raison du phénomène d'interférences entre les ondes lumineuses réfléchies sur les faces avant et arrière (a). Dans une direction donnée et pour une épaisseur donnée, les interférences sont constructives pour une certaine longueur d'onde (correspondant ici au rouge), et destructives pour une autre longueur d'onde (correspondant ici au bleu) (b). En modifiant l'angle d'incidence ou en changeant l'épaisseur de la lame, on observera des interférences constructives et destructives à d'autres longueurs d'onde. C'est typiquement le cas d'une bulle de savon (c).

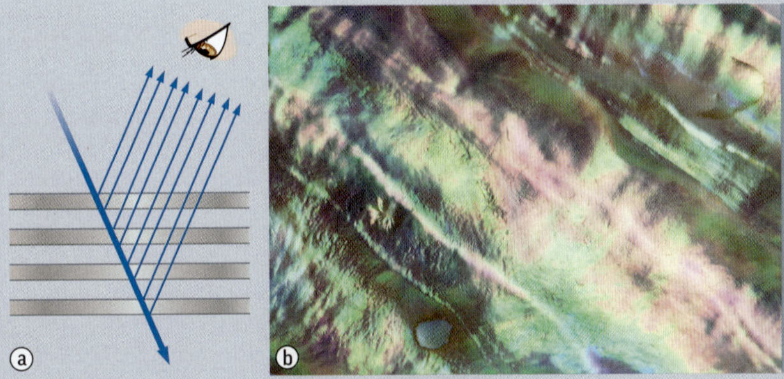


**16 Couleurs interférentielles produites par réflexion de la lumière sur une multicouche.**
a. Schéma de principe. b. Exemple de la nacre : ses couleurs sont plus intenses que celles qui seraient observées avec une seule couche. C'est pourquoi la nacre est un matériau de choix en décoration (éventail, bijoux, marqueterie, etc.).

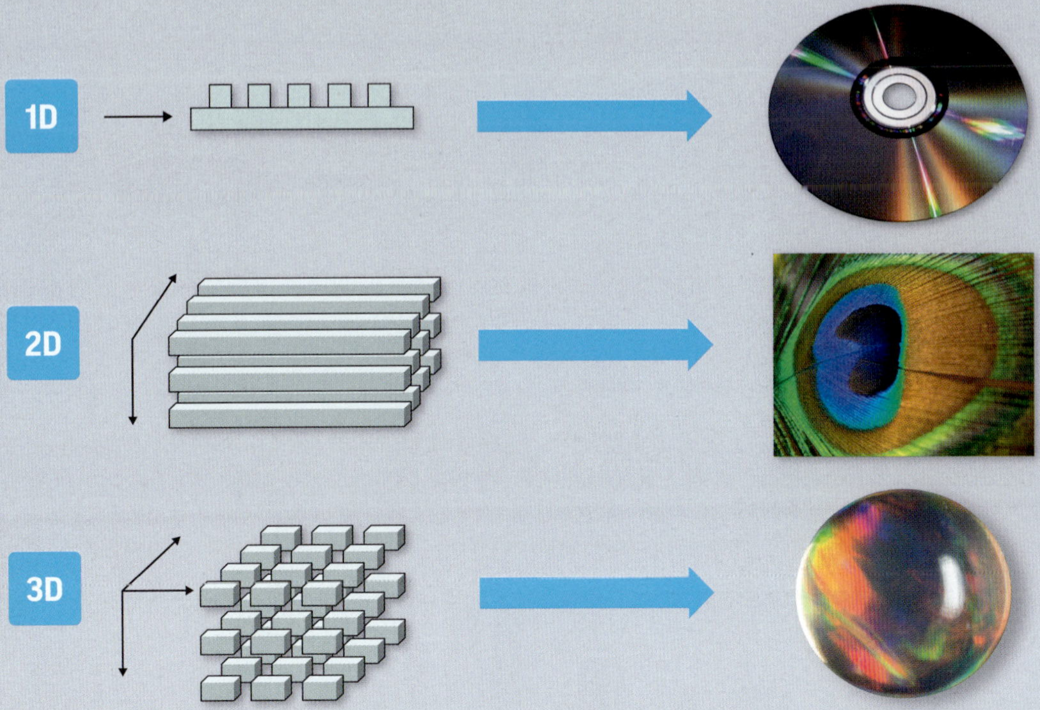


**17 Couleurs interférentielles dues à la diffraction de la lumière par des microstructures périodiques à 1, 2 ou 3 dimensions : sillons d'un disque compact (1D), stries sur une plume de paon (2D), empilement de sphères dans une opale (3D).**

avec des éléments structuraux dont la taille est de l'ordre de grandeur des longueurs d'onde de la lumière. Chaque élément diffracte la lumière et se comporte ainsi comme une source de lumière. Les ondes issues des divers éléments interfèrent. Là encore, les couleurs varient avec l'angle d'observation.

Une microstructure périodique peut être à une, deux ou trois dimensions (Figure 17). À une dimension, c'est l'exemple de la surface du disque compact, à l'origine des irisations bien connues. À deux dimensions, il s'agit de réseaux de diffraction (papillon Morpho, plume de paon). Enfin, à trois dimensions, on parle de cristaux photoniques, dont l'opale précieuse est le plus bel exemple. Cette dernière est constituée de microsphères de silice hydratée de tailles à peu près identiques, empilées de façon régulière.

**18 De nombreux papillons mâles du genre Morpho présentent une couleur bleue éclatante.** Ici, un *Morpho helenor* (a). Cette couleur est due à la diffraction de la lumière et aux interférences résultant la structure striée de l'aile, révélée par microscopie optique (b) et microscopie électronique à balayage (c et d). Les stries sont composées d'un empilement de 6 à 12 lamelles de chitine plus ou moins longues.

des longueurs d'onde de la lumière. Ainsi, chaque élément diffracte, c'est-à-dire dévie, les rayons lumineux qui le frappent et se comporte comme une source de lumière. Les ondes renvoyées par les divers éléments interfèrent (voir encadré p. 124). Le nombre de stries par millimètre étant d'environ 1800, la théorie montre que cette microstructure renvoie la lumière seulement pour les longueurs d'onde inférieures à environ 500 nanomètres, d'où la couleur essentiellement bleue des ailes de ce papillon. Il faut ajouter que les écailles de fond, d'une couleur noire due à des mélanines, augmentent le contraste et contribuent ainsi à l'éclat de la couleur des ailes.

Les couleurs interférentielles dues à la présence de microlamelles existent

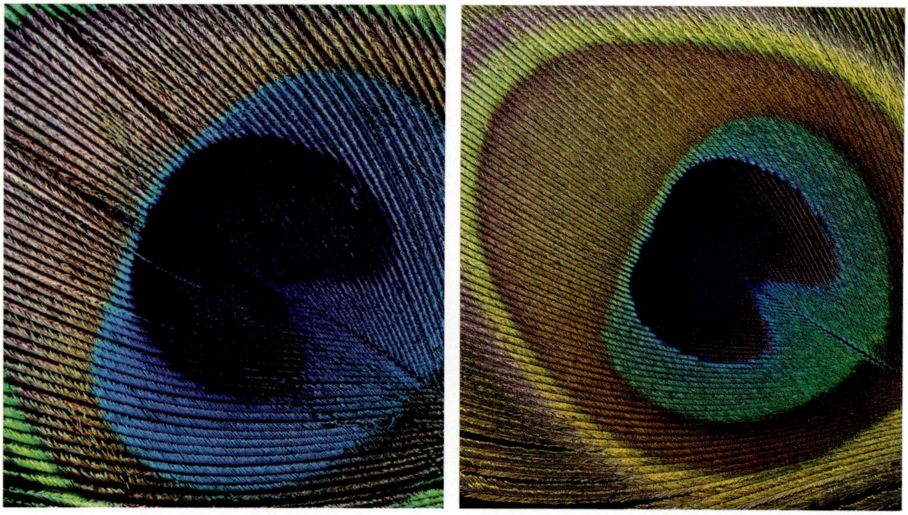

**19 Les couleurs des plumes de paon** (observées ici sous deux angles différents) sont interférentielles : elles changent selon l'angle d'observation.

également dans les plumes du paon (Figure 19), celles du faisan et de bien d'autres oiseaux, des plus banals (cou des pigeons, ailes de corbeaux) aux plus exotiques (oiseaux de paradis, colibris, etc.).

### *Les couleurs par diffusion de la lumière*

Les couleurs bleues des plumes d'oiseaux (Figure 20) ne sont pas non plus d'origine pigmentaire. Pourtant, contrairement aux couleurs des ailes du papillon Morpho, elles ne changent pas selon l'angle d'observation. Il ne s'agit donc pas d'iridescence. Un autre phénomène physique est mis en jeu : la diffusion de la lumière par des éléments structuraux de très petite taille (quelques dizaines de nanomètres) constituant les barbules des plumes.

Qu'est-ce que la diffusion de la lumière (voir encadré p. 129) ? D'une façon générale, lorsqu'un faisceau lumineux se propage dans un milieu transparent contenant de fines particules, une partie du faisceau est déviée dans toutes les directions. Au XIX^e siècle, Lord Rayleigh montra que si les particules sont plus petites que le dixième de la longueur d'onde, l'efficacité de ce phénomène est d'autant plus grande que la longueur d'onde est petite : la lumière bleue est ainsi plus efficacement diffusée que la lumière rouge d'un facteur 10 environ. C'est ainsi que ce physicien comprit le premier que la couleur bleue du ciel résulte de la diffusion de la lumière par les molécules constitutives de l'air. Pour lui rendre hommage, on parle de *diffusion Rayleigh*.

Pendant longtemps, on s'est contenté d'interpréter de cette façon la couleur bleue des plumes d'oiseaux. Toutefois, cette explication est insuffisante. En effet, comme le révèle la microscopie électronique, les barbules des plumes possèdent des nanostructures à base de kératine et d'air (Figure 20) avec un ordre partiel tel que des interférences constructives se produisent localement sans pour autant s'accompagner d'iridescence (c'est-à-dire de variations de couleur selon l'angle d'observation) car il n'y a pas ici d'ordre à grande distance. Ces interférences renforcent l'intensité de la lumière diffusée à certaines longueurs d'onde qui dépendent de la taille et de l'espacement des éléments constituant la nanostructure. On doit donc préciser dans ce cas qu'il s'agit de *diffusion cohérente de la lumière* (voir encadré p. 129).

Pour les plumes d'oiseaux, l'intensité de la lumière diffusée est renforcée aux longueurs d'onde correspondant au bleu. Si les barbules de la plume contiennent beaucoup d'eumélanine (de couleur brun-noir), le bleu est profond du fait d'une absorption importante par celle-ci de la lumière non diffusée par la nanostructure. En revanche, si elles en contiennent peu, le bleu est clair. En absence totale d'eumélanine, la lumière non diffusée par la nanostructure n'est pas du tout absorbée ; elle est rétrodiffusée par les structures de fond de la plume avec la même efficacité pour toutes les longueurs d'onde (il ne s'agit plus de diffusion Rayleigh mais de diffusion de Mie ; voir encadré p. 129). Ainsi,

**20 Les plumes bleues de ces oiseaux** doivent leur couleur à la diffusion de la lumière par des nanostructures à base de kératine et d'air. Pour le merlebleu (*Salia sialis*) (a), la microscopie électronique révèle des canaux tortueux (c), et pour le Cotinga des Maynas (*Cotinga maynana*) (b), des empilements amorphes de sphères (d). La barre blanche représente 500 nanomètres. (E. R. Dufresne et al., *Soft Matter*, **5**, 1792-1795 (2009)).

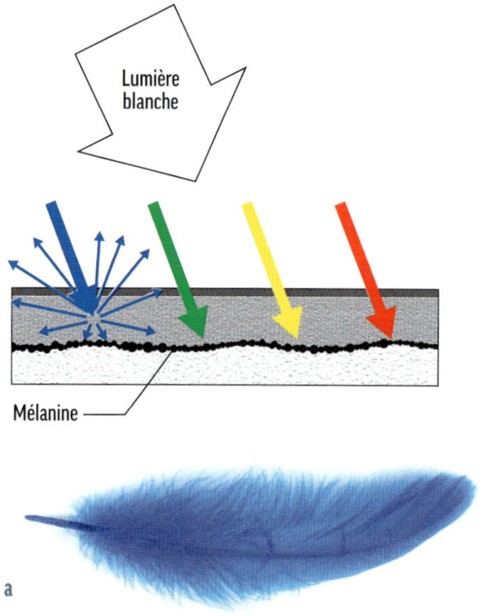


**21 Une plume d'oiseau dépourvue de tout pigment à l'exception de mélanine (sous forme d'eumélanine) apparaît bleue** du fait de la diffusion cohérente de la lumière par la nanostructure des barbules de la plume. La lumière non diffusée à des longueurs d'ondes supérieures est absorbée par la mélanine (a). La plume apparaît blanche en absence de mélanine car toutes les longueurs d'onde de la lumière blanche sont renvoyées (rétrodiffusées) par la plume (b).

globalement, toutes les longueurs d'onde sont renvoyées par la plume qui apparaît alors blanche (Figure 21). Les plumes des cygnes et des colombes en sont des exemples.

Examinons maintenant les couleurs des plumes de l'*Ara bleu et jaune* (*Ara ararauna*) (Figure 22), un perroquet dont la taille est imposante : environ 90 cm de long ! Contrairement à la couleur jaune d'or qui est due à un pigment de type psittacofulvine (voir p. 121), la couleur bleue est, là encore, d'origine physique : elle est due à la diffusion cohérente de la lumière par la nanostructure des barbules des plumes qui sont constituées comme précédemment de kératine et d'air, ainsi que de nanogranules d'eumélanine. Quant à la couleur verte, elle résulte de la superposition de la couleur jaune pigmentaire et de la couleur bleue par diffusion, comme mentionné précédemment.

**22 La couleur bleue des plumes de cet ara (*Ara ararauna*)** provient de la diffusion de la lumière par les barbules des plumes. La couleur verte résulte de la superposition de cette couleur bleue et de la couleur jaune due à un pigment (psittacofulvine) que l'on voit sur le ventre.

Les perruches ondulées possèdent également des plumes jaunes, vertes ou bleues, et ces couleurs s'expliquent de la même façon que celles des aras. À noter que les perruches sauvages sont vertes et que les perruches bleues doivent leur couleur à l'absence de synthèse de pigment jaune, en raison d'une mutation génétique.

Mentionnons encore que la peau de certains oiseaux au niveau de la tête, et en particulier du bec (comme celui du héron coiffé, *Pilherodius pileatus*) est bleue, toujours en raison de la diffusion cohérente de la lumière.

Quittons les oiseaux pour nous pencher sur les batraciens, chez qui la couleur verte est prédominante. Elle est due à

## Les couleurs engendrées par la diffusion de la lumière

Lorsque la lumière traverse un milieu transparent comportant des particules dont la taille est supérieure au dixième de la longueur d'onde de la lumière, la théorie de Gustav Mie (1908) prévoit que la lumière diffusée dépend peu de cette longueur d'onde. La lumière diffusée présente alors une couleur sensiblement identique à celle de la lumière incidente. Si cette dernière est blanche, la lumière diffusée l'est également. C'est pour cette raison que le lait (une émulsion de gouttelettes de graisse dans l'eau) apparaît blanc, tout comme les nuages (une dispersion de gouttelettes d'eau dans l'air).

Si en revanche les particules sont plus petites que le dixième de la longueur d'onde, la théorie de Rayleigh (1871) prévoit que l'intensité de la lumière diffusée est d'autant plus grande que la longueur d'onde est petite (Figure 23). C'est pourquoi lorsqu'un milieu contenant d'aussi fines particules (ou simplement des molécules) est traversé par un faisceau de lumière blanche, il apparaît bleu en vision latérale mais jaune, orangé et même rouge, en vision dans l'axe du faisceau. La diffusion Rayleigh dépend des propriétés des particules diffusantes, c'est-à-dire de leur taille, de leur forme et de leur indice de réfraction.

Il est important de souligner que la théorie de Rayleigh ne s'applique qu'à des milieux dans lesquels les particules diffusantes ont des positions aléatoires. Dans un milieu où l'arrangement de ces particules est partiellement ordonné, les ondes diffusées par plusieurs d'entre elles peuvent donner lieu localement à des interférences constructives pour certaines longueurs d'onde. On perçoit alors des couleurs intenses correspondant à ces dernières, couleurs qui dépendent de la taille et de l'espacement des particules. Pour donner une image concrète d'un tel milieu, considérez un récipient contenant des grains de riz : il n'y a pas d'ordre à grande distance mais seulement à l'échelle de quelques grains, car la taille des grains et leur espacement sont quasiment identiques.

Dans le cas de ces milieux partiellement ordonnés (les barbules des plumes d'oiseaux, par exemple), les couleurs perçues ne dépendent pas ou peu de l'angle d'observation contrairement à ce qui est observé avec des arrangements ordonnés à grande distance, du type lamellaire ou cristallin, pour lesquels les couleurs interférentielles perçues dépendent de l'angle d'observation (iridescence) (voir encadré p. 124).

Par opposition à la diffusion Rayleigh qui est une *diffusion incohérente* de la lumière – tout comme la diffusion de Mie –, on parle de *diffusion cohérente* lorsque des interférences peuvent se produire. Le qualificatif « cohérente » vient du fait que deux ondes qui interfèrent de façon constructive sont en phase (voir Figure 14).

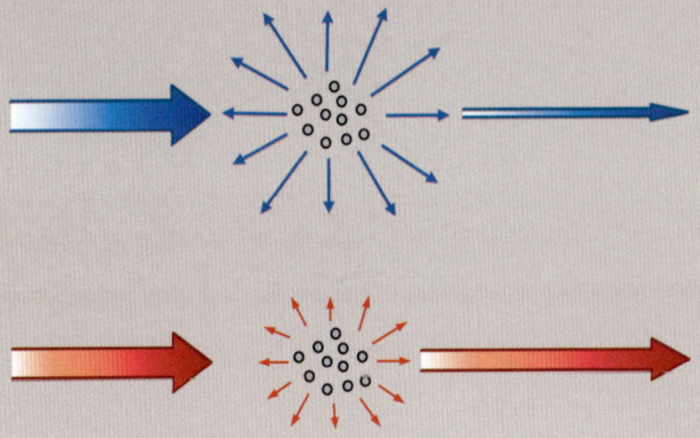

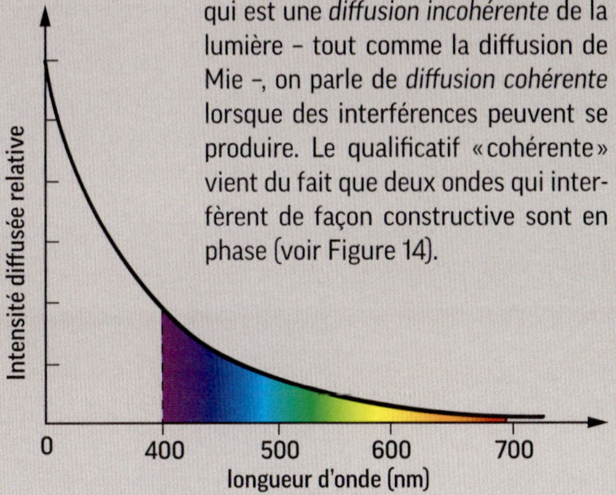


**23** La diffusion de la lumière par des particules plus petites que le dixième de la longueur d'onde (diffusion Rayleigh) est beaucoup plus efficace dans le bleu que dans le rouge. L'intensité de la lumière diffusée varie comme l'inverse de la puissance quatrième de la longueur d'onde. Le schéma de droite montre qu'en conséquence un faisceau de lumière bleue est plus atténué par diffusion qu'un faisceau de lumière rouge.

la superposition de la lumière bleue diffusée par des plaquettes de guanine recouvrant la peau, et de la couleur jaune due à un pigment. S'il y a déficience dans la chaîne de synthèse de ce pigment, la couleur de la peau est bleue ! C'est ainsi que dans le sud de la France, on peut voir parfois des rainettes bleues (qui ont perdu par mutation le pigment jaune). Quant aux rainettes des forêts tropicales, elles détiennent le record de la diversité de couleurs vives destinées à avertir les prédateurs de leur toxicité (voir p. 147) (Figure 24).

Un cas très exceptionnel de couleur bleue chez un mammifère mérite le détour. Au

**24 Cette rainette des forêts tropicales présente de multiples couleurs.** L'orangé et le rouge sont dus à des pigments, le bleu provient de la diffusion de la lumière et le vert résulte de la superposition de la couleur jaune d'un pigment et de la couleur bleue due à la diffusion de la lumière.

XIXe siècle, Darwin avait décrit le mandrill (*Mandrillus sphinx*), primate apparenté au babouin, dont la face glabre est bleue et rouge (Figure 25). La couleur bleue de la peau résulte de la diffusion cohérente de la lumière par les fibrilles de collagène situées dans le derme. Le bleu est clair car en cet endroit, le derme est exceptionnellement dépourvu de mélanine. La couleur rouge provient de la dilatation des vaisseaux sanguins faisant apparaître l'hémoglobine. Le rouge est d'autant plus vif que la vasodilatation, contrôlée par le taux de testostérone circulant dans le sang, est grande. Ainsi, un mâle devenant dominant a un niveau de testostérone qui augmente considérablement et son nez vire au rouge vif, ce qui est un important critère de choix pour les femelles !

**25 Le mandrill (*Mandrillus sphinx*) a une face exceptionnellement bicolore et glabre.** Le bleu est d'origine structurale (diffusion cohérente de la lumière) et le rouge est pigmentaire (hémoglobine du sang).

Enfin, chez les insectes, on trouve des cas de couleur bleue due à la diffusion cohérente de la lumière. Par exemple, le corps de certaines libellules (comme les *Enallagma* ou les *Anax*) est bleu pour cette raison. En revanche, pour tous ces insectes, comme pour de nombreux autres d'ailleurs, les ailes apparaissent le plus souvent irisées. Pourtant, dans le cas particulier des demoiselles *Phaon iridipennis* ou de *Calopteryx splendens*, elles sont nettement bleues, toujours à cause de la diffusion cohérente de la lumière.
Et les ailes des mouches, des abeilles et autres moustiques ? À première vue, elles paraissent transparentes et quasiment incolores, à part de faibles irisations comme celles des bulles de savon. Pendant longtemps, les chercheurs n'y ont vu que cette explication, jusqu'au jour où certains ont observé les ailes non pas sur fond blanc, selon la pratique couramment employée au laboratoire, mais sur fond noir. Ils ont eu alors la surprise de découvrir de magnifiques couleurs formant des motifs, qui ne dépendent quasiment pas de l'angle d'observation (Figure 26).
Pourquoi de telles couleurs sont-elles visibles lors de cette expérience ? Certes, des interférences entre les ondes lumineuses réfléchies sur la face avant et la face arrière de l'aile se produisent, mais elles ne peuvent pas être les seules responsables car on constaterait une influence de l'angle d'observation. La microscopie électronique apporte alors une information essentielle : elle révèle que les ailes possèdent des microstructures granuleuses ou cannelées. Il en résulte donc une diffusion cohérente de la lumière, qui renforce les couleurs dues aux interférences, et rend l'observation indépendante de l'angle, comme dans le cas des plumes bleues

26 **Les ailes de cet hyménoptère (*Achrysocharoides latreillei*) vues sur fond noir** apparaissent d'une très grande diversité de couleurs, alors qu'elles sont quasiment incolores sur fond blanc. Cliché de Christer Hansson, *Biological Museum (Entomology)* de Lund, Suède.

des oiseaux. En revanche, sur un support blanc, les couleurs n'apparaissent quasiment pas car elles sont noyées dans le flux de lumière blanche renvoyée par le support après avoir traversé les ailes. En effet, 80 % de la lumière incidente traversent ces dernières.

Les motifs colorés sont d'une remarquable diversité de couleurs et de formes. Les chercheurs présument qu'ils pourraient servir de signaux visuels pour communiquer, en particulier en vue de l'accouplement, mâles et femelles d'une même espèce exhibant des motifs différents.

## Les couleurs structurales des végétaux

Après ce panorama des couleurs structurales des animaux, on peut se poser la question : sont-elles l'apanage du monde animal ? Non, car bien que très majoritairement pigmentaires, les couleurs des végétaux peuvent également se révéler structurales. En voici quelques exemples. Certaines fougères tropicales, telles que *Selaginella willdenowii* et *Danaea nodosa*, attirent l'œil par leur couleur bleu métallique. La microscopie électronique révèle la présence d'une structure lamellaire à base de cellulose dans la paroi cellulaire externe : c'est l'origine d'interférences responsables de l'aspect observé. Il en est de même des fruits d'une herbacée d'Afrique, *Pollia condensata*, dont la couleur bleue est l'une des plus intenses observées dans le monde vivant (voir encadré p. 132).

Le sapin bleu ou épicéa du Colorado (*Picea pungens 'Glauca'*) nous est plus familier. Sa couleur bleue vient cette fois de la diffusion de la lumière par de fines particules de cire recouvrant les aiguilles.

## Pourquoi des couleurs ?

Quelles relations existent entre les couleurs dans le monde vivant et leurs éventuelles fonctions ? Assurément, la couleur, qu'elle soit d'origine pigmentaire ou structurale, semble l'un des signaux que l'évolution a sélectionnés, tant pour la perception que les animaux ont de leur environnement que pour la communication entre individus (d'une même espèce ou d'espèces différentes). Toutefois, établir un lien entre couleur et comportement nécessite de la circonspection, ne serait-ce qu'en raison de notre ignorance de la perception visuelle propre des animaux (voir chapitre précédent). C'est pourquoi les interprétations

## Un superbe fruit bleu iridescent

**27 Les fruits de *Pollia condensata*** sont d'une intense couleur iridescente à dominante bleue. On distingue de près une multitude de taches de diverses couleurs.

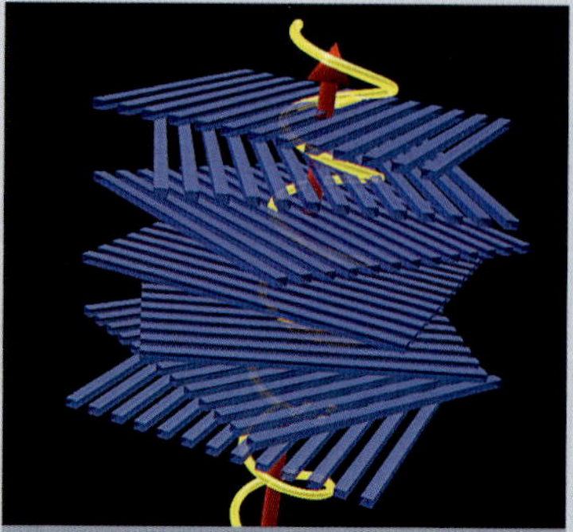

**28 Arrangement hélicoïdal des couches de microfibrilles de cellulose** constituant les parois des cellules de la peau des fruits de *Pollia condensata*.[1]

« La terre est bleue comme une orange » écrivait Paul Éluard. L'orange n'est pourtant pas, comme chacun sait, le plus beau des fruits bleus. Il faudra le chercher ailleurs et regarder les petits fruits de *Pollia condensata*, une plante sauvage qui vit dans les forêts d'Afrique (Tanzanie, Mozambique, Éthiopie, etc.). Ses fruits sont d'une couleur bleue iridescente exceptionnellement intense, et en les regardant de près, on distingue une multitude de petites taches de diverses couleurs (Figure 27), évoquant un tableau pointilliste de Seurat. En outre, cette couleur est persistante : un spécimen cueilli en 1974, conservé à Kew Gardens, garde encore sa superbe couleur.

Intrigués par cette couleur hors du commun dans le monde végétal, des chercheurs de l'Université de Cambridge et du Smithsonian Natural History Museum ont souhaité en percer le secret [1]. Ils n'ont trouvé aucun pigment dans la peau du fruit. En l'observant au microscope électronique, ils ont constaté que la paroi des cellules est formée de couches superposées responsables de l'iridescence. Chacune est constituée de microfibrilles de cellulose disposées parallèlement et dont l'orientation varie légèrement d'une couche à l'autre selon une disposition hélicoïdale (Figure 28). L'aspect moucheté de la peau, avec des taches de couleurs différentes qui changent selon l'angle d'observation, s'explique par l'épaisseur des couches qui varie d'une cellule à l'autre. En outre, en raison de la structure hélicoïdale, la lumière renvoyée est polarisée circulairement à droite ou à gauche (voir encadré p. 106) selon les cellules. Enfin, la couleur est intense car le pourcentage de lumière réfléchie est très élevé, et même supérieur à celui des ailes du papillon Morpho.

1. S. Vignolini et coll., *PNAS* **109**, 15712 (2012).

données ci-dessous s'appuient sur des travaux scientifiques reconnus, ou alors sont avancées avec la prudence requise.

En complément de la production de couleurs, d'autres fonctions sont assurées par les microstructures et les pigments. Voyons le cas de ces derniers. Pour mémoire, la couleur des pigments résulte de leur propriété d'absorber l'énergie lumineuse dans des domaines de longueurs d'onde spécifiques à chacun. Cette caractéristique leur confère la possibilité de jouer des rôles multiples en relation avec l'exposition à la lumière, comme le font par exemple les chlorophylles lors de la photosynthèse (voir chapitre 1). Citons également les pigments des ailes chez les insectes et en particulier les papillons. Ces derniers mettent à profit la dissipation de chaleur consécutive à l'absorption de la lumière par ces pigments pour maintenir les muscles responsables du vol à la température requise pour fonctionner.

Les pigments ont aussi un effet protecteur crucial vis-à-vis du rayonnement solaire et en particulier des rayons UV.

C'est cette fonction que nous allons examiner maintenant, puis nous envisagerons le rôle des couleurs dans la communication en distinguant les couleurs séductrices, attractives, trompeuses et avertissantes.

## Les pigments protecteurs

En absorbant la lumière, les pigments protègent les organismes vivants contre ses effets potentiellement néfastes. Les radiations lumineuses les plus énergétiques, dans le bleu et dans l'ultraviolet, sont particulièrement nocives. Les pigments sont donc des filtres solaires naturels. Ils ont en outre une action antioxydante essentielle vis-à-vis d'espèces oxydantes très réactives susceptibles d'accélérer le vieillissement cellulaire et de détériorer l'ADN, espèces qui peuvent résulter de l'action de la lumière (voir encadré p. 134).

Chez les végétaux, le rôle protecteur des radiations délétères est illustré par le cas des anthocyanes qui confèrent une teinte rouge aux feuilles de certains arbres à l'automne, dans les régions tempérées. Selon les chercheurs, ces pigments serviraient d'écrans solaires aux feuilles pendant qu'elles libèrent des éléments nutritifs vers le tronc et les racines. Les pigments antioxydants, quant à eux, sont le plus souvent des caroténoïdes et des flavonoïdes. Ainsi, les plantes qui fleurissent à haute altitude et sont exposées à un rayonnement plus intense qu'en plaine, en particulier dans l'UV, produisent des flavonoïdes en quantité. C'est le cas de l'Edelweiss (Figure 29), cultivée en altitude dans les Alpes suisses afin d'en extraire les principes actifs antioxydants. Ces derniers entrent dans la formulation de cosmétiques, en particulier dans les crèmes anti-âge.

Examinons maintenant le rôle protecteur des pigments chez les animaux. La protection contre la lumière solaire, et surtout contre le rayonnement UV, est assurée par les *mélanines* dont la formation dans les mélanocytes est stimulée par la lumière (voir encadré p. 120). C'est ainsi que la peau humaine devient plus ou moins bronzée lors d'une exposition au Soleil (après l'éventuelle rougeur transitoire due à l'érythème communément appelé « coup de soleil »). L'eumélanine (brune) est synthétisée par les peaux mates, alors que la phéomélanine (rousse), moins protectrice, est synthétisée par les peaux blanches. Plus la densité de pigments de type mélanine est grande, et plus leur degré de polymérisation est élevé, plus la couleur est foncée ; la quantité de lumière et d'UV absorbée est alors d'autant plus importante. Notons en aparté que la mélanine intervient aussi chez les oiseaux en rigidifiant leurs plumes, ce qui augmente la résistance de leurs ailes à l'abrasion.

Les cellules animales sont aussi protégées par la présence de pigments antioxydants, à l'instar de celles des végétaux. Il faut citer en premier lieu les caroténoïdes que les animaux ingèrent et utilisent en l'état, ou transforment en d'autres caroténoïdes. Les flamants roses en sont un exemple (voir p. 120). Les psittacofulvines

**29** **L'Edelweiss, ou étoile des glaciers,** est une espèce protégée qui pousse en haute altitude, principalement en Suisse. Riche en antioxydants qu'elle produit pour se protéger du rayonnement solaire, cette fleur est cultivée à des fins cosmétiques.

## Le rôle bénéfique des antioxydants

Quelles sont les espèces oxydantes dont la teneur, au sein des organismes vivants, doit être contrôlée par des antioxydants – car tout excès de ces espèces est nocif ?

Il s'agit essentiellement du peroxyde d'hydrogène (ou eau oxygénée, $H_2O_2$), des radicaux libres $O_2^{\bullet -}$ (ion superoxyde) et $HO^{\bullet}$ (radical hydroxyle), et de l'ion $ONOO^-$ (ion peroxynitrite). Dans ces formules, le point représente un électron célibataire (non apparié). Les trois premières espèces peuvent résulter de réactions initiées par l'oxygène singulet (état excité du dioxygène), et sont appelées espèces réactives de l'oxygène (ERO). L'ion peroxynitrite est formé *in vivo* par réaction de l'ion superoxyde sur le monoxyde d'azote NO.

Ces espèces sont formées en permanence lors de la respiration ou du métabolisme, ou encore résultent d'une exposition au rayonnement UV. Indispensables au bon fonctionnement de l'organisme, ces oxydants doivent y être présents, mais seulement en très faible quantité. Un excès d'ERO a des effets néfastes sur les cellules, car ces espèces sont très réactives : c'est ce qu'on appelle le stress oxydant (ou oxydatif). Ce dernier peut provoquer des dommages à l'ADN ainsi qu'à d'autres biomolécules (les protéines, les glucides, les lipides), d'où le déclenchement de certaines maladies et une accélération du vieillissement cellulaire. L'oxygène singulet, à lui seul, oxyde les bases de l'ADN (en particulier la guanine) et serait en partie responsable de l'effet carcinogène des UV.

La régulation de la teneur en ERO et en peroxynitrites, ainsi que de leurs effets, est assurée par les antioxydants. Ces derniers réduisent la production de ces espèces, les neutralisent ou encore réparent les dommages qu'elles ont créés. Les principaux antioxydants sont la vitamine E, la vitamine C, certaines enzymes, les caroténoïdes, les flavonoïdes et les polyphénols. Ils sont soit endogènes, c'est-à-dire produits par l'organisme lui-même, soit exogènes, c'est-à-dire issus de l'alimentation. Par exemple l'enzyme endogène *superoxyde dismutase* catalyse la décomposition des ions superoxyde. Parmi les antioxydants exogènes, citons la vitamine E, qui inhibe la réaction d'altération des lipides, et la vitamine C, qui servirait à régénérer la vitamine E. Quant aux polyphénols et aux flavonoïdes, leurs mécanismes d'action ne sont pas encore complètement élucidés mais leur effet bénéfique, notamment vis-à-vis des maladies cardio-vasculaires, a été démontré.

des perroquets (voir p. 121) ont également des propriétés antioxydantes. En outre, il a été prouvé que ces pigments préservent l'intégrité des plumes en augmentant la résistance de la kératine qu'elles contiennent aux attaques bactériennes. Sans oublier leurs rôles dans la communication et le camouflage qui seront évoqués plus loin.

Concernant l'Homme, s'il lui est recommandé de manger divers fruits et légumes, c'est notamment pour profiter des propriétés antioxydantes des pigments végétaux. Parmi ces derniers, les caroténoïdes (dont la lutéine, particulièrement efficace) ont une place de choix. Les légumes à feuilles vertes comme les épinards, l'oseille et le choux frisé en contiennent beaucoup. Consommez-en régulièrement, c'est bon pour la santé ! Vous réduirez notamment les risques diverses maladies, comme la dégénérescence maculaire liée à l'âge (DMLA). La macula, partie centrale de la rétine, est en effet très riche en lutéine.

## Les couleurs séductrices

Les parades nuptiales sont monnaie courante dans le monde animal. Celle du mâle de la minuscule araignée sauteuse *Maratus volans* est peu connue, mais très originale. Pour attirer l'attention d'une femelle, le mâle relève ses « ailes » abdominales au-dessus de sa tête et agite deux de ses pattes relevées comme des bras (Figure 30). Les motifs colorés font penser à un faciès de mammifère avec de faux yeux, appelés ocelles (rien à voir avec les ocelles décrites dans le chapitre 3 p. 96). Cette araignée est surnommée araignée-paon car sa parade n'est pas sans rappeler celle du paon, au cours de laquelle le mâle déploie une roue constellée d'ocelles aux couleurs chatoyantes (Figure 31).

Chez les oiseaux, il est courant que les mâles arborent des couleurs vives et variées destinées à séduire les femelles. Le coq de roche (*Rupicola rupicola*) et le tragopan de Temminck (*Tragopan tem-*

*minckii*) (Figure 32) en sont des exemples. Au contraire, les femelles sont souvent ternes, ce qui leur permet de couver discrètement leurs œufs et d'élever leur progéniture en toute quiétude, sans se faire repérer par les prédateurs. Il existe toutefois des exceptions : par exemple chez la phalarope, un oiseau des régions marécageuses, la femelle, très colorée, quitte le nid aussitôt après la ponte pour défendre le territoire, tandis que le mâle, contraint à couver, est terne...

**30** **L'araignée sauteuse surnommée araignée-paon (*Maratus volans*),** originaire d'Australie, ne mesure que 4-5 mm. Un mâle, ici en pleine parade nuptiale, exhibe un pseudo faciès avec deux faux yeux. On distingue les vrais yeux en dessous, du moins quatre sur les huit que l'animal possède (voir chapitre précédent).

**31** **Les paons mâles déploient une roue multicolore** lors de la parade nuptiale. Les vives couleurs interférentielles des multiples ocelles changent avec l'orientation (voir p. 125) et contribuent au caractère spectaculaire de cette parade. Le nombre d'ocelles est de 140 à 170. En dessous de ce nombre, le pouvoir de séduction faiblit.

32 Le tragopan de Temminck (*Tragopan temminckii*). Le mâle est très coloré tandis que la femelle est terne.

Dans le cas où les mâles sont les plus colorés, leurs couleurs jouent un rôle important dans la sélection sexuelle. En effet, si les femelles préfèrent les mâles aux couleurs les plus vives, ce n'est pas pour des questions d'esthétique ! Parmi les raisons qui ont été avancées, en voici une particulièrement plausible. Un mâle est d'autant plus repérable par des prédateurs que ses couleurs sont vives, et les chances qu'il se fasse manger sont alors d'autant plus grandes. En revanche, s'il survit, c'est que ses gènes le rendraient particulièrement apte à échapper aux prédateurs ou à les vaincre. La femelle qui s'accouple avec un tel mâle ferait donc un choix judicieux : elle serait assurée que leurs bébés hériteront des « bons » gènes de leur père. C'est ce qu'on appelle le bénéfice indirect de la sélection sexuelle.

Chez le flamant, les femelles ont une préférence pour les mâles dont la couleur rose est intense. Avant d'expliquer pourquoi, précisons que les flamants roses sont, comme beaucoup d'oiseaux, monogames durant toute la saison de reproduction. Leurs parades nuptiales sont superbes avec des mouvements coordonnés de la tête, des déplacements en cadence, et de spectaculaires « saluts des ailes ». Rappelons que le flamant rose doit sa couleur à son alimentation à base de petits crustacés riches en caroténoïdes (voir p. 120). L'intensité de la couleur rose d'un mâle est aux yeux de la femelle un critère de bonne santé puisque les caroténoïdes ont des propriétés bénéfiques en tant qu'antioxydants ; c'est en outre la preuve que le mâle connaît les bons coins où les crustacés sont abondants. En choisissant un mâle bien rose, la femelle s'assure que ce dernier sera capable de nourrir ses poussins comme il se doit. C'est un exemple de bénéfice direct dans la sélection sexuelle.

Ce type de sélection n'est pas unique chez les oiseaux. Les roselins *Carpodacus mexicanus*, par exemple, arborent une couleur rouge qui dépend également de la richesse de leur alimentation en caroténoïdes et la sélection des mâles par les femelles se fait aussi sur la base de l'intensité de la couleur.

## Les couleurs attractives

Au IV$^{e}$ siècle avant notre ère, Aristote avait pressenti que les couleurs des fleurs jouent un rôle dans l'attraction des insectes. Darwin montra que, non seulement les couleurs, mais aussi la forme des fleurs ainsi que leur parfum et leur nectar, ont comme vocation première d'attirer les pollinisateurs. Ainsi, après avoir visité une fleur, ces derniers repartent, chargés de pollen, vers d'autres fleurs, et assurent ainsi leur fécondation (Figure 33). Avant lui, on pensait que les fleurs s'auto-fertilisaient. Dès 1840, Darwin en doutait, et au cours des années 1850, il mit à contribution ses cinq enfants pour établir, aux alentours de sa maison (*Down House*), une cartographie des trajets des bourdons parmi ses orchidées, tant indigènes que tropicales. En 1862, il rassemble ses observations dans un ouvrage intitulé : *On the Various Contrivances by which British and Foreign Orchids are Fertilised by Insects, and on the Good Effects of Intercrossing* (« Sur les divers dispositifs par lesquels les insectes fertilisent les orchidées indigènes et étrangères, et sur les effets bénéfiques de la fécondation croisée »). Ainsi les fleurs ont-elles évolué en développant des dispositifs (*contrivances* dans le titre en anglais) destinés à assurer leur fécondation : les insectes pollinisateurs (Figure 33) se régalent du nectar que leur offrent les fleurs et, en retour, assurent la fécondation en transportant des grains de pollen depuis les étamines (organes mâles) vers les stigmates (organes femelles) d'une fleur de la même espèce (c'est la fécondation croisée). Donnant, donnant !

Cette pollinisation est indispensable pour la survie de nombreuses plantes… et par voie de conséquence, pour la survie de l'Homme ! Au point que « *si les abeilles disparaissaient, l'Homme n'aurait plus que quatre années à vivre* », citation bien connue, attribuée à tort à Einstein qui n'a en fait jamais manifesté d'intérêt pour l'entomologie en général, ni pour les abeilles en particulier. Il semble que ce soit un apiculteur qui, pour donner du poids à cet avertissement, l'ait fait exprimer par le grand physicien… quand le miel chinois commença à concurrencer le miel français. Belle astuce pour attirer l'attention ! Cela ne retire rien au rôle essentiel que jouent les abeilles dans la pollinisation.

33 Par leurs couleurs, leurs formes et leurs parfums, les fleurs attirent les insectes pollinisateurs.

Une fleur attire d'autant plus un insecte qu'elle apparaît d'une couleur lumineuse. Le bouton d'or est un bel exemple de fleur ayant des pétales capables de réfléchir efficacement la lumière et de la concentrer (voir encadré p. 138). Nous verrons dans le chapitre suivant que des couleurs très lumineuses résultent dans certains cas de la fluorescence des pigments : ces « couleurs fluo » contribuent parfois à l'attraction des insectes.

Outre l'aspect lumineux de la couleur (que l'on appelle *clarté*) d'une fleur, une autre caractéristique importante est évidemment la teinte. Au fait, pourquoi les fleurs sont-elles si diversement colorées ? C'est parce qu'il est avantageux pour une plante d'offrir une couleur convenant à une espèce donnée de pollinisateur. Les plantes ont acquis, au cours de l'évolution, des couleurs adaptées à leurs insectes pollinisateurs – abeilles,

## L'éclat du bouton d'or élucidé

Le bouton d'or porte bien son nom: il brille comme l'or et, de ce fait, attire les insectes pollinisateurs (Figure 34). Dans d'autres langues pourtant, son nom est associé non pas à l'or mais... au beurre: «fleur de beurre» en Allemand (*Butterblume*) et en néerlandais (*boterbloem*), ou «tasse de beurre» en anglais (*buttercup*). Cette dénomination n'est pas sans rappeler un jeu d'enfant qui consiste à approcher un bouton d'or du menton d'un petit camarade, puis à lui déclarer qu'il aime le beurre à la vue du reflet jaune apparaissant sur la peau (Figure 34). Ce n'est en revanche pas un jeu d'enfant d'élucider le grand pouvoir réflecteur des pétales!

Des physiciens et des botanistes anglais de l'Université de Cambridge ont examiné la structure des pétales.[1] Leurs études par microscopies optique et électronique ont révélé l'existence de deux couches de cellules séparées par une mince lame l'air: une couche externe (l'épiderme) partiellement transparente, constituée de cellules végétales plates et lisses contenant des pigments, et une couche sous-jacente (l'endoderme) dépourvue de pigments. La surface externe de l'épiderme réfléchit une partie de la lumière solaire incidente. L'autre partie de la lumière pénètre et est partiellement réfléchie par la surface interne de cette couche externe; elle ressort jaune en raison de l'absorption par les pigments (des caroténoïdes) dans le bleu et le vert (Figure 35a). Enfin, une fraction de la lumière incidente traverse l'épiderme pour atteindre l'endoderme qui renvoie la lumière par réflexion diffuse et contribue ainsi au pouvoir réflecteur global des pétales dont la forme concave permet une concentration de la lumière (Figure 35b).

Autre particularité: les pétales réfléchissent les rayons ultraviolets auxquels les abeilles sont sensibles (voir chapitre précédent). Cela constitue un facteur supplémentaire d'attraction des insectes.

**34** Le bouton d'or (*Ranunculus repens*) possède des pétales analogues à des petits miroirs concaves. En réfléchissant et en concentrant la lumière, ils attirent les insectes. L'image de droite illustre le jeu qui consiste à concentrer la lumière sous le menton[1].

1. S. Vignolini et al., «Directional scattering from the glossy flower of Ranunculus: how thebuttercup lights up your chin» Journal of the Royal Society Interface 9, 1295-1301 (2012).

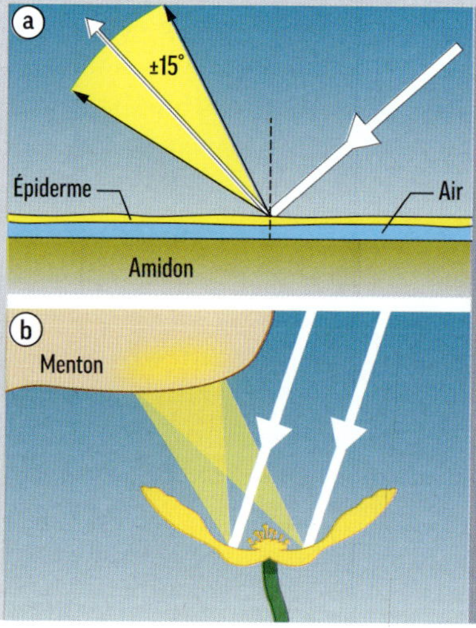


**35** Réflexion de la lumière solaire par un bouton d'or. La lumière incidente est partiellement réfléchie par la surface externe. Une partie pénètre dans l'épiderme, riche en pigments, et est renvoyée par la face interne de ce dernier après absorption partielle par les pigments, d'où la couleur jaune. Enfin, une partie de la lumière traverse l'épiderme puis une couche d'air, et est renvoyée par l'endoderme (constitué d'amidon) dont les irrégularités de surface sont à l'origine de la réflexion diffuse de la lumière dans un angle d'environ 30°. Le schéma inférieur montre comment un reflet jaune se forme sur une surface, un menton par exemple.

papillons, mouches, etc., tous ne percevant pas des domaines de longueurs d'onde identiques (voir chapitre 3). À cette sélection s'ajoutent l'adaptation à l'ensoleillement et la préservation face aux herbivores et aux champignons. Finalement, c'est parce que chaque espèce de fleur occupe une niche écologique qui lui est propre que l'ensemble des forces de sélection s'exerçant sur sa (ou ses) couleur(s) est unique.

Il n'y a pas que les fleurs dont les couleurs sont attractives. Les fruits, également, attirent les oiseaux d'autant plus que leurs couleurs sont vives : par exemple les baies rouges de divers arbustes que les oiseaux (merles, fauvettes à tête noire, grives, mésanges, rouge-gorge, etc.) mangent

36 **Les arbustes à baies rouges bénéficient de l'aide des oiseaux pour leur dissémination.** Ici un Jaseur boréal (*Bombycilla garrulus*), espèce de passereau qui vit dans les forêts du nord de l'Europe et que l'on peut voir occasionnellement l'hiver en France.

en hiver quand les insectes se font rares (Figure 36). De plus, les couleurs informent les oiseaux sur le contenu nutritionnel (glucides, lipides, etc.). Ces baies sont pour eux un apport en sucres et vitamines très appréciable.

En retour, les oiseaux disséminent les graines. Voyons comment. Les fruits de nombreuses baies sont d'une taille suffisamment réduite pour que les petits oiseaux puissent les avaler. Ces derniers ne digèrent que la pulpe, et laissent inaltérées les graines qu'ils régurgitent ou éliminent dans leur fiente. D'autres oiseaux sont capables de digérer les graines ; toutefois, après avoir cueilli les fruits, ils en font tomber un certain nombre. D'autres enfin enterrent les fruits et parfois les oublient… et les graines germeront. Plante et animal y trouvent donc leur compte. Le nom savant donné à ce mode de dissémination des plantes par les oiseaux est l'*ornithochorie*. Notons enfin que, si ces baies sont souvent toxiques pour l'Homme, elles ne le sont pas pour les oiseaux !

D'une façon générale, bien des animaux, en particulier les primates, mangent des fruits. Là encore, à l'instar des fleurs, la diversité de leurs couleurs est en partie liée à l'attractivité exercée sur les animaux frugivores.

## Les couleurs trompeuses

### *Les couleurs dissimulatrices : l'art du camouflage*

Parviendrez-vous à distinguer un animal sur chacune des images de la Figure 37 ? Difficile n'est-ce pas ? Par le jeu des mutations et de la sélection naturelle, nombreux sont les animaux qui ont développé des stratégies de camouflage en imitant les couleurs (homochromie) – et souvent la forme (homotypie) – des objets inanimés qui les entourent : sauterelles, papillons, grenouilles, araignées, poissons, etc. Dans le désert notamment, bien des animaux ont une couleur sable : serpents, oiseaux, petits rongeurs, etc.

En permettant à l'animal de se dissimuler, l'homochromie peut servir tant à la proie qu'au prédateur. La première échappe aux regards du second, et ce dernier chasse

**37 Chercher dans ces images les animaux qui se camouflent.** (a) Gecko de Madagascar (*Uroplatus phantasticus*) ; (b) Araignée-crabe femelle (*Misumena vatia*) ; (c) Grenouille cornue d'Asie (*Megophrys nasuta*) ; (d) Poisson scorpion (*Scorpaena sp.*) ; (e) Papillon nocturne dénommé Phalène du bouleau (*Biston betularia*) ; (f) Mante orchidée (*Hymenopus coronatus*) ; (g) Poisson plat sur un fond de sable.

incognito. Par exemple, la couleur fauve de la crinière et du pelage du lion rend le roi des animaux difficilement décelable par ses proies dans les hautes herbes de la savane. Il en est de même du pelage tacheté du léopard.

L'homochromie est saisonnière chez certains animaux vivant dans des régions où les paysages d'été sont très différents de ceux d'hiver. C'est le cas des renards polaires dans la toundra arctique. Leur fourrure est blanche l'hiver, ce qui les rend peu visibles sur la neige, et quand le printemps arrive, elle devient gris-brun (Figure 38). Bien d'autres espèces, conditionnées par leur horloge circannuelle (voir chapitre 2), adoptent cette homochromie saisonnière, comme le lagopède alpin (plus connu sous le nom de perdrix blanche ou poule des neiges), l'hermine ou le lièvre variable (ou blanchon).

L'homochromie est également courante chez les poissons. Ceux qui vivent sur les fonds de sable ou de gravier (raies, baudroies, poissons plats) présentent divers tons de gris chiné. Les poissons qui séjournent sur des fonds rocheux sont brun foncé avec des taches. Lorsqu'ils fréquentent les herbiers et les algues, ils ont des teintes tirant sur le vert (c'est le cas des Labridés). Enfin les poissons nageant à diverses profondeurs (requins, thons, maquereaux, etc.) ont un dos gris-bleu foncé et un ventre blanc argenté. Ainsi, les chances de passer inaperçu sont optimisées : vu de dessus, le dos se confond avec le bleu des profondeurs, tandis que vu de dessous, le ventre clair s'harmonise avec les taches lumineuses mouvantes à la surface de l'eau. Les reflets argentés et parfois irisés sont dus à des cellules, les iridocytes, présentes en abondance sur les écailles et contenant des cristaux de guanine qui réfléchissent la lumière comme de petits miroirs.

### *Changer de couleur à volonté*

Le caméléon est bien connu pour son aptitude à changer de couleurs (Figure 39). De tels changements, associés à des déformations de ses motifs colorés, résultent d'une modification de la répartition spatiale des pigments foncés contenus dans des cellules spécifiques, appelées chromatophores, réparties dans le derme de sa peau. Lorsque ces pigments sont au cœur des cellules, ils ne sont pas visibles de l'extérieur. En revanche, ils le deviennent lorsqu'ils sont en surface. Cette apparition ou cette disparition des pigments découle de la dilatation ou de

38 **Exemple d'homochromie saisonnière.** Le renard polaire change de pelage deux fois par an pour rendre son aspect extérieur analogue à celui de son environnement et se dissimuler ainsi plus aisément.

**39 Le caméléon change de couleur** en contractant ou dilatant certaines cellules de sa peau, appelées chromatophores, qui contiennent des pigments.

**40 Les céphalopodes font varier leurs couleurs à volonté :** ce sont des champions du camouflage. Ici, un poulpe se camouflant au fond de la mer en Méditerranée.

la contraction des chromatophores, sous le contrôle de mécanismes neuro-hormonaux complexes.

Sous l'influence de quels facteurs le caméléon change-t-il de couleur ? On a observé le rôle de facteurs externes comme la température ou la luminosité, mais également celui de l'état émotionnel de l'animal dans des situations de stress, de colère, de peur, d'excitation sexuelle, de lutte avec des prédateurs ou entre des mâles de même espèce.

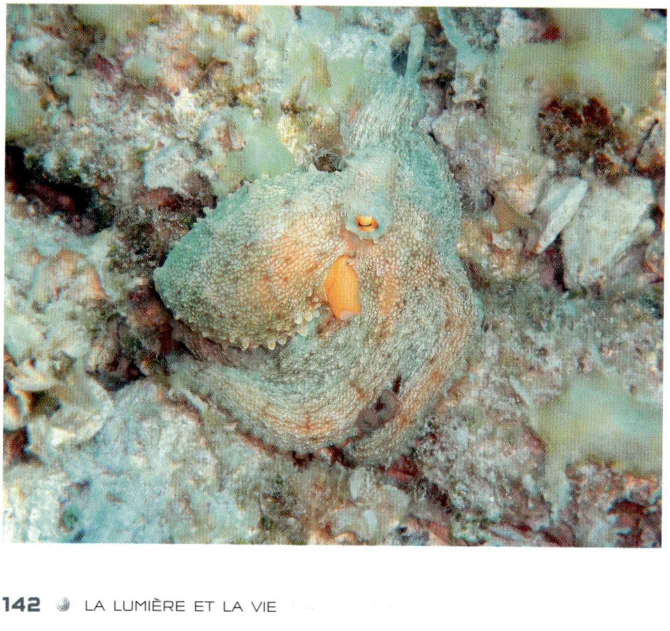

En revanche, contrairement à une idée reçue, le camouflage ne semble pas être la raison première de ce phénomène.

Chez le caméléon, le processus de changement de couleurs et de dessins dure quelques dizaines de secondes. En revanche, il dure moins d'une seconde chez les poulpes, les seiches et les calmars : ces mollusques céphalopodes sont des surdoués du camouflage (Figure 40). Ils possèdent non seulement des chromatophores, mais aussi des iridophores et des leucophores qui influent sur l'aspect de l'animal (voir encadré ci-contre). La pieuvre mimétique (*Thaumoctopus mimicus*) est en outre apte à changer de forme pour ressembler à un serpent de mer, une raie, une sole, etc.

Certains poissons sont également capables de changer rapidement de couleur grâce à des chromatophores, principalement des mélanophores qui contiennent des mélanines (voir p. 120) de couleur brun à noir, parfois jaune. C'est ainsi que les poissons plats (sole, turbot, flétan) prennent très rapidement des couleurs qui miment remarquablement le fond sur lequel ils reposent. Pas de doute, c'est la vision qui commande cette adaptation chromatique.

### *Des bandes ou taches colorées en trompe-l'oeil*

Les bandes blanches et noires du zèbre (Figure 43) ont-elles des fonctions particulières ? Cette question est très controversée. Une hypothèse serait qu'elles protègent l'animal de son prédateur, le lion. Comme chacun sait, ce dernier paresse le jour et ne chasse qu'à la tombée de la nuit. À ce moment-là, les rayures noires et blanches aideraient le zèbre à se fondre dans les herbes hautes. En outre, comme les zèbres vivent en troupeaux, le lion, avant d'attaquer, choisit un individu qui lui paraît faible. Pas facile alors pour lui de retrouver la proie de son choix au milieu du troupeau en fuite, avec toutes ces bandes blanches et noires qui se meuvent dans tous les sens ! Autre avantage que

## Comment les céphalopodes changent-ils de couleur ?

Nombre de céphalopodes, c'est-à-dire de poulpes (ou pieuvres), seiches ou calmars, ont une aptitude exceptionnelle à changer de couleur pour se dissimuler dans leur environnement. Ils sont capables de faire apparaître à volonté divers pigments (de couleur jaune, orange, rouge, brune ou noire) dont ils contrôlent l'étalement. À ces couleurs pigmentaires s'ajoutent des couleurs structurales iridescentes et un effet de diffusion de lumière. D'où viennent ces prouesses chromatiques ? De trois types de cellules situées dans le derme (juste sous l'épiderme) : les *chromatophores*, les *iridophores* et les *leucophores* (Figures 41 et 42).

• Les **chromatophores** sont des cellules qui contiennent des granules de pigments et qui sont entourées de fibres musculaires. Quand ces fibres sont contractées, les cellules s'étalent et les pigments sont bien visibles. Au contraire, à l'état rétracté, les chromatophores sont de taille si réduite (jusqu'à 1/10 de mm) qu'ils sont à peine visibles. Ils laissent alors apparaître les iridophores et les leucophores sous-jacents. La contraction ou le relâchement des fibres musculaires prend moins d'une seconde à l'animal.

• Les **iridophores** sont constitués d'un empilement de lamelles réfléchissantes conférant des couleurs iridescentes via les interférences lumineuses produites par ces multicouches (voir encadré p. 124). Les cellules de ces lamelles contiennent des protéines, appelées *réflectines*. L'animal est capable de modifier les couleurs iridescentes par des mécanismes encore mal connus. Un changement d'état des protéines (ce qui affecte l'indice de réfraction), associé à une modification de l'épaisseur des lamelles, pourrait expliquer de telles variations de couleurs. Le processus, qui dure de quelques secondes à quelques minutes, est plus lent que le changement de taille des chromatophores. Ces derniers contribuent à moduler l'iridescence en recouvrant plus ou moins les iridophores.

• Les **leucophores** sont des cellules longues et plates, constituées de globules de protéines à haut indice de réfraction. Elles renvoient la lumière ambiante – sans changement de longueur d'onde – par diffusion de Mie (voir p. 129). Les leucophores apparaissent donc blancs en lumière blanche et renvoient sans changement la lumière bleue ambiante du milieu marin.

Notons que les iridophores ont suscité l'intérêt des chercheurs dans le domaine des matériaux en raison des propriétés d'auto-assemblage des réflectines. Ces propriétés sont une source d'inspiration pour l'élaboration de nouveaux matériaux synthétiques en vue d'applications dans le domaine des nanotechnologies optiques.[2]

1. L. M. Mäthger *et al.* « Mechanisms and behavioural functions of structural coloration in cephalopods », *J. R. Soc. Interface* **6**, S149-S163 (2009).
2. R. M. Kramer *et al.* « The self-organizing properties of squid reflectin proteins », *Nature Materials* **6**, 533-538 (2007).

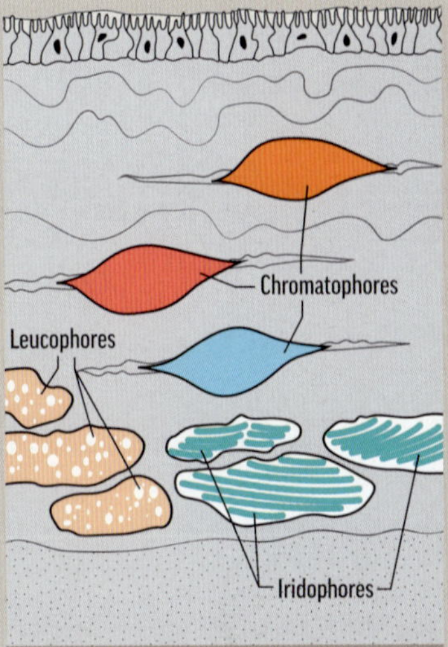


**41 Vue en coupe de la peau d'un céphalopode** montrant la disposition des chromatophores, des iridophores et des leucophores.[1] Les chromatophores contiennent des pigments de couleurs variées : en se dilatant et en se rétractant très rapidement, ces cellules cachent plus ou moins les iridophores et les leucophores, et dessinent ainsi divers motifs. Les leucophores, en diffusant la lumière incidente, apportent de l'éclat. Les iridophores, qui contiennent un empilement de lamelles réfléchissantes, créent des couleurs iridescentes.

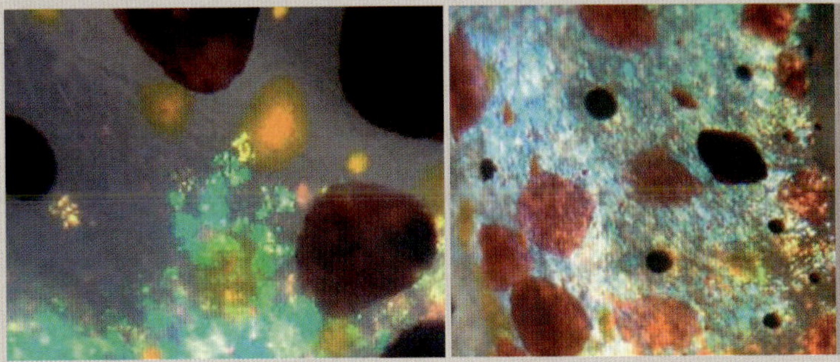

**42 Zoom sur la peau d'un calmar (*Loligo pealeii*)** montrant des chromatophores plus ou moins dilatés (jaunes, oranges, rouges, bruns) et des iridophores (bleus, verts).[1] À l'état dilaté, les chromatophores ont une taille de l'ordre du millimètre.

**43 Les zèbres possèdent des bandes blanches et noires** qui non seulement les rendraient moins visibles de leur prédateur, le lion, à la tombée de la nuit, mais qui pourraient aussi tromper le système visuel de la mouche tsé-tsé dont les piqûres transmettent des maladies.

**44 Les bandes contrastées de ce poisson-ange empereur (*Pomacanthus imperator*) jouent le rôle de coloration disruptive.** L'œil d'un prédateur, attiré par ces bandes colorées, est incapable d'identifier une proie potentielle.

semblent prouver des études récentes : les bandes tromperaient le système visuel de la perfide et dangereuse mouche tsé-tsé. De telles colorations sont qualifiées de « disruptives » car elles sont destinées à brouiller la silhouette pour rendre l'animal plus difficilement identifiable. Nombre d'animaux possèdent des bandes ou des taches dont les couleurs sont très contrastées et les contours bien marqués, faisant ainsi croire à l'existence de plusieurs parties indépendantes (Figure 44).

### *De faux yeux pour intimider l'adversaire ?*

Regardez attentivement la Figure 45. Pas facile de deviner d'emblée de quel type d'animal il s'agit ! Votre première réaction est sans doute de considérer que les yeux de l'animal sont les deux taches noires cerclées, et peut-être avez-vous imaginé avoir affaire à une espèce de crabe. Vous avez été bluffés : c'est un Gobie, petit poisson marin qui vit sur les fonds sablonneux. Mais les prédateurs potentiels sont-ils également trompés ? Voient-ils des faux yeux (ocelles) destinés à rendre le poisson plus menaçant qu'en réalité ? C'est ce qu'ont longtemps cru les scientifiques, et il est vraisemblable que certains « faux yeux » dans la nature imitent bel et bien... des yeux. Mais de nouvelles études tendent à montrer que, le plus souvent, la fonction de tels ornements n'est pas d'intimider l'ennemi mais plutôt de lui faire prendre des vessies pour des lanternes quant à l'identité de l'animal.

Chez les papillons, on a longtemps supposé qu'exhiber des ocelles en tant que faux yeux était une astuce pour tenter d'intimider les oiseaux et les tromper sur la position de la tête, le temps de prendre la fuite. Et si, d'aventure, le prédateur attaquait ces faux yeux, les organes vitaux

**45 Le Gobie à deux ocelles (*Signigobius biocellatus*).** Les ocelles que possède ce poisson sur chacune de ses nageoires dorsales ressemblent à des yeux. Les vrais yeux – que l'on voit à l'extrémité droite des animaux – sont beaucoup plus petits. À l'autre extrémité, il est difficile de distinguer la queue presque transparente dont on perçoit néanmoins les fines nervures.

ne seraient pas touchés. Il est vrai que la ressemblance avec des yeux de mammifères est souvent étonnante. Mais ce qui, en réalité, effraierait les oiseaux, ce serait plutôt le contraste frappant et la grande visibilité de ces motifs (Figure 46).

### *Usurpation d'identité par mimétisme*

Regardez les deux images de la Figure 47. Il y a de fortes chances que vous pensiez voir deux frelons. L'image de droite en montre effectivement un, mais celle de gauche représente un papillon totalement inoffensif, appelé *sésie apiforme*. Pourtant vous vous garderiez bien d'y toucher, n'est-ce pas ? C'est une prouesse de l'évolution : faire passer ce lépidoptère pour une espèce dangereuse et leurrer les prédateurs qui n'oseront pas s'y attaquer. Il s'agit là d'un bel exemple de mimétisme qu'il convient, en toute rigueur, de distinguer du camouflage. En effet, pour les spécialistes, le terme de mimétisme doit se limiter à la ressemblance entre deux espèces, différentes du point de vue zoologique, telles que l'une, inoffensive, mime l'autre, dangereuse (toxique, venimeuse, ou porteuse d'épines), ou bien telles que l'une, comestible, mime l'autre, immangeable (goût exécrable, odeur nauséabonde). Ainsi le mimétisme fait-il intervenir trois acteurs : une espèce vulnérable (l'imitateur) passe aux yeux du prédateur (le dupe) pour une autre espèce (le modèle) qui est dangereuse ou non comestible.

Ce mimétisme n'a rien d'une démarche consciente de l'animal. C'est en fait le résultat d'un long processus de sélection naturelle. Certaines espèces bien qu'inoffensives et comestibles ont survécu grâce à leur ressemblance de plus en plus grande, au fil des générations, avec d'autres espèces nocives (dangereuses ou non comestibles). Plus le prédateur souffrira d'une expérience fâcheuse, plus longtemps il en gardera le souvenir. L'imitateur a donc intérêt à ressembler aux espèces les plus nocives.

**46** **Les ocelles du papillon Paon du jour (*Inachis io*)** ressemblent à des yeux. Les reflets bleu vif ne sont pas dus à un pigment mais sont d'origine interférentielle.

**47** **Bel exemple de mimétisme.** Un papillon inoffensif (a), appelé sésie apiforme (*Sesia apiformis*), ressemble au redoutable frelon européen (b).

a

b

**48 Exemple de mimétisme presque parfait.** Un papillon (*Hypolimnas missipus*) (a) mime un autre papillon qui, contrairement à lui, n'est pas comestible : *Danaus chrysippus* (b).

De tels cas de mimétisme abondent dans la nature : des araignées mimant des fourmis, des mouches mimant des abeilles, des serpents mimant d'autres serpents (voir encadré ci-dessous), des papillons mimant d'autres papillons, etc. Un cas étonnant mérite d'être cité : les papillons *Hypolimnas missipus* (famille des Nymphalidés) miment presque parfaitement les papillons *Danaus chrysippus* (famille des Nymphalidés, sous-famille des Danaïnés) (Figure 48) qui possèdent une glande produisant une odeur nauséabonde, et c'est au point que les mâles de chacune de ces espèces se trompent et cherchent parfois à s'accoupler avec une femelle de l'autre espèce ! Le type de mimétisme que nous venons de décrire est qualifié de *batésien*, du nom de l'entomologiste anglais Henry Walter Bates (1825-1892) qui l'étudia en détail. Il existe un autre type de mimétisme dénommé *müllérien*, du nom du

## Ménage à trois pour le mimétisme chez les serpents-corail

Parmi les nombreux cas de mimétisme, les serpents-corail – qui doivent leur nom aux anneaux rouges, noirs, blancs (ou jaunes) de leur livrée – (Figure 49) méritent une attention particulière. Le vrai serpent-corail (*Micrurus*) fait partie des espèces les plus venimeuses du monde animal, alors qu'il existe un faux serpent-corail qui lui ressemble mais est totalement inoffensif. Ce dernier bénéficie-t-il de la protection du premier ? Pas si sûr ! En effet, le venin du vrai serpent-corail est tellement toxique qu'un prédateur mordu n'échappe pas à la mort. Aucun prédateur n'a donc pu garder la mémoire de cette néfaste expérience afin d'en tenir compte par la suite. Alors, comment l'inoffensif faux-serpent corail peut-il bénéficier d'une protection par mimétisme ? C'est un herpétologiste allemand, Robert Mertens, qui trouva la clé de l'énigme : il découvrit une troisième espèce de serpent (*Erythrolamprus*) portant une livrée semblable à celle du serpent-corail, mais dont le venin n'est pas mortel. Ainsi, les prédateurs qui auront souffert de la morsure de ce dernier, et lui auront survécu, garderont un souvenir si cuisant qu'ils n'attaqueront plus ni les vrais, ni les faux serpents-corail. Ainsi ces deux espèces, du fait de leur ressemblance avec la troisième espèce, bénéficient de sa protection.

a

b

c

**49 Trois espèces de serpent-corail :** (a) un vrai serpent-corail (*Micrurus frontalis*) dont la morsure est mortelle ; (b) un faux serpent-corail (*Lampropeltis triangulum*) inoffensif ; (c) un serpent-corail (*Erythrolamprus-aesculapii*) moyennement venimeux. Les deux premiers bénéficient de la protection du troisième par mimétisme, car les prédateurs mordus par ce dernier survivent et gardent ainsi le souvenir d'une expérience douloureuse.

**50 Exemple de mimétisme müllerien.** Deux espèces nocives qui se ressemblent : un mylabre inconstant (*Mylabris variabilis*) (a) qui sécrète une substance toxique, et une guêpe des buissons (*Dolichovespula media*) (b) armée d'un dard venineux.

zoologiste allemand Fritz Müller (1821-1897). Voyons en quoi il diffère du premier. On parle de mimétisme müllérien lorsque deux (ou plusieurs) espèces qui se ressemblent sont toutes nocives. Il n'y a donc pas duperie du prédateur dans ce cas, contrairement au mimétisme batésien. La ressemblance est avantageuse pour les espèces concernées : le prédateur apprendra plus vite, par de mauvaises expériences, à les éviter. L'imitateur et le modèle profitent ainsi conjointement d'une probabilité accrue de répulsion des prédateurs. À titre d'exemple, le *mylabre inconstant*, avec ses rayures noires et jaunes, ressemble à la guêpe (Figure 50). La guêpe est pourvue d'un dard venimeux, comme chacun sait, et le mylabre inconstant est un coléoptère qui sécrète de la cantharidine, un poison qu'il emploie pour protéger ses œufs des prédateurs, comme le font des milliers d'autres espèces d'insectes.

## Les couleurs d'avertissement

Dans les cas de mimétisme que nous venons de décrire, les espèces nocives arborent des couleurs souvent vives, destinées à avertir les prédateurs d'un danger potentiel pour eux. Indépendamment de tout mimétisme, divers animaux possèdent également des couleurs d'avertissement qui sont, pour nous, le rouge, le jaune et le noir. Bien voyantes, ces couleurs envoient un signal aux prédateurs : « Attention, je ne suis pas comestible ! » ou « Qui s'y frotte s'y pique ». Le terme consacré est *couleur aposématique* (du grec *apo*, « venant de », et *sema*, « signe ») par opposition aux couleurs du camouflage appelées *cryptiques* (du grec *kryptein*, « cacher »). Les stratégies sont diamétralement opposées. Le tableau 1 montre quelques exemples de couleurs aposématiques.

Prenons l'exemple du papillon Monarque (Tableau 1) et voyons comment il a acquis les armes de la toxicité sans en pâtir lui-même. La femelle pond ses œufs sur des plantes (asclépiadacées) dont la sève contient des glucosides toxiques pour le cœur. Les chenilles se nourrissent de la plante sans souffrir de son poison grâce à une enzyme qu'elles produisent. Elles deviennent néanmoins toxiques et le resteront une fois devenues papillons. Un oiseau qui mange ce papillon le recrache donc aussitôt et associera à l'avenir les belles couleurs du Monarque au fait que cette espèce est immangeable.

Remarquons enfin que les couleurs d'avertissement sont peu fréquentes chez les oiseaux et les mammifères. Pour ces derniers, sans doute est-ce parce que leurs prédateurs sont eux-mêmes des mammifères qui flairent leur proie davantage qu'ils ne les voient. Par exemple, les mouffettes, avec leur pelage constrasté blanc et noir (Tableau 1), avertissent leurs prédateurs qu'elles dégagent une odeur épouvantable. Nez sensibles s'abstenir !

| | | |
|---|---|---|
| **Papillon Monarque**<br>Famille des Nymphalidae | <br>*Danaus plexippus* | Les écailles des ailes de ce papillon contiennent un glucoside toxique pour le cœur. |
| **Zygène**<br>Famille des Zygaenidae | <br>*Zygaena filipendulae* | Ce lépidoptère sécrète des alcaloïdes toxiques et de l'acide cyanhydrique. |
| **Grenouille venimeuse**<br>Famille des Dendrobatidae | <br>*Dendrobates pumilio* | La peau de ce batracien sécrète un des poisons les plus toxiques connus, la batrachotoxine. Certains Indiens enduisent leurs flèches de ce poison. |
| **Rascasse volante**<br>Famille des Scorpaenidae | <br>*Pterois volitans* | Les épines dans chaque rayon des nageoires sont venimeuses. |

| | | |
|---|---|---|
| **Nudibranche**<br>Mollusque gastéropode | <br>*Flabellina iodinea* | Les excroissances vivement colorées contiennent des cnidocytes, cellules urtiquantes des cnidaires (corail, anémone). L'animal ingère ces cellules quand il broute le corail puis les transfère intactes dans les excroissances. |
| **Poisson-chirurgien** | <br>*Acanthurus sohal* | Les poissons chirurgiens signalent leurs épines caudales venimeuses, souvent appelées scalpels, par un trait de couleur vive (ici orange). |
| **Mouffette**<br>Famille des Mephitidae | <br>*Mephitis mephitis* | Les glandes anales sécrètent un liquide très nauséabond à base de thiols. |

**Tableau 1.** Exemples d'animaux dont les couleurs servent d'avertissement pour les prédateurs.

**51** **Le tronc de l'eucalyptus arc-en-ciel (*Eucalyptus Deglupta*)**, arbre qui peut atteindre 70 mètres de haut, change de couleur au cours de l'année.

**52** **Mimétisme datant du milieu du Jurassique.** Vue d'artiste (a) d'une plante plurilobée abritant un insecte (*J. ginkgofolia*) dont un fossile (b), datant d'environ 170 millions d'années, a été retrouvé en Mongolie intérieure. (Extrait de l'article : Y. Wang *et al.*, *PNAS* **109**, 20514-20519 (2012)).

## Conclusion

Les quelques cas présentés dans ce chapitre illustrent l'importance des couleurs dans le monde vivant. L'origine de ces couleurs est en général bien comprise, mais la nature nous réserve encore bien des surprises. Par exemple, l'origine de la couleur exceptionnellement intense des baies de la plante *Pollia condensata* n'a été élucidée qu'en 2012 (voir p. 132). Bien des apparences colorées restent encore à expliquer. Voyez par exemple l'eucalyptus arc-en-ciel (Figure 51). Comment les couleurs de son tronc changent-elles avec le

temps ? Quand des morceaux d'écorce se détachent, ce qui se produit plusieurs fois par an, les parties sous-jacentes alors exposées à la lumière prennent successivement diverses teintes en commençant par le bleu et en terminant par le marron. Quelles sont les substances responsables de ces couleurs et comment évoluent-elles ? Un beau sujet d'étude pour les phytochimistes et les photochimistes !

Nous avons vu que les couleurs et les formes des motifs colorés constituent un important moyen de communication entre individus de la même espèce (pour séduire, se rassembler) ou d'espèces différentes (pour attirer ou au contraire repousser, dissuader).

Par ailleurs, les divers mimétismes figurent parmi les comportements les plus fascinants du monde vivant. Nous en avons décrit divers types étonnants. Sans doute en découvrira-t-on d'autres... Et beaucoup de points restent à élucider. Par exemple, quand le mimétisme est-il apparu dans la nature ? Des chercheurs chinois ont apporté en 2012 un élément de réponse, en découvrant en Mongolie intérieure le fossile d'un insecte (*Juracimbrophlebia ginkgofolia*) datant du milieu du jurassique (environ 170 millions d'années) et disparu depuis longtemps. Ils ont montré que cet insecte mime parfaitement les feuilles d'une plante plurilobée (*Yimaia capituliformis*) que ce dernier pourrait avoir côtoyée à l'époque (Figure 52). Ce remarquable mimétisme aurait duré plus d'un million d'années, permettant à l'insecte d'échapper à ses prédateurs, comme de capturer plus aisément d'autres insectes voulant s'attaquer aux feuilles. Plante et insecte auraient ainsi tiré un bénéfice réciproque de ce mimétisme.

Nul doute que de nombreux aspects des fonctions de la couleur dans le monde vivant sont encore à découvrir et à comprendre. De quoi en faire voir de toutes les couleurs à la matière grise des chercheurs !

# Les êtres vivants « fluo »

*Tous les phénomènes lumineux sont vraiment merveilleux, mais parmi eux, la fluorescence, cette lumière qui vient de la lumière, est l'une des plus belles.*

Josep M. Valls, 1996

**Dans le noir, sous une lampe émettant des rayonnements dans le bleu, le violet ou l'ultraviolet, certains animaux et certaines fleurs apparaissent avec des couleurs différentes de celles qu'ils ont à la lumière du jour. C'est parce que l'absorption de ces rayonnements est suivie d'une émission de lumière, appelée fluorescence, qui peut prendre des couleurs variées selon le type de pigment. En plein jour, cette fluorescence contribue à rendre les couleurs lumineuses – à l'instar des gilets fluo ! Des chercheurs s'intéressent au rôle que la fluorescence naturelle pourrait jouer, notamment dans la communication.**

◄ Fluorescence de coraux (*Zoanthus sansibaricus*) révélée sous une lumière bleue.

## Un peu d'histoire

En 1565, Nicolas Monardes, un médecin et botaniste espagnol, observe des reflets bleutés à la surface d'une décoction de copeaux de bois, *Lignum nephriticum* (Figure 1). Cette décoction, venant du Mexique, était réputée pour ses propriétés diurétiques. Monardes décrit ses observations dans un texte qui constitue le premier rapport sur ce phénomène, lequel sera dénommé « fluorescence » au milieu du XIXe siècle par le physicien anglais Sir George Gabriel Stokes. Par la suite, Boyle, Newton et d'autres se penchent sur les propriétés lumineuses de ce bois, mais le phénomène reste mystérieux. Il faut attendre le XXe siècle pour que la fluorescence soit enfin comprise et attribuée à la présence de certaines substances. Dans le cas de *Lignum nephriticum*, ce n'est d'ailleurs que récemment que le composé chimique à l'origine de la fluorescence a été identifié.

Revenons au XIXe siècle, où d'autres observations remarquables ont été rapportées. En 1833, le physicien écossais David Brewster (1781-1868) décrit l'expérience suivante : en faisant passer un faisceau de lumière blanche à travers une solution alcoolique d'extraits de feuilles vertes, il observe latéralement une lumière rouge (Figure 2). Sans pouvoir l'interpréter, il a mis en évidence la fluorescence des chlorophylles qu'il a extraites des feuilles et mises en solution. Comme nous l'avons vu au chapitre 1, ces pigments absorbent la lumière dans l'UV et le visible (du violet au rouge-orangé mais peu dans le vert ; voir p. 29) et leur fluorescence se situe dans le rouge et le rouge lointain (Figure 2). Par la suite, on découvrira d'autres composés dans les feuilles vertes qui émettent, eux, dans le bleu-vert, comme nous le verrons.

En 1845, l'astronome anglais John Herschel observe la fluorescence de la quinine. Cet alcaloïde extrait d'un arbre, le quinquina, était connu depuis le XIIe siècle pour ses vertus thérapeutiques (en particulier contre le paludisme). Les boissons toniques que vous connaissez bien en contiennent une faible quantité. Il est facile d'en révéler la fluorescence bleue sous une lampe UV.

À la même époque, Stokes remarque que des cristaux de fluorspar (ou *fluorospath* en allemand) contenant de la fluorine se comportent de façon analogue à la quinine. C'est l'origine du terme fluorescence, qu'il invente suite à ses observations. Remarquons toutefois que les atomes de fluor de ces minéraux ne sont pour rien dans l'émission de lumière car ce sont, en réalité, les impuretés de ces cristaux qui en sont responsables.

D'autres composés fluorescents seront ensuite découverts non seulement chez les végétaux (y compris les fleurs), mais aussi chez les animaux, terrestres comme marins. Il existe même des protéines fluorescentes, en particulier la GFP (*Green Fluorescent Protein*), qui fut découverte en 1962 chez la méduse bioluminescente *Aequorea victoria* (voir chapitre suivant). Ces protéines fluorescentes révolutionnent aujourd'hui l'imagerie en biologie cellulaire.

**1** Décoction de copeaux de bois, *Lignum Nephriticum* (Extrait du rapport de W.E. Safford dans l'*Annual Report of the Smithsonian Institute* (1915) pp. 271-298). Les reflets bleutés observés à la lumière du jour sont dus au phénomène de fluorescence. Des travaux récents ont montré que la substance qui en est responsable n'est pas présente dans la plante, mais résulte de l'oxydation d'un de ses flavonoïdes durant l'opération de décoction.

## Ne pas confondre bioluminescence, fluorescence, phosphorescence

Chez les êtres vivants, une émission de lumière peut avoir deux origines tout à fait différentes. Certains d'entre eux produisent leur propre lumière, comme le ver luisant que l'on aperçoit facilement la nuit. Il en est de même de bien d'autres espèces : lucioles, méduses, poissons abyssaux, certains champignons, etc. Une réaction biochimique est à l'origine de cette émission, appelée *bioluminescence*, qui sera décrite dans le chapitre suivant.

L'autre type d'émission est la *fluorescence* (objet du présent chapitre). Elle nécessite, quant à elle, une absorption préalable de lumière par certaines molécules, comme mentionné plus haut. Une source de lumière est donc indispensable pour la provoquer. Par exemple, en éclairant de nuit certaines fleurs avec une lampe à base de LED émettant dans le bleu, vous constaterez qu'elles sont fluorescentes et vous observerez des couleurs différentes de celles perçues en plein jour (Figure 3). Un autre exemple est celui des scorpions qui apparaissent bleu-vert dans le faisceau d'une lampe UV. Or, ni les fleurs, ni les scorpions ne produisent par eux-mêmes de la lumière : cessons de les illuminer, et la fluorescence qu'ils émettent disparaît aussitôt.

**2 Observation de la fluorescence rouge des chlorophylles.** La solution obtenue après macération de feuilles d'épinards broyées dans un solvant (alcool ou acétone) et filtration contient essentiellement des chlorophylles. Cette photo montre l'effet d'un faisceau UV pénétrant dans la solution contenue dans une cuve en quartz.

Il ne faut donc pas confondre fluorescence et bioluminescence, qui sont néanmoins deux formes particulières de *luminescence*. Ce terme a été introduit par le physicien allemand G. H. Wiedemann en 1888 pour désigner toute émission de lumière qui ne résulte pas d'une augmentation de température, par opposition à l'incandescence. Les diverses formes de luminescence se distinguent par les phénomènes qui les provoquent : absorption de lumière pour la *photoluminescence* (la fluores-

**3 Les pétales de la Lysimaque de Chine (*Lysimachia clethroides*)** sont blancs en plein jour (à gauche). En revanche, dans le noir, éclairés par une lampe émettant de la lumière bleue, ils apparaissent verts et rouges (à droite) en raison de la fluorescence de divers pigments. En particulier, le rouge est dû à l'émission des chlorophylles.

## Fluorescence et phosphorescence, quelle différence ?

Fluorescence et phosphorescence sont deux formes de photoluminescence, c'est-à-dire d'émissions de lumière consécutives à une absorption de lumière. Jusqu'au début du XIX$^{e}$ siècle, on pensait que la fluorescence disparaissait dès que cessait l'illumination, contrairement à la phosphorescence qui perdurait un certain temps (jusqu'à plusieurs heures). En réalité, la fluorescence ne disparaît pas instantanément mais décline en des temps allant de quelques dixièmes de nanosecondes à quelques centaines de nanosecondes (1 nanoseconde = 1 millième de millionième de seconde), ce qui paraît instantané pour l'œil humain. Comme les phosphorescences les plus courtes rejoignent en durée les fluorescences les plus longues, une distinction entre fluorescence et phosphorescence fondée sur la durée de l'émission n'est donc pas pertinente. Pour comprendre la réelle différence entre les deux, examinons le diagramme établi à partir des travaux du physicien français Francis Perrin et du physicien polonais Aleksander Jablonski au XX$^{e}$ siècle (Figure 4).[1]

Une molécule ayant absorbé un photon passe dans un état d'énergie supérieure appelé état excité. Puis elle perd très rapidement une partie de son énergie excédentaire sous forme de chaleur pour atteindre le plus bas niveau vibrationnel du premier état excité. La molécule retourne ensuite à son état fondamental, soit de façon analogue, soit avec émission d'un photon (fluorescence).

Du fait de la perte d'énergie sous forme de chaleur dans l'état excité, le photon émis a une énergie plus faible que celle du photon qui avait été absorbé. En conséquence, le spectre de fluorescence est décalé vers les énergies plus basses, c'est-à-dire vers les fréquences plus courtes ou les longueurs d'onde plus grandes, conformément à la relation $E = h\nu = hc/\lambda$ (où $E$ désigne l'énergie d'un photon, h la constante de Planck, ν la fréquence, λ la longueur d'onde et c la vitesse de la lumière). Il en résulte un décalage entre le spectre d'absorption et le spectre de fluorescence, appelé déplacement de Stokes.

Dans certains cas, la molécule excitée, avant de rejoindre l'état fondamental, transite par un état excité intermédiaire (Figure 4). Il s'agit d'un état d'un type particulier, car il ne peut pas être atteint directement par absorption. Cette transition, appelée passage intersystème, est en principe interdite par les lois de la physique quantique ; elle se produit néanmoins parfois, en particulier en présence d'atomes lourds, soit dans la molécule, soit dans son voisinage. Une fois passée dans cet état intermédiaire, la molécule retourne à l'état fondamental en émettant des photons (phosphorescence) ou non. Comme cette seconde transition est en principe également interdite par les lois de la physique quantique, les molécules qui sont passées dans l'état intermédiaire y séjournent suffisamment longtemps pour qu'en solution, à la température ambiante, les nombreuses collisions avec les molécules de solvant et de dioxygène favorisent le retour à l'état fondamental sans émission de photons. C'est pourquoi la phosphorescence n'est pas observée en milieu fluide, mais seulement en milieu rigide.

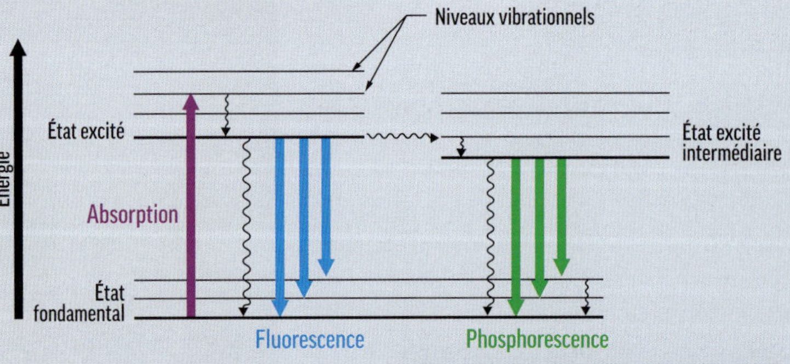


**4 Le diagramme de Perrin-Jablonski** visualise les divers processus mis en jeu après absorption d'un photon par une molécule en solution. Les traits épais horizontaux représentent les niveaux d'énergie électroniques, et les trais fins, les niveaux vibrationnels. Les flèches ondulées représentent des transitions non radiatives entre les niveaux (dissipation sous forme de chaleur, sans émission de lumière).

1. B. Valeur, *Invitation à la fluorescence moléculaire*, De Boeck, 2004.

cence, mais aussi la phosphorescence), réaction biochimique pour la *bioluminescence,* réaction chimique pour la *chimiluminescence,* application d'un champ électrique pour l'*électroluminescence* (mise à profit dans les LED par exemple), etc.

Si la fluorescence est observée chez les êtres vivants, ce n'est généralement pas le cas de la phosphorescence. Néanmoins, quelques précisions sur cette forme de luminescence s'imposent. En effet, tant que les origines de la phosphorescence, de la fluorescence et de la bioluminescence ont été méconnues, on a nommé « phosphorescence » non seulement toute lumière produite par les organismes vivants (en particulier par bioluminescence), mais aussi certaines émissions de fluorescence du monde inanimé. Aujourd'hui, cette confusion persiste fréquemment dans le langage courant. Nous avons déjà souligné la différence entre fluorescence et bioluminescence. Qu'est-ce qui distingue phosphorescence et fluorescence ?

Une substance phosphorescente continue d'émettre (parfois pendant plusieurs heures) une fois que l'on cesse de l'illuminer. Les composés phosphorescents sont par exemple mis à profit dans les pictogrammes de sécurité qui restent lumineux longtemps après une panne de courant. En revanche, la fluorescence décline si rapidement qu'elle semble disparaître instantanément lorsqu'on interrompt l'illumination. Ces observations ne sont que la conséquence de la différence fondamentale entre ces deux formes de photoluminescence, qui est davantage explicitée dans l'encadré ci-contre.

Remarquons enfin que l'élément phosphore n'a rien à voir avec la phosphorescence. Seule l'étymologie de ces mots est commune : ils viennent du grec *phos*, « la lumière » et *phorein* « porter ». L'élément phosphore doit son nom au fait qu'il émet des vapeurs qui luisent dans l'obscurité, et cette fois il s'agit de chimiluminescence.

## Les feuilles vertes fluorescent dans le rouge et le bleu-vert

Examinons de près la fluorescence des feuilles vertes, et d'abord la fluorescence rouge des chlorophylles. Curieusement, elle est comparativement beaucoup moins intense dans une feuille (d'un facteur 10 à 30) que dans une solution de ces pigments (voir encadré p. 158). Comment expliquer une telle différence d'intensité ? En fait, seule la feuille est le siège de la photosynthèse qui ne se produit pas en solution. Ce phénomène requiert une partie de l'énergie acquise par absorption de lumière, au détriment des deux autres voies de dissipation d'énergie que sont l'émanation de chaleur et l'émission de fluorescence (Figure 5). Ainsi, d'une façon générale, plus la fluorescence rouge d'un tissu végétal est faible, et plus la photosynthèse est active.

Les feuilles vertes possèdent également divers pigments qui fluorescent dans le

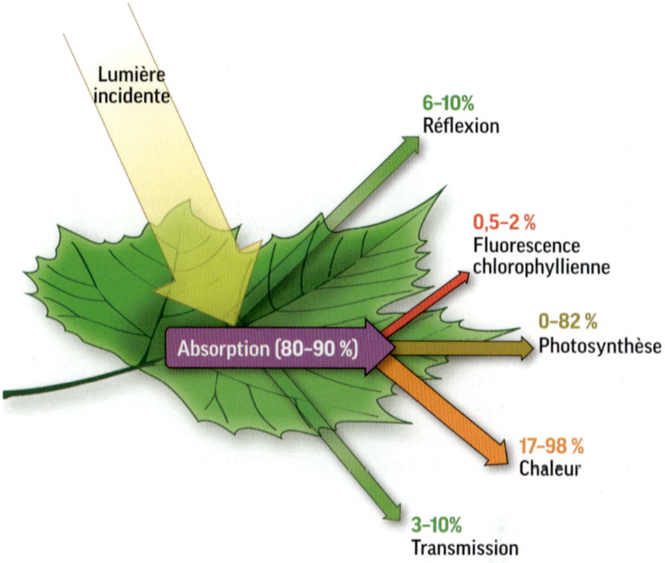


**5** Bilan énergétique d'une feuille verte. La fluorescence chlorophyllienne résulte de moins de 2 % de l'énergie absorbée : le reste est dissipé sous forme de chaleur ou utilisé par la photosynthèse.

**6** Cliché de microscopie de fluorescence d'une feuille verte de maïs vue en coupe (*Zea mays L.*). Sous une illumination à 365 nm, on visualise la fluorescence rouge des chloroplastes et la fluorescence bleue des parois cellulaires (C. Buschmann et H. K. Lichtenthaler, *J. Plant Physiol.* 152, 297 (1998)).

## La fluorescence chlorophyllienne

Comment évaluer le contenu en chlorophylles d'un tissu végétal à partir de l'étude de sa fluorescence? Nous avons vu que les spectres d'absorption des chlorophylles *a* et *b* étaient légèrement différents (voir chapitre 1 p. 29). Il en est de même des spectres de fluorescence (Figure 7).

On constate que la fluorescence de la chlorophylle *b* est située à des longueurs d'onde inférieures à celle de la chlorophylle *a*. En conséquence, le spectre de fluorescence de la chlorophylle *b* recouvre partiellement le spectre d'absorption de la chlorophylle *a*. Ainsi, dans une feuille verte, une molécule de chlorophylle *b* qui a absorbé un photon a toutes les chances de transférer son énergie d'excitation à une molécule de chlorophylle *a* située à proximité, plutôt que d'émettre de la fluorescence. C'est la raison pour laquelle on n'observe pas la fluorescence de la chlorophylle *b* dans une feuille verte, mais seulement celle de la chlorophylle *a*.

En outre, les maxima des spectres d'absorption et d'émission de la chlorophylle *a* se situant dans des domaines de longueurs d'onde relativement proches, le spectre d'émission recouvre notablement le spectre d'absorption (Figure 8). Dans la zone de recouvrement, les photons émis par une molécule de chlorophylle *a* peuvent ainsi être absorbés par d'autres molécules de chlorophylle *a*. Ce phénomène appelé « effet de filtre interne » explique que la fluorescence observée dans cette région est bien plus faible que la fluorescence réellement émise. Plus la concentration en chlorophylles est grande, plus l'effet de filtre interne est important et plus la bande à 690 nm est réduite.

Au plan pratique, il s'avère que le rapport des intensités de fluorescence à 735 et 700 nm est proportionnel à la masse globale de chlorophylles par unité de surface du tissu végétal.[1] On dispose alors d'un moyen simple d'évaluer la teneur en chlorophylles d'un tissu végétal, sans avoir besoin d'extraire ces pigments.

1. A. A. Gitelson *et al.*, *Remote Sens. Environ.* **69**, 296-302 (1999).

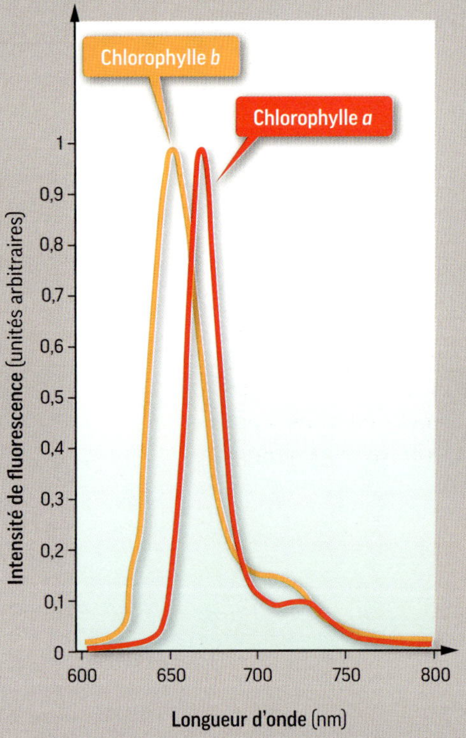


**7** Les spectres de fluorescence des chlorophylles *a* et *b* en solution alcoolique sont légèrement différents. Ils sont décalés vers les grandes longueurs d'onde par rapport aux spectres d'absorption (donnés p. 29).

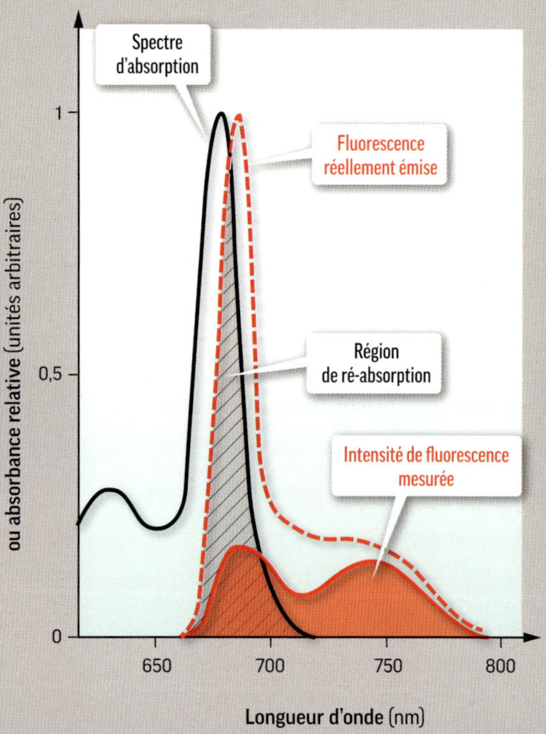


**8** Réduction de l'intensité de fluorescence de la chlorophylle *a* dans une feuille verte par effet de filtre interne. Cet effet est évalué par rapport à la fluorescence réellement émise dans une suspension diluée de chloroplastes. Il est dû au fait que des photons émis par des molécules de chlorophylle *a* sont absorbés par d'autres molécules du même composé dans la zone de recouvrement entre le spectre d'émission et le spectre d'absorption (ré-absorption).

bleu-vert. En tête figure l'acide férulique, un dérivé de l'acide cinnamique situé dans les parois cellulaires (Figure 6). On y trouve également d'autres dérivés de l'acide cinnamique (les acides chlorogénique, caféique et sinapique), des flavonols (catéchine, quercétine) et autres polyphénols, ainsi que des coumarines (scopolétine et esculétine), etc.

Finalement, une feuille verte présente toujours deux émissions de fluorescence : l'une dans le bleu-vert et l'autre dans le rouge, ce que traduit le spectre de fluorescence (Figure 9) qui garde la même allure générale quelle que soit la plante. À partir de ce spectre, les intensités relatives des bandes d'émission à certaines longueurs d'onde sont calculées afin d'obtenir de précieuses indications. Citons quelques exemples.

Le rapport des intensités de fluorescence à 735 et 700 nm est un bon indicateur du contenu en chlorophylles d'une feuille verte (voir encadré ci-contre). La mesure de ce rapport est mise à profit en agriculture, en horticulture et en sylviculture pour étudier le développement des plantes et évaluer leur état de santé. Les analyses sont réalisées sur le terrain grâce à des appareils portables. La fluorimétrie révèle toutes ses qualités pour ce type de mesures : c'est une technique non invasive, non destructrice et les informations sont obtenues quasiment en temps réel.

Par ailleurs, le rapport des intensités des bandes de fluorescence dans le bleu-vert et dans le rouge dépend de l'espèce de plante, de son âge et des conditions de culture. Par exemple, ce rapport dépend du nombre de cotylédons (le cotylédon est la feuille primordiale de l'embryon des plantes à graines) : il est plus élevé dans les feuilles des monocotylédones (blé, maïs) que dans celles des dicotylédones (épinard, haricot) en raison d'une teneur plus grande en acide férulique dans les parois cellulaires des premières.

Mentionnons encore que les mesures des intensités relatives des bandes à 440, 520, 690 ou 740 nm révèlent les effets de divers stress (Tableau 1). Les plantes sont en effet soumises à des stress très variés qui sont abiotiques (causés par exemple par le climat, l'irradiation, les produits chimiques) ou biotiques (résultant de l'action de virus, de bactéries, de champignons). Par exemple, comment caractériser une déficience en azote ? On sait qu'elle favorise la synthèse de polyphénols, dépourvus d'azote, au détriment des chlorophylles. Or les polyphénols émettent dans le bleu. La fluorescence à 440 nm augmente donc, et celle des chlorophylles à 740 nm diminue. Le rapport des intensités de fluorescence à 440 et 740 nm est ainsi lié au rapport polyphénols/chlorophylles, dont l'inverse est un indicateur de la teneur en azote, appelée statut azoté ou NBI (*Nitrogen Balance*

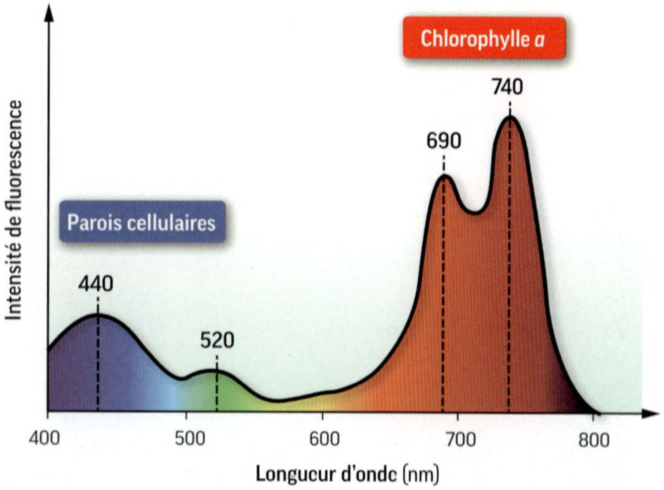


**9 Spectre de fluorescence typique d'une feuille verte.** On distingue une bande à 440 nm (avec un épaulement à 520 nm) due principalement à l'acide férulique situé dans les parois cellulaires, et une double bande (avec des maxima à 690 nm et 740 nm) due à la chlorophylle *a*. La fluorescence de la chlorophylle *b* n'est pas observée (voir encadré ci-contre). La longueur d'onde d'excitation doit être inférieure à 400 nm pour observer l'ensemble des bandes.

| Nature du stress | F440/F740 | F690/F740 | F440/F520 |
|---|---|---|---|
| Exposition au Soleil | ++ | + | - - |
| Traitement aux UV | - - | 0 | - |
| Traitement à la chaleur | - - | 0 | - |
| Traitement au diuron (herbicide) | - - | + | 0 |
| Déficience en eau | ++ | 0 | 0 |
| Déficience en azote | ++ | + | 0 |
| Attaque d'acariens | ++ | 0 | + |

**Tableau 1. Effets de divers stress sur les rapports d'intensités de fluorescence à deux longueurs d'onde** (nombres en nanomètres suivant la lettre F) pour diverses feuilles vertes par comparaison avec une plante témoin. (++ : forte augmentation ; + : faible augmentation ; 0 : pas de variation ; - : faible diminution ; - - : forte diminution) (C. Buschmann et H. K. Lichtenthaler, *Journal of Plant Physiology* **152**, 297-314 (1998)).

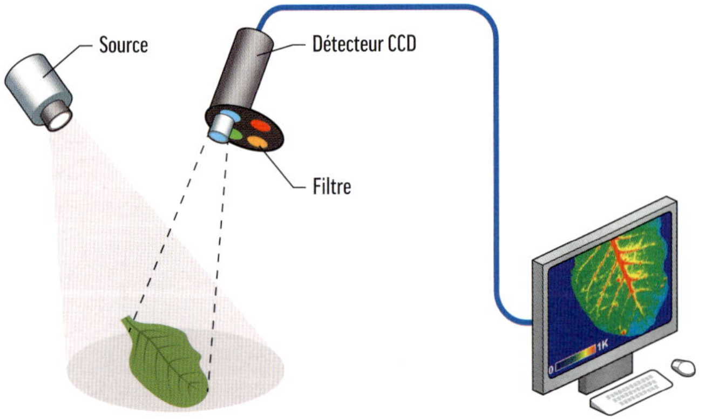


**10 Principe de l'imagerie de fluorescence des tissus végétaux.** L'échantillon, éclairé par une source, émet de la fluorescence qui est collectée par un objectif et un détecteur CCD, comme dans un appareil photo numérique (CCD : Charge-Coupled Device). Un filtre optique est interposé pour sélectionner une bande de fluorescence. Une photo est prise en noir et blanc et transférée à un ordinateur qui convertit les intensités en fausses couleurs, avec une échelle d'intensité allant de 0 (en bleu foncé) à la valeur la plus élevée (en rouge).

*Index*). La détection précoce d'une déficience en azote d'un champ de culture est évidemment précieuse en agriculture, et des appareils portables sont disponibles pour l'évaluer.

## L'intimité d'une feuille ou d'un fruit révélée par imagerie de fluorescence

Il est utile, pour apprécier l'état général d'une feuille, de visualiser la répartition de l'intensité de fluorescence sur toute sa surface. Cette possibilité est offerte par les techniques d'imagerie de fluorescence dont le principe est donné sur la figure 10. La figure 11 donne un exemple d'images en fausses couleurs d'une feuille de tabac. Il apparaît nettement que la fluorescence émise dans le bleu (440 nm), principalement due à l'acide férulique, est nettement plus intense dans les nervures. C'est l'inverse dans les zones dépourvues de nervures : la fluorescence émise dans le rouge (690 nm) est plus importante. Elle provient de la chlorophylle *a* et révèle donc les régions où cette dernière est la plus concentrée.

Une application intéressante concerne le vieillissement des feuilles. Lors de ce processus, les chlorophylles se dégradent et se transforment en produits (catabolites) non fluorescents. L'imagerie de fluorescence permet une analyse détaillée et comparative de la diminution de la teneur en chlorophylles dans les diverses zones de la feuille.

C'est également ce qui se passe lors du mûrissement de la plupart des fruits tels que les pommes et les poires. Ces fruits sont souvent stockés avant d'être mis sur le marché. L'imagerie de fluorescence est alors utile pour suivre les modifications de composition et de structure qu'ils subissent au cours de l'entreposage. En effet, ces transformations influent sur les propriétés optiques des tissus, ainsi que sur la profondeur de pénétration de la lumière excitatrice. Les mesures sont effectuées aux quatre longueurs d'onde discutées précédemment (440, 520, 690 et 740 nm). Un traitement par ordinateur, pixel par pixel, fournit ensuite les images des rapports d'intensités à deux longueurs d'onde (Figure 12).

Le cas de la banane mérite attention car, contrairement aux autres fruits, la dégradation de ses chlorophylles au cours du mûrissement conduit à des produits qui sont, eux, fluorescents (voir encadré p. 162). C'est lorsque l'intensité de la fluorescence

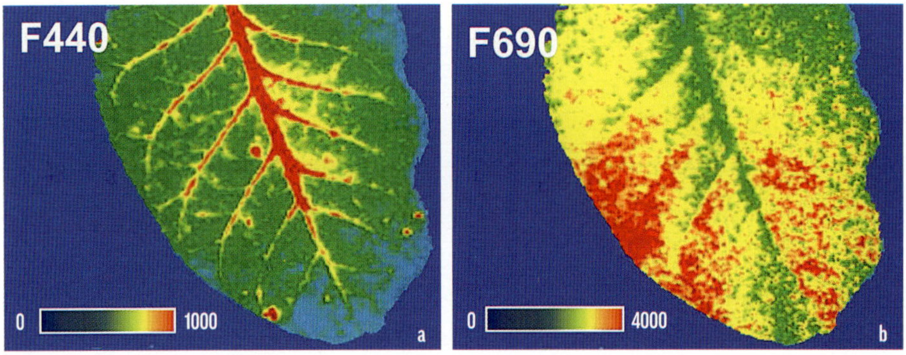


**11 Répartition de l'intensité de fluorescence dans une feuille de tabac à 440 nm (a) et 690 nm (b).** Ces images sont en fausses couleurs traduisant des intensités relatives allant de 0 (en bleu foncé) à la valeur la plus élevée (en rouge) qui est égale à 1 000 pour la photo (a) et à 4 000 pour la photo (b).

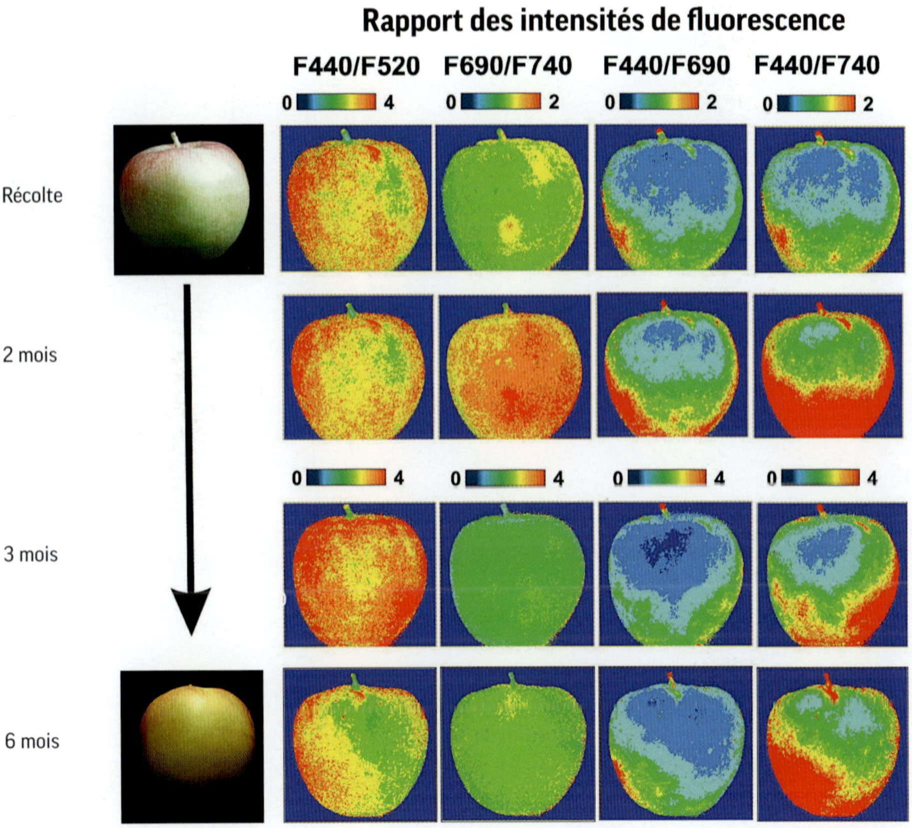


**12 Suivi du mûrissement d'une pomme au cours d'un stockage de longue durée** via les distributions des rapports d'intensité de fluorescence à deux longueurs d'onde (exprimées en nanomètres après la lettre F). Les images sont en fausses couleurs traduisant des rapports allant de 0 (en bleu foncé) à 2 ou 4 (en rouge) selon les cas. Au cours du mûrissement, la teneur en chlorophylles diminue. Néanmoins le rapport des intensités des bandes à 690 et 740 nm, caractéristiques de la teneur en chlorophylle *a*, commence par augmenter en raison de la réduction du phénomène de ré-absorption (voir p. 158). Après passage par un maximum, ce rapport diminue conjointement avec la décroissance de la teneur en chlorophylle *a*.

est maximale que la maturité de la banane est optimale pour sa consommation.

## Comment observer à distance la fluorescence chlorophyllienne

Nous avons vu que la mesure de la fluorescence des feuilles permet de diagnostiquer un état de stress des plantes ou de déceler des carences nutritionnelles. Si les observations ponctuelles sur le terrain à l'aide de petits appareils sont routinières, étendre la mesure de la fluorescence à l'échelle d'un champ, d'un verger ou d'une forêt par télédétection présente *a priori* un grand intérêt. Toutefois, la télédétection est difficile car la fluorescence est faible et ne représente qu'une petite partie de la lumière renvoyée par les feuilles (Figure 5). Comment relever ce défi ?

L'appareil employé est un LIDAR (*Light Detection And Ranging*), fondé sur un principe analogue au RADAR (*Radio Detection And Ranging*), mais impliquant la lumière au lieu d'ondes radio. La source de lumière est un laser ou une diode laser, et la fluorescence est collectée à travers un filtre optique par un détecteur CCD (Figure 15). Un tel système est utilisé au sol ou embarqué dans un avion. Son rayon d'action ne dépasse pas quelques dizaines de mètres, le facteur limitant étant la puissance de la source qui doit être d'autant plus élevée que la distance d'observation est grande. Une autre méthode consiste à mettre à profit le Soleil comme source d'excitation. On parle alors de mesures passives, par opposition aux mesures précédentes qui font appel à une source de lumière artificielle et sont qualifiées d'actives. Ces mesures passives soulèvent une grosse difficulté : aux mêmes longueurs d'ondes que

## Les meilleures bananes sont bleues !

Comme chacun sait, les bananes vertes ne sont pas mûres. Si elles deviennent jaunes en mûrissant, c'est parce que les chlorophylles se dégradent et que les caroténoïdes jaunes apparaissent, comme dans les feuilles d'arbres à l'automne (voir p. 28). En 2008, des chercheurs de l'Université d'Innsbruck ont découvert, à leur grande surprise, que la peau de bananes mûres, placées sous une lampe UV, émettait une fluorescence bleue (Figure 13).[1] Surprenant en effet car jusqu'alors, il avait été montré que le mûrissement des fruits et le vieillissement des feuilles vertes s'accompagnaient de la disparition des chlorophylles dont les produits ultimes de dégradation (catabolites) ne sont pas fluorescents. D'où peut donc provenir une telle fluorescence bleue, qui n'a rien à voir avec celle de l'acide férulique ou autres dérivés de l'acide cinnamique (voir p. 157) ?

Grâce à des analyses physicochimiques très poussées, les chercheurs autrichiens ont réussi à élucider la structure des composés fluorescents : il s'agit de produits intermédiaires de dégradation des chlorophylles (Figure 14) qui persistent plusieurs jours avant de disparaître. Lorsque la maturité est optimale pour la consommation, l'intensité de fluorescence est maximale. Puis ces catabolites fluorescents disparaissent progressivement. Reste à comprendre la fonction éventuelle d'une telle fluorescence bleue qui rend le jaune éclatant à la lumière du jour. A-t-elle un rôle écologique, par exemple en attirant les animaux frugivores, ou bien en protégeant les bananes contre les rayons UV du Soleil ? Ou bien les catabolites fluorescents jouent-ils un rôle biologique, en catalysant par exemple certaines réactions ? Les chercheurs ne savent pas encore répondre à ces questions, et sont en quête d'autres végétaux qui produiraient des catabolites fluorescents.

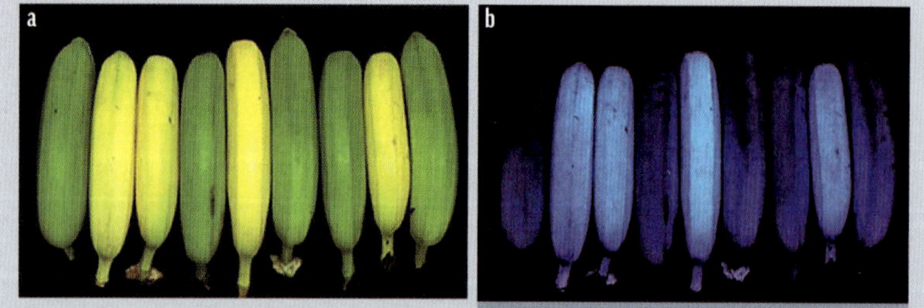


**13** Des bananes observées avec une source de lumière blanche (a) sont vertes quand elles ne sont pas mûres et jaunes quand elles le sont. Sous une lampe UV (b), la peau des bananes mûres fluoresce dans le bleu.[1]

1. S. Moser *et al.*, *Angewandte Chemie International Edition* 47, 8954 (2008).

**14 Produits de dégradation des chlorophylles.** Le catabolite intermédiaire est fluorescent et n'est abondant que dans la banane mûre. Les substituants $R^1$, $R^2$ et $R^3$ varient selon les réactions qui se produisent. (D'après la référence 1).

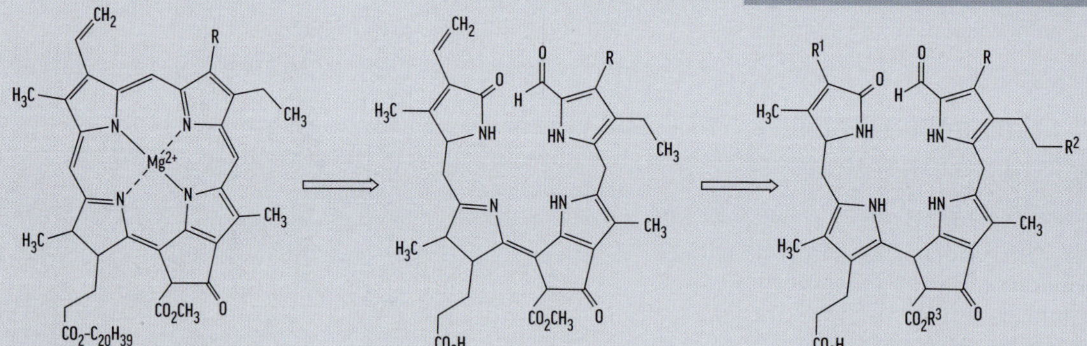


la fluorescence, la lumière solaire réfléchie par les feuilles, très intense, est également collectée par l'appareil de mesure. Alors, l'idée est venue de détecter la fluorescence dans les domaines de longueurs d'onde très étroits où la lumière solaire est moins intense : ce sont les raies de Fraunhofer, du nom du physicien et opticien allemand qui les découvrit en 1814 avec un spectroscope de son invention. Ces raies ont pour origine l'absorption de la lumière blanche émise de l'intérieur du Soleil par les molécules ou atomes des nombreux éléments situés en périphérie de l'étoile (en particulier l'hydrogène et l'hélium), ainsi que par celles ou ceux des gaz de l'atmosphère

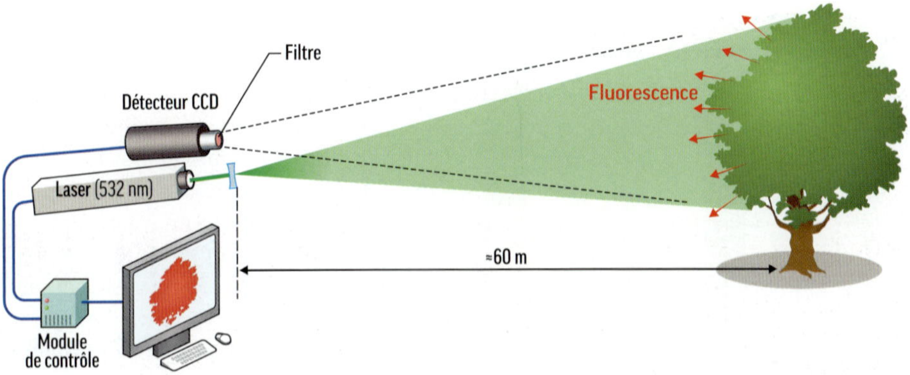


**15 Schéma de principe d'un LIDAR** pour la télédétection de la fluorescence chlorophyllienne (CCD : Charge-Coupled Device).

**16 Portion du spectre solaire entre 600 et 800 nm au niveau du sol** et spectre type de fluorescence chlorophyllienne (en bleu) (a). Les raies d'absorption du dioxygène $O_2$-A et $O_2$-B, situées respectivement à 760 et 687 nm (raies dont les largeurs sont respectivement 1 et 0,7 nm), conviennent bien à l'évaluation de la fluorescence. On mesure le comblement du creux de ces raies, comme le montre le schéma (b).

terrestre (principalement le dioxygène et le diazote). Dans le spectre solaire observé au sol, les raies de Fraunhofer apparaissent comme des creux (Figure 16). Dans le spectre lumineux renvoyé par la végétation, ces creux sont partiellement comblés par la fluorescence des feuilles, et c'est en évaluant ce comblement que l'on déduit l'intensité de fluorescence à la longueur d'onde correspondante.

Comme le montre la figure 16, deux raies dues à l'absorption du dioxygène atmosphérique conviennent bien à l'observation de la fluorescence chlorophyllienne, car elles sont situées dans le rouge, à 687 et 760 nanomètres. Les mesures du comblement de ces deux raies par la fluorescence s'effectuent à l'aide de filtres optiques très étroits, ou bien de spectromètres à haute résolution portables et peu coûteux. La mesure du rapport des intensités à ces deux longueurs d'onde est possible. Ce paramètre est pertinent pour évaluer l'état de la végétation, comme nous l'avons vu (voir p. 159).

Cependant l'interprétation du signal de fluorescence n'est pas simple, car ce dernier dépend non seulement du type de végétation et de son état physiologique, mais aussi de l'éclairement (variable selon l'heure de mesure) et de l'angle de visée. En outre, les mesures doivent être corrigées des effets parasites dus à l'atmosphère. La comparaison avec des mesures faites au sol est alors très utile.

Le signal de fluorescence obtenu par les mesures passives donne des informations sur l'intensité lumineuse, et non pas sur le rendement quantique de fluorescence (c'est-à-dire le rapport du nombre de photons émis au nombre de photons absorbés). Les mesures actives, où la fluorescence est induite par une source dont la puissance est connue, permettent en revanche de mesurer le rendement quantique. Comme ce dernier caractérise l'activité photo-

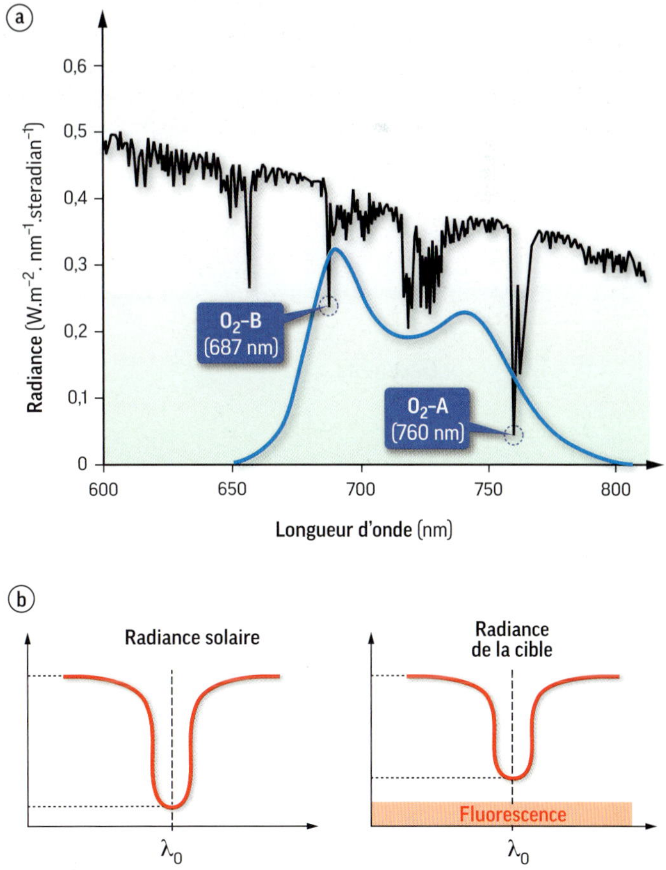

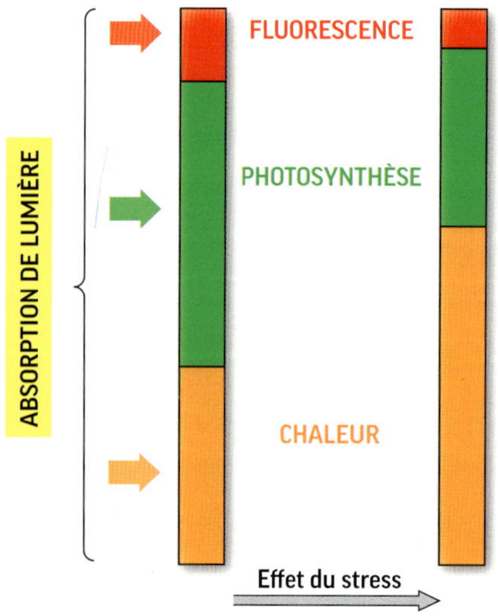


**17 Conséquences du stress d'une plante :** consécutivement à une absorption de lumière, la dissipation d'énergie sous forme de chaleur augmente au détriment de l'efficacité de la photosynthèse et de la fluorescence.

synthétique, comme nous l'avons vu, les mesures actives offrent donc la possibilité de la quantifier.

Les mesures passives effectuées au moyen d'instruments embarqués dans des avions à l'échelle d'un champ de culture ou d'une forêt ne sont cependant pas dénuées d'intérêt en ce qui concerne l'évaluation de la photosynthèse. En effet, l'intensité de la fluorescence observée est affectée par un état de stress des plantes, ce qui permet de détecter cette altération bien avant le brunissement ou le jaunissement des feuilles. Or, comme le stress s'accompagne également d'une réduction de la photosynthèse (Figure 17), on peut corréler la diminution de la fluorescence

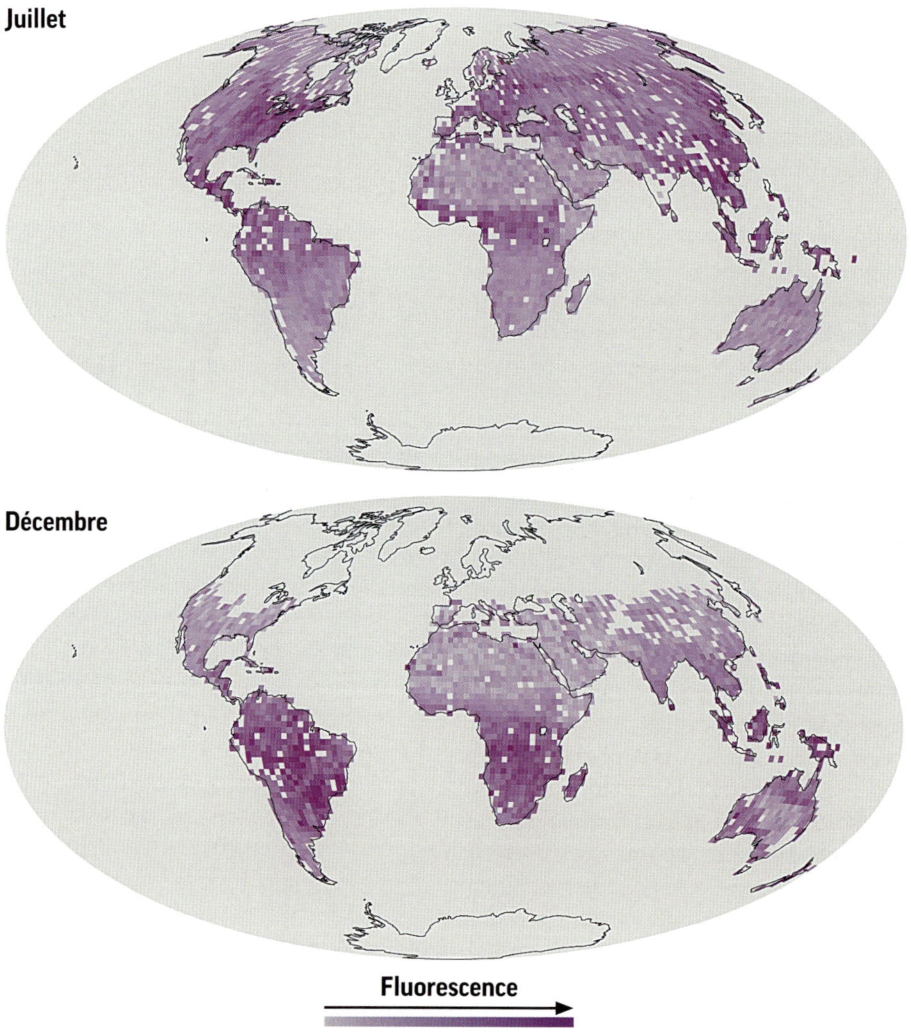


**18 Ces images de la Terre obtenues par le satellite japonais GOSAT** (*Greenhouse Gases Observing Satellite*) en 2009 fournissent une cartographie de la végétation terrestre, grâce à la mesure de la fluorescence chlorophyllienne dans la bande d'absorption du dioxygène à 760 nm. Comme prévu, on constate que la photosynthèse est plus importante dans l'hémisphère nord en juillet quand les conditions d'illumination et de température sont les plus favorables à la croissance des plantes, tandis que la situation est inversée en décembre.

à celle de la photosynthèse. Il est ainsi usuel de caractériser l'importance de cette dernière à partir des mesures passives d'intensité de fluorescence.
La télédétection de la fluorescence chlorophyllienne est également pratiquée à l'échelle du globe, à partir de satellites. On cartographie ainsi l'efficacité de la photosynthèse en fonction des saisons et des continents (Figure 18). L'objectif de ce suivi est d'analyser à l'échelle de la planète les échanges de dioxyde de carbone $CO_2$ entre l'atmosphère et la végétation, échanges qui jouent un grand rôle dans le cycle du carbone. Ce sujet fait bien sûr l'objet de beaucoup d'attention à l'ère du réchauffement climatique.

## La fluorescence des fleurs a-t-elle une fonction ?

Les pétales de certaines fleurs sont fluorescents, comme le révèle leur illumination par des lampes émettant dans le bleu, dans le violet ou dans l'UV (Figures 3 et 19). Les pigments fluorescents qui ont été découverts dans ces pétales appartiennent principalement aux familles des bétalaïnes et des flavonoïdes (voir chapitre précédent, p. 116). Parmi les bétalaïnes, les bétaxanthines sont fluorescentes, alors que les bétacyanines ne le sont pas (Figure 19). Par ailleurs, le nectar de plusieurs espèces de fleurs est fluorescent, et parfois les anthères (parties terminales de l'étamine qui produisent et contiennent les grains de pollen) le sont également.
Des chercheurs ont émis l'hypothèse que la fluorescence jouerait un rôle dans l'attraction des insectes pollinisateurs, en complément de la couleur, des motifs colorés et des parfums (voir encadré p. 166). D'autres chercheurs l'ont réfutée, objectant que la fluorescence des fleurs est minoritaire par rapport à la réflexion diffuse ; le rendement quantique de fluorescence est en effet faible, et n'atteint que 3 % dans le meilleur des cas. La question reste donc ouverte.

**19** Fleurs jaunes et blanches de *Pinguicula grandiflora* éclairées par une lumière blanche (a) ou bleue (b). Seules les fleurs jaunes fluorescent dans le vert car elles contiennent des bétaxanthines, alors que les fleurs blanches n'en contiennent pas. (F. Gandia-Herrero *et al.*, *Planta* **222**,586-593 (2005)).

## La fluorescence, un moyen de communication chez les animaux ?

Les cosmétiques fluorescents qu'emploient certaines femmes apparaissent d'une couleur lumineuse, et tout particulièrement dans les boîtes de nuit qui disposent de lampes UV (ou lampes à « lumière noire »). Vous n'auriez sans doute pas deviné que ce moyen de séduction existe aussi dans la nature chez certaines espèces animales.
Une belle démonstration a été faite avec les perruches ondulées (*Melopsittacus undulatus*) dont certaines zones du plumage de la tête et des joues sont fluorescentes (Figure 22). Le rôle que joue cette fluorescence dans l'attractivité entre mâles et femelles a été mis en évidence de la façon suivante. Une femelle est placée dans une cage comportant deux fenêtres vitrées. Derrière l'une des fenêtres se trouve un mâle

## L'attractivité de la fluorescence

Divers cas de communication entre animaux de même espèce via la fluorescence sont connus. En revanche, il semble rare que la fluorescence intervienne lors d'interactions entre espèces différentes. Des chercheurs indiens ont cependant montré en 2013 que certaines plantes carnivores émettent une fluorescence bleue pour attirer et capturer divers insectes (comme les fourmis) et arthropodes.[1]

Des chercheurs français[2] ont, quant à eux, observé que les anthères des fleurs de la plante sensitive *Mimosa pudica* sont fluorescentes (Figure 20). Cette plante apparaît donc comme un modèle de choix pour tester le rôle de la fluorescence végétale dans l'attraction des pollinisateurs.

Des tests réalisés avec une lycène (*Hemiargus hanno*) montrent que ce petit papillon est préférentiellement attiré par les anthères fluorescentes de *Mimosa pudica*. En effet, si on inhibe partiellement la fluorescence de ces dernières, leur attraction vis-à-vis du papillon est significativement réduite. Que doit-on en déduire ? Soit la fluorescence a été sélectionnée au cours de l'évolution comme signal de communication et constitue une adaptation permettant d'attirer les papillons ; soit elle se place dans un contexte autre que celui de la communication ; soit encore, la fluorescence s'avère juste une caractéristique fortuite des anthères. L'ensemble de ces hypothèses montre la prudence requise dans l'interprétation d'une observation.

Les chercheurs ont par ailleurs identifié les pigments responsables de la fluorescence : il s'agit essentiellement de flavonols glycosylés, et plus particulièrement de l'isorhamnétine glycosylée en position 5 (Figure 21). Cette position est la seule dont la glycolisation rende les flavonols fluorescents. Notons que de telles molécules sont extrêmement rares dans la nature. Alors, la biosynthèse de ces molécules est-elle tout de même le fruit de l'évolution qui aurait favorisé la communication entre fleurs et pollinisateurs ? Un beau sujet d'étude !

**20** Les fleurs de *Mimosa pudica* (a). Après récolte, leurs anthères récoltées sont observées à la lumière du jour (b) ou sous une lampe UV révélant la fluorescence (c) (Clichés C. Duplais).

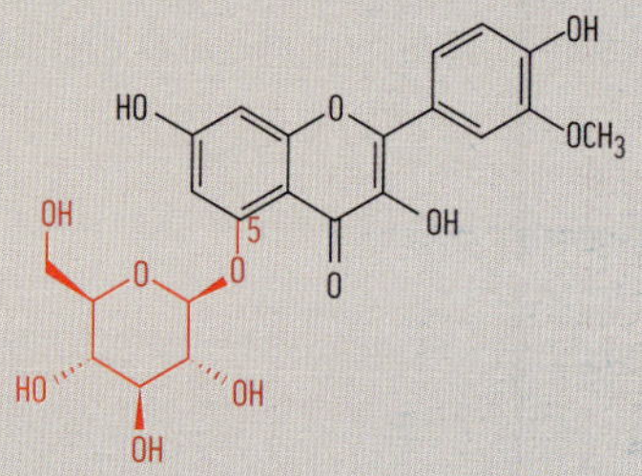


**21** Formule de l'isorhamnétine glycosylée en position 5. La coupure enzymatique de la liaison glycosylique supprime la fluorescence. L'action de l'eau et de la chaleur favorise cette coupure, ce qui permet d'obtenir des anthères non fluorescentes dont l'attractivité vis-à-vis des papillons peut alors être comparée à celle des anthères fluorescentes.

1. R. Kurup, A. J. Johnson, S. Sankar, A. A. Hussain, C. Sathish Kumar, B. Sabulal, « Fluorescent prey traps in carnivorous plants », *Plant Biology* **15**, 611-615 (2013).

2. Travaux de Christophe Duplais (CNRS – Institut Pasteur de la Guyane) et Julien Renoult (CNRS – Université Paris 1).

dont le plumage de la tête a gardé sa fluorescence naturelle, tandis que derrière l'autre fenêtre attend un mâle dont la fluorescence a été inhibée en enduisant son plumage d'une crème solaire qui absorbe les UV nécessaires à l'excitation des pigments fluorescents. Ce dispositif est simple mais efficace, car la différence visuelle entre les deux mâles est seulement due à la fluorescence : en effet, l'ajout de crème ne modifie pas la couleur due à l'absorption dans le visible. La préférence de la femelle pour le mâle « fluo » ne fait aucun doute. Les rôles des mâles et des femelles peuvent être intervertis en donnant un résultat analogue. La fluorescence est donc bien un sérieux atout de séduction.

Ce cas n'est pas unique. L'importance de la fluorescence dans l'accouplement a également été démontrée chez les araignées sauteuses *Cosmophasis umbratica*...

Mais tout n'est pas si clair. Prenons le cas des scorpions et de leur fluorescence bleu-vert que nous avons signalée au début de ce chapitre. Malheureusement on en

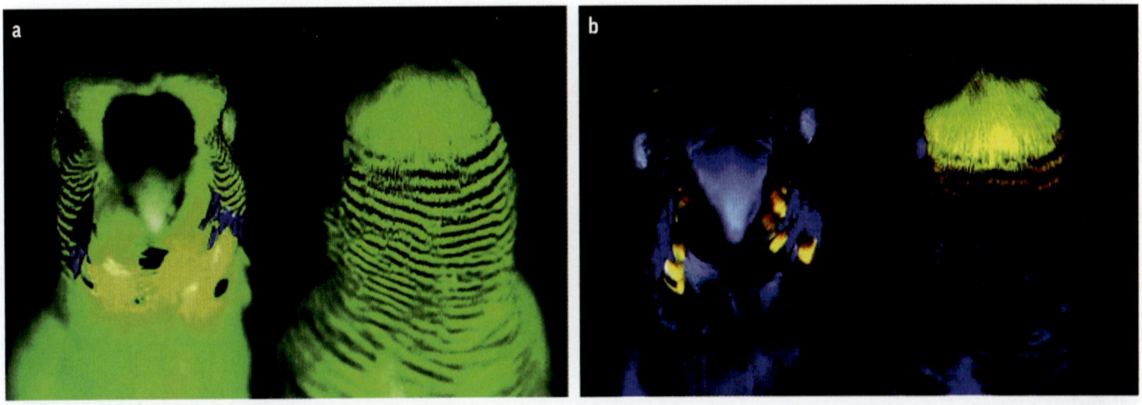


ignore la fonction, même si les composés fluorescents présents dans la cuticule ont été identifiés (ce sont la β-carboline et l'hydroxy-méthyl-coumarine). Certains ont avancé l'hypothèse d'une implication dans la communication visuelle. Cependant, comme il s'agit d'un animal nocturne et que sa fluorescence nécessite une excitation par les rayonnements violets ou UV, présents naturellement dans la lumière solaire, cette hypothèse paraît douteuse. D'autres ont évoqué le rôle d'écran solaire que pourraient jouer les pigments. Là encore, quel intérêt pour des animaux qui ne sortent que la nuit ? Et si les tout premiers scorpions avaient été des animaux diurnes, à l'époque de la transition de la vie aquatique à la vie terrestre (il y a environ 400 millions d'années) ? Alors, la protection contre les UV par des pigments aurait pu être effectivement utile à cet animal. Enfin, le fait que ces pigments soient fluorescents ne pourrait-il pas être simplement fortuit ?

Allons maintenant faire un tour dans le monde marin baigné de bleu. Pourquoi bleu ? C'est parce que l'eau de mer filtre la lumière solaire : les radiations rouges étant absorbées par les molécules d'eau, le rouge n'est plus transmis au-delà de quelques mètres de profondeur, tandis que l'eau reste transparente au bleu-vert jusqu'à une centaine de mètres. La couleur bleue est de plus renforcée par la diffusion de la lumière, tant par les molécules d'eau que par les petites particules en suspension, diffusion qui est d'autant plus efficace que la longueur d'onde est courte. De là à conclure que les poissons ne voient pas dans le rouge car cela ne leur servirait à rien, il n'y a qu'un pas qu'il ne faut pas franchir. Voici pourquoi. Des biologistes ont plongé en mer Rouge et en Australie à des profondeurs supérieures à 15 m, là où la lumière rouge ne pénètre pas. Avec leurs masques de plongée et leurs appareils photos munis de filtres jaunes

**22 Perruches ondulées** éclairées par une lumière blanche (a). Sous une lampe UV (b), le sommet de la tête et certaines parties des joues émettent une fluorescence jaune qui contribue à l'attractivité envers un partenaire sexuel. Les zones qui apparaissent bleutées reflètent les UV (K. E. Arnold, I. P. F. Owens, N. J. Marshall, *Science*, **295**, 92 (2002)).

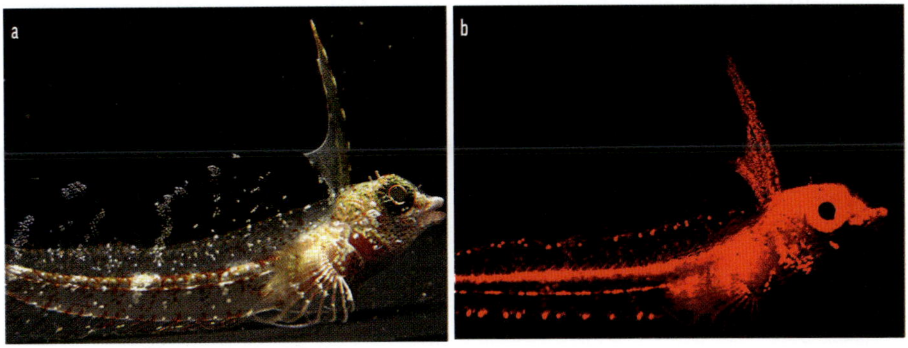


**23 Ce poisson (*Enneapterygius pusillus*) vivant dans les récifs coralliens** est éclairé en lumière blanche (a) et en lumière bleue (b). Dans ce dernier cas, l'observation à travers un filtre jaune coupant la lumière d'excitation révèle une fluorescence rouge. Celle-ci est très vraisemblablement mise à profit dans la communication (N. K. Michiels *et al.*, *BMC Ecology*, *8* :16 (2008) doi:10.1186/1472-6785-8:16).

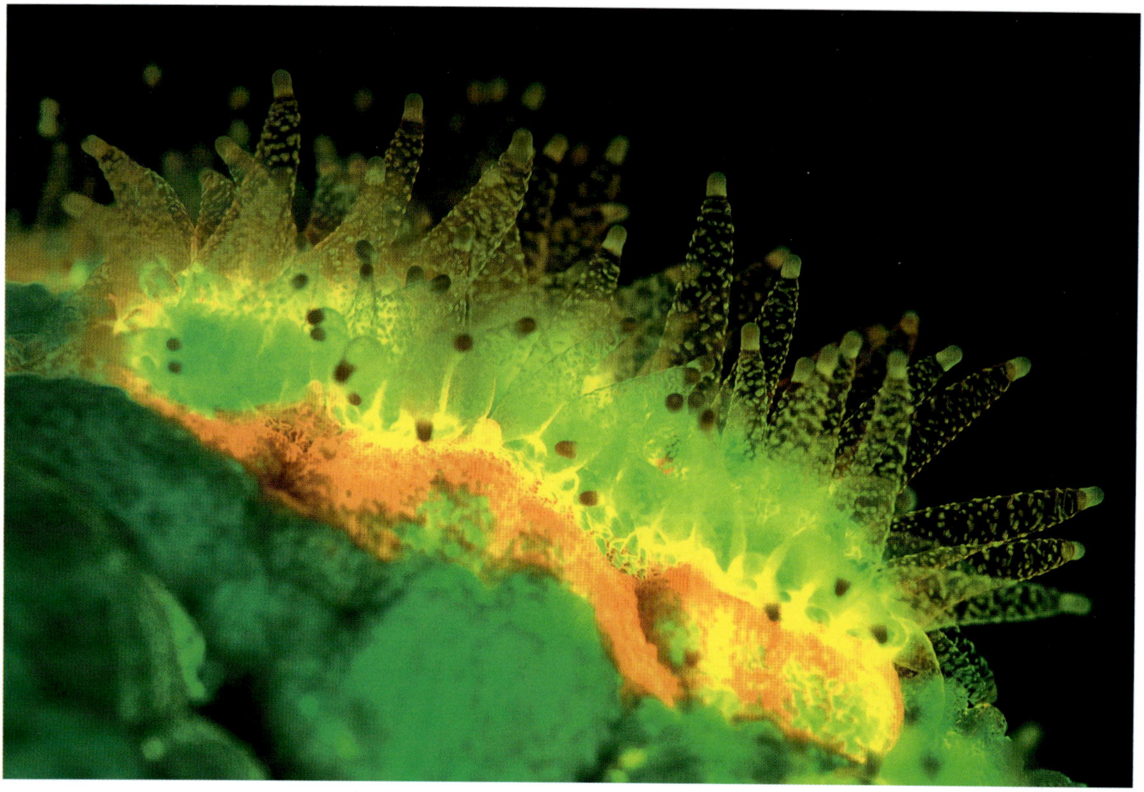

**24 Coraux du genre *Favites*** (Bornéo). Photographiés en lumière bleue, ils émettent une vive fluorescence verte, orangée ou jaune due à des protéines fluorescentes.

absorbant la lumière bleue, ils ont eu la surprise de découvrir plus de 30 espèces de poissons coralliens fluoresçant dans le rouge (Figure 23). Des analyses ont montré que la fluorescence provient de leur peau, qui contient des cristaux de guanine et des pigments fluorescents. Le maximum de fluorescence se situe aux environs de 600 nm : c'est la limite de visibilité de la plupart des poissons qui perçoivent ainsi cette émission. Les chercheurs ont de bonnes raisons de penser que cette fluorescence serait mise à profit pour communiquer.

Continuons ce périple sous-marin et observons maintenant les coraux dont les couleurs très vives sont celles de chromoprotéines non fluorescentes (de couleurs bleu, rose, pourpre), renforcées par la fluorescence de certaines protéines (de couleurs cyan, vert, jaune, orangé, rouge) (voir image p. 152). Pour ne voir que la fluorescence de ces dernières, il suffit de les éclairer dans le noir avec une lampe UV, ou bien avec une lampe émettant dans le bleu et en les observant alors à travers un filtre jaune (pour absorber la lumière bleue venant de la lampe) (Figure 24).

Nous reparlerons plus tard de ces protéines fluorescentes en raison de leur intérêt considérable en tant que marqueurs en biologie et en médecine (voir p. 200). Pour le moment, limitons-nous à la question de savoir si la fluorescence joue un rôle dans la vie des coraux. Les hypothèses ne manquent pas, mais aucune n'a encore été démontrée. L'interaction entre les coraux et les algues unicellulaires, les Zooxantelles, avec lesquelles ils vivent en symbiose, pourrait être impliquée. La fluorescence des protéines des coraux serait en effet susceptible de favoriser la photosynthèse par ces algues dans un milieu relativement sombre, du fait de l'atténuation de la lumière solaire. On a aussi émis l'hypothèse que les protéines fluorescentes

**25** **Fluorescence d'une anémone (a) et d'une crevette (b).** On ne connaît pas le rôle que pourrait jouer la fluorescence de l'anémone. En revanche, la fluorescence de cette crevette mante effraie les prédateurs.

serviraient d'écran solaire pour protéger d'un excès de lumière les coraux et les algues Zooxantelles. Cette hypothèse est très controversée, car des travaux récents montrent que ce serait en fait les chromoprotéines non fluorescentes qui protégeraient les Zooxantelles. En fin de compte, on ne peut pas exclure que les protéines fluorescentes soient simplement impliquées dans des processus biochimiques sans aucun lien avec leur fluorescence.

Continuons notre exploration des récifs avec une lampe bleue. Une multitude d'espèces fluorescentes se révèle à nos yeux : des anémones, des poissons, des crustacés, des coquillages, etc. (Figure 25). La crevette mante *Lysiosquillina glabriuscula* (dont la taille peut atteindre 22 cm) mérite attention (Figure 25b) : son intense fluorescence vert-jaune lui donne une apparence redoutable, et des chercheurs ont prouvé qu'elle contribue à effrayer ses prédateurs.

Signalons enfin le cas exceptionnel d'un charmant poisson aux yeux verts fluo ! Il s'agit de l'éperlan du large (*Chlorophthalmus agassizi*) (Figure 26) qui vit à des profondeurs où les faibles lueurs proviennent essentiellement de la bioluminescence bleutée de diverses espèces (voir chapitre suivant). Il met à profit la fluorescence verte des cristallins de ses yeux pour augmenter sa sensibilité visuelle. En effet, la lumière bleue passant par le cristallin est convertie en lumière verte à laquelle les photorécepteurs de la rétine sont le plus sensibles.

La fluorescence naturelle des animaux s'enrichit aujourd'hui d'expériences visant à induire de la fluorescence au sein même de certains animaux. Nous verrons au chapitre 7 comment les chercheurs procèdent, et dans quel but.

**26** **Éperlan du large** photographié en lumière blanche (a) et sous une lampe UV (b). Ce poisson a été capturé par l'équipe du submersible *Johnson-Sea-Link*.

CHAPITRE 6

# Les lumières vivantes

*Là où sans la vie règnerait une nuit éternelle,*
*des animaux aux formes étranges promènent*
*dans les vallées silencieuses et profondes*
*des fanons étincelants, aux feux multicolores,*
*d'une incomparable beauté.*

Raphaël Dubois, 1914

**Très intriguante cette lumière, appelée bioluminescence, émise par les vers luisants, les lucioles, et surtout par une multitude d'animaux marins (méduses, poissons, mollusques, crustacés, calmars, etc.). Ses fonctions sont multiples : séduire, communiquer, effrayer les prédateurs ou les leurrer, attirer des proies, et s'éclairer dans les ténèbres des abysses.**

◄ Lucioles dans une forêt. La photographie a été prise avec un long temps de pose.

## La bioluminescence : un phénomène répandu ?

La nuit, lorsque vous apercevez une lueur verte dans l'herbe, vous pensez immédiatement avoir affaire à un ver luisant. Comment la lumière émane-t-elle de l'insecte ? Elle résulte de réactions chimiques, ce qui justifie le terme *bioluminescence* (à ne pas confondre avec la fluorescence et la phosphorescence : voir chapitre précédent p. 155).

Autres coléoptères lumineux bien connus : les lucioles qui clignotent en volant... pour se faire remarquer d'un partenaire potentiel. Quelques champignons sont également bioluminescents (et non pas phosphorescents comme on l'entend souvent !) : seulement une petite centaine sur 1,5 million d'espèces. Par contre, la bioluminescence n'existe ni chez les plantes, ni chez les vertébrés supérieurs, c'est-à-dire les mammifères, les reptiles, les amphibiens et les oiseaux. Le monde terrestre n'est donc guère riche en espèces bioluminescentes.

En revanche, le monde marin en regorge : méduses, poissons, mollusques, crustacés, calmars (Figure 1), dinoflagellés, etc. Dans les profondeurs des océans, là où la lumière du Soleil ne parvient pas, de très nombreux animaux sont bioluminescents et mettent à profit la lumière qu'ils produisent dans diverses situations. Selon une étude conduite dans l'Atlantique Nord, 70 % des espèces de poissons apparaissent bioluminescentes à 500 m de profondeur, et plus de 90 % au-delà de 1 000 m. Toutefois, la plupart ne sont pas bioluminescentes par elles-mêmes : les poissons hébergent en fait des bactéries bioluminescentes avec lesquelles ils vivent en symbiose.

Pourquoi la bioluminescence est-elle si répandue dans le monde marin comparativement au monde terrestre ? Cette question n'a pas encore reçu de réponse définitive. On peut néanmoins remarquer que plusieurs propriétés des océans les rendent particulièrement favorables à la pérennité de la bioluminescence. En effet, à partir du Cambrien (il y a 540 à 490 millions d'années), la stabilité du milieu marin est devenue propice à une évolution ininterrompue des espèces. Or, ces dernières occupent souvent des habitats recevant peu de lumière venant du Soleil, voire pas du tout dans les abysses. La bioluminescence constitue ainsi un moyen de communication, surtout entre prédateurs et proies, comme nous le verrons plus loin.

Les mécanismes biochimiques aboutissant à l'émission de bioluminescence diffèrent selon les espèces, mais tous utilisent du dioxygène. Ce dernier sert à oxyder une molécule appelée luciférine (nom générique) dont la formule varie selon les animaux. L'oxydation se fait sous le contrôle d'une enzyme, la luciférase et conduit à une oxyluciférine qui possède un surplus d'énergie par rapport à son état normal, dit fondamental ; on dit alors qu'elle est dans un état excité. La perte de cette énergie lors du retour à l'état fondamental s'accompagne notamment d'une émission de photons. Plusieurs mécanismes seront explicités après la mention de quelques faits historiques.

## Un peu d'histoire

La capacité des organismes vivants à générer de la lumière fascine les Hommes depuis l'aube de l'humanité. Il a fallu attendre la fin du XIX^e^ siècle pour comprendre l'origine de ce phénomène mystérieux.

L'Homme de Néandertal fut sûrement intrigué par les vers luisants, les lucioles, ainsi que par les lueurs émises par la chair de viandes ou de poissons en putréfaction. À quand remontent les premiers écrits sur les lumières émises par les animaux ? Nulle trace dans les hiéroglyphes égyptiens, ni dans la Bible, ni dans le Coran, ni dans le Talmud. En revanche, il est fait mention de vers luisants et de lucioles dans des ouvrages chinois datant de 1500 à 1000 ans avant notre

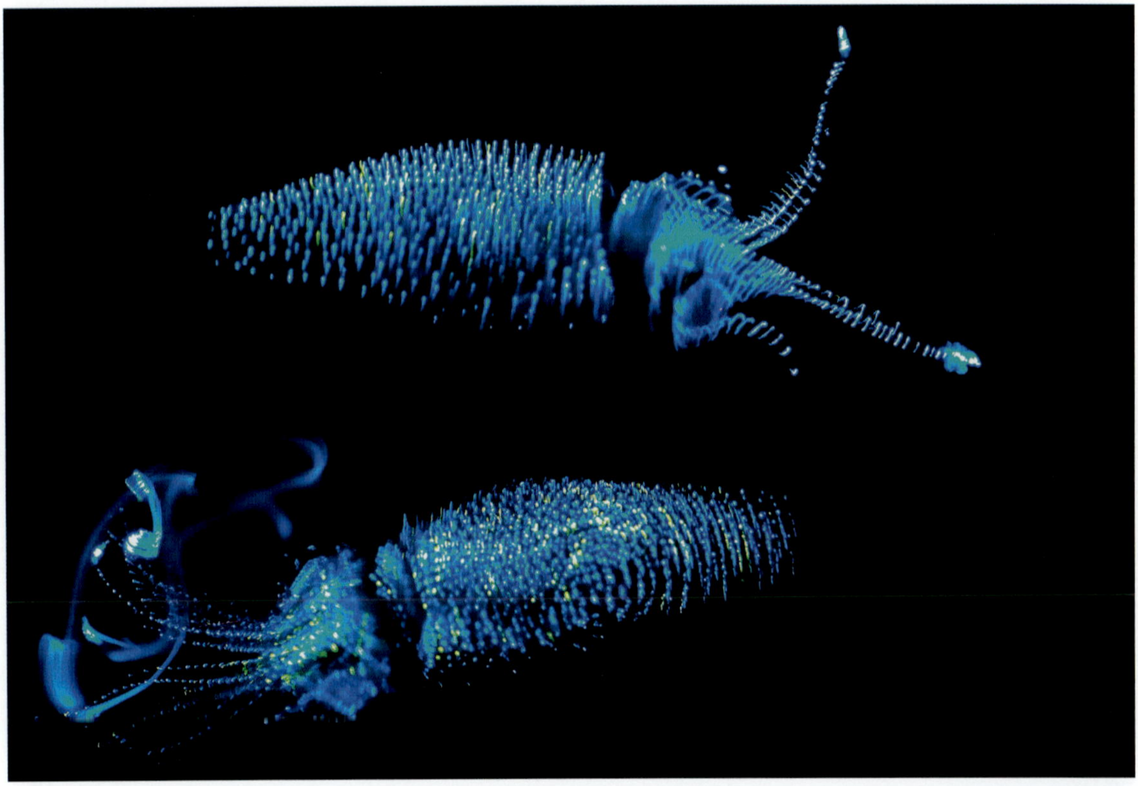

ère. De même, la description de lucioles figure dans les tout premiers écrits japonais, indiens et arabes.

Le célèbre philosophe grec Aristote (350 ans environ avant notre ère) décrit la lumière qui apparaît lorsqu'il agite un bâton dans l'eau de mer sur certaines plages, sans pouvoir expliquer ce phénomène étrange. Nous savons aujourd'hui que ce sont des micro-organismes, les dinoflagellés, qui en sont responsables (voir p. 181). Aristote remarque également que certaines têtes de poissons et de seiches luisent dans l'obscurité. Cette lumière s'avérera provenir de bactéries bioluminescentes, comme déjà mentionné. Aristote est le premier à opposer cette lumière, qualifiée de « froide », à la lumière dite « chaude », due à l'incandescence.

Quatre cents ans plus tard, Pline l'Ancien, écrivain et naturaliste romain, rédige une fabuleuse encyclopédie d'histoire naturelle (*Naturalis historia*) en trente-sept volumes. Il y décrit en particulier de nombreux organismes lumineux vivant dans la baie de Naples, dont une méduse qu'il nomme *Pulmo marinus* (connue aujourd'hui sous le nom de *Pelagia noctiluca*) dont l'enveloppe sécrète un mucus lumineux de couleur mauve sous l'action des vagues (Figure 2). En frottant cette méduse avec un bâton, il obtient une sorte de torche lumineuse pour s'éclairer : c'est la toute première application de la bioluminescence.

Un mollusque bivalve (appelé de nos jours pholade-doigt, *Pholas dactylus*) attire également l'attention de Pline l'Ancien, car il éjecte un liquide bleu lumineux quand il est dérangé. Mais le plus surprenant, c'est que la production de lumière perdure dans la bouche d'une personne qui mâche ce mollusque. Et si le contenu de la bouche tombe sur les mains, les vêtements ou le sol, l'émission de lumière persiste. Les Romains,

**1 Ce calmar (*Watasenia scintillans*) possède des milliers de petits photophores.** Sa taille est d'environ 7 cm. Résidant à des profondeurs d'environ 300-400 m, il remonte à la surface pour chasser quand il fait nuit. Les éclairs qu'il émet servent à effrayer ou leurrer les agresseurs éventuels.

**2** La méduse *Pelagia noctiluca* luit dans l'obscurité, comme l'avait remarqué Pline l'Ancien.

qui ne manquaient pas d'imagination, se plaisaient à organiser des banquets nocturnes où les plats et les lèvres des convives luisaient dans l'obscurité. Pline l'Ancien rapporte encore bien d'autres observations sur les vers luisants, les champignons bioluminescents, etc.

C'est à partir du XVII^e siècle que le phénomène de bioluminescence attire réellement l'attention des scientifiques. En 1667, l'Anglais Robert Boyle est le premier à comprendre que la présence d'air est indispensable à l'observation de la bioluminescence. En effet, lorsque des échantillons bioluminescents (par exemple, des viandes ou des poissons en putréfaction, ou bien du bois pourri qui se recouvre de minuscules champignons) sont placés sous une cloche dont il élimine l'air par pompage, l'émission de lumière disparaît. La réintroduction d'air dans la cloche la fait réapparaître. Lorsque Boyle publie ses observations en 1772, on ignore la composition de l'air. Lorsqu'elle sera déterminée, on comprendra que c'est le dioxygène de l'air qui est indispensable au processus d'émission de lumière.

De nombreuses observations et études de la bioluminescence continuent à être rapportées aux XVIII^e et XIX^e siècles, mais sans progrès majeur dans la compréhension des phénomènes. Entrepris à partir de 1885, les travaux du Français Raphaël Dubois (1849-1929) marquent un tournant. Professeur de physiologie à l'Université de Lyon, cet habile expérimentateur étudie les coléoptères bioluminescents. Ayant prélevé la partie luminescente des insectes morts, il la broie dans un tube contenant de l'eau froide. Il observe alors que la mixture continue à luire quelques minutes et puis s'éteint. La même expérience réalisée avec de l'eau bouillante ne conduit à aucune émission de lumière. Dubois mélange alors le contenu des deux tubes après refroidissement et observe alors, à sa grande surprise, que la bioluminescence réapparaît temporairement. À partir de cette simple expérience, Dubois tire une conclusion importante : deux substances A et B sont nécessaires pour produire la bioluminescence (Figure 3). L'espèce A est consommée pour produire de la lumière et se comporte en quelque sorte comme le « carburant » de la réaction biochimique observée à froid. Il la dénomme *luciférine*, mot d'étymologie latine qui signifie « porteur de lumière » (de *lux*, « lumière » et *ferre*, « porter »). Contrairement à A, la substance B est détruite par l'eau bouillante ; Dubois lui attribue le rôle de catalyseur et la baptise *luciférase*.

En fait, les expériences réalisées après la Seconde Guerre mondiale par l'Américain William McElroy et ses thésards établiront qu'outre la luciférine, la luciférase et le dioxygène, un quatrième constituant intervient dans les cellules des organes lumineux (photocytes) des coléoptères bioluminescents : l'adénosine triphosphate (ATP). Il est même possible de faire réapparaître la bioluminescence dans les broyats de Dubois, après son extinction, en ajoutant de l'ATP. Dubois pensait que l'émission cessait parce que la luciférine était consommée. En réalité, c'était l'ATP qui était consommé, et la mixture froide contenait toujours de la luciférine et de la luciférase.

La découverte de McElroy est le fruit d'un minutieux travail d'extraction des constituants des photocytes. Il a nécessité des milliers d'heures, après récolte de milliers de lucioles. Pour l'anecdote, mentionnons qu'il envoyait même des écoliers à la chasse aux lucioles, les gratifiant de récompenses en fonction du butin. La mise en évidence alors récente (1939-1941) de l'ATP, a sans doute orienté ses investigations. En effet, l'émission de lumière représente une libération d'énergie, et on venait de comprendre que l'ATP était la source d'énergie nécessaire à de nombreux processus du vivant : la conduction de l'influx nerveux dans les nerfs, la contraction musculaire, la production de chaleur, etc. Pourtant, dans le cas de la bioluminescence, l'ATP ne joue absolument pas ce rôle et intervient seulement dans le mécanisme de la réaction. D'ailleurs, la présence d'ATP n'est pas toujours nécessaire pour que la bioluminescence soit produite, mais elle l'est dans le cas des coléoptères.

Une conséquence importante des travaux de McElroy doit être soulignée : comme l'ATP est omniprésent dans les organismes vivants, le couple luciférine-luciférase des lucioles offre la possibilité de détecter la présence de traces vitales grâce à la bioluminescence (voir p. 203).

Avec l'intervention ou non d'ATP, tous les systèmes bioluminescents sont fondés sur l'oxydation de la luciférine par le dioxygène, réaction catalysée par la luciférase. Toutefois, les constituants du couple luciférine-luciférase diffèrent selon l'espèce. Aussi doit-on parler *des* luciférines et *des* luciférases. McElroy avait déterminé la formule chimique de la luciférine commune à tous les coléoptères, et c'est dans son laboratoire que la synthèse de ce composé a été réalisée pour la première fois en 1961. À partir du milieu du XX^e^ siècle, de nombreux travaux vont permettre l'identification d'autres luciférines, ainsi que des luciférases qui leur sont associées. Divers mécanismes mis en jeu ont aussi été élucidés. Ce sont ces mécanismes que nous allons maintenant aborder.

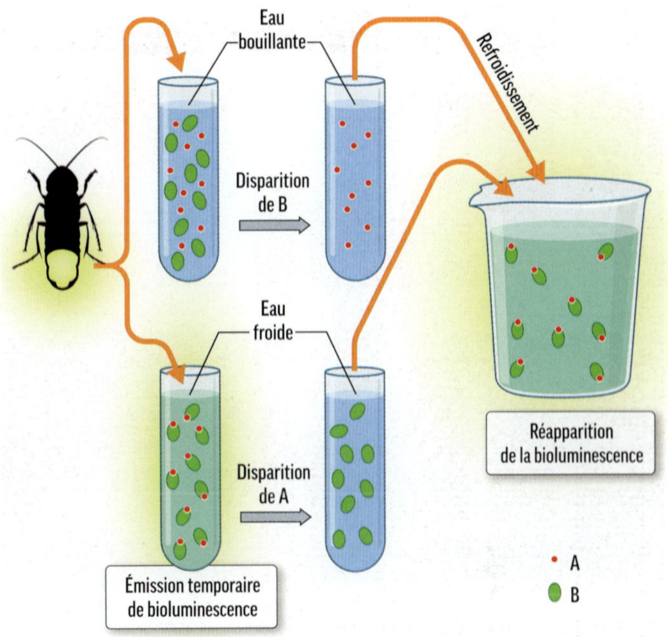


**3 Expérience réalisée par Raphaël Dubois avec des coléoptères bioluminescents.** Il en conclut que la réaction biochimique produisant la bioluminescence fait intervenir, outre l'oxygène, deux substances A et B. En effet, ses observations sont les suivantes : un broyat de l'organe lumineux dans l'eau froide (en bas) produit la bioluminescence qui cesse quand A a été totalement consommé par réaction avec B ; dans l'eau bouillante, B est détruite (en haut) : il n'y a pas d'émission de lumière et la solution ne contient plus que A ; après refroidissement, le mélange des deux solutions restantes, c'est-à-dire le mélange de A et B, fait réapparaître la bioluminescence.

## Les mécanismes subtils de la bioluminescence

Décrire les mécanismes de la bioluminescence est une tâche difficile en raison de leur diversité et de leur complexité. Les cinq principaux mécanismes seront illustrés ci-dessous, chacun par une espèce particulière. L'ordre de la présentation et les organismes choisis sont ceux qui ont été adoptés par deux éminents chercheurs américains, J. Woodland Hastings et Thérèse Wilson (de l'Université d'Harvard), dans leur excellent ouvrage *Bioluminescence : living lights, lights for living* (voir la bibliographie). Commençons par le plus simple des mécanismes, celui que met en œuvre un petit crustacé marin… et malin.

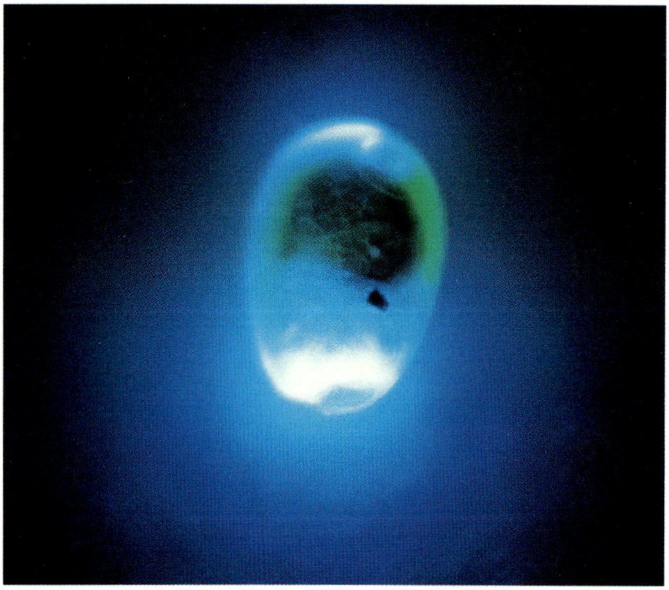

**4** **Ce petit crustacé *Vargula hilgendorfii*** possède deux glandes sécrétant dans l'eau les réactifs de la réaction de bioluminescence.

## *Un petit crustacé malin*

Pendant la Seconde Guerre mondiale, les Japonais ont collecté de grandes quantités d'un crustacé appelé *Vargula hilgendorfii* (ou *Cypridinida hilgendorfii*), un ostracode de la famille des Cypridinidae, dont la taille ne dépasse pas 2 à 3 mm (Figure 4). Pourquoi s'intéressaient-ils à la bioluminescence de ce tout petit animal ? La poudre obtenue par séchage de ces bestioles étant très stable, l'idée était venue de la stocker et de l'employer pour enduire les mains humidifiées des soldats afin de les rendre lumineuses. Ainsi, ces derniers seraient en mesure de lire une carte dans le noir, ou encore de se repérer mutuellement. Il ne semble pas que ce procédé ait été réellement mis en application. En tout cas, les stocks de cette poudre ont été par la suite fort utiles aux recherches sur la bioluminescence.

Revenons au petit crustacé en question. Pendant la journée il se cache dans le sable, et, la nuit, il part en quête de nourriture. Pour échapper à ses prédateurs, il produit alors des bouffées de bioluminescence bleue intense qui les aveugle ou les leurre, et il a ainsi de temps de prendre la poudre d'escampette. Façon originale de jeter de la poudre aux yeux !

C'est grâce à deux glandes séparées que l'animal sécrète les réactifs (luciférine et luciférase) de la réaction biochimique produisant la bioluminescence. Le mécanisme de cette réaction est le plus simple que l'on connaisse (Figure 5) : la luciférine s'associe à la luciférase dans l'eau de mer, et se trouve ainsi en situation favorable pour être oxydée par le dioxygène dissous. Un intermédiaire instable (voir encadré ci-contre) se forme alors puis se décompose rapidement en libérant du dioxyde de carbone et en donnant l'oxyluciférine. Cette dernière est dans un état excité, et perd son énergie d'excitation, notamment en émettant de la lumière bleue. Notons que la luciférase est spécifique de la famille des Cypridinidae, de même que la luciférine dont la structure a été déterminée (voir encadré p. 177).

## *Une élégante méduse*

Dans le chapitre précédent, nous avons évoqué la protéine fluorescente GFP (*Green Fluorescent Protein*) extraite d'une méduse bioluminescente, *Aequorea Victoria*. Examinons de plus près comment cette méduse émet de la lumière.

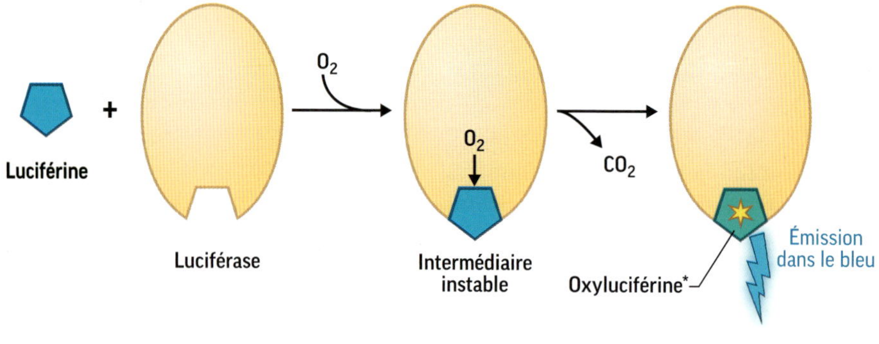


**5** **Le mécanisme le plus simple de la production de bioluminescence :** la luciférine forme un complexe avec la luciférase pour être oxydée par le dioxygène. L'oxyluciférine produite est à l'état excité et une fraction de ces molécules émet de la lumière dans le bleu en retournant à l'état fondamental.

## Des luciférines analogues pour nombre d'animaux marins

La formule chimique de la luciférine des Cypridinidae (*Vargula hilgendorfii* en particulier) a été élucidée en 1966. Elle est constituée d'une imidazolopyrazine (partie centrale) possédant trois substituants que l'on trouve dans trois acides aminés (le tryptophane, l'isoleucine et l'arginine), ce qui suggère que la biosynthèse de cette luciférine implique ces derniers (Figure 6).

Une autre espèce bioluminescente, *Renilla reniformis* (souvent appelé « pensée de mer ») possède des polypes dont les extrémités sont des photocytes capables d'émettre des flashs lorsque l'animal est dérangé. Voilà de quoi effrayer les prédateurs ! La luciférine impliquée, appelée *coelentérazine*, possède, comme dans le cas précédent, une partie centrale constituée d'imidazolopyrazine. Cependant les substituants sont différents : ils proviennent cette fois des acides aminés tyrosine et phénylalanine (Figure 6).

La méduse *Aequorea victoria* (voir p. 178) possède une luciférine identique à celle de *Renilla*. Il en est de même de nombreux autres animaux marins.

L'oxydation de toutes ces luciférines à base d'imidazolopyrazine conduit, en présence de luciférase, à une dioxétanone ; ce peroxyde cyclique instable se décompose ensuite en donnant du dioxyde de carbone et de l'oxyluciférine à l'état excité, susceptible de se désexciter avec émission de lumière (Figure 7). Par exemple, dans le cas des Cypridinidae, 30 % des molécules d'oxyluciférine formées émettent un photon.

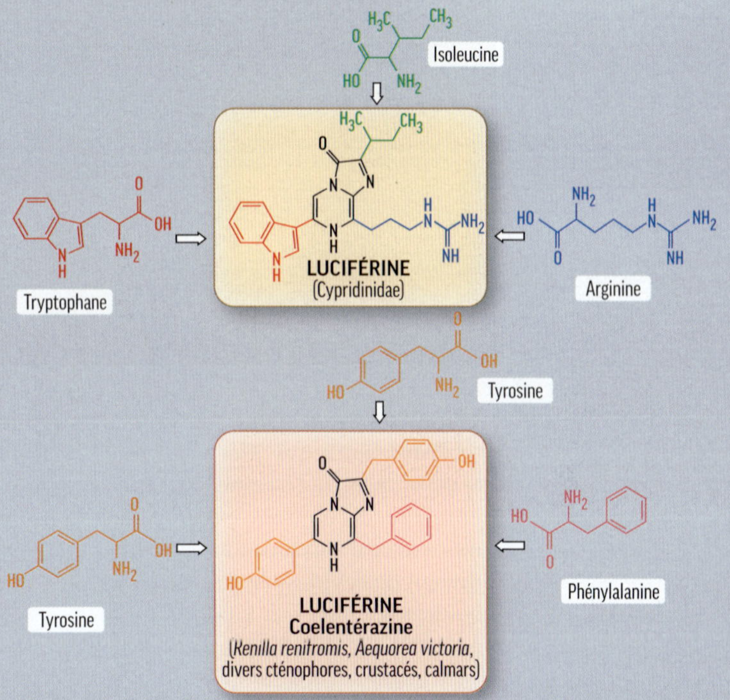


**6 Formules chimiques des luciférines** ayant en commun une partie centrale à base d'imidazolopyrazine. Les substituants diffèrent selon les acides aminés impliqués dans la biosynthèse.

**7 Réaction d'oxydation des luciférines** à base d'imidazolopyrazine (les substituants $R_1$, $R_2$ et $R_3$ sont indiqués sur la figure 7). En présence de luciférase et de dioxygène, la luciférine conduit à un intermédiaire instable qui se transforme en oxyluciférine à l'état excité. Une fraction de ces molécules se désexcite en émettant un photon.

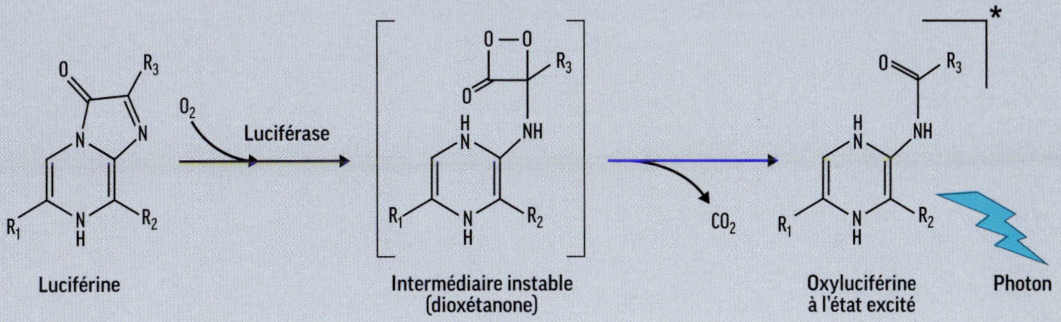

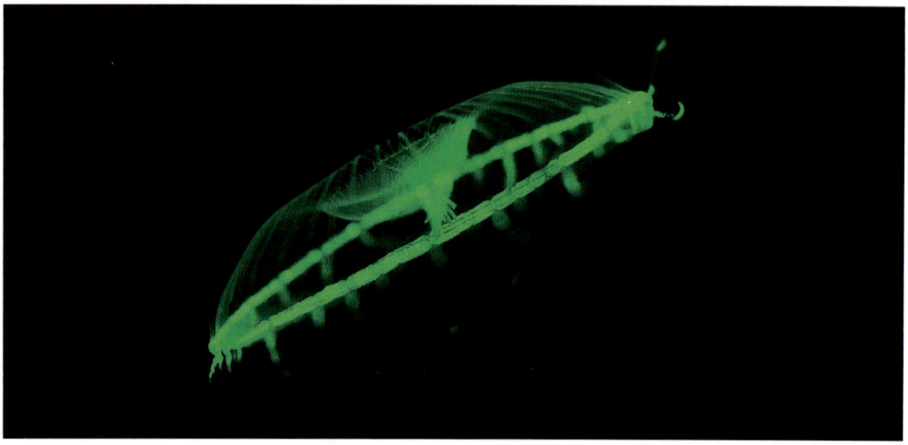

**8 La méduse bioluminescente *Aequorea victoria*** possède des photocytes répartis autour de l'ombrelle.

Contrairement au petit crustacé décrit précédemment, qui éjecte dans l'eau les substances à l'origine de l'émission lumineuse, la méduse exhibe une bioluminescence intracellulaire : la lumière provient de cellules photo-émettrices, ou photocytes, situées aux points d'attache des tentacules (Figure 8).

Une caractéristique importante de cet animal est son aptitude à fabriquer et stocker un complexe stable luciférine-luciférase, appelé *aequorine,* dans lequel le dioxygène est associé à la luciférine, mais sans toutefois réagir. En d'autres termes, ce complexe est inactif. Pour qu'il devienne actif, il doit subir un changement de structure provoqué par la fixation d'ions calcium. Alors, le dioxygène réagit avec la luciférine pour former l'oxyluciférine à l'état excité (Figure 9). Celle-ci, au lieu d'émettre de la lumière bleue en se désexcitant, comme dans le cas précédent, transfère son énergie d'excitation à la protéine fluorescente GFP (*Green Fluorescent Protein*) située à proximité. En se désexcitant, cette dernière émet de la lumière verte. *In vitro,* en absence de GFP, la lumière émise est évidemment bleue.

La luciférine et l'oxyluciférine d'*Aequorea Victoria* portent respectivement les noms de *coelentérazine* et *coelentéramide* car on les a trouvées initialement chez *Renilla reniformis,* un cnidaire (voir encadré p. 177). Elles ont été également identifiées chez bien d'autres espèces, notamment les cténophores (organismes marins translucides et gélatineux), des crustacés tels que copépodes, ostracodes, crevettes, et chez certains calmars. Pour terminer, précisons que, selon les espèces, la coelentérazine est soit synthétisée par l'animal, soit acquise par l'ingestion d'animaux qui en contiennent.

À noter que la coelentérazine est un excellent antioxydant. Cette propriété justifie peut-être sa sélection naturelle au sein du vivant. Son implication dans la bioluminescence ne serait vraisemblablement intervenue que plus tard dans l'évolution.

### *Les lucioles et autres coléoptères*

Les lucioles et les lampyres constituent une famille de coléoptères (Lampyridae) regroupant plus de 2000 espèces. Ils sont réputés pour leur émission de lumière dans le jaune-vert dont la fonction essentielle est l'attraction entre mâles et femelles (voir p. 187). La plupart des femelles de cette famille ne peuvent pas voler, et ce que nous désignons par « ver luisant » n'a rien d'un ver puisque c'est la femelle non ailée d'un lampyre (*Lampyris noctiluca*) (Figure 10.a). Dans le cas de la luciole *Photinus pyralis,* les mâles et femelles sont ailés, mais la femelle ne vole pas (Figure 10.b).

D'autres familles de coléoptères bioluminescents retiennent l'attention, notamment

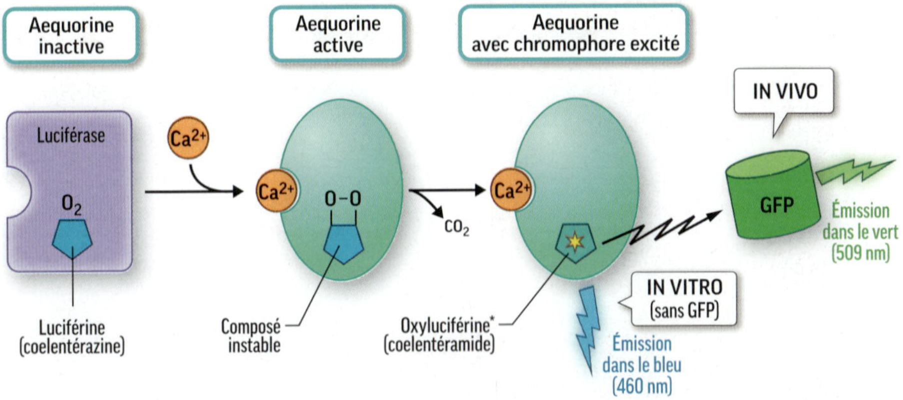


**9 Mécanisme de la bioluminescence émise par la méduse *Aequorea victoria*.** In vivo, l'oxyluciférine à l'état excité transfère son énergie d'excitation à la GFP (*Green Fluorescent Protein*) qui émet dans le vert. In vitro, en absence de GFP, l'oxyluciférine émet dans le bleu.

les élatéridés (Elateridae) et les phengodidés (Phengodidae). Par exemple, une élatéride des Antilles émet une intense lumière verte modulée à partir de son thorax et une lumière orangée plus faible à partir de son abdomen. Dans la famille des phengodidés, *Phrixothrix hirtus* à l'état de larve est surnommée « ver chemin de fer » (*railroad worm* en anglais) car la tête émet une lumière rouge et le corps possède deux rangées d'organes lumineux jaune-vert... ce qui évoque les feux et les fenêtres éclairées d'un train circulant la nuit (Figure 10.c).

Ainsi les lumières émises ont-elles des couleurs allant du vert au rouge selon l'espèce, bien que tous les coléoptères possèdent la même luciférine. Et pourtant, il n'existe aucune protéine fluorescente qui servirait de relais (comme la GFP pour la méduse *Aequorea victoria*), et qui pourrait ainsi expliquer une émission dans le vert et même au-delà. Quelle est la raison de tant de couleurs ? Après diverses tentatives d'explication, les chercheurs ont montré que c'est parce que les luciférases sont légèrement différentes selon les espèces. En effet, les propriétés émissives de l'oxyluciférine sont très sensibles au micro-environnement dans lequel elle se trouve. Une expérience avec *Phrixothrix hirtus* (Figure 10.c) le prouve : la bioluminescence produite *in vitro* par l'association de sa luciférine et

**10 Trois exemples de coléoptères bioluminescents.** a. *Lampyris noctiluca*. Seule la femelle non ailée, ou ver luisant, est bioluminescente. b. *Photinus pyralis*. Mâles et femelles sont bioluminescents. c. *Phixothrix hirtus*. La larve surnommée « ver chemin de fer » émet dans le rouge (tête) et dans le jaune vert (corps).

## La bioluminescence des lucioles : un mécanisme complexe

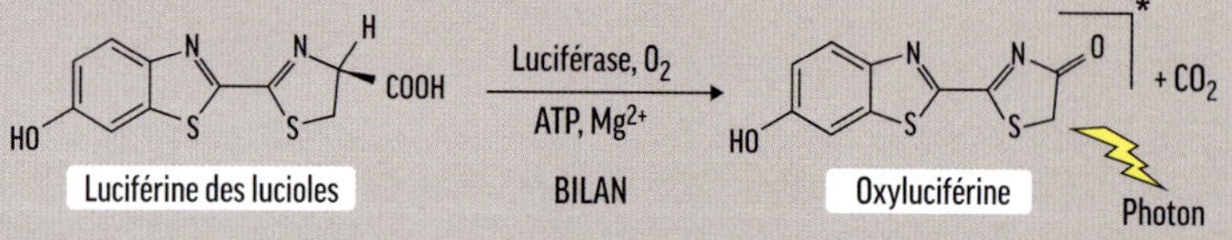


Pour les lucioles, émettre de la lumière n'est pas si simple. Le mécanisme de la réaction d'oxydation de la luciférine nécessite de l'ATP et des ions magnésium. Le bilan demeure néanmoins la production d'oxyluciférine à l'état excité (voir ci-contre).

Plus précisément, le mécanisme comporte plusieurs étapes dont deux impliquant la luciférase (Figure 11). Tout d'abord, la luciférine liée à la luciférase réagit avec l'ATP en présence d'ions magnésium pour donner un premier intermédiaire, un adénylate, avec libération d'un ion pyrophosphate (PPi). La réaction de l'adénylate avec le dioxygène, en présence de luciférase, conduit à un deuxième intermédiaire qui, libérant de l'adénosine monophosphate (AMP), donne un peroxyde cyclique. Ce dernier, comme celui que nous avons vu précédemment (p. 177), est instable et se décompose en donnant du dioxyde de carbone et l'oxyluciférine à l'état excité. En se désexcitant, cette dernière est susceptible d'émettre un photon.

Pourquoi la même oxyluciférine émet-elle des couleurs différentes selon la luciférase à laquelle elle est associée ? La molécule d'oxyluciférine comporte un groupe benzothiazole (porteur d'un substituant hydroxyle -OH), en interaction avec les aminoacides de la luciférase qui lui sont proches. Or, une faible différence de structure dans l'environnement du groupe benzothiazole modifie notablement la longueur d'onde d'émission. C'est ce qui se produit lorsque l'oxyluciférine est associée à des luciférases légèrement dissemblables, comme dans le cas du ver « chemin de fer » (Figure 10.c).

**11** Mécanisme réactionnel de la bioluminescence des lucioles.

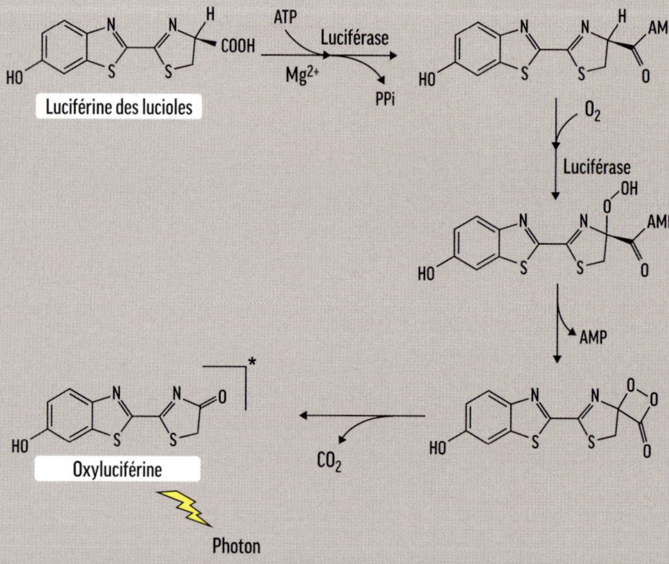


de la luciférase extraite de son corps est jaune-vert, alors qu'elle est rouge si la luciférase provient de sa tête.

Examinons maintenant le mécanisme de cette bioluminescence. Rappelons que dans ce cas, il met en jeu l'ATP. Dans une première réaction, la luciférine réagit avec ce composé en présence d'ions magnésium et de luciférase. Dans la suivante, le dioxygène intervient, également en présence de luciférase. Deux autres étapes conduisent à l'oxyluciférine à l'état excité (voir encadré ci-dessus).

Un autre aspect important et intriguant est que la bioluminescence des lucioles consiste en des impulsions lumineuses dont la durée est remarquablement précise (à mieux que 0,2 seconde près). Comment l'émission est-elle déclenchée puis stoppée ? Question difficile non encore totalement élucidée. Il semble que ce soit l'arrivée brutale de dioxygène au niveau de l'abdomen – où s'est accumulé l'un des intermédiaires de la réaction enzymatique – qui déclenche un flash. L'émission cesse lorsque cet intermédiaire a disparu, car il ne se reforme que lente-

12 L'agitation de l'eau par les vagues sur les bords de certaines plages déclenche la bioluminescence des dinoflagellés, micro-organismes que l'on trouve dans le phytoplancton. La photo a été prise sur une plage de l'île de Vaadhoo de l'atoll Raa (Maldives).

ment. Ce n'est donc pas l'évacuation du dioxygène qui interrompt l'émission. En revanche, la régulation de l'arrivée du dioxygène au niveau des photocytes fait encore l'objet de débats. Quant au rôle joué par ces flashs dans la communication entre individus, il sera abordé plus loin (voir p. 187).

Enfin, il est remarquable que tous ces coléoptères ayant un abdomen bioluminescent aient, au cours de l'évolution, optimisé la structure de leur cuticule pour transmettre le maximum de lumière vers l'extérieur. De quoi inspirer les fabricants de diodes électroluminescentes (voir chapitre 7) !

### *Les dinoflagellés illuminent les agitateurs*

Pendant la Seconde Guerre mondiale, dans le Pacifique sud, les pilotes d'avion mentionnèrent souvent que le sillage lumineux du porte-avion les aidait à retrouver celui-ci lors des missions nocturnes. Les responsables de cette émission de lumière sont des micro-organismes bioluminescents, les *dinoflagellés,* que l'on trouve dans le phytoplancton. Leur taille va d'une trentaine de micromètres au millimètre. Ces organismes unicellulaires sont pourvus de deux flagelles leur permettant de se déplacer en tournoyant (*dino* vient du Grec *deinos,* « tournoiement »). L'agitation de l'eau déclenche chez eux le mécanisme de bioluminescence. C'est pour cette raison que certaines plages offrent la nuit des spectacles féériques (Figure 12) et que ceux qui s'y baignent se parent d'un halo lumineux du plus bel effet !

Il existe des milliers d'espèces de dinoflagellés dont la plupart vivent dans les océans. Toutes ces espèces ne sont pas bioluminescentes. Celles qui vivent en eau douce ne le sont jamais. Au sein du phytoplancton, les dinoflagellés exercent principalement une activité photosynthétique, car ils sont pourvus de chlorophylles.

Avant de nous pencher sur le rôle de la bioluminescence chez les dinoflagellés (p. 190), examinons la façon dont la lumière est produite en prenant l'exemple de *Lingulodinium polyedrum* (Figure 13). La bioluminescence est émise par de minuscules organites appelés *scintillons,*

## La bioluminescence des dinoflagellés : une cascade de phénomènes

Après une stimulation mécanique, l'émission de lumière par les dinoflagellés n'intervient qu'au terme de plusieurs étapes. Voyons le cas de *Lingulodinium polyedrum*, célèbre de par sa bioluminescence bleue émise dans les vagues. Les différentes étapes sont résumées sur la figure 14.
Tout d'abord, la stimulation mécanique donne naissance à un potentiel d'action (signal électrique généré par des échanges d'ions comme dans des cellules nerveuses) au niveau de la membrane des vacuoles (Figure 15). Il s'ensuit une ouverture des canaux ioniques qui permet l'entrée de protons (plus précisément d'ions hydronium $H_3O^+$) dans les scintillons, ce qui a pour effet d'acidifier l'intérieur de ces derniers, le pH passant de 7,5 à 6,3 environ. Ces protons se lient alors à la luciférase ainsi qu'à une autre protéine sur laquelle la luciférine est fixée. Il en résulte un changement de conformation de ces deux protéines qui, d'une part, rend active la luciférase et, d'autre part, libère la luciférine. Luciférase et luciférine peuvent alors s'associer et réagir pour donner un intermédiaire réactionnel qui se transforme en oxyluciférine. La structure de cet intermédiaire n'a pas encore été établie (c'est vraisemblablement un peroxyde, comme dans les cas précédents) (Figure 16).

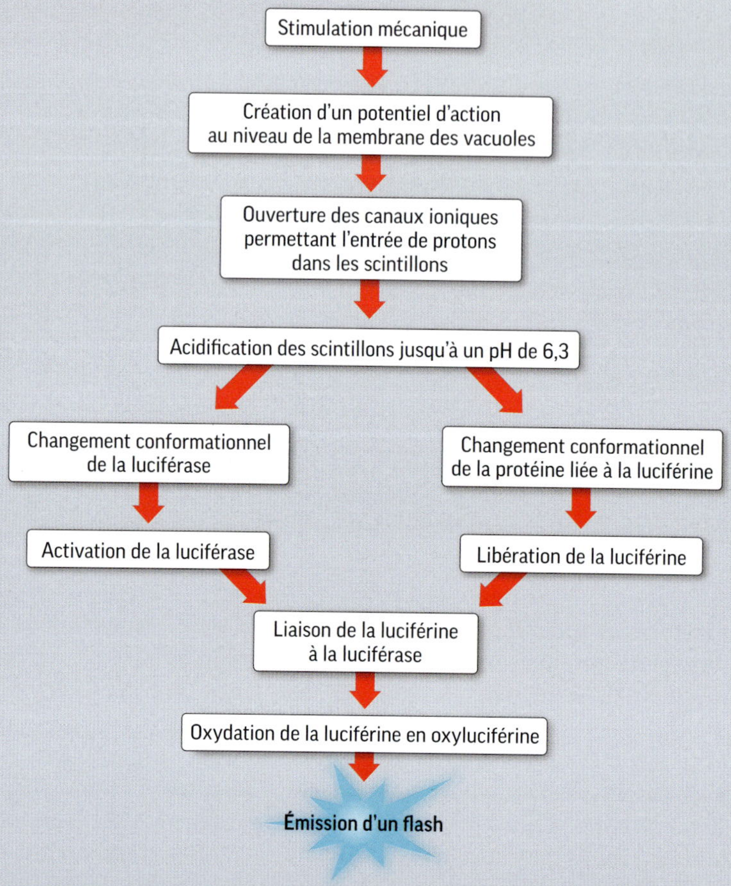


**14 Les différentes étapes conduisant à l'émission d'un flash par le dinoflagellé *Lingulodinium polyedrum*.** Une phase importante est l'acidification des scintillons qui induit des changements de conformation dans les protéines impliquées. Cela permet à la luciférine de réagir avec la luciférase au sein des scintillons.

**13 Exemple de dinoflagellé : *Lingulodinium polyedrum*** (sa taille est de 40 micromètres environ ; les flagelles ne sont pas visibles ici). L'augmentation rapide de sa concentration dans la mer (le phénomène de « bloom ») provoque une coloration rouge de l'eau appelée « marée rouge ». La bioluminescence bleue n'est visible que la nuit, dans les vagues.

dont le diamètre est de 0,4 micromètre environ. Ils sont situés à la périphérie du cytoplasme et contiennent la luciférine spécifique des dinoflagellés ainsi que deux protéines : la luciférase et une autre protéine, sans activité catalytique, à laquelle est liée la luciférine. Une stimulation mécanique (l'agitation de l'eau) provoque une brusque augmentation de l'acidité dans les scintillons, ce qui a un double effet : rendre la luciférase active et libérer la luciférine. La réaction d'oxydation de cette dernière peut alors se produire, et un flash bleu (d'une durée d'un

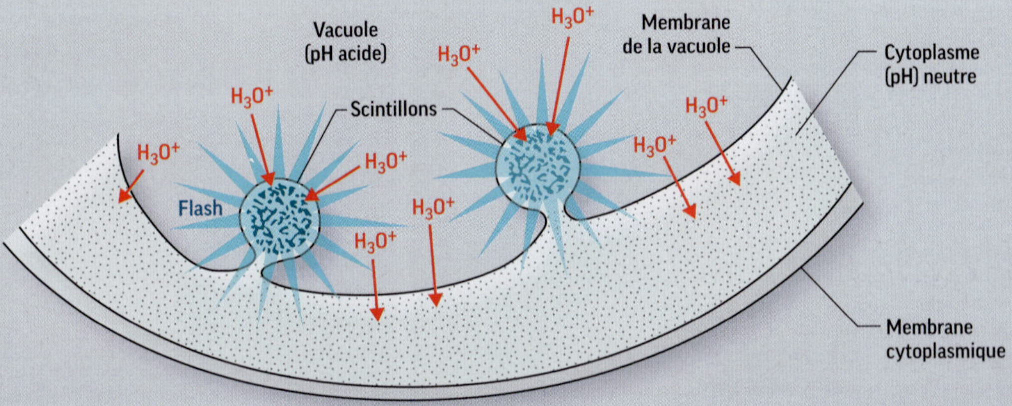


**15 Les scintillons contenant la luciférine et la luciférase** sont des protubérances du cytoplasme vers les vacuoles acides (alors que le cytoplasme est neutre). Une stimulation mécanique produit un potentiel d'action qui provoque l'entrée de protons dans les scintillons. L'abaissement du pH qui en résulte induit la réaction de bioluminescence et donc l'émission d'un flash.

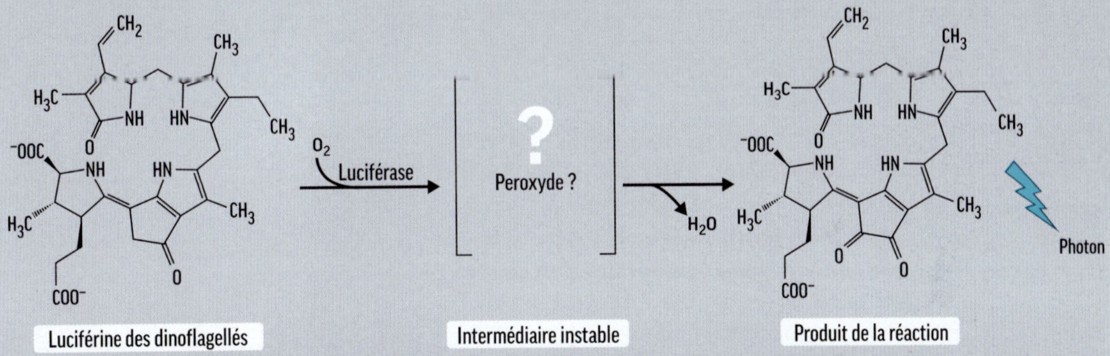


**16 Réaction de bioluminescence des dinoflagellés.** La luciférine, supposée identique pour tous les dinoflagellés, possède une chaîne ouverte de quatre noyaux pyrrole. Cette structure ressemble à celle de la chlorophylle (voir p. 29) dans laquelle la chaîne est fermée (noyau tétrapyrrole).

dixième de seconde environ) est émis (voir encadré ci-dessus).

*Lingulodinium polyedrum* possède une caractéristique importante : la bioluminescence suit un cycle circadien (ce cycle a été discuté au chapitre 2). Plus précisément, l'intensité de la bioluminescence est forte la nuit, et faible le jour même si on agite le récipient contenant les dinoflagellés (Figure 17). La luciférine et la luciférase ainsi que les scintillons disparaissent à la fin de la nuit, puis sont régénérés au début de la nuit suivante.

Au laboratoire, en plaçant le récipient sous une lumière tamisée constante, on constate que la bioluminescence conserve sa périodicité circadienne de façon remarquablement précise bien qu'il n'y ait pas resynchronisation par la lumière. Les dinoflagellés *Lingulodinium polyedrum* se révèlent donc un modèle de choix pour l'étude des horloges biologiques.

Un cycle circadien régit également la bioluminescence d'autres dinoflagellés comme *Pyrocystis lunula*. Chez cette espèce, le mécanisme est différent : la

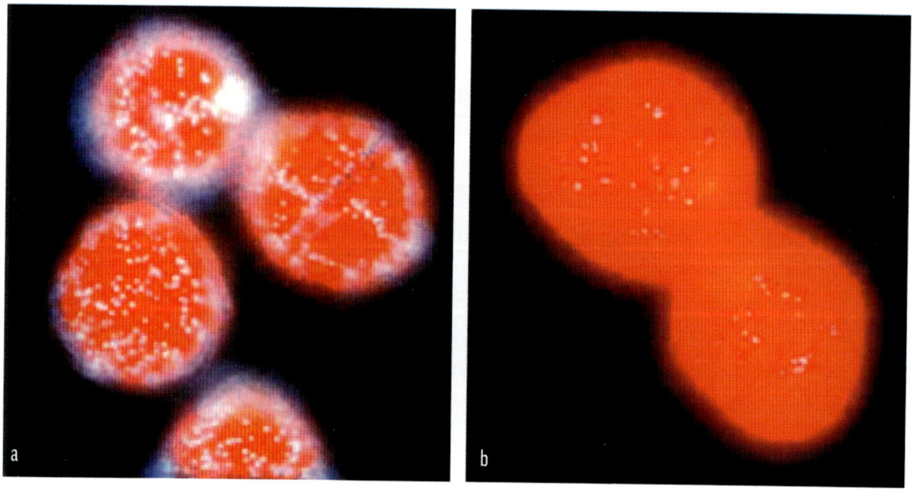


**17** La bioluminescence du dinoflagellé *Lingulodinium polyedrum* est fortement active la nuit comme le montre le grand nombre de scintillons émettant dans le bleu (a). En revanche, elle est faiblement active le jour (b). Ces images étant prises en microscopie de fluorescence, la couleur rouge est due à la fluorescence des chlorophylles (ces dernières sont abondantes car le micro-organisme a une activité photosynthétique).

nuit, les scintillons ne sont pas détruits mais ils migrent à la périphérie de la cellule, alors qu'ils restent au voisinage du noyau le jour.

## *Des bactéries lumineuses en colonies*

Lors de l'Exposition Universelle de 1900 organisée à Paris, Raphaël Dubois, que nous avons déjà cité, a présenté un dispositif d'éclairage très original. Des bactéries bioluminescentes, conditionnées dans un récipient en verre de 5 litres, émettaient suffisamment de lumière pour qu'un visiteur puisse lire son journal dans la pièce sans autre éclairage. Dubois a proposé qu'un tel système soit adopté pour éclairer des locaux où sont stockées des matières inflammables ou explosives, ou bien pour réaliser une lampe de mineur. L'idée ne sera jamais concrétisée. Beaucoup plus tard, elle renaîtra avec les « bâtons lumineux » fondés non pas sur la bioluminescence, mais sur la chimiluminescence. Ils constitueront un éclairage sans flamme ni électricité utile aux pompiers opérant en atmosphère inflammable, aux plongeurs évoluant à grande profondeur, etc. Sans compter que dans le domaine de l'éclairage domestique, des systèmes à base de bactéries bioluminescentes sont actuellement à l'étude, développement durable oblige (voir chapitre 7 p. 202) !

Comment les bactéries bioluminescentes, dont le règne est l'eau de mer, parviennent-elles à si bien éclairer ? Bien qu'elles soient d'une grande diversité physiologique, les principes de fonctionnement de leurs machineries moléculaires produisant la lumière sont analogues. Les luciférases bactériennes diffèrent quelque peu entre elles, mais toutes catalysent l'oxydation de deux substrats (Figure 18) : la flavine mononucléotide réduite ($FMNH_2$), qui joue le rôle de luciférine, et un aldéhyde « gras » (propriété due à la présence dans sa molécule d'une longue chaîne hydrocarbonée saturée). Les détails sont donnés dans l'encadré ci-contre.

La luciférase et l'aldéhyde sont synthétisés par les bactéries sous l'influence d'une substance auto-inductrice. Il s'agit d'une petite molécule pouvant franchir la membrane cellulaire. Ainsi, lorsque sa concentration dans l'environnement

**18** **Bilan global** des réactions biochimiques impliquées dans la bioluminescence bactérienne

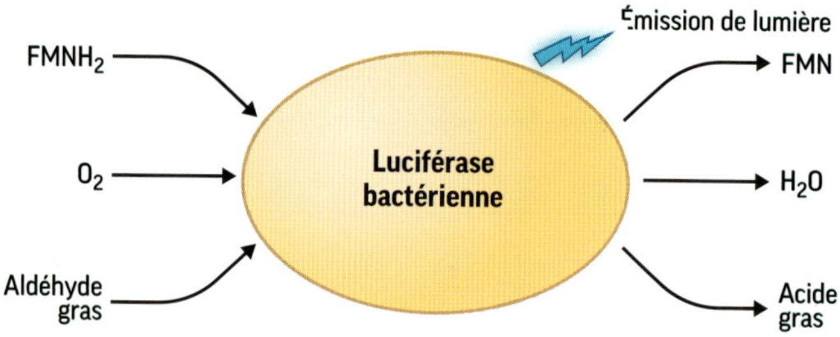

## La bioluminescence bactérienne à la loupe

Les bactéries sont des organismes unicellulaires, et pourtant le mécanisme de leur bioluminescence n'est pas plus simple que dans les cas décrits précédemment. Les luciférases des diverses espèces de bactéries bioluminescentes sont sensiblement différentes, mais toutes possèdent deux sous-unités appelées $\alpha$ et $\beta$. Le centre actif (où se produit la réaction) est situé dans la sous-unité $\alpha$. L'aldéhyde gras naturel est le tétradécanal ($CH_3$-$(CH_2)_{12}$-CHO). Le produit final de l'oxydation de la flavine mononucléotide réduite ($FMNH_2$) est la flavine mononucléotide (FMN) qui n'est pourtant pas l'émetteur. On pense que ce dernier est un composé intermédiaire du type hydroxyflavine (Figure 19).

La production de luciférase, et donc la bioluminescence, ne sont possibles que si le milieu dans lequel vit la bactérie a une concentration suffisamment élevée en une molécule dite auto-inductrice (Figure 20).

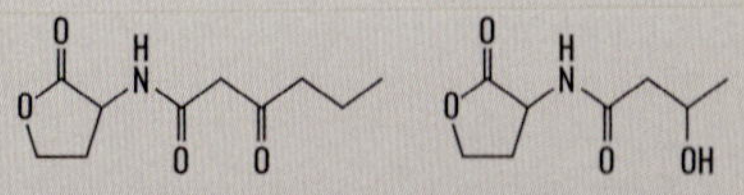

**20** **Exemples de molécules auto-inductrices du type homosérine lactone produites par les bactéries *Vibrio fischeri* (à gauche) et *Vibrio harveyi* (à droite).**

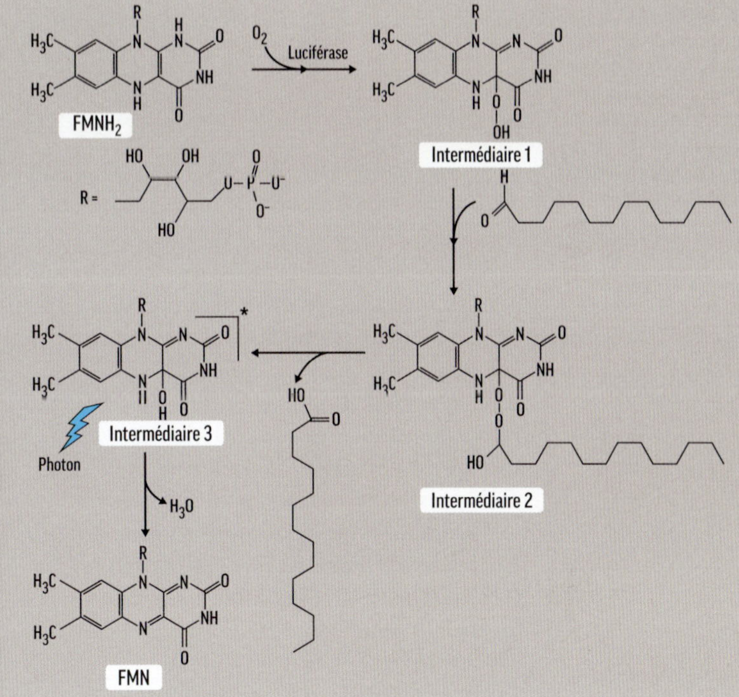


**19** **Réactions successives impliquées dans la bioluminescence bactérienne.** Les intermédiaires réactionnels sont tous liés à la luciférase. Les intermédiaires 1 et 2 sont des peroxydes linéaires. L'intermédiaire 1, qui a pu être isolé et identifié, est stable pendant plusieurs heures à 4 °C. L'intermédiaire 2 se décompose en une hydroxyflavine (intermédiaire 3). On suppose que l'émission de lumière provient de celui-ci, et non pas du produit final (FMN).

immédiat de la bactérie atteint un seuil critique, les gènes impliqués dans la synthèse de la luciférase sont activés et transcrits (Figure 21). C'est comme s'il fallait qu'un quorum soit atteint et perçu par les bactéries pour que ces dernières émettent de la lumière, d'où l'expression « quorum sensing » employée par les chercheurs. Toutefois, il ne faut pas voir dans ce terme une quelconque aptitude des bactéries à effectuer un comptage : elles perçoivent simplement la concentration de la substance auto-inductrice dans leur environnement. Cette dernière est d'autant plus élevée que les bactéries sont nombreuses et que leur espace est confiné.

Dans certains cas, les bactéries possèdent, outre la luciférase, une protéine fluorescente à laquelle l'énergie d'excitation est transférée. Cette protéine émet alors, à l'instar de la GFP dans le cas de la méduse *Aequorea victoria* (voir p. 179). Ainsi, la souche Y-1 de *Vibrio fischeri* possède une protéine appelée YFP (*Yellow Fluorescent Protein*) dont le chromophore flavinique fluoresce dans le jaune (Figure 22).

Pour terminer, voyons comment évoluent les bactéries bioluminescentes dans leur milieu marin. Bien qu'elles soient capables de subsister par elles-mêmes, la plupart d'entre elles vivent en

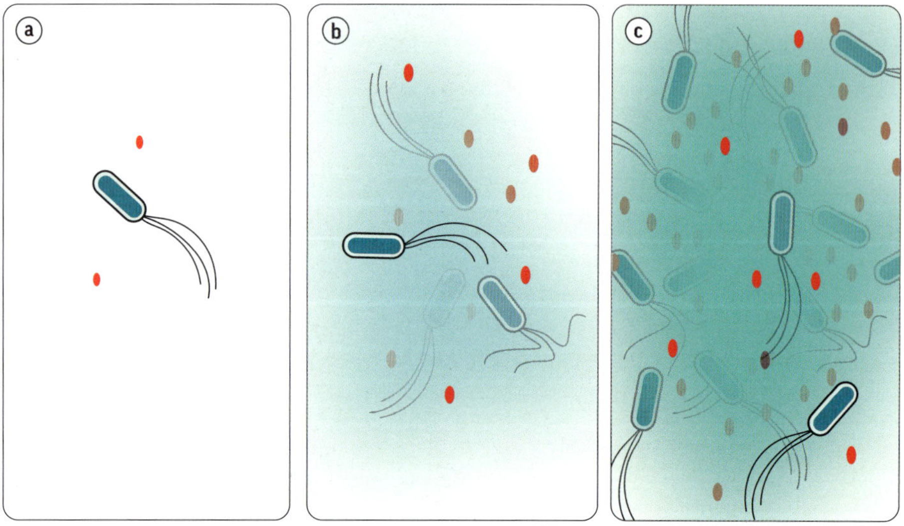


**21** **L'intensité de la bioluminescence des bactéries est régie par une molécule auto-inductrice (en rouge).** À faible densité de population (a), cette molécule est produite par les bactéries et excrétée vers le milieu de culture. L'intensité de bioluminescence reste faible au début de la croissance de la population (b). C'est seulement dans un milieu confiné, lorsque la concentration en molécules auto-inductrices atteint une valeur critique, que l'intensité croît rapidement (c).

symbiose avec des animaux marins tels que les poissons, les calmars, les crabes, etc. Chacun des partenaires y trouve son avantage : les animaux hôtes offrent le gîte et le couvert aux bactéries qui, en retour, leur fournissent une lanterne.

En outre, certaines bactéries bioluminescentes vivent en association avec des microalgues. C'est pourquoi on observe parfois le phénomène de « mer de lait ». Dans son roman *Vingt mille lieues sous les mers*, publié en 1870, Jules Verne le décrit ainsi :

« *Vers sept heures du soir, le Nautilus à demi immergé navigua au milieu d'une mer de lait. À perte de vue l'Océan semblait être lactifié. Était-ce l'effet des rayons lunaires ? Non, car la lune, ayant deux jours à peine, était encore perdue au-dessous de l'horizon dans les rayons du soleil. Tout le ciel, quoique éclairé par le rayonnement sidéral, semblait noir par contraste avec la blancheur des eaux. Conseil ne pouvait en croire ses yeux, et il m'interrogeait sur les causes de ce singulier phénomène. Heureusement, j'étais en mesure de lui répondre.*

*– C'est ce qu'on appelle une mer de lait, lui dis-je, vaste étendue de flots blancs qui se voit fréquemment sur les côtes d'Amboine et dans ces parages.* »

**22** **Bioluminescence des bactéries *Vibrio fischeri*** en suspension dans l'eau. Il s'agit de souches de type sauvage (à gauche) et de souches modifiées (Y-1) qui comportentt une protéine fluoresçant dans le jaune (à droite).

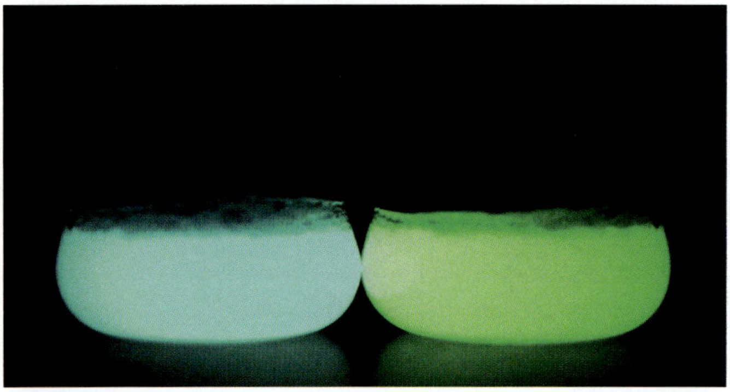

Selon les scientifiques, l'émission de lumière est imputable à la bactérie bioluminescente *Vibrio harveyi*, vivant vraisemblablement en symbiose avec la microalgue *Phaeocystis*. La lumière émise par cette bactérie est bleue. Nos yeux la perçoivent blanche car son intensité est faible, et dans la pénombre, seuls les bâtonnets de notre rétine peuvent la détecter ; or ces photorécepteurs ne procurent pas de sensation colorée, contrairement aux cônes (voir chapitre 3).

À titre d'exemple, le navire marchand anglais SS Lima, naviguant à 300 km à l'est des côtes de Somalie le 25 janvier 1995 à 22 heures, a signalé une émission de lumière blanchâtre à la surface de la mer. Cette observation a été confirmée par la photo prise par un satellite météorologique peu de temps après. Le cliché a effectivement révélé une zone

**23** Image satellite révélant une « mer de lait » due à la bioluminescence de bactéries (zone bleutée près du centre). Il s'agit d'une image composite sur laquelle la zone de la mer de lait a été colorisée, avec amplification de l'intensité, mais sans changer l'échelle.

lumineuse s'étendant sur une surface d'environ deux fois celle de la Corse (Figure 23).

## Les multiples fonctions de la bioluminescence

*« Imaginez un arbre haut de 10 à 12 mètres, au feuillage dense formé de petites feuilles ovales, portant chacune une luciole, toutes les lucioles émettant leurs lumière au rythme de trois éclairs toutes les deux secondes, dans un synchronisme parfait, l'obscurité étant totale entre les éclairs... Imaginez, en bordure de rivière, une ligne ininterrompue d'arbres (de la mangrove), de 200 mètres de long, chaque arbre étant couvert de lucioles qui émettent leur lumière d'une manière synchrone d'un bout à l'autre de cette ligne. Si vous possédez une imagination suffisante, vous pourrez peut-être vous représenter ce spectacle stupéfiant »*, ainsi s'exprimait à la fin des années 1930 le biologiste américain John Buck pour décrire ses souvenirs de Thaïlande. Ce sont les mâles des lucioles du genre Pteroptyx qui sont responsables de ces émissions synchrones. Bel exemple de communication par la lumière au sein d'une même espèce ! On ignore encore l'origine d'un tel synchronisme, dont le rôle supposé est d'attirer les femelles. Toutefois, dans nombre de cas, les fonctions de la bioluminescence ont été clairement identifiées. Il s'agit essentiellement de la reproduction, de la protection contre les prédateurs et de la recherche de nourriture.

### *Se reproduire*

Commençons par les coléoptères, en particulier les lucioles et les lampyres dont nous avons précédemment analysé le mécanisme de la bioluminescence (voir p. 180). Il est bien établi que l'émission de lumière assure la communication entre mâles et femelles en vue de l'accouplement.

La femelle non ailée du lampyre émet une lumière continue pour attirer les mâles. Certaines lucioles font de même, mais la plupart émettent des éclairs. On

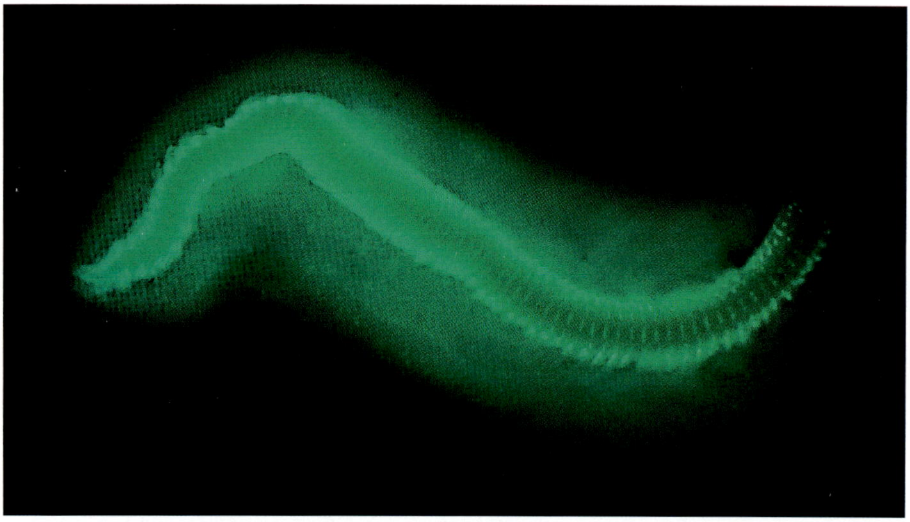

**24** **La femelle de l'annélide *Odontosyllis enopla* émet de la bioluminescence tout en nageant en cercle pour attirer un mâle qui se joindra à la ronde.**

a recensé près de 130 sortes de signaux lumineux dont le codage diffère selon l'espèce. Chez les espèces des genres *Photinus* et *Photuris*, le mâle émet des éclairs en vol et la femelle y répond depuis le sol, en général par un seul éclair, le délai étant caractéristique de l'espèce. À titre d'exemple, chez *Photinus pyralis*, le mâle émet des éclairs toutes les 6 secondes, auxquels la femelle, au sol, répond par un éclair après une à deux secondes en tournant son abdomen dans la direction du mâle. Chez *Luciola aphrogenia*, la fréquence des éclairs émis par le mâle et la femelle augmente au fur et à mesure qu'ils se rapprochent.

Dans les océans, jouer de sa bioluminescence est aussi un préliminaire obligé à l'accouplement. Un des exemples les plus spectaculaires de parades nuptiales lumineuses en milieu marin est celui des annélides des Bermudes, en particulier *Odontosyllis enopla* (Figure 24). Le spectacle qu'offrent ces sortes de vers luisants aquatiques (dont Christophe Colomb aurait été le premier témoin en 1492) attire de nombreux touristes, et des excursions sont organisées pour le contempler. Pendant les mois d'été, deux ou trois jours après la pleine lune, et 57 ± 6 minutes après le coucher du Soleil (admirez la précision !), les femelles migrent à la surface et se mettent à décrire des cercles en émettant de la bioluminescence verte le long de leur corps. Cette danse lumineuse dure 8 secondes et peut recommencer jusqu'à 33 fois en 12 minutes, à moins qu'un mâle, attiré par la belle, ne vienne se mêler à la danse en émettant des éclairs. Mâle et femelle tournent alors de concert dans une ronde pyrotechnique effrénée, tout en relarguant leurs gamètes. La fertilisation des œufs de la femelle par le sperme du mâle se produit donc dans l'eau de mer avec, semble-t-il, de bonnes chances de succès.

Voici un autre exemple de spectacle lumineux étonnant, offert par certains ostracodes du genre *Photeros*. Les bouffées de lumière bleue qu'ils produisent en éjectant de la luciférine et de la luciférase ne leur servent pas seulement à effrayer des prédateurs. En effet, pour séduire les femelles, les mâles se déplacent en hélice tout en émettant des impulsions lumineuses à intervalles réguliers (voir encadré ci-contre).

Au plus profond des océans, dans l'obscurité des abysses, là où la bioluminescence est particulièrement précieuse à une multitude d'espèces, un cas particulièrement intéressant est celui du poisson dragon. Il est muni de deux photophores émettant de la lumière rouge à une longueur d'onde de 705 nm

## Un spectacle lumineux aquatique pour séduire

C'est un spectacle unique qu'offrent les ostracodes *Photeros annecohenae* (famille des Cypridinidae). Ces petits crustacés ne se rencontrent que dans les récifs coralliens de la mer des Caraïbes. Les mâles cherchent à séduire les femelles par une étonnante parade nuptiale lumineuse. En voici la chorégraphie. Un mâle commence par émettre quelques bouffées bioluminescentes pour attirer l'attention des femelles, puis il nage verticalement vers la surface sur environ un demi mètre selon un mouvement hélicoïdal, en émettant une impulsion lumineuse tous les deux tours. Si le résultat de ce spectacle ne répond pas à ses espérances, le mâle retourne vers le fond, en ligne droite cette fois, et recommence sa spirale vers le haut (Figure 25).[1]

Quant aux femelles, elles ne se servent de la bioluminescence que pour effrayer les prédateurs et non pas comme signal vis-à-vis des mâles. Une fois qu'elles ont été fécondées, elles ne sont plus disponibles pour un accouplement. Il en résulte une diminution du nombre de femelles réceptives, d'où une compétition entre mâles qui se traduit par un accroissement des parades lumineuses synchrones pour rivaliser de séduction (Figure 26) (cela n'est pas sans rappeler le clignotement synchrone des mâles de certaines lucioles ; voir p. 188). Les femelles sont ainsi attirées dans la zone où se produisent ces parades, augmentant les chances d'accouplement. Des mâles particulièrement malins n'émettent pas de lumière, mais se mettent à l'affût pour intercepter une femelle nageant vers une spirale lumineuse et ainsi copuler.[2]

Il existe plusieurs espèces de *Photeros* et la parade lumineuse est spécifique de chaque espèce quant à la direction de l'hélice (ascendante, descendante, oblique, latérale), sa longueur (quelques centimètres à plusieurs mètres) et la durée des impulsions lumineuses (de 50-100 millisecondes à 10-20 secondes).

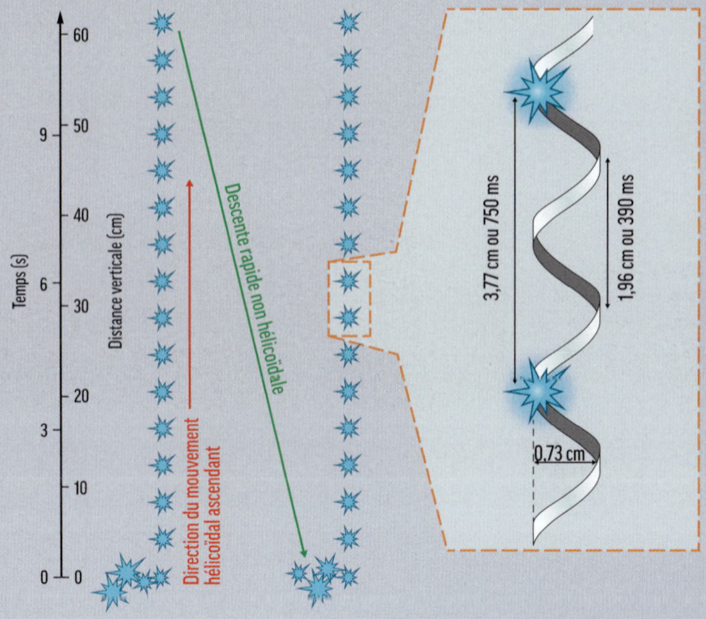


**25** Le mouvement hélicoïdal ascendant d'un mâle de *Photeros annecohenae* est ponctué de bouffées bioluminescentes (en bleu) tous les deux tours (schéma adapté de la référence 1).

1. T.J. Rivers et J.G. Morin, *The Journal of Experimental Biology* **211**, 2252-2262 (2008).
2. T.J. Rivers et J.G. Morin, *Animal Behaviour* **78**, 723-734 (2009).

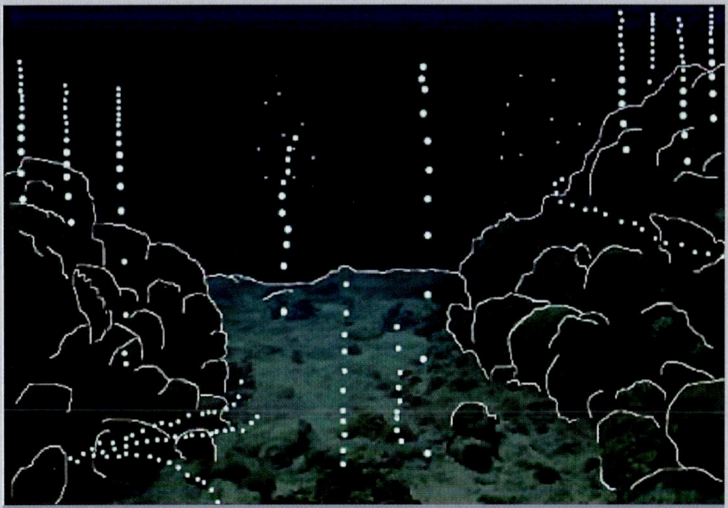

**26** Illustration d'une scène où des traînées lumineuses sont produites de façon synchrone par plusieurs mâles de *Photeros annecohenae* dans le but d'attirer des femelles.

**27 Ce poisson dragon est pourvu d'un organe lumineux émettant dans le rouge.** Il s'en sert comme d'une lampe torche en vue de s'accoupler, ainsi que pour chasser sans être vu.

environ (Figure 27). Cette lumière est produite par des bactéries bioluminescentes qui possèdent une protéine fluorescente rouge, de la même façon que les bactéries émettant dans le jaune possèdent une protéine fluorescente jaune (voir p. 186). Bien que le maximum de fluorescence de cette protéine se situe à 626 nm, la lumière est partiellement filtrée (c'est-à-dire absorbée par des pigments) ce qui décale le maximum d'émission à 705 nm. Comme la plupart des yeux des organismes marins ne sont pas sensibles à cette longueur d'onde, la reconnaissance entre mâles et femelles ainsi que les accouplements se font en toute discrétion ! Ajoutons que le poisson dragon met aussi en œuvre cette émission de lumière, invisible par ses proies, pour s'en approcher sans être repéré.

### *Se protéger des prédateurs*

Leurrer, aveugler, faire diversion, se camoufler, autant de stratégies où la bioluminescence est un outil de choix pour échapper aux prédateurs.

Revenons à l'une des plus anciennes observations, rapportées notamment par Aristote : la bioluminescence des dinoflagellés. Ce n'est que dans les années 1970 que l'on en a compris le rôle. Les dinoflagellés sont en effet la proie des copépodes. Afin de s'en protéger, ils émettent des éclairs de lumière bleue, soit pour les aveugler, soit pour en attirer les prédateurs.

Par ailleurs, rappelons que les petits crustacés de la famille des Cypridinidae font jaillir des bouffées de bioluminescence bleue intense (voir p. 176), toujours pour aveugler ou leurrer leurs prédateurs, et avoir le temps de s'enfuir. Ajoutons que si un prédateur, un poisson cardinal par exemple, réussit par malheur à en capturer un, il est contraint de recracher sa proie dont le goût est exécrable. Voilà des petits crustacés qui ont décidément plus d'un tour dans leur sac !

Parfois la production de bioluminescence est interne, c'est-à-dire qu'elle s'effectue au sein de l'animal, comme nous l'avons vu. Elle peut être suffisamment intense pour que certains animaux tels que les poissons, les méduses, et les anémones de mer effraient ceux qui les menacent. Les photophores des poissons, constitués de colonies de bactéries,

28 Ce poisson (*Argyropelecus hemigymnus*) possède des photophores ventraux dans le but de se camoufler. Ces photophores émettent de la lumière bleutée similaire à celle qui vient du ciel. Les prédateurs nageant au-dessous de lui le distinguent donc difficilement. En outre, l'animal peut régler l'intensité de sa bioluminescence en fonction de la luminosité du ciel, lorsqu'un nuage passe par exemple.

sont en effet très lumineux. Certaines méduses sont même capables d'émettre des éclairs très intenses dont la durée atteint 10 secondes. Dissuasif !

Pour se protéger des prédateurs, une astuce est le camouflage, comme nous l'avons vu au chapitre 5. La bioluminescence s'avère alors un moyen privilégié pour de nombreux poissons. Grâce à leur photophores ventraux émettant une lumière semblable à celle qui, venant du ciel, est filtrée par l'eau

29 Cette baudroie des abysses qui vit à des profondeurs de l'ordre d'une centaine de mètres possède sur la tête un organe bien particulier : son extrémité est un photophore servant d'appât lumineux dans le but d'attirer ses proies. L'animal paraît très impressionnant, mais sa taille est inférieure à 10 cm.

**30 Ces filaments lumineux dans les cavernes de Waitomo** (Nouvelle-Zélande) sont des sécrétions bioluminescentes de larves de mouches (*Arachnocampa luminosa*). Attirés par la lumière, des insectes sont ainsi piégés.

de mer, ils sont quasiment invisibles de tout animal situé au-dessous d'eux (Figure 28). Certains calmars ont également cette faculté. Le champion dans ce domaine est le calmar *Abralia veranyi* qui est capable de modifier la couleur de sa bioluminescence selon qu'il s'agit de mimer la lumière qui vient du Soleil ou celle de la lune.

### *Se nourrir*

Comment chasser dans l'obscurité des grandes profondeurs ? De nombreux animaux marins s'éclairent avec leurs photophores pour mieux repérer leurs proies. Rappelons tout d'abord le cas exceptionnel du calmar colossal (voir encadré p. 91) dont l'œil comporte un photophore lui servant de phare. Plus banal est le cas des poissons qui en possèdent souvent sous l'œil, pour la même raison. Souvenons-nous du poisson dragon, pourvu de photophores émettant dans le rouge lointain. Grâce à ces attributs, il distingue ses proies sans être vu, mais sans les attirer spécifiquement (Figure 27). En revanche, la lumière émise par de nombreux autres poissons, située à des longueurs plus courtes (souvent dans le bleu) présente la particularité d'être visible par tous. De nombreuses espèces sont alors attirées (voir le phototropisme décrit au chapitre 3), dont un certain nombre deviendront malheureusement (ou heureusement) des proies (Figure 1). Un cas étonnant mérite d'être signalé : les baudroies abyssales (*Melanocetus* ou *Linophryne*, par exemple) sont des poissons dont la tête comporte un organe porteur d'un photophore qui sert d'appât lumineux ; cet organe attire des proies à proximité de leur bouche (Figure 29). Revenons sur la terre ferme où le phototropisme est monnaie courante. Dans les célèbres grottes Waitomo en Nouvelle-Zélande, de longs filaments bioluminescents bleutés pendent sous les voûtes. Ils proviennent des sécrétions de larves de moustiques (Figure 30). La lumière émise attire les insectes qui sont alors pris au piège. Englués dans cette sorte de salive, ils sont dévorés par les larves.

Terminons ce panorama par les lucioles femelles des espèces appartenant au genre *Photuris.* Elles sont surnommées « femmes fatales ». Capables d'imiter les signaux d'accouplement des femelles des espèces d'un autre genre, *Photinus,* elles attirent ainsi les mâles de ces espèces, non pas en vue de s'accoupler, mais de les dévorer. L'intérêt n'est pas seulement de faire un bon repas, mais également de se procurer un stéroïde, dénommé lucibufagine. Ces femelles ne peuvent pas le produire elles-mêmes ; elles donc ont trouvé un moyen de le récupérer chez les individus des espèces de *Photinus* qui, tous, en possèdent. Pourquoi acquérir ce stéroïde ? Parce que cette substance repousse les prédateurs tels que les araignées et constitue un bon moyen de défense.

Pour conclure, soulignons que la bioluminescence trouve aussi diverses applications pratiques dont il sera question au chapitre suivant. Parmi elles, on peut citer la détection d'une activité microbienne, le pyroséquençage de l'ADN, etc.

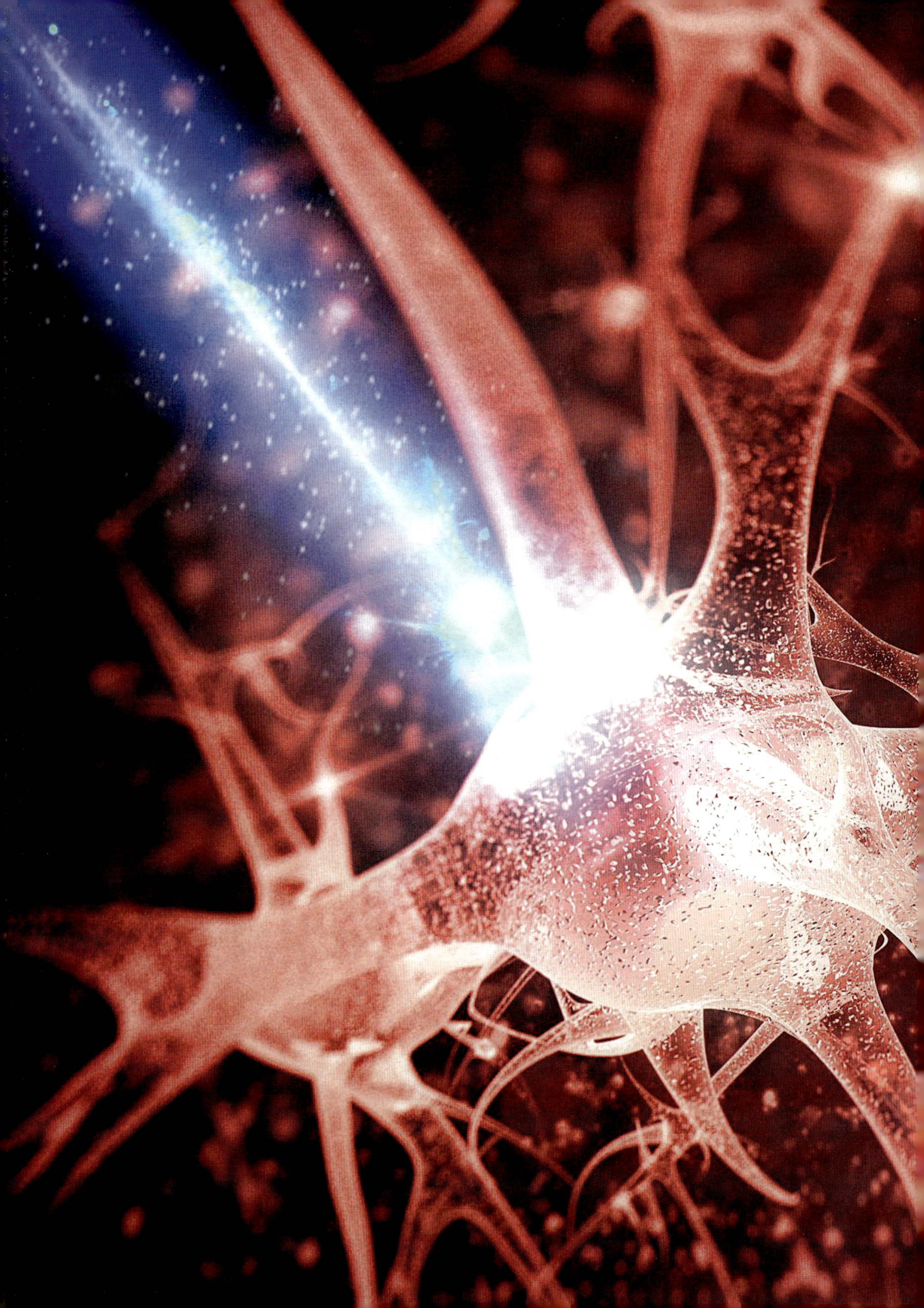

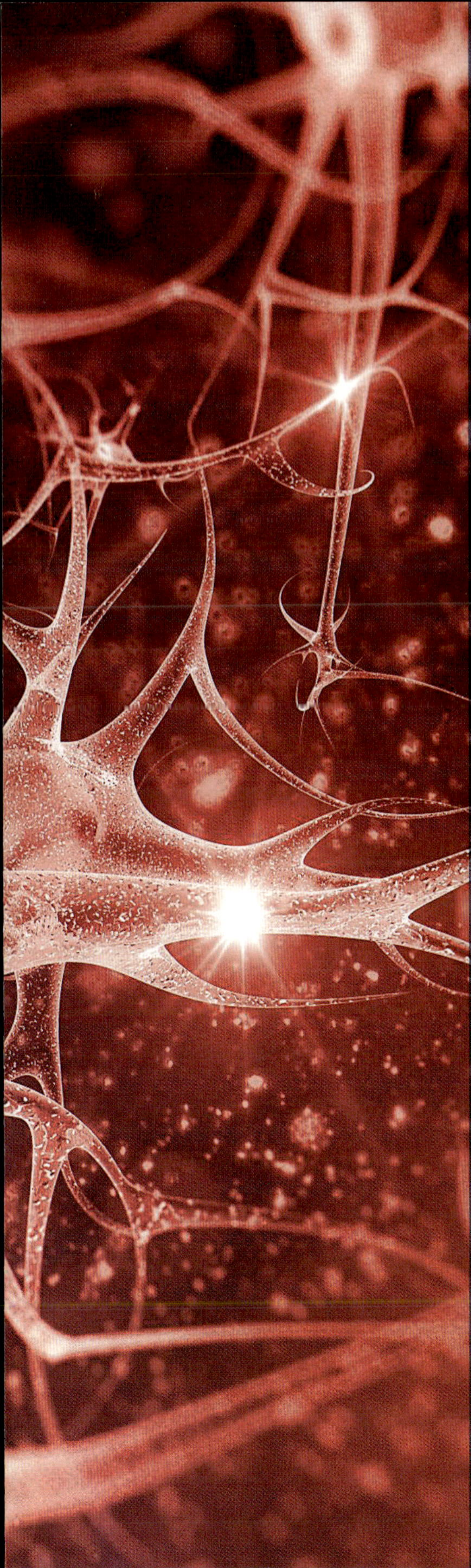

CHAPITRE 7

# La lumière, la vie... et l'Homme

*La Nature agit, l'Homme fait (E. Kant),*
*mais l'Homme agit aussi... sur la Nature.*

La Nature est une source inépuisable d'inspiration pour les scientifiques qui tentent d'imiter son fonctionnement en vue d'améliorer divers procédés impliquant la lumière. Par ailleurs, les chercheurs mettent à profit le vivant pour élaborer de nouvelles méthodes d'investigation fondées sur la fluorescence naturelle ou la bioluminescence. Un autre objectif est de contrôler, par la lumière, tant le cerveau que certains organes des animaux. Ce nouveau domaine de recherche, appelé optogénétique, passionne les chercheurs depuis 2005.

◄ L'optogénétique a été déclarée « Méthode de l'année 2010 » par le journal *Nature Methods*.

## S'inspirer du vivant

Depuis plusieurs centaines de millions d'années, la Nature invente, développe, adapte, optimise les êtres vivants. Le fonctionnement de ces derniers et l'efficacité avec laquelle ils s'acquittent de leurs fonctions vitales nous laissent pantois d'admiration. Il n'est donc pas surprenant que les chercheurs et les ingénieurs tentent de s'en inspirer pour mettre au point de nouveaux systèmes et de nouvelles technologies : matériaux bioinspirés, catalyseurs bioinspirés, robot bioinspiré, ordinateur bioinspiré et même... pansements bioinspirés ! Notons en souriant que les scientifiques ont visiblement compris, comme bien d'autres, qu'introduire « bio » dans leur vocabulaire suscite l'intérêt...
Preuve de l'engouement pour la bioinspiration : une nouvelle revue scientifique intitulée *Bioinspiration & Biomimetics* a vu le jour en 2006. Focalisons-nous sur des exemples empruntés au domaine de la lumière, celui qui nous intéresse ici.

### *Mimer la photosynthèse ?*

Grâce à la photosynthèse, la Nature a réussi l'exploit de synthétiser les glucides indispensables au vivant à partir de leurs produits de combustion (eau et dioxyde de carbone) (voir chapitre 1). Ce processus, qui requiert beaucoup d'énergie, est rendu possible par l'absorption d'énergie solaire. Voilà de quoi allécher les scientifiques car, en récupérant l'énergie solaire, une énergie « renouvelable » donc, la synthèse de combustibles est envisageable. Ne pourrait-on pas concevoir des processus analogues ? En réalité, la machinerie photosynthétique est d'une telle complexité que c'est un véritable défi de vouloir s'en inspirer. Ce ne sont donc que des imitations partielles ou simplifiées qui sont proposées, néanmoins présentées sous le vocable de « photosynthèses artificielles ».
Ainsi, les chimistes rivalisent d'imagination depuis plus de trente ans pour concevoir des architectures complexes reproduisant certaines fonctions caractéristiques de l'appareil photosynthétique naturel. Un des plus beaux exemples est le système artificiel de production photoinduite d'ATP (adénosine triphosphate) conçu et réalisé par des chercheurs américains de l'Université de l'Arizona. L'élément-clé de ce système est une triade constituée d'un photosensibilisateur (une porphyrine) positionné entre un donneur d'électrons de type caroténoïde et un accepteur d'électrons de type quinone. Cette triade est insérée dans une bicouche lipidique formant une vésicule. L'illumination induit une séparation de charges, comme dans la photosynthèse naturelle. Puis, grâce à la présence d'une autre quinone, divers phénomènes se produisent et, *in fine*, créent des conditions favorables au fonctionnement de l'enzyme ATP-ase, également insérée dans la bicouche, conduisant à la production d'ATP. Un tel système « biomimétique » n'a pas donné lieu à des applications pratiques.
Plus pragmatique est la démarche qui consiste à photolyser l'eau en dioxygène et dihydrogène, sous l'action de la lumière solaire, en mettant en œuvre des catalyseurs à base de métaux tels que le ruthénium, le palladium, le rhodium ou l'iridium. En fait ce procédé n'est pas bioinspiré, car la Nature procède de façon complètement différente pour « décomposer » l'eau lors de la photosynthèse. C'est pourquoi, dans ce cas, le terme de « photosynthèse artificielle » s'avère équivoque. Cela n'enlève rien à l'intérêt de réaliser la préparation ou la synthèse photochimique de carburants en exploitant l'énergie solaire. Le premier de ces carburants est le dihydrogène ($H_2$), directement issu de la décomposition de l'eau, que l'on peut stocker et utiliser par la suite, notamment dans des piles à combustible pour produire de l'électricité. La décomposition de l'eau peut être également combinée à la réduction du dioxyde de carbone ($CO_2$) en monoxyde

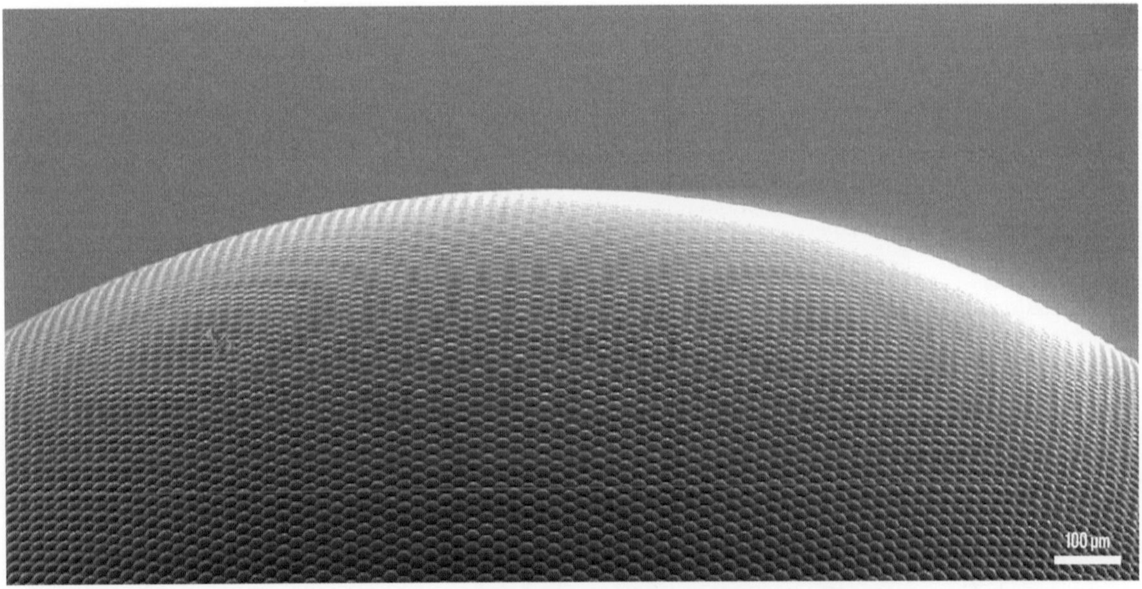


**1** Vue au microscope électronique de la surface d'un œil composé synthétique montrant les 8 700 micro-lentilles hexagonales dont est faite sa surface (K.-H. Jeong, J. Kim, L.P. Lee, « Biologically inspired artificial compound eyes », *Science*, 312, 557-561 (2006)).

(CO) pour produire du gaz de synthèse et des carburants liquides (du méthanol par exemple). Une telle voie photochimique de conversion de l'énergie solaire s'ajoute à la conversion photovoltaïque et à la conversion thermique, déjà opérationnelles à grande échelle. Ces technologies s'inscrivent dans la volonté de trouver des ressources d'énergie renouvelable, propres et peu coûteuses, ce qui est un défi majeur du XXI$^e$ siècle.

## *Des yeux artificiels à facettes*

Les yeux composés des insectes, appelés aussi yeux à facettes (voir chapitre 3), procurent une vue panoramique. Des chercheurs américains de l'Université de Berkeley ont accompli la prouesse de réaliser des systèmes optiques tout à fait analogues à ces yeux composés. Ils ont juxtaposé des cônes en résine synthétique de la taille d'une tête d'épingle qui font office de guides de lumière. En outre, chacun est coiffé d'une micro-lentille (Figure 1). Lorsque ces cônes sont orientés selon des angles légèrement différents les uns par rapport aux autres de façon à atteindre une forme hémisphérique, la lumière est concentrée et conduite de la même façon que dans un œil d'insecte. L'objectif est ensuite de raccorder les extrémités des cônes à des capteurs analogues à ceux qui sont utilisés dans les appareils photos et les caméras numériques.

Diverses applications de ces yeux composés sont envisagées : la surveillance, la détection de mouvements très rapides, l'endoscopie médicale, les interventions chirurgicales guidées par l'image.

## *Des couches antireflet inspirées des yeux de certains papillons*

Les couches antireflet, en particulier celles de nos lunettes ou de nos objectifs photo, sont habituellement obtenues par superposition de couches dont l'indice de réfraction varie de 1 (indice de l'air) à 1,5 (indice du verre) afin de minimiser la réflexion de la lumière aux interfaces successives. Ce système est efficace mais les couches, faites de matériaux différents, sont susceptibles de se décoller lors de fortes variations de température ; en outre, elles interdisent l'application d'un traitement anti-rayure.

L'idée est venue aux chercheurs d'un autre procédé qui s'inspirerait des yeux à facettes de la plupart des papillons de nuit et de certains papillons de jour. Afin d'optimiser leur vision, ces derniers ont

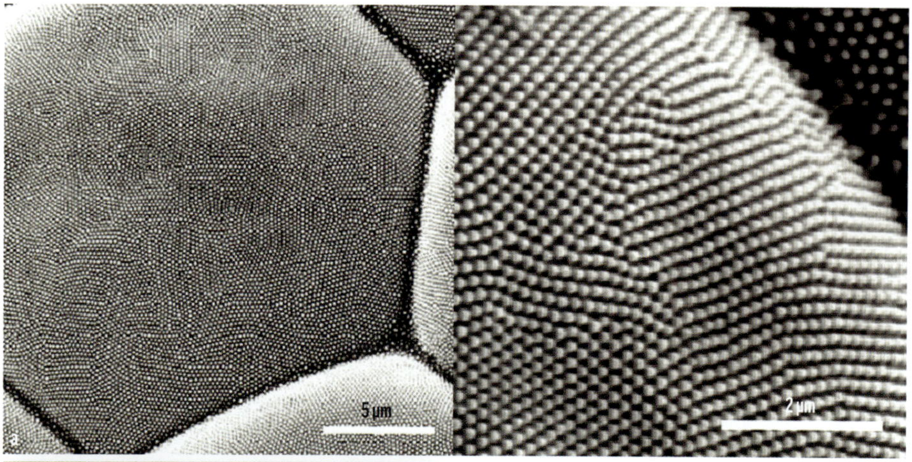


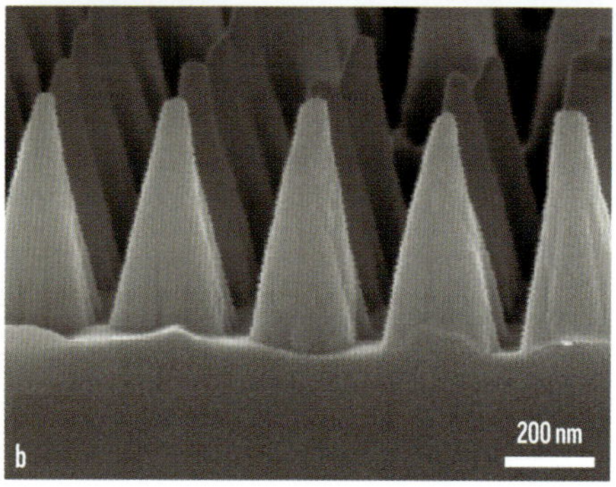


**2** a. L'œil à facettes de **la plupart des papillons nocturnes et de certains papillons diurnes** (ici un œil de *Inachis io*, vu au microscope électronique) possède un revêtement microstructuré : chaque facette présente des aspérités quasi coniques conférant un pouvoir réfléchissant (D. G. Stavenga *et al.*, *Proc. R. Soc. B* **273**, 661-667 (2006)).
b. Pour mimer cette nanostructure, il est possible de réaliser un **réseau de picots coniques en silice** sur une surface de silicium (B. Päivänranta, T. Saastamoinen et M. Kuittinen, *Nanotechnology* **20**, 375301 (2009)).

des yeux recouverts d'un film microstructuré éliminant les réflexions (Figure 2.a). La structure du revêtement réalisé pour imiter ce film naturel est connue sous le nom de *Moth eye structure* (*moth* signifie « papillon de nuit »). Elle consiste en un réseau de petites pointes en silice de forme conique, d'une hauteur de 200 à 300 nanomètres environ, et séparées de 300 nm (Figure 2.b). Comme ces dimensions sont inférieures aux longueurs d'onde de la lumière, tout se passe pour cette dernière comme s'il y avait une variation progressive d'indice entre l'air et la surface interne. D'où un excellent pouvoir antiréfléchissant ! Les performances de ce revêtement nanostructuré ont été démontrées avec des cellules solaires. On a constaté que leur efficacité est considérablement accrue lorsqu'on les recouvre de tels picots coniques, car les pertes par réflexion sont réduites à moins de 2 % alors qu'elles atteignent 35 à 40 % sans couche antireflet.

### *S'inspirer des lucioles pour optimiser les LED*

Les LED (acronyme de « Light Emitting Diodes »), ou diodes électroluminescentes, ont envahi notre quotidien. Elles tendent à remplacer les sources d'éclairage classiques en raison de deux atouts essentiels : leur faible consommation et leur exceptionnelle longévité. Cependant la transmission de la lumière vers l'extérieur est fortement limitée par les réflexions internes à la surface du matériau transparent qui les recouvre. Comment limiter ces pertes ? En s'inspirant des organes lumineux des lucioles (voir chapitre 6), répondent des chercheurs belges, français et canadiens. En effet, sur cet organe, l'évolution a favorisé l'apparition d'une structure périodique bidimensionnelle de quelques micromètres d'épaisseur, à base de chitine (Figure 3a). Le procédé consiste alors à recouvrir une diode à base de nitrure de gallium avec un matériau transparent, structuré par laser pour lui donner une forme analogue (Figure 3b). Résultat : la puissance de la lumière émise augmente de 65 %.

## Rendre des animaux fluorescents. Pour quoi faire ?

En 2000, un artiste adepte du bio-art, Eduardo Kac, défraie la chronique avec

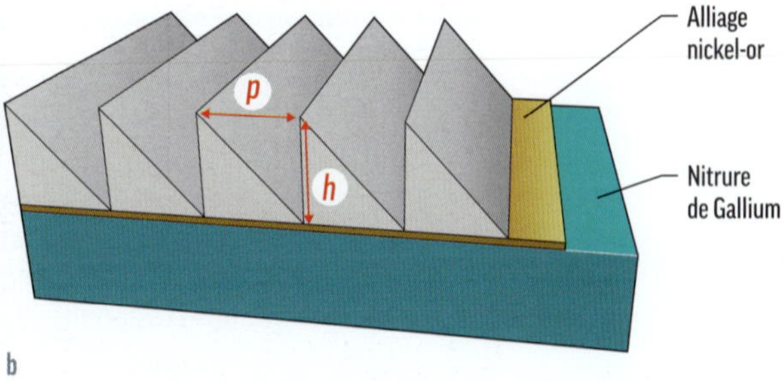


une lapine transgénique fluorescente qu'il baptise Alba. Il prétend l'avoir créée alors qu'en réalité, ce sont des chercheurs de l'Inra (Institut national de la recherche agronomique) qui l'ont conçue à des fins de recherche médicale, et non pas par fantaisie (Figure 4). Lors de sa visite à l'Inra en 2000, Kac se fait photographier avec cette lapine et veut l'adopter pour la présenter dans ses expositions d'art transgénique. Refus catégorique des chercheurs de l'Inra, on s'en doute !

Comment ces chercheurs ont-ils procédé pour concevoir la lapine ? Pour le comprendre, il faut remonter à 1962, année de la découverte de la première protéine fluorescente, la *Green fluorescent Protein* (GFP), par le chimiste et biologiste Japonais Osamu Shimomura. Ce dernier l'a isolée à partir de la méduse *Aequorea victoria* qui est bioluminescente (voir chapitre 6). Comme son nom l'indique, cette protéine fluoresce dans le vert lorsqu'elle est illuminée par une lampe UV. Notons que sa fluorescence est rendue possible par l'association spécifique de trois acides aminés (tripeptide) (voir encadré p. 200).

Trente ans plus tard, un biologiste américain, Martin Chalfie, s'intéresse de près à la GFP : il incorpore le gène qui la code dans l'ADN de la bactérie *Escherichia Coli.* Alors capable de produire la GFP, cette bactérie devient fluorescente. Il fait de même avec un ver (*C. elegans*). C'est d'ailleurs ainsi que la lapine Alba, génétiquement modifiée, a été rendue fluorescente.

Un outil fantastique est ainsi né : par une manipulation génétique, un chercheur peut faire jouer à la GFP le rôle de traceur fluorescent naturel en la faisant produire par l'organisme même auquel il s'intéresse (voir encadré p. 200). Il s'agit d'un progrès considérable. En effet, les traceurs fluorescents utilisés jusqu'alors étaient des molécules fluorescentes organiques (fluorophores) introduites dans les cellules vivantes, avec le risque de perturbations induites par ce corps étranger. Cette petite révolution a valu à Osamu Shimomura et Martin Chalfie le prix Nobel de chimie en 2008, conjointement avec Roger Tsien qui a beaucoup développé cet outil.

Il existe bien d'autres protéines fluorescentes, en particulier dans les coraux

**3 Optimisation des LED** en s'inspirant de la structure de la cuticule (a) recouvrant l'organe lumineux des lucioles *Photuris* (cliché obtenu par un microscope électronique à balayage). Le matériau transparent recouvrant une LED (b) est façonné par laser en optimisant les paramètres *p* et *h* pour une meilleure transmission de la lumière. La forme (du type toit d'usine) ressemble à celle de la cuticule de la luciole (A. Ray *et al.*, « Optimal overlayer inspired by *Photuris* firefly improves light-extraction efficiency of existing light-emitting diodes » *Optics express* **21** (S1), A179-A189 (2013)).

**4 Cette lapine transgénique fluoresce dans le jaune-vert sous une lampe UV.** Elle a été conçue par des chercheurs de l'Inra dans le cadre de recherches biomédicales (cliché B. Nicolas © INRA).

## La GFP, une balise pour suivre une protéine à la trace

Comment se servir de la GFP (*Green Fluorescent Protein*) comme traceur fluorescent ? Précisons tout d'abord que la fluorescence de la GFP est due à un tripeptide (Sérine, Glycine, Tyrosine) partiellement cyclisé, localisé au sein d'une hélice α qui se trouve à l'intérieur d'une structure peptidique en forme de tonneau (Figure 5).

Si l'on désire suivre à la trace une protéine particulière dans un organisme, il faut fusionner le gène qui encode cette protéine avec celui de la GFP. Dans ces conditions, lorsque les gènes sont exprimés par la « machine » cellulaire, il y a production d'une protéine chimérique constituée de la protéine d'intérêt à laquelle est accrochée la GFP. L'ensemble devient détectable par fluorescence (Figure 6).

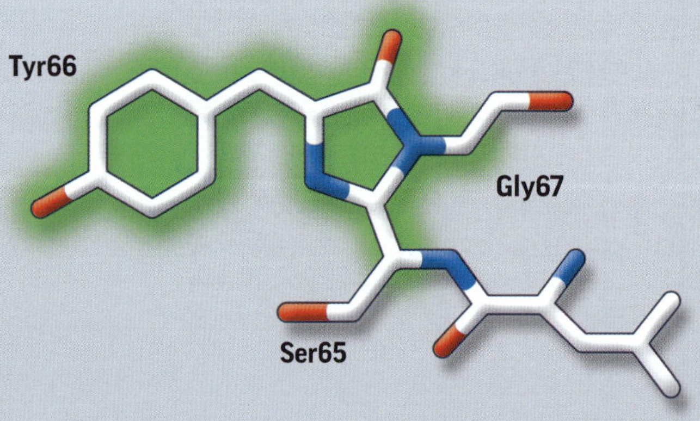


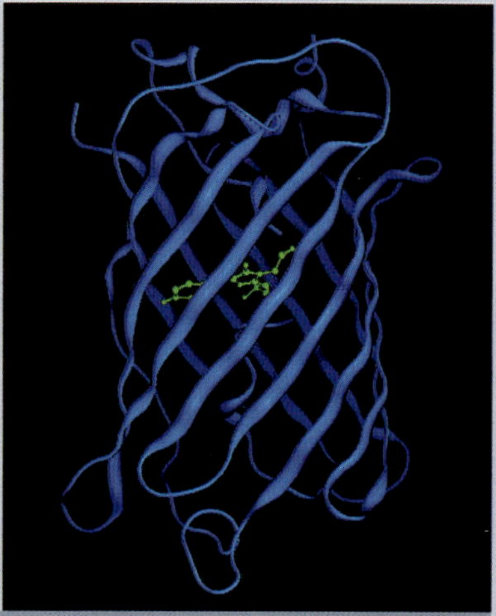

**5** L'entité responsable de la fluorescence de la GFP est un tripeptide partiellement cyclisé (à gauche), situé au sein d'une structure peptidique (à droite).

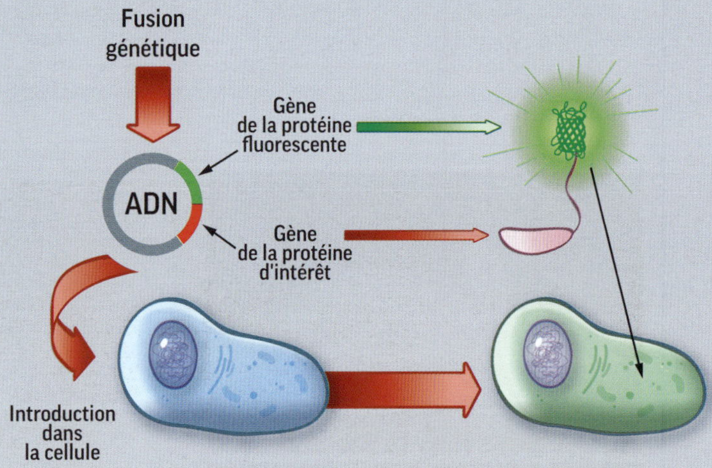


**6** Procédé par lequel on accroche une protéine fluorescente à une protéine d'intérêt pour la suivre à la trace dans la cellule.

et les anémones de mer, qui émettent à des longueurs d'onde différentes de celles de la GFP. Les chercheurs disposent ainsi de toute une panoplie de protéines fluorescentes qui leur permet de faire de l'imagerie multicouleurs. Il est par exemple possible de visualiser les connexions synaptiques des neurones dans le cerveau de souris, afin de comprendre comment les circuits neuronaux sont organisés et d'effectuer le suivi leur développement. Cette technique appelée *Brainbow* (mot résultant de la fusion de *brain*, le cerveau, et *rainbow*, l'arc-en-

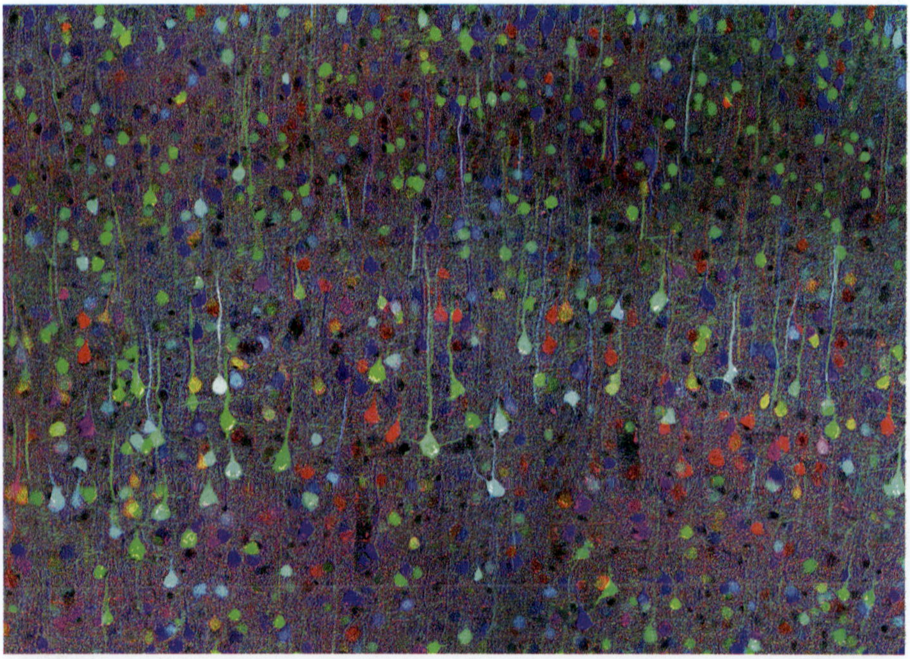

**7** **La technique Brainbow** permet de repérer chaque neurone par une couleur unique grâce à la production aléatoire de protéines fluorescentes de diverses couleurs. On visualise ainsi clairement les prolongements, axones et dendrites sur ce cliché de microscopie du cortex cérébral d'une souris.

ciel) a été mise au point en 2007 par Jeff Lichtmann de l'Université d'Harvard (Figure 7).

Divers animaux ont été génétiquement modifiés de sorte que certaines de leurs cellules produisent une protéine fluorescente. Les chercheurs disposent ainsi d'un outil précieux pour observer l'évolution de cellules dans les embryons, dans des organes sains ou des tumeurs. Suivre l'expression d'un gène ou la propagation d'un virus est également possible. C'est ainsi que nombre d'animaux transgéniques artificiellement fluorescents ont vu le jour : des lapins (Figure 4), des poissons, des souris, des cochons, des chats et même des singes ! Malheureusement, la dérive vers une exploitation commerciale du procédé n'a pas pu être évitée : les premiers poissons-zèbres fluorescents (Glofish) ont été mis sur le marché aux États-Unis en 2004, en dépit de l'absence d'autorisation des agences américaines qui ne se sont pas prononcées. Aujourd'hui, il est possible de se procurer divers poissons fluorescents pour des aquariums équipés de lampes UV (Figure 8).

Bien sûr, une telle modification génétique d'un animal de compagnie n'est pas sans poser des questions d'ordre éthique. Ces poissons ne souffrent-ils pas de leur irradiation permanente par les UV dans l'aquarium ? Leur dissémination est-elle à craindre s'ils sont rejetés dans la nature, ces animaux étant des organismes transgéniques ?

**8** **Poissons transgéniques** fluorescents commercialisés par la société *Yorktown Technologies* (États-Unis) pour les aquariophiles.

## Des poissons et des têtards devenant fluo en présence de polluants

En 2012, des chercheurs de l'Université d'Exeter en Grande-Bretagne ont repris l'idée initiale d'utiliser des poissons-zèbre génétiquement modifiés pour révéler par fluorescence la présence de polluants dans l'eau.[1] Leur cible : les petites molécules qui ne sont pas retenues par les stations d'épuration et qui perturbent le système endocrinien, la « machinerie » hormonale en quelque sorte. Certaines de ces molécules, d'origine pharmaceutique, ressemblent aux œstrogènes, principalement aux éthinylestradiols qui sont à la base des pilules contraceptives. D'autres molécules indésirables sont d'origine industrielle, comme le bisphénol-A contenu dans les plastiques et les nonylphénols de certaines peintures (*antifouling*).
Comment transformer les poissons-zèbres en biocapteurs fluorescents de ces polluants ? Les chercheurs ont introduit dans le génome de ces poissons plusieurs gènes capables de rendre fluorescents les organes de leur corps affectés par des polluants : lorsque ces derniers se fixent aux récepteurs spécifiques des œstrogènes, la protéine fluorescente GFP est produite. Il s'avère que les perturbateurs endocriniens mentionnés ci-dessus affectent davantage d'organes que prévu : le foie, le cœur, mais aussi les muscles squelettiques, l'œil, etc.. De quoi faire réfléchir !
Le même principe est appliqué à des têtards et des poissons japonais médaka par la société française Watchfrog (créée en 2005 au Muséum d'Histoire naturelle) pour détecter la présence de polluants médicamenteux dans l'eau, en particulier dans les rejets liquides des centres hospitaliers. Ces têtards et poissons transgéniques ont été conçus pour que la présence de polluants déclenche la production de la protéine fluorescente GFP (Figure 9). Différents modèles de larves ont été développés de manière à couvrir les principaux axes hormonaux de la perturbation endocrinienne : les têtards détectent les polluants thyroïdiens, les alevins les polluants des axes « sexuels » œstrogéniques et androgéniques. Un appareil de lecture en flux continu compte les têtards ou les alevins fluorescents un à un. La méthode est à la fois simple à utiliser, relativement rapide (24 heures) et d'un coût modéré. Des sociétés comme Veolia, EDF et Sanofi, ainsi que diverses municipalités, ont adopté ce procédé.

**9** Des têtards transgéniques de grenouille *Xenopus laevis* deviennent fluorescents au contact de polluants d'origine médicamenteuse.

1. O. Lee *et al.*, *Environmental Health Perspectives* **120**, 990-996 (2012).

Ces questions n'ont pas empêché de voir apparaître dans les assiettes des sushis à base de poissons fluo. Que ne ferait-on pas pour séduire le consommateur ! Des sushis roses, jaunes et verts fluo, ça vous tente ? Vous trouverez des recettes de cuisine en vidéo sur internet. Attention, l'addition de vinaigre inhibe la fluorescence, de même que la cuisson...
À leur origine (en 1999), ces poissons-zèbres fluorescents génétiquement modifiés avaient été conçus non pas pour les aquariophiles, mais pour détecter des polluants dans l'eau. Les essais, d'abord infructueux, ont finalement été couronnés de succès (voir encadré ci-dessus).

## La bioluminescence au service de l'Homme

### *S'éclairer avec des bactéries ?*

L'éclairage par des bactéries bioluminescentes, proposé par Raphaël Dubois en 1900 (voir chapitre 6, p. 184), sera-t-il un jour exploité ? Oui, répondent les ingénieurs du géant de l'électronique Philips. Leur projet futuriste, baptisé *bio-light*, est fondé sur l'utilisation de bactéries bioluminescentes disposées dans des cellules en verre (Figure 10) ; chacune des cellules est reliée par un tube à un réservoir de nourriture (méthane, matières compostées). Tant que les bactéries peuvent se nourrir, elles émettent de la lumière.

L'intensité lumineuse n'est toutefois pas suffisante pour un éclairage domestique, et que dire du rendu des couleurs avec cette lumière verdâtre ! Les applications concerneraient donc plutôt les enseignes lumineuses, le marquage routier de nuit, les cryptogrammes de sécurité dans les lieux faiblement éclairés (sorties de secours), etc.
Dans le même registre, des étudiants de l'Université de Cambridge (Angleterre) proposent, quant à eux, de remplacer les lampadaires des rues par des arbres bioluminescents pour économiser de l'énergie. Selon un cycle circadien, les arbres accompliraient leur travail de photosynthèse le jour, puis la bioluminescence, fondée sur le système luciférine-luciférase bactérien, serait émise la nuit. Les calculs montrent qu'un arbre émettrait suffisamment de lumière pour éclairer une rue en ne consommant que 0,02 % de l'énergie qu'il acquiert par photosynthèse. À suivre...

**10** **Système d'éclairage à base de bactéries bioluminescentes** mis au point par la société Philips.

### *À la chasse aux microbes*

Actuellement, l'application effective la plus importante de la bioluminescence est la détection d'une activité microbienne dans divers milieux. C'est le couple luciférine-luciférase des lucioles que l'on met à contribution pour cette détermination. Comme l'émission de bioluminescence par ce couple nécessite la présence d'ATP (voir chapitre 6, p. 180), la mesure de l'intensité de lumière émise offre un moyen de doser ce composé dans une population microbienne. La technique, appelée *ATPmétrie*, présente d'importants avantages par rapport aux contrôles microbiologiques classiques fondés sur la culture de microorganismes : une plus grande rapidité (la mesure ne prend que quelques minutes au lieu de plusieurs jours) et une bien meilleure sensibilité. En outre, l'intensité lumineuse s'avère proportionnelle à la concentration d'ATP, ce qui simplifie la détermination.
Des appareils portables et des kits commerciaux sont couramment utilisés pour effectuer des tests (Figure 11). La luciférine employée n'est évidemment pas extraite de lucioles comme on le faisait autrefois. Elle est obtenue, soit par génie génétique comme bien d'autres protéines d'usage courant (c'est-à-dire par la technique dite de l'ADN recombinant), soit par synthèse chimique. Voyons quelques exemples d'utilisation de l'ATPmétrie.
• Au cours du traitement des eaux usées, cette technique est un moyen commode d'évaluer la biomasse dans les boues des stations d'épuration.
• Dans le domaine alimentaire, l'ATPmétrie permet de mesurer instantanément l'état d'hygiène de surfaces en contact

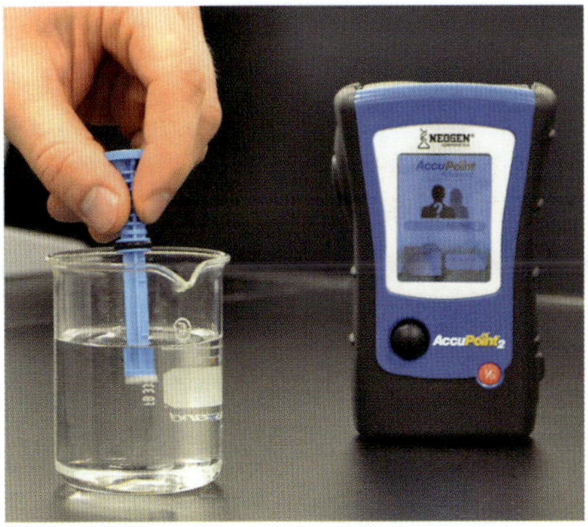


**11** **L'ATPmètre Accupoint commercialisé par la société Neogen est destiné au contrôle de l'hygiène.** Il est fondé sur la détection par bioluminescence de l'ATP de microorganismes présents dans des zones à risque. L'analyse de prélèvements à l'aide d'un écouvillon permet une validation rapide (en moins de 20 secondes) du nettoyage de surfaces. Les eaux de rinçage peuvent également être contrôlées au moyen de cet appareil.

## Le pyroséquençage de l'ADN

Pour séquencer un brin d'ADN, c'est-à-dire déterminer l'enchaînement des nucléotides qui le constituent, une approche consiste à synthétiser le brin complémentaire de façon « contrôlée ». De sa constitution est inférée celle du brin étudié.

Avec certaines techniques de séquençage, les nucléotides sont ajoutés tous ensemble dans le milieu contenant le brin d'ADN à séquencer. Au contraire, avec la technique de pyroséquençage, on les ajoute un à un, en vue de synthétiser pas à pas le brin d'ADN complémentaire. La luciférase et la luciférine des lucioles, également présentes dans le milieu, vont servir de marqueur pour révéler l'avancée de la synthèse. Voyons comment.

À chaque étape de cette synthèse, c'est-à-dire pour une position donnée sur le brin d'ADN à séquencer, un seul des quatre nucléotides possibles (A, T, G, C) est complémentaire de celui qui est libre sur ce brin d'ADN. Si le nucléotide ajouté dans le milieu est bien celui qui est attendu, il se lie alors au brin en cours de synthèse grâce à l'enzyme polymérase, en donnant une molécule de pyrophosphate qui est convertie en ATP par une enzyme (l'ATP sulfurylase). Il en résulte un signal lumineux lors de la réaction avec la luciférase et la luciférine des lucioles (Figure 12). Si le nucléotide ajouté n'est pas le bon, aucun signal n'est en revanche émis. Ce nucléotide est éliminé du milieu par une enzyme (apyrase), puis on recommence en ajoutant un autre nucléotide. Le séquenceur, muni d'un capteur CCD détectant la lumière émise, fournit un pyrogramme sous forme d'une succession de pics dont la hauteur est proportionnelle à l'intensité de la lumière émise pour un nucléotide donné. La hauteur d'un pic indique donc le nombre de nucléotides convenables du même type qui ont été incorporés à la suite, avant de passer au type suivant (Figure 12).

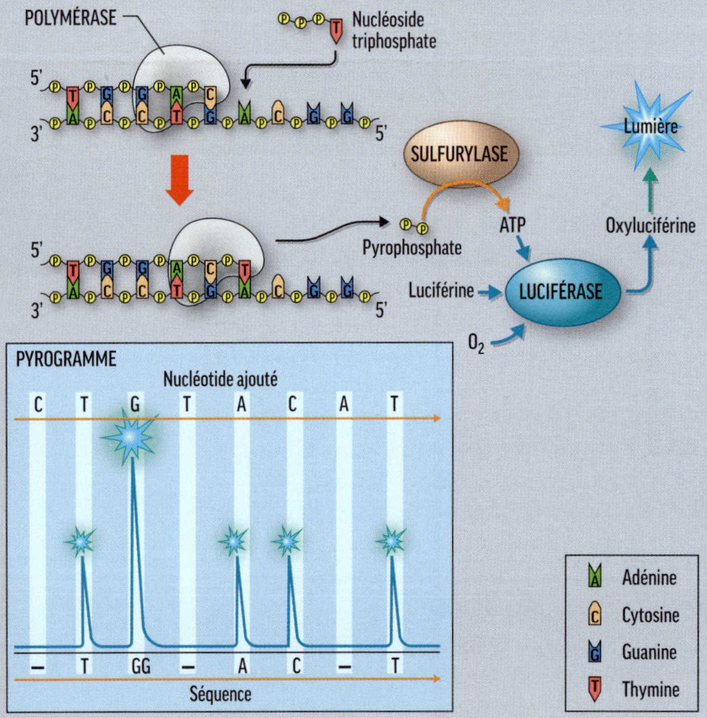


**12 Principe du pyroséquençage de l'ADN** mettant à profit la bioluminescence. Les différents nucléotides sont ajoutés un à un au milieu. Si le nucléotide ajouté au milieu se lie au brin d'ADN en cours de synthèse, un signal lumineux est détecté. Si un deuxième nucléotide de même nature se lie, l'intensité du signal est doublée. Si le nucléotide ne se lie pas, aucun signal n'est détecté, et on ajoute un nucléotide d'un autre type. Et ainsi de suite. Le pyrogramme fournit ainsi la séquence.

avec les produits alimentaires, et d'effectuer un contrôle microbiologique rapide et global de ces produits (aliments, jus de fruit, sodas, eaux minérales, etc.). Elle offre également un moyen simple de suivre les processus de fermentation (laiterie, vinification, brasserie) et de réaliser un contrôle microbiologique du vin dans les chaînes d'embouteillage.

• En pharmacie, l'ATPmétrie permet de contrôler la stérilité des vaccins, des préparations injectables, des produits cosmétiques, etc. La sensibilité microbienne aux médicaments peut être également testée de cette façon.

• En médecine, la bioluminescence est mise en œuvre dans certains diagnostics. Il est aisé de mettre en évidence une infection urinaire par ATPmétrie, en mesurant l'augmentation de la concentration d'ATP résultant de la croissance du nombre de bactéries. Par ailleurs, les maladies hépa-

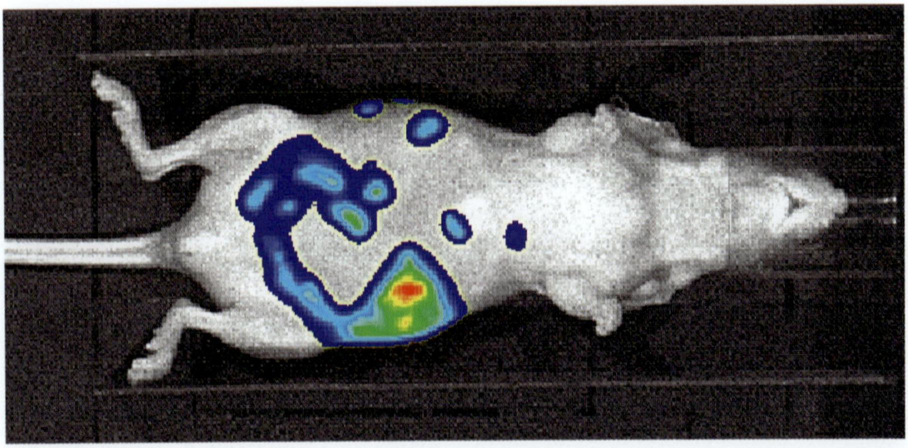

13 Exemple d'imagerie de bioluminescence montrant la prolifération d'un lymphome chez une souris. Les fausses couleurs reflètent l'intensité de la bioluminescence : elles vont du bleu pour les intensités plus faibles au rouge pour les plus élevées.

tiques telles que les cirrhoses sont détectables en évaluant la baisse du taux d'ATP associée à l'anémie hémolytique.

### *Un outil lumineux pour les chercheurs*

La bioluminescence, tout comme la fluorescence, est un formidable outil de recherche dans les sciences de la vie. Elle sert en particulier au séquençage de l'ADN qui est, comme chacun sait, d'une importance majeure pour la compréhension du vivant et pour les applications en médecine (thérapies géniques). La technique, appelée *pyroséquençage*, est plus rapide et moins coûteuse que les autres (voir encadré ci-contre).

En cancérologie, la bioluminescence est mise en œuvre pour révéler par l'image, de façon non invasive, la présence de tumeurs cancéreuses chez le petit animal de laboratoire (des souris le plus souvent). Le gène codant pour la luciférase est introduit dans l'ADN par fusion génétique (de la même façon que celui des protéines fluorescentes ; voir encadré p. 200). Les cellules ainsi modifiées produisent la luciférase qui catalyse l'oxydation de la luciférine préalablement injectée à l'animal. Les photons alors émis sont détectés par un capteur CCD ultrasensible, car la lumière transmise à l'extérieur est très faible. Sur l'image obtenue, les cellules cancéreuses se distinguent en apparaissant les plus lumineuses, compte tenu de leur métabolisme spécifique. L'imagerie de bioluminescence (Figure 13) permet ainsi de quantifier la croissance des tumeurs, de suivre la progression de métastases, et de tester l'efficacité d'agents thérapeutiques.

Terminons cette section par une application inattendue dans le domaine de l'océanographie. Le mouvement des masses d'eau en milieu profond est révélé par la bioluminescence des organismes abyssaux. En effet, lorsque des mouvements de convection apportent aux eaux profondes de l'oxygène et des nutriments, l'activité biologique et, en particulier, la bioluminescence se trouvent « boostées ». Un détecteur fortuit de la bioluminescence a été – vous ne l'auriez sûrement pas deviné – le télescope sous-marin Antarès, situé dans le golfe du Lion à 2 400 mètres de profondeur. Sa fonction est de détecter le passage de neutrinos cosmiques de très haute énergie après leur traversée de la Terre ! Ces derniers interagissent très peu avec la matière, mais la collision avec une molécule d'eau peut exceptionnellement produire une particule élémentaire chargée, un muon, qui émet des photons ; photons que le télescope Antarès doit justement dépister à l'aide de ses 900 photomultiplicateurs. À la grande surprise des chercheurs, le télescope, qui est tourné vers le fond, a été littéralement ébloui entre mars et juillet des années 2009 et 2010. Pas de doute, c'était la bioluminescence des organismes marins à grande profondeur qui en était responsable. Les chercheurs ont fait le lien avec les mouvements de convection apparaissant dans le golfe du Lion. Ils disposaient ainsi d'un nouvel outil pour mesurer l'activité biologique en eaux profondes, en vue de mieux comprendre comment les mouvements des masses d'eau et la circulation océanique influent sur la vie marine.

Ainsi, du cosmos aux profondeurs abyssales en passant par le centre de la Terre, il n'y a qu'un pas que les neutrinos franchissent allègrement, en fédérant au passage les chercheurs en sciences de l'Univers, en océanographie et en écologie marine !

## Contrôler des neurones et des fonctions biologiques par la lumière : l'optogénétique

### *Télécommander par la lumière des vers et des mouches*

En 2005, les travaux d'Alexander Gottschalk (de l'Université de Francfort, en Allemagne) ont défrayé la chronique. Lorsque ce biochimiste éclairait un petit ver transparent et long de quelques millimètres (*C. elegans*, déjà cité p. 199) avec de la lumière bleue, ce dernier se mettait à gigoter, alors qu'il se figeait sous une lumière jaune. Un tel contrôle des mouvements d'un petit animal par la lumière avait bien sûr nécessité une modification génétique préalable. D'où la dénomination d'*optogénétique* attribuée à cette nouvelle méthode combinant optique et génétique pour commander des cellules par la lumière.

Pour comprendre comment Gottchalk et ses collaborateurs ont procédé, il faut revenir à l'action de la lumière bleue sur le mouvement des flagelles des algues vertes unicellaires *Chlamydomonas reinhardtii* (voir chapitre 2 p. 55). Nous avons mentionné que le photorécepteur impliqué est la canal-rhodopsine, une protéine formant un canal ionique qui s'ouvre pour laisser passer rapidement les ions sodium à travers la membrane cellulaire, d'où une modification du potentiel de membrane. Comme, dans le cas des neurones, la propagation de l'influx nerveux est notamment associée à la perméabilité de la membrane aux ions sodium, les chercheurs ont eu l'idée de faire exprimer la canal-rhodopsine dans des cellules neuronales. Alors, sous l'action de la lumière bleue, cette protéine fait entrer rapidement les ions sodium dans ces cellules, ce qui les dépolarise et les rend excitables. Une autre protéine photosensible, l'halorhodopsine, issue d'une archéobactérie (qui vit dans l'eau très salée), répond dans le jaune, cette fois en laissant entrer les ions chlorure. L'effet sur les neurones est inverse : l'halorhodopsine les hyperpolarise et les rend inexcitables. Ainsi, en introduisant

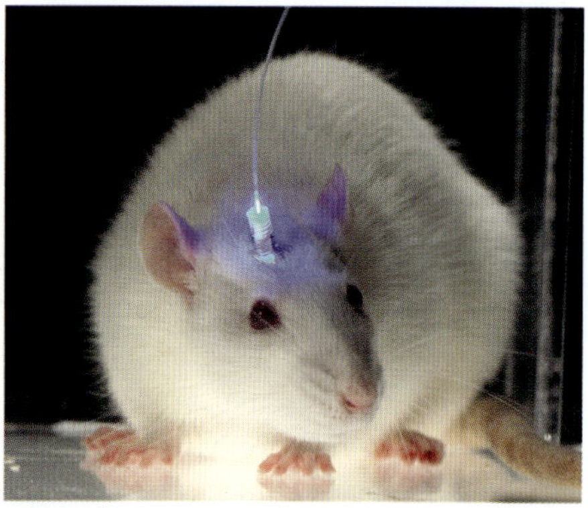

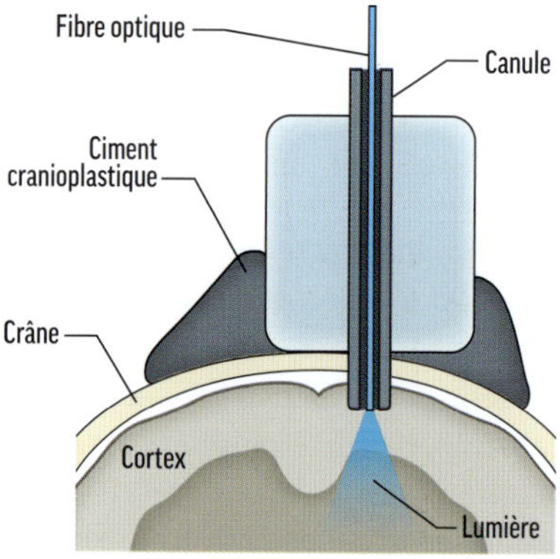


**14 Contrôler l'activité motrice d'une souris par la lumière** est possible en implantant une fibre optique dans le cerveau afin d'illuminer et activer sélectivement des neurones génétiquement modifiés.

## Sélectionner des neurones pour les rendre activables par la lumière

Comment modifier génétiquement des neurones, de façon sélective, pour qu'ils expriment une opsine telle que la canal-rhodopsine ? On commence par lier le gène codant l'opsine à un promoteur, c'est-à-dire à une courte séquence d'ADN contenant les éléments génétiques requis pour promouvoir l'expression de ce gène (Figure 15). Ce dernier ainsi modifié est alors introduit dans un virus (rendu inoffensif). Le virus est ensuite injecté dans le cerveau de l'animal où il infecte largement les neurones. Cependant l'opsine ne sera exprimée que dans le sous-groupe de neurones ciblés : ces derniers sont les seuls capables d'activer le promoteur, et donc de produire l'opsine qui va ensuite s'insérer dans leur membrane. Il ne reste plus qu'à implanter une fibre optique dans le cerveau de l'animal pour y faire parvenir de la lumière. On contrôle alors l'activité électrique des neurones ciblés, en provoquant l'ouverture (ou la fermeture) de canaux ioniques via l'opsine.

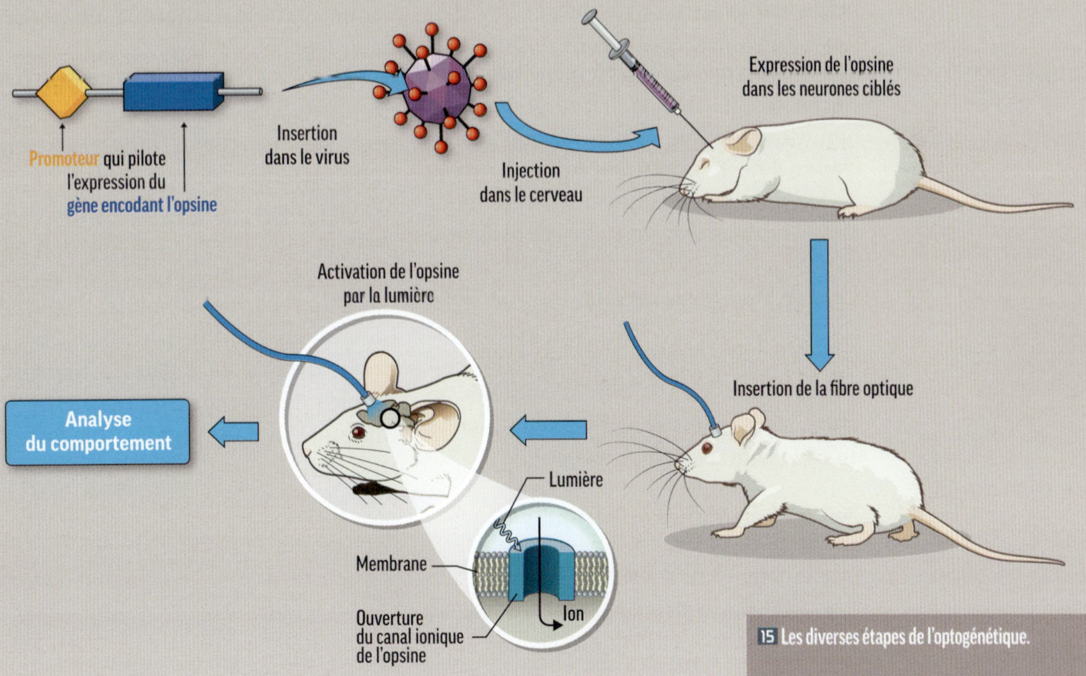


**15** Les diverses étapes de l'optogénétique.

la canal-rhodopsine et l'halorhodopsine dans les neurones qui contrôlent la motricité du ver *C. elegans*, Gottschalk et ses collaborateurs ont réussi à activer ces neurones par la lumière bleue et à les inactiver par la lumière jaune.

Le ver *C. elegans* n'était pas le premier invertébré dont l'activité était rendue contrôlable par la lumière. Quelques années auparavant, Gero Miesenböck (de l'Université d'Oxford) avait réussi à modifier génétiquement les deux types de neurones déclenchant le réflexe de fuite de la mouche drosophile, en leur incorporant le gène de la rhodopsine. Éclairer la mouche la faisait ainsi sauter et battre des ailes !

### ... et des souris

Après les invertébrés, l'application aux vertébrés allait de soi, en commençant bien sûr par la souris, l'animal préféré des généticiens. En 2007, le psychiatre et bio-ingénieur Karl Deisseroth (de l'Université de Stanford) a modifié génétiquement les neurones de l'hypothalamus d'une souris en y faisant exprimer la canal-rhodopsine. Ces neurones sont plus précisément impliqués dans l'activité motrice. Une fibre optique a ensuite été implantée dans le cerveau de l'animal (Figure 14) afin d'activer à volonté ces neurones par la lumière (voir encadré ci-dessus). Ainsi, une telle souris qui reçoit de la lumière bleue se met à courir en décrivant des cercles au voisinage des parois de sa cage. Puis, lorsqu'on interrompt l'illumination, le rongeur reprend tranquillement ses petits mouvements habituels.

L'optogénétique est une révolution dans le domaine des neurosciences. Elle offre des possibilités très supérieures à la technique fondée sur l'implantation d'électrodes. En effet, cette dernière consiste à délivrer des impulsions électriques dans les diverses aires du cerveau et à observer les réactions qui en résultent. Comme tous les neurones au voisinage d'une électrode sont indifféremment activés, cette technique présente un inconvénient : les neurones d'intérêt ne sont pas excités spécifiquement, alors qu'ils le sont avec l'optogénétique.

## *Des objectifs thérapeutiques*

Mettre à profit l'optogénétique à des fins de thérapies – applicables à l'Homme à plus ou moins long terme – est un objectif important des chercheurs. Ainsi, en 2010, Karl Deisseroth et ses collaborateurs sont parvenus à supprimer les symptômes de la maladie de Parkinson dont étaient atteintes des souris : des tremblements au repos, des difficultés à entreprendre un mouvement et une rigidité inhabituelle du corps. Cette maladie est due à la mort de neurones produisant la dopamine, un neurotransmetteur. Les chercheurs ont réussi à localiser les neurones concernés. Il ne s'agit pas des neurones profonds du noyau sous-thalamique (STN) comme on le croyait auparavant, mais des neurones du cortex moteur (zone proche de la surface cérébrale) dont certains axones se prolongent jusque dans la zone du STN. Chez la souris, on intervient en rendant excitables ces neurones par la lumière bleue grâce à une modification génétique permettant l'expression *in situ* de la canal-rhodopsine. L'envoi de flashs de lumière bleue à haute fréquence supprime alors les symptômes de la maladie.

Grâce à l'optogénétique, des résultats très prometteurs ont été obtenus chez la souris en vue du traitement de diverses autres pathologies. On a réussi à atténuer des symptômes dépressifs, à réduire un comportement compulsif de recherche de drogue, etc.

Délaissons le cerveau des souris pour examiner leurs rétines, lorsque celles-ci sont atteintes de rétinite pigmentaire. Cette maladie qui conduit à la cécité affecte deux millions de personnes dans le monde ; elle est due à la mutation des gènes impliqués dans la biosynthèse des photorécepteurs. L'équipe de Botond Roska (Friedrich Miescher Institute, Bâle) a eu l'idée de fournir aux cellules déficientes une opsine de substitution, en l'occurrence l'halorhodopsine, pour les rendre à nouveau sensibles à la lumière que reçoit naturellement la rétine. Effectivement, les souris ainsi traitées ont retrouvé des comportements guidés par la vision.

Pour clore ce panorama d'expériences sur les souris, mentionnons les travaux de Martin Fusseneger (École polytechnique fédérale de Zurich) qui a réussi à faire produire de l'insuline par des souris diabétiques grâce à un implant cellulaire exposé à la lumière bleue (Figure 16). La première étape a consisté à modifier des cellules humaines en insérant dans leur ADN le gène de la mélanopsine (voir p. 70) et le gène de la protéine GLP-1 qui stimule la production d'insuline par les cellules bêta du pancréas. Les chercheurs ont ensuite implanté des capsules – contenant chacune dix millions de ces cellules – sous la peau de souris diabétiques et ont exposé ces dernières préalablement rasées à des flashs de lumière bleue pendant deux jours. Le pancréas de ces souris s'est mis à produire de l'insuline sous l'effet de la protéine GLP-1 libérée par les capsules. Pour contrôler l'efficacité de la méthode, du glucose est injecté aux souris qui sont alors capables de rééquilibrer leur taux de sucre dans le sang au bout d'une heure, alors que deux heures sont nécessaires pour les souris sans implant.

### *Des applications à l'Homme sont-elles envisageables ?*

Le traitement des souris diabétiques qui vient d'être décrit n'est malheureusement pas transposable à l'Homme car la quantité de sang à traiter serait 3 000 fois supérieure, ce qui nécessiterait un implant de la taille d'un sac à dos pour délivrer une quantité suffisante de protéine GLP-1 ! On peut toutefois espérer que de nouvelles molécules thérapeutiques à forte activité seront inventées. En revanche, pour lutter contre des maladies chroniques de la rétine, des implants de cellules génétiquement modifiées sont déjà en cours de test chez l'Homme. Concernant les interventions potentielles sur le cerveau humain, l'espoir est de pallier certaines déficiences neurologiques. Il convient bien sûr d'entreprendre d'abord des expériences sur des primates non humains, dans le but de modifier leur comportement en agissant sur le cerveau après modification génétique de certains neurones. Les tentatives initiales n'avaient pas abouti. Les premiers succès n'ont été publiés qu'en 2012. En particulier, des chercheurs en neurosciences américains et belges ont fait exprimer la canal-rhodopsine dans les neurones qui contrôlent le mouvement des yeux chez le macaque. Puis, comme dans le cas des souris, ils ont implanté deux fibres optiques permettant de stimuler ces neurones par la lumière, ce qui a conduit à une réduction du temps de réponse lors d'une tâche visuelle. Toutefois, l'effet reste limité : le déclenchement d'un mouvement du

**16** Des souris diabétiques exposées à la lumière bleue produisent de l'insuline grâce des implants cellulaires insérés sous leur peau.

regard n'est réduit que de quelques millisecondes. De là à provoquer une action chez un singe comme nous l'avons vu pour les souris, il reste du chemin à parcourir. Néanmoins, le grand intérêt de cette technique, lorsqu'on la couple à l'imagerie de résonance magnétique fonctionnelle, est d'élucider les mécanismes du fonctionnement du cerveau chez les primates grâce à une activation sélective de neurones.

L'application à l'Homme n'est donc pas pour demain. Les plus optimistes pensent que des thérapies fondées sur l'optogénétique pourraient émerger d'ici dix ou quinze ans. Il faudra d'abord surmonter des difficultés techniques, et en particulier mettre au point des vecteurs viraux spécifiques pour l'insertion des opsines à la bonne place dans l'ADN des neurones à cibler, et ce, sans risque. En outre, une meilleure connaissance des « adresses génétiques » des neurones devra être acquise au préalable.

Néanmoins, la modification génétique des neurones d'un être humain, en utilisant de surcroît des virus contenant des gènes non humains, n'est pas sans poser des problèmes d'éthique. De vifs débats en perspective !

Épilogue

# Et la lumière est !

Au terme de ce long périple guidé par la lumière, il nous apparaît que bien d'autres chemins auraient pu être explorés dans cet ouvrage. En effet, nous avons dû faire des choix devant la variété et la complexité de l'adaptation du vivant à la lumière, tant au cours de l'histoire de la vie, qu'en rapport avec les diverses fonctions vitales.

Si l'ouvrage commence par la photosynthèse, ce n'est pas seulement parce que ce processus conditionne l'existence même de la vie au sein de la biosphère, en récupérant l'énergie solaire pour faire face aux besoins d'énergie du vivant. C'est aussi parce qu'il s'agit vraisemblablement de la phase originelle d'adaptation de la vie à la lumière, accomplie par les tout premiers micro-organismes il y a environ 3,5 milliards d'années. Quant à l'adaptation des fonctions vitales à l'alternance jour/nuit ou à celle des saisons, et à la resynchronisation des horloges biologiques par la lumière, elles traduisent la subtilité des stratégies sélectionnées par l'évolution pour pérenniser la vie sur une planète continuellement en mouvement par rapport à sa source de lumière, le Soleil. La vie ne « subit » pas la lumière, elle s'accorde avec elle et en tire ingénieusement profit. La perception de la lumière et des couleurs, et les fonctions que ces dernières assurent, en sont des illustrations. De façon étonnante, certains êtres vivants sont devenus eux-mêmes des sources de lumière, en particulier dans les abysses où la lumière solaire ne parvient pas. La bioluminescence qu'ils émettent résulte de mécanismes variés. Ces mécanismes nécessitent cependant tous un même réactif au rôle essentiel, l'oxygène ; or ce dernier provient, grâce à la lumière solaire, de la photosynthèse...

Et l'Homme dans tout ça ? Dans cet ouvrage, il a été seulement évoqué au même titre que les autres êtres vivants, lorsque la comparaison s'imposait. Le dernier chapitre est néanmoins consacré à certaines réalisations humaines en lien avec la lumière. En effet les scientifiques, après avoir décrypté tant d'aspects de l'adaptation des êtres vivants à la lumière, souhaitent en tirer avantage pour la société. Il s'agit soit d'imiter la Nature en vue de concevoir des objets originaux ou de développer de nouvelles techniques, soit d'agir sur le vivant même. Ce dernier point relève de l'optogénétique, mais ce ne sont encore que des animaux qui sont l'objet des expériences et non l'Homme lui-même... du moins pour le moment.

Cependant les interactions directes entre la lumière et le corps humain sont nombreuses et méritent d'être discutées. Quels sont les effets bénéfiques ou néfastes de la lumière sur lui ? Comment la lumière agit-elle sur sa propre horloge biologique ? Comment l'explorer par la lumière à des fins de diagnostic ? Comment se servir de la lumière comme outil pour soigner ? etc. L'étendue et l'importance de toutes ces questions justifient la rédaction d'un prochain ouvrage qui leur soit entièrement consacré.

### *La lumière et la vie*

La lumière était, diaprée et scintillante, comme un voile, comme un souffle,
La vie était, secrète et insistante, comme un arbre dont les branches sont les vaisseaux,
La vie s'abreuvait de lumière, la lumière baignait la vie,
La vie était la raison d'être de la lumière, la lumière était le halo de la vie,
Indissociables, unies, fragiles et merveilleuses, exhalant vers le ciel leur chant d'amour infini.

**Élisabeth Bardez, 2014**

# Bibliographie


## Références générales (par ordre chronologique croissant)

L. Büchner, *Lumière et vie*, C. Reinwald, Paris, 1883.

R. Dubois, *La vie et la lumière*, Félix Alcan, 1914.

W. D. McElroy et B. Glass (Eds.), *Light and life*, The John Hopkins Press, Baltimore, 1961.

M. Gross, *Light and Life*, Oxford University Press, 2002.

B. Valeur, *Lumière et luminescence*, Belin, 2005.

L. O. Björn (Ed.) *Photobiology. The Science of Life and Light*, Springer, 2008.

S. Johnsen, *The optics of life: A biologist's guide to light in nature*, Princeton University Press, 2011.

« La chimie fête la lumière », *L'Actualité chimique*, n° 397-398 (Juin-juillet 2015). Articles sur le vivant : p. 12-50.

## Prologue

*Où est née la vie ?* Dossier *Pour la Science*, juillet-septembre 2008.

*Les origines de la vie*. Dossier *La Recherche*, février-mars 2013.

A. Brack, *Et la matière devint vivante*, Le Pommier, 2004.

S. Gribaldo, M.-C. Maurel et Jean Vannier, *L'évolution : les débuts de la vie*, Le Pommier, 2007.

M.-C. Maurel, *D'où vient la vie* ? Le Pommier, 2014.

A. Meinetz, *Comment la vie a commencé*, Belin , 2011.

## Chapitre 1

A. Brack et P. Mathis, *La chimie du vivant : de la protéine à la photosynthèse*, Le Pommier, 2000.

H. Jupin et A. Lamant, *La photosynthèse*, Masson, 1997.

J. King, *Le monde fabuleux des plantes. Pourquoi la terre est verte*, Belin, 2004.

C. Lance, *Respiration et Photosynthèse. Histoire et secrets d'une équation*, EDP sciences, 2013.

J. Lavorel et A. Moyse, « Photosynthèse », Encyclopedia Universalis.

P. Mathis, *Pourquoi les feuilles sont-elles vertes ?* Le Pommier, 2003.

J.-F. Morot-Gaudry et J. Farineau, *La photosynthèse : processus physiques, moléculaires et physiologiques*, Éditions Quae, 2006.

## Chapitre 2

J. Boissin et B. Canguilhem, *Les rythmes du vivant*, Nathan-CNRS Éditions, 1998.

C. Darwin, *The power of movements in plants*, John Murray, 1880.

R. Foster et L. Kreitzmann, *Rythms of life. The biological clocks that control the daily lives of every living thing*, Londres, Profile Bookd Ltd, 2004.

A. Goldbeter, *La Vie oscillatoire. Au cœur des rythmes du vivant*, Odile Jacob, 2010.

A. Klarsfeld, *Les horloges du vivant. Comment elles rythment nos jours et nos nuits*, Odile Jacob, 2009.

M. Martin *et al.*, « Photoperception cellulaire et protéines photoactives », *L'Actualité chimique* n°308-309 (Mai-juin 2007), p. 19-24.

J. D. Palmer, *The living clock. The orchestrator of biological rythms*, Oxford University Press, 2002.

F. Parcy, « Mais qu'est-ce qui fait fleurir les plantes », *Pour la Science* n° 381, juillet 2009, p. 67-73.

F. Parcy, « La floraison élucidée », in Dossier *Pour la Science* n° 77, *Les végétaux insolites*, oct.-déc. 2012, p. 54-60

A. Reinberg, *Nos horloges biologiques sont-elles à l'heure ?*, Les Petites Pommes du Savoir, Le Pommier, 2004.

A. Sgarbossa, G. Checcucci et F. Lenci, « Photoreception and photomovements of microorganisms », *Photochem. Photobiol. Sci.* **1**, 459-467 (2002).

A. Winfree, « Les horloges biologiques. Les mathématiques des rythmes biologiques», *Pour la Science*, 1991.

*Photomovement*, Comprehensive Series in Photosciences, vol. 1, Volume editors : D.-P. Häder et M. Lebert, Elsevier, 2001.

## Chapitre 3

T. Goldsmith, « Ce que voient les oiseaux », *Pour la Science*, avril 2007, p. 68-73.

T. Lamb, « L'évolution de l'œil », *Pour la Science*, octobre 2011, p. 32-38.

M. Land et D.-E. Nilsson, *Animal eyes*, OUP, Oxford, 2012.

L. O. Björn, « The diversity of eye optics », dans : *Photobiology – The science of light and life*, Springer, 2e édition, 2008, p. 223-253.

## Chapitre 4

S. Berthier, *Les couleurs des papillons ou l'impérative beauté. Propriétés optiques des ailes de papillons*, Springer, Paris, 2000.

S. Berthier, *Iridescences. Les couleurs physiques des insectes*, Springer, Paris, 2003.

M. Ferrari, *Les couleurs de la vie : Le rôle des couleurs dans le monde animal*, Éditions Gründ, 1993.

G.E. Hill, *Bird coloration*, National Geographic, 2010.

D. Lee, *Nature's palette. The science of plant color*, Chicago Press, 2007.

D. K. Lynch et W. Livingston, *Color and light in nature*, Cambridge University Press, 2001.

P. Murphy et P. Doherty, *The color of nature*, Chronicle Books, San Francisco, 1996.

M. Pomarède, *La couleur des oiseaux et ses mystères*, Armand Colin, 1990.

J. Renoult et B. Valeur, « Les couleurs de la vie : mécanismes de production, fonctions et diversité », *L'Actualité chimique*, n° 397-398 (juin-juillet 2015) p. 12-18.

## Chapitre 5

C. Buschmann, G. Langsdorf et H. K. Lichtenthaler, « The blue, green, red and far-red fluorescence signatures of plant tissues, their multicolor fluorescence imaging and application in agrofood assessment », dans : *Optical Monitoring of Fresh and Processed Agricultural Crops - Basics and Applications for a better Understanding of Non-Destructive Sensing* (Series: Contemporary Food Engineering), M. Zude (éd.), CRC Press, Boca Raton, 2008, p. 272-319.

C. Buschmann et H. K. Lichtenthaler, « Principles and characteristics of multi-colour fluorescence imaging of plants », *Journal of Plant Physiology* **152**, 297-314 (1998).

A. Iriel et M. G. Lagorio, « Is the flower fluorescence relevant in biocommunication ? » *Naturwissenschaften* **97**, 915–924 (2010).

M. Meroni, M. Rossini , L. Guanter , L. Alonso, U. Rascher, R. Colombo, J. Moreno, « Remote sensing of solar-induced chlorophyll fluorescence: Review of methods and applications », *Remote Sensing of Environment* **113**, 2037–2051 (2009).

B. Valeur, *Invitation à la fluorescence moléculaire*, De Boeck, 2004.

## Chapitre 6

S. H. D. Haddock, M. A. Moline et J. F Case, « Bioluminescence in the sea », *Annual Review of Marine Science* **2**, 443–93 (2010).

E. N. Harvey, *Living Light*, Hafner Publishing Company, 1965.

J. W. Hastings et A. M. Michelson (1974) « La Bioluminescence », *La Recherche* **5**, 1032-42 (1974).

V. Pieribone et D. Gruber, *Aglow in the dark*, The Belknap Press of Harvard University Press, 2005.

O. Shimomura, *Bioluminescence : Chemical Principles and Methods*, World Scientific Publishing Co. (2006).

C. Vadon, *Le monde lumineux des océans*, Belin, 2010.

Th. Wilson et J. W. Hastings, *Bioluminescence : Living Lights, Lights for Living*, Harvard University Press, 2013.

## Chapitre 7

K. Deisseroth, « Les neurones sous l'emprise de la lumière », *Pour la Science* n° 401 (mars 2011), p. 24 31.

J. W. Duparré, F. C. Wippermann, « Micro-optical artificial compound eyes », *Bioinspiration and Biomimetics* **1**, R1–R16 (2006).

J. Livet, T. A. Weissman, H. Kang, R. W. Draft, J. Lu, R. A. Bennis, J. R. Saneset et J. W. Lichtman, « Transgenic strategies for combinatorial expression of fluorescent proteins in the nervous system », *Nature* **450**, 56-63 (1 nov. 2007).

G. Miesenböck, « De la lumière dans le cerveau », *Pour la Science* n° 376 (février 2009), p. 34-40.

B. Valeur et M.N. Berberan-Santos, *Molecular fluorescence, Principles and Applications*, Wiley-VCH (2012).

# Glossaire

**Acides aminés** (ou aminoacides). Constituants élémentaires des protéines qui assurent de nombreuses fonctions au sein des cellules. Leurs molécules possèdent au moins une fonction acide carboxylique/carboxylate $-COOH/-COO^-$ (1) et une fonction ammonium/amine, le plus souvent de type $-NH_3^+/-NH_2$ (2) ; cette dernière est toujours plus basique que la première. Aux pH physiologiques, la plupart des acides aminés sont sous forme zwitterionique (Figure 1). Au sein des protéines, tels les perles d'un collier, les acides aminés s'enchaînent ; ils sont associés au moyen de liaisons peptidiques –CO–NH–. Ces liaisons résultent d'une condensation entre deux acides aminés avec libération d'une molécule d'eau. Chez l'Homme, comme chez de nombreuses espèces, seuls vingt acides aminés différents constituent les protéines : ils se distinguent par leur chaîne latérale R (Figure 2).

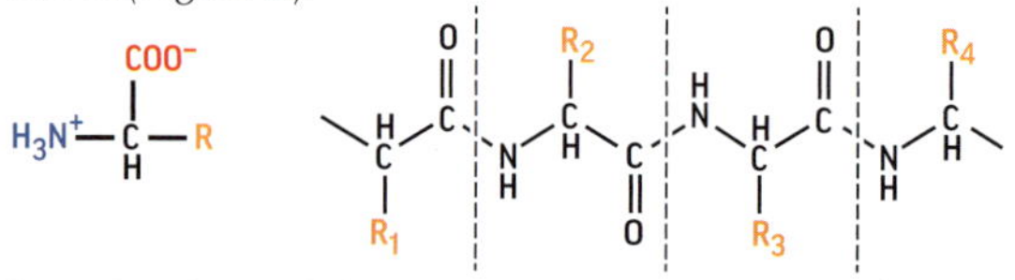


**Figure 1. Formule générale des acides aminés** sous forme zwitterionique et représentation de leur enchaînement dans une protéine. La lettre R symbolise un atome H ou un groupe d'atomes contenant un ou plusieurs atomes de carbone.

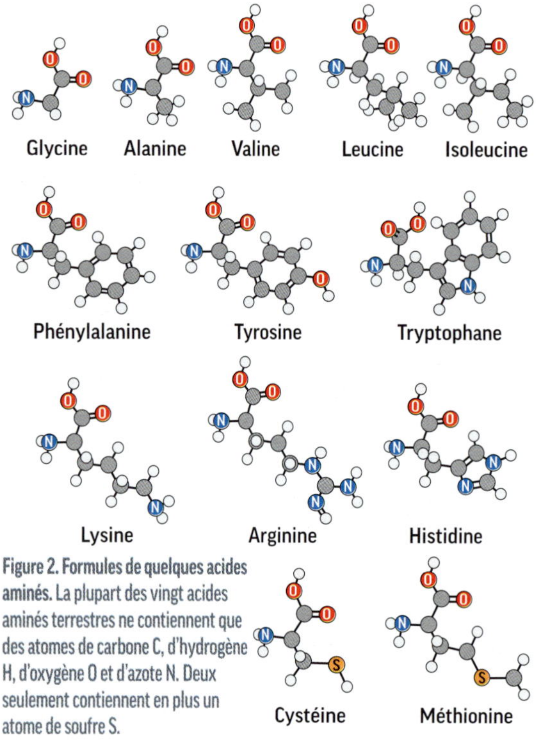


**Figure 2. Formules de quelques acides aminés.** La plupart des vingt acides aminés terrestres ne contiennent que des atomes de carbone C, d'hydrogène H, d'oxygène O et d'azote N. Deux seulement contiennent en plus un atome de soufre S.

**ADN** (acide désoxyribonucléique). Molécule double (sous la forme d'une double hélice) dont chaque brin est constitué d'un enchaînement de nucléotides dont les bases sont l'adénine, la thymine, la cytosine et la guanine. L'ordre de cet enchaînement constitue l'information génétique spécifique à une cellule ou un virus.

**ADN recombinant**. Forme d'ADN artificiel qui est créé en combinant deux ou plusieurs séquences d'ADN d'organismes différents. Il est obtenu en insérant un fragment d'ADN d'un organisme dans l'ADN d'un autre organisme, généralement une bactérie ou un virus. Grâce à l'ADN recombinant, il est possible d'obtenir en laboratoire de grandes quantités d'une protéine particulière.

**Aérobie**. En présence d'oxygène.

**Alcaloïde.** Composé organique azoté et basique, généralement d'origine végétale, possédant une activité biologique marquée. Il en résulte des propriétés physiologiques remarquables, thérapeutiques ou toxiques. Exemples : morphine, atropine, strychnine, nicotine, cocaïne, quinine…

**Algues.** Végétaux dépourvus de tige, de racine, de feuille ou de fleur, vivant principalement en milieu aquatique et capables d'effectuer la photosynthèse. Les espèces unicellulaires constituent une partie du phytoplancton. Les espèces pluricellulaires peuvent être de très grande taille.

**Anabolisme**. *Voir* métabolisme.

**Anaérobie**. En absence d'oxygène.

**Anion**. Voir Ion.

**Anthocyanes**. Voir Flavonoïdes.

**Apoprotéine.** Protéine privée d'un composé (appelé groupe prosthétique) dont la présence est nécessaire à son activité.

**ARN (acide ribonucléique).** Molécule sous forme de simple brin (contrairement à l'ADN), constituée d'un enchaînement de nucléotides dont les bases sont l'adénine, l'uracile, la cytosine et la guanine. Les ARN sont produits par la transcription de l'ADN par une enzyme. On distingue les ARN messagers (servant de matrice pour la synthèse des protéines), les ARN ribosomiques (entrant dans la composition des ribosomes), les ARN de transfert (permettant d'incorporer des acides aminés dans les protéines) et les ARN interférents (régulant l'expression des gènes).

**Arthropodes.** Animaux invertébrés dont le corps est segmenté et les membres articulés (crustacés, myriapodes, insectes, arachnides, etc.). Ce groupe représente un embranchement renfermant 80 % de toutes les espèces animales.

**Assimilation.** Processus par lequel des êtres vivants élaborent leur propre substance à partir d'éléments puisés dans le milieu environnant.

**Assimilation chlorophyllienne.** Ancienne appellation de la photosynthèse.

**ATP, ADP, AMP**

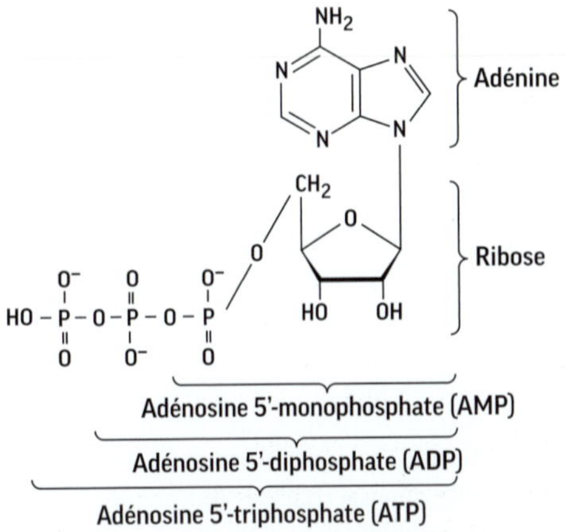


**Auxine** (acide indole 3-acétique). Hormone végétale de croissance.

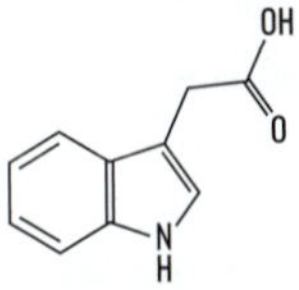

**Axone.** Prolongement fibreux d'un neurone qui conduit l'influx nerveux. Son extrémité ramifiée permet la connexion avec d'autres neurones par l'intermédiaire de zones de jonction appelées synapses.

**Bactérie.** Tout organisme unicellulaire procaryote.

**Bactériochlorophylle.** Chlorophylle des bactéries photosynthétiques qui diffère de la chlorophylle *a* par quelques substituants sur le noyau porphyrine.

**Base azotée.** Composé hétérocyclique azoté possédant des propriétés basiques. Dans les acides nucléiques, les bases azotées sont de deux types : les bases puriques (l'adénine et la guanine) et les bases pyridimiques (la cytosine, la thymine et l'uracile). Voir les formules dans la figure 5, p. 218.

**Biomasse.** Ensemble de la matière organique d'origine végétale et animale.

**Bivalve.** Mollusque dont la coquille possède deux valves.

**Canal ionique.** Protéine transmembranaire assurant le transport d'ions. Les canaux actifs sont fermés tant qu'ils ne sont pas stimulés. Les canaux passifs sont ouverts en permanence.

**Carotènes.** Voir Caroténoïdes.

**Caroténoïdes.** Pigments de couleurs jaune et orangée. On distingue les carotènes et les xanthophylles. Les premiers ne sont constitués que d'atomes de carbone et d'hydrogène. En particulier, le β-carotène absorbe la lumière jusquà environ 530 nm, d'où sa couleur orangée. Les xanthophylles possèdent en outre des atomes d'oxygène. Voir encadré p. 117.

**Catalyseur.** Substance qui accélère une réaction chimique.

**Cation** : voir Ion.

**Chitine.** Polysaccharide dont le motif répétitif est un groupe acétylglucosamine. C'est l'un des principaux constituants de la cuticule des arthropodes (en particulier les crustacés).

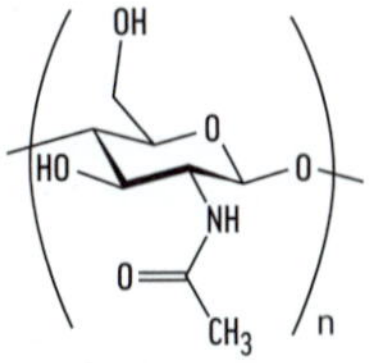

**Chlorophylles.** Composés qui possèdent une partie organométallique (du type porphyrine avec un atome de magnésium au centre) sur laquelle est greffée une longue chaîne hydrophobe. Les chlorophylles existent sous diverses formes qui ont des structures très voisines. Voir encadré p. 29.

**Chromophore.** Entité chimique qui absorbe la lumière dans le domaine visible et qui confère donc une couleur au corps qui le contient (du grec *chroma*, « la couleur » et *phorein*, « porter »).

**Chromoprotéine.** Hétéroprotéine colorée ; elle comporte une partie protéinique (apoprotéine) à laquelle est lié un groupement prosthétique qui lui confère sa couleur. Exemple : l'hémoglobine.

**Circadien.** Qualifie un rythme dont la périodicité est d'environ 24 heures.

**Classification du vivant.**

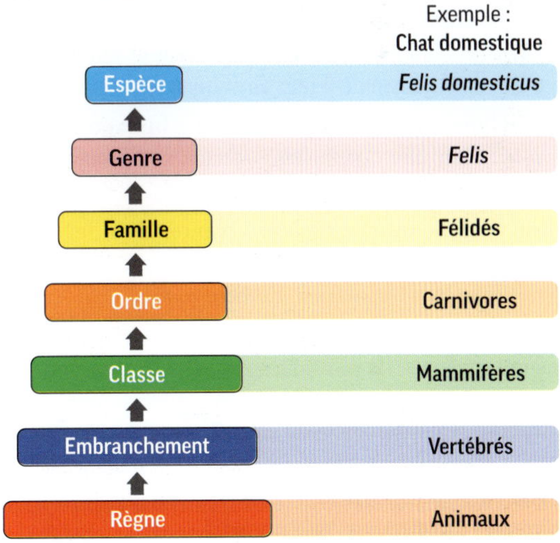


**Collagène.** Protéine constituante des fibres de la matrice extracellulaire du tissu conjonctif.

**Complexation.** Processus qui conduit à la formation d'un complexe.

**Complexe.** Association de plusieurs entités de nature différente. En chimie inorganique : édifice polyatomique constitué d'un ion métallique central auquel sont liés des ions ou des molécules, appelés ligands. Ces derniers possèdent au moins un doublet d'électrons libres.

**Composé organique.** Espèce chimique composée d'au moins deux éléments, dont nécessairement le carbone, et généralement l'hydrogène. D'autres éléments interviennent fréquemment : l'oxygène, l'azote, le soufre, le phosphore et les halogènes (fluor, chlore, brome, iode). L'étude des composés organiques relève de la chimie organique. Exemple : l'éthanol ou alcool éthylique $C_2H_5OH$.

**Copépodes.** Petits crustacés d'eau de mer ou d'eau douce. Ce groupe représente 60 % du plancton animal.

**Cortisol.** Principale hormone du groupe des glucocorticoïdes, appelée aussi hydrocortisone. Elle est secrétée par le cortex des glandes surrénales à partir du chlolestérol. Une de ses fonctions est de contribuer à la régulation du rythme circadien.

**Cryptochrome.** Photorécepteur dont l'absorption maximale se situe vers 450 nm dans le bleu et 380 nm dans l'UV. Il est impliqué dans les rythmes circadiens des animaux et des plantes, ainsi que dans la détection du champ magnétique chez un certain nombre d'espèces.

**Dioptrie.** Voir Puissance optique.

**Doubles liaisons conjuguées.** Alternance, dans la formule d'un composé chimique, de liaisons doubles et de liaisons simples, conduisant à une délocalisation d'électrons π sur l'ensemble du système conjugué.

**Enzyme.** Catalyseur des réactions biochimiques. La plupart des enzymes sont des protéines. Elles fonctionnent souvent grâce à une partie non protéique appelée coenzyme et indispensable à leur activité catalytique.

**Épithélium.** Tissu composé de cellules juxtaposées et disposées selon une ou plusieurs couches tapissant la face interne d'un organe.

**Eucaryote.** Se dit des espèces vivantes dont les cellules comportent un noyau séparé du cytoplasme par une membrane (par opposition à *procaryote*).

**Flavonoïdes.** Composés naturels appartenant à la famille des polyphénols. Ils possèdent tous le même squelette de base à 15 atomes de carbone, où deux noyaux benzéniques sont connectés par un pont de trois atomes de carbone. Les flavonoïdes sont des pigments omniprésents dans les végétaux où on les trouve le plus souvent glycosylés, c'est-à-dire liés à des sucres. Voir encadré p. 118.

**Flavoprotéine.** Protéine enzymatique dont la coenzyme est FMN (flavine mononucléotide) ou FAD (flavine adénine dinucléotide). Fortement liée à la protéine, la coenzyme est un groupe prosthétique oxydant (accepteur d'électrons). De ce fait, les flavoprotéines participent à des réactions de transfert ou de transport d'électrons. Voir encadré p. 118.

**Fluorophore.** Composé fluorescent.

**Fovea.** Partie centrale de la macula de la rétine.

**Gélose.** Liquide visqueux à chaud se gélifiant à froid, obtenu à partir d'algues, et utilisé comme milieu de culture en bactériologie, pour l'encollage ou la fabrication de gelées alimentaires.

**Gène.** Segment d'ADN contenant l'information génétique nécessaire à la production d'une protéine spécifique.

**Glucides.** Composés de carbone, d'hydrogène et d'oxygène. Leur formule peut se mettre sous la forme $C_n(H_2O)_p$. Ils sont divisés en deux familles : les oses, monosaccharides comme le glucose, et les osides, produits de condensation des monosaccharides ; selon le nombre de monomères d'oses, on appelle oligosaccharides (ou oligoholosides) les composés où le nombre d'oses est compris entre 2 et 10, et polysaccharides (ou polyholosides) ceux où ce nombre est supérieur à 10. Citons deux exemples : l'amidon, réserve nutritionnelle des organismes vivants et source d'énergie, et la cellulose, constituant de la membrane cellulaire des végétaux. Voir encadré p. 22.

**Glucoside.** Hétéroside dérivé du glucose. Il arrive que le terme glucoside soit employé plus largement comme synonyme de glycoside (ou hétéroside).

**Glycoside.** Voir hétéroside.

**Guanine, cristaux de guanine.** Base purique azotée de formule brute $C_5H_5N_5O$ présente dans l'ARN et dans l'ADN. Dans ce dernier, elle est associée à la cytosine avec laquelle elle forme l'une des deux sortes de paires de bases. Son étymologie, *guano* (engrais d'origine animale constitué à partir d'excréments et de cadavres d'oiseaux marins et de poissons), rappelle que, cristallisée, elle a été extraite des écailles de poisson auxquelles sa structure lamellaire confère un aspect irisé.

**Hétéroside (ou glycoside).** Produit de la condensation d'un glucide et d'une substance non glucidique. Il comprend donc deux parties appelées respectivement glycone et aglycone. Cette dernière confère à l'hétéroside ses propriétés, colorées, toxiques, thérapeutiques, etc. Un grand nombre de glycosides sont d'origine végétale.

**Homéostasie.** Maintien de différentes caractéristiques internes des organismes vivants à un niveau constant (température, concentration de diverses substances, etc.)

**Hormone.** Substance chimique secrétée par une glande endocrine, véhiculée par le sang chez les animaux, destinée aux récepteurs de cellules cibles de façon à assurer la régulation et le fonctionnement de divers organes.

**Hypophyse.** Glande endocrine située sous l'hypothalamus, à la base du cerveau.

**Hypothalamus.** Structure centrale située à la base du cerveau contrôlant le système nerveux végétatif et une partie du système hormonal. Il répond à des stimuli extérieurs,

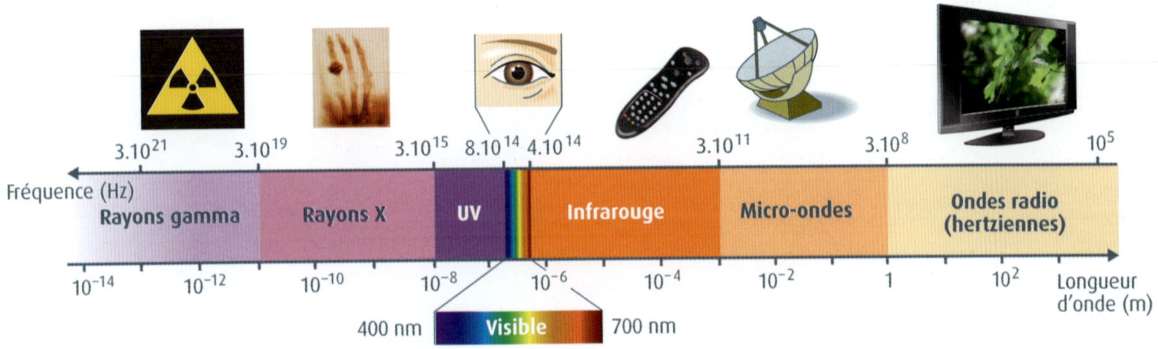


**Figure 3. Diverses ondes électromagnétiques.** Les fréquences et les longueurs d'onde indiquées sont celles dans le vide et dans l'air (1 pm (picomètre) = $10^{-12}$ m ; 1 nm (nanomètre) = $10^{-9}$ m ; 1 µm (micromètre) = $10^{-6}$ m).

la lumière par exemple, et module la sécrétion d'hormones par le biais de l'hypophyse.

**Indice de réfraction.** Paramètre qui caractérise la façon dont un rayon lumineux est dévié lorsqu'il passe d'un milieu à un autre (réfraction). Il est égal au rapport de la célérité de la lumière dans le vide à celle dans le milieu considéré. L'indice de réfraction varie avec la longueur d'onde, ce qui explique le phénomène de dispersion de la lumière blanche.

**Ion.** Atome qui a perdu ou gagné un ou plusieurs électrons. Un atome, qui est normalement neutre puisque la charge positive du noyau est exactement équilibrée par les charges négatives des électrons qui l'entourent, devient un ion lorsqu'il possède un excès ou un déficit de un ou plusieurs électrons. S'il manque un électron, il y a un déficit d'une charge élémentaire négative – la charge de l'électron. L'atome porte donc une charge élémentaire positive : il est devenu un ion positif (cation) (exemple : ion lithium $Li^+$). S'il en manque deux, il porte deux charges élémentaires positives (exemple : ion fer (II) $Fe^{2+}$). Si au contraire l'atome possède un électron supplémentaire, il porte une charge excédentaire négative : il devient un ion négatif (anion) (exemple : ion chlorure $Cl^-$).

**Isotopes.** Atomes qui possèdent le même nombre d'électrons et le même nombre de protons, mais qui diffèrent par le nombre de neutrons présents dans leur noyau. Leurs masses sont donc différentes, mais leurs propriétés chimiques sont identiques.

**Liaison hydrogène.** Interaction attractive d'origine électrostatique entre un atome d'hydrogène H (lié de façon covalente à un atome A) et un atome B appartenant, soit à une autre molécule, soit à une autre partie de la molécule qui contient A et H. A et B sont le plus souvent des atomes d'azote, d'oxygène ou de fluor, responsables de la polarisation des liaisons, c'est-à-dire de l'apparition de charges partielles positives +δ, ou négatives –δ, sur les atomes liés. Ci-dessous, la liaison hydrogène est représentée par le trait pointillé.

$$^{-\delta}A-H^{+\delta}\cdots\cdots{}^{-\delta}B-$$

**Lipides.** Matière grasse des êtres vivants. Les lipides sont amphiphiles : ils possèdent une partie hydrophile (qui a de l'affinité pour l'eau) et une partie hydrophobe (qui repousse l'eau). C'est pourquoi les lipides sont des constituants essentiels des membranes cellulaires ; en effet, la cellule baignant dans l'eau, sa membrane est une double couche de molécules de lipides qui s'associent tête bêche, de telle sorte que les parties hydrophobes sont enfouies et que les parties hydrophiles tapissent la surface de part et d'autre. Les lipides interviennent également dans de nombreuses fonctions biologiques.

**Lumière et ondes électromagnétiques.** La lumière ne constitue qu'une petite partie de l'ensemble des ondes électromagnétiques (Figure 3). Ces dernières sont constituées d'un champ électrique et d'un champ magnétique vibrant de concert tout en restant perpendiculaires entre eux, et en oscillant en phase perpendiculairement à la direction de propagation (Figure 4). La gamme de longueurs d'onde visibles par notre œil s'étend de λ = 400 nanomètres (violet) à λ =700 nanomètres (rouge) environ. Les autres ondes

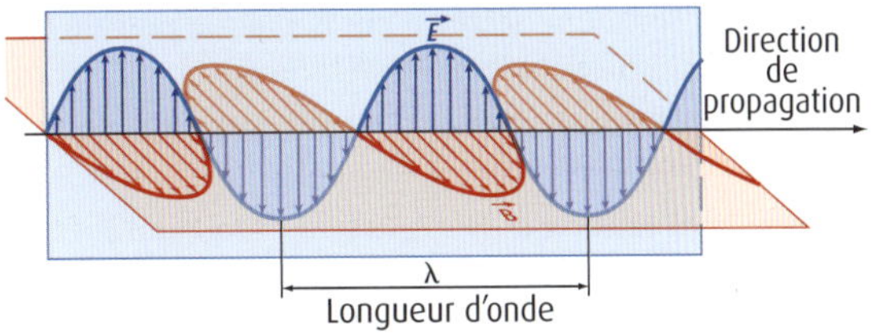


**Figure 4. Nature des ondes électromagnétiques.** Le champ électrique E et le champ magnétique B oscillent en phase. La distance entre les crêtes est appelée *longueur d'onde* λ. Le nombre d'oscillations complètes (ou cycles) effectuées en une seconde est la *fréquence* ν exprimée en hertz (1 hertz = 1 cycle par seconde). La fréquence est aussi le nombre de crêtes qui passent par un point en 1 seconde. Le produit de la longueur d'onde par la fréquence est égal à la célérité de la lumière c ($c = 3 \cdot 10^8$ m/s) : $\lambda\nu = c$. L'énergie *E* véhiculée par une radiation de longueur d'onde λ et de fréquence ν est : $E = h\nu = h \times c/\lambda$ où h est la constante de Planck. Cette énergie est donc inversement proportionnelle à la longueur d'onde : plus cette dernière est élevée, moins la radiation est énergétique.

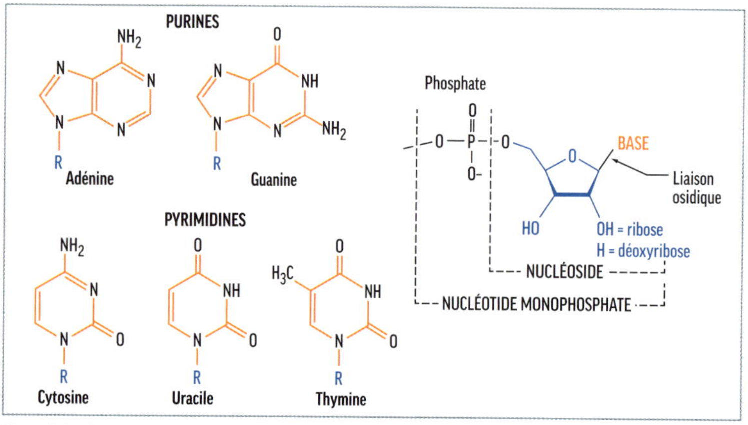


**Figure 5. Les bases azotées des acides nucléiques** sont de type purine et pyrimidine. Elles se lient à un sucre et un groupe phosphate pour former un nucléotide.

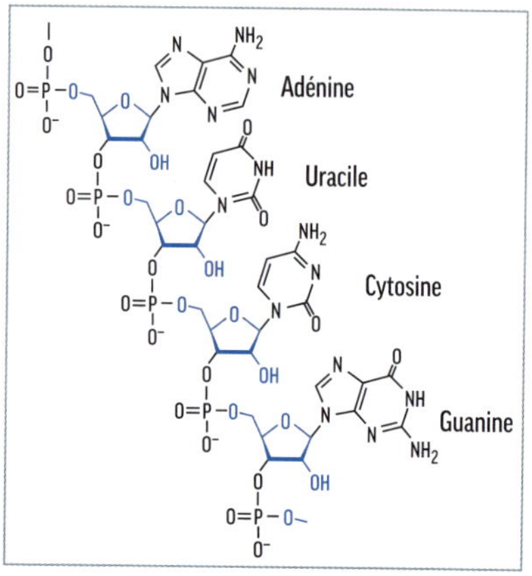


**Figure 6. Un exemple d'enchaînement de nucléotides dans l'ARN.**

électromagnétiques sont invisibles par nos yeux ; elles possèdent des longueurs d'onde, soit supérieures à celles du spectre visible (infrarouges, micro-ondes, ondes radio), soit inférieures (rayons ultraviolets, rayons X, et rayons γ).

**Lycopène.** Pigment rouge de la famille des caroténoïdes que l'on trouve dans la tomate, la pastèque, ainsi que dans d'autres fruits rouges.

**Marquage isotopique.** Remplacement d'un atome ou d'un groupe d'atomes de la molécule que l'on désire étudier par un atome radioactif de manière à pouvoir l'utiliser comme traceur.

**Matière organique.** Ensemble des organismes (plantes et animaux) vivants ou morts et des produits de leur décomposition que l'on trouve dans les sols.

**Mélanines.** Pigments très répandus dans les règnes animal et végétal, dont la couleur, outre le noir, va du jaune au brun. Il s'agit de polymères dont le précurseur biologique est un acide aminé : la tyrosine. Leur extraction est difficile du fait de leur insolubilité.

**Mélatonine.** Hormone secrétée par la glande pinéale (ou épiphyse) qui intervient notamment dans la régulation des rythmes biologiques. Elle est souvent appelée *hormone du sommeil.*

**Métabolisme.** Ensemble des réactions biochimiques se produisant dans les cellules des organismes vivants. On distingue :
– le catabolisme : ensemble des réactions de dégradation de molécules (glucides, lipides, etc.) en vue de produire l'énergie nécessaire à l'accomplissement des fonctions vitales ;
– l'anabolisme : ensemble des réactions conduisant à la formation des molécules indispensables aux fonctions vitales.
L'énergie libérée par le catabolisme est mise à profit pour le déroulement de l'anabolisme.

**Monomère.** Motif moléculaire élémentaire qui, répété un grand nombre de fois comme les maillons d'une chaîne, forme un polymère.

**Nanoseconde.** Milliardième de seconde.

**Nitrates**. Sels de l'acide nitrique utilisés notamment comme engrais.

**Noyau** (biologie). Compartement cellulaire des organismes vivants qui contient la plus grande partie du matériel génétique.

**Nucléotides.** Constituants élémentaires de l'acide désoxyribonucléique (ADN) et de l'acide ribonucléique (ARN). Un nucléotide est composé de trois parties : une base azotée, un sucre (le désoxyribose pour l'ADN et le ribose pour l'ARN) et un groupe phosphate (Figure 5). Les bases azotées de l'ADN sont l'adénine, la thymine, la cytosine et la guanine. L'uracile remplace la thymine sur les nucléotides de l'ARN (Figure 6).

**Ommatidies.** Unités optiques élémentaires, de forme conique, dont la juxtaposition constitue un œil composé. Chaque ommatidie ne perçoit qu'une très petite fraction de l'environnement.

**Ondes électromagnétiques.** Voir Lumière et ondes électromagnétiques.

**Organite.** Structure spécialisée située dans le cytoplasme d'une cellule et ayant une fonction précise (Exemples : noyau, mitochondrie, chloroplaste, etc.).

**Osmose**. Transfert du solvant d'une solution diluée à travers une membrane semi-perméable (ne laissant pas passer des substances dissoutes) vers une solution concentrée.

**Oxydoréduction**. Réaction chimique au cours de laquelle un électron est transféré d'un composé donneur d'électron (un réducteur) à un composé accepteur d'électron (un oxydant). En particulier, les combustions sont des réactions d'oxydo-réduction.

**Oxygène singulet.** Forme particulière du dioxygène à l'état excité dans laquelle tous les électrons sont appariés, contrairement à l'état fondamental. Cet état a une durée de vie de l'ordre de la microseconde en solution aqueuse, ce qui lui permet de participer à des réactions chimiques.

**Perturbateur endocrinien.** Substance chimique agissant sur l'équilibre hormonal d'un être vivant et induisant des effets indésirables sur sa santé.

**pH.** Paramètre utilisé pour caractériser l'acidité d'une solution. Sa valeur est reliée à la concentration des ions hydronium $H_3O^+$ (en toute rigueur, à leur activité thermodynamique) en milieu aqueux. À pH = 7, une solution est neutre ; si le pH est inférieur à 7, elle est acide ; si le pH est supérieur à 7, elle est basique (ou alcaline).

**Photocyte.** Cellule spécialisée dans l'émission de lumière chez les animaux bioluminescents.

**Photolyases.** Enzymes catalysant la réparation d'un ADN endommagé par un rayonnement ultraviolet.

**Photon** (du grec *photos,* génitif de *phos,* « la lumière »). Particule élémentaire associée aux ondes électromagnétiques. Les photons sont des « grains d'énergie » dont la masse et la charge sont nulles. Leur énergie est égale au produit de la fréquence de l'onde électromagnétique et de la constante de Planck. Cette énergie est donc inversement proportionnelle à la longueur d'onde.

**Photopériode.** Durée quotidienne d'éclairement, considérée du point de vue de ses effets biologiques.

**Photopériodisme.** Réaction des êtres vivants aux variations de la durée relative des périodes d'éclairement et d'obscurité (jour/nuit, par exemple).

**Photophore.** Organe luminescent présent chez divers animaux marins, y compris des poissons et des céphalopodes.

**Photorécepteur.** Cellule dont la fonction est de générer un influx nerveux lorsqu'elle reçoit des photons dans un certain domaine de longueurs d'onde. La protéine photoréceptrice que contient une telle cellule est souvent appelée photorécepteur pour simplifier.

**Phycobiliprotéines.** Protéines intervenant dans la photosynthèse. Elles sont hydrosolubles, contrairement aux chlorophylles et aux caroténoïdes. Elles captent la lumière aux longueurs d'onde où les chlorophylles n'absorbent pas. La phycoérythrine présente un maximum d'absorption à 565 nm, la phycocyanine vers 620 nm et l'allophycocyanine à 652 nm.

**Phylum.** Synonyme d'embranchement dans la classification du vivant.

**Phytoplancton.** Ensemble des micro-organismes qui vivent en suspension dans l'eau et qui appartiennent au règne végétal.

**Picoseconde.** Millième de milliardième de seconde.

**Polarisation de la lumière.** Une lumière est polarisée rectilignement lorsque le champ électrique de l'onde lumineuse oscille dans un plan donné. Une lumière est polarisée circulairement à droite si le vecteur champ électrique tourne dans le sens des aiguilles d'une montre lorsque l'on regarde l'onde arriver vers soi. Elle polarisée ciculairement à gauche dans le cas inverse.

**Polymère.** Molécule de masse moléculaire élevée, formée par l'enchaînement de petites molécules (monomères) identiques ou différentes, liées chimiquement entre elles (par des liaisons covalentes).

**Polypeptide.** Polymère constitué de plusieurs acides aminés associés par des liaisons covalentes, formées entre un atome de carbone d'un acide aminé et un atome d'azote d'un autre acide aminé (liaison peptidique).

**Polyphénols.** Composés présents dans de nombreux végétaux, comportant plusieurs noyaux phénoliques. Ce sont des antioxydants naturels, considérés comme bénéfiques pour la santé.

**Porphyrines.** Molécules cycliques constituées de quatre noyaux pyrrole liés entre eux par des ponts méthine (Figure 7). Elles sont susceptibles de complexer, dans leur partie centrale, des ions métalliques : fer (pour l'hémoglobine), magnésium (pour les chlorophylles), cuivre, manganèse, etc. La nature de l'ion métallique conditionne la couleur.

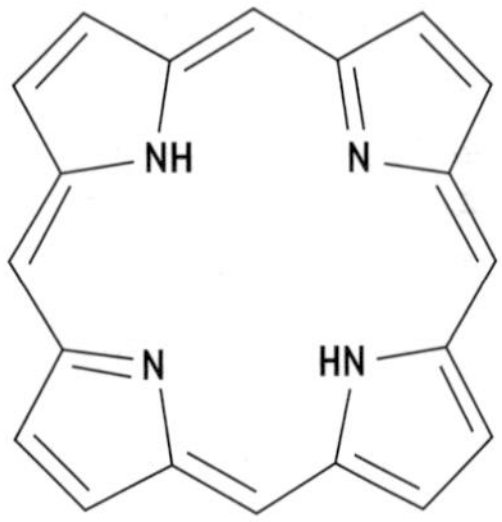


**Figure 7. Porphyrine exempte d'ion métallique central.**

**Potentiel d'action.** Signal électrique se propageant le long des axones (prolongements des neurones) et induisant la libération de neurotransmetteurs au niveau des synapses.

**Procaryote.** Se dit de micro-organismes unicellulaires dépourvus de noyau et d'organites (par opposition à *eucaryote*).

**Protozoaire.** Être vivant unicellulaire eucaryote, dépourvu de chlorophylle, se reproduisant par mitose ou par reproduction sexuée. Les protozoaires vivent dans l'eau ou dans des milieux humides.

**Puissance optique (ou vergence).** Caractérise le pouvoir d'un système optique à faire converger ou diverger la lumière. L'unité de mesure est la dioptrie. Un verre convergent (ou convexe) a une puissance optique positive. Un verre divergent (ou concave) a une puissance optique négative.

**Radicaux libres.** Espèces chimiques possédant un ou plusieurs électrons non appariés, très réactives, et donc potentiellement dangereuses pour les êtres vivants.

**Respiration cellulaire.** Dégradation d'un substrat organique qui fournit à la cellule l'énergie nécessaire à son fonctionnement. Elle consiste en une série de réactions d'oxydation dont le résultat est un transport d'électrons du substrat organique à l'accepteur final, le dioxygène, avec formation d'eau.

**Rétinal.** Aldéhyde provenant *in vivo* de l'oxydation du rétinol (vitamine A) par une succession de réactions enzymatiques. Cette oxydation conduit au *trans*-rétinal qui est ensuite converti par isomérisation enzymatique en *cis*-rétinal. Ce dernier est le chromophore qui, lié à une protéine (opsine), constitue la rhodopsine ou l'iodopsine, situées respectivement dans les bâtonnets ou les cônes de la rétine.

**Rhabdome.** Dans un œil composé, produit de la fusion des parties photosensibles (rhabdomères) des cellules photoréceptrices de chaque ommatidie.

**Rotifères.** Embranchement d'animaux en grande majorité aquatiques dont la taille ne dépasse pas 2 mm. La grande majorité de ces organismes vit en eau douce où ils constituent le zooplancton.

**Saccharides.** Synonyme ancien de glucides.

**Solution.** Mélange homogène d'un constituant majoritaire (solvant) et d'espèces chimiques dissoutes en son sein (solutés).

**Sucres simples et complexes.** En nutrition, on distingue les sucres simples, ou d'absorption rapide (saccharose, lactose, glucose, fructose, etc.), des sucres complexes (dits lents) provenant des céréales et de leurs dérivés, des pommes de terre et des légumes secs.

**Turgescence.** La turgescence est l'état normal de rigidité des tissus végétaux vivants, dû à la pression du liquide aqueux contenu dans les cellules. La turgescence est donc maintenue par l'entrée d'eau dans les cellules. Cela se produit quand le milieu externe est un liquide moins concentré que le milieu cellulaire, ce qui provoque un flux d'eau par osmose du milieu externe vers le milieu cellulaire. La pression engendrée par cet afflux d'eau est appelée pression de turgescence.

**Ultraviolet (rayonnement).** Rayonnement électromagnétique invisible pour l'oeil humain dont les longueurs d'onde se situent entre 100 et 400 nm, c'est-à-dire juste en deçà des radiations violettes du domaine visible. Ils constituent une grande partie du spectre solaire. On les classe en fonction de leur énergie décroissante, et donc de leur longueur d'onde croissante, selon : UV C (de 100 à 280 nm), UV B (de 280 à 315 nm), UV A (de 315 à 400 nm). Les UV C sont en principe arrêtés par la couche d'ozone stratosphérique, alors que les UV B et les UV A représentent respectivement 5 % et 95 % des rayonnements UV arrivant à la surface de la Terre.

**Vertébrés.** Animaux qui possèdent une colonne vertébrale segmentée au stade adulte.

**Vacuole.** Compartiment présent dans les cellules végétales. Délimitée par une membrane perméable à l'eau, la vacuole contient une solution aqueuse de diverses substances, comme des alcaloïdes ou des glucides, par exemple. Les vacuoles jouent un rôle dans l'homéostasie cellulaire et dans la turgescence des cellules végétales.

**Végétaux supérieurs.** Végétaux d'une organisation complexe, généralement pourvus de racines, tiges, feuilles et contenant de la chlorophylle.

**Xanthophylles.** Voir Caroténoïdes.

**A**
Acides aminés 9, 214
Acide férulique 159
Acide parahydroxycinnamique 51
ADN 9, 204, 205, 214
*Aequorea victoria*. *Voir* bioluminescence
Algues
- brunes 20, 28, 30, 38
- pourpres 20, 24, 26, 30, 39, 40
- rouges 28, 38, 39
- vertes 20, 24, 38, 39, 40, 51, 54, 55
Allophycocyanine 39
Amidon 23
Anthocyanes 116, 118, 133
Anthocyanidines 118
Antioxydants 133, 134
Araignées sauteuses 80, 134
ARN 9, 214
Assimilation chlorophyllienne 25, 26
Astaxanthine 120, 123
ATP 32, 34, 36, 203
ATPmétrie 203
Autotrophe 21
Auxine 46, 58

**B**
Bactéries
- bioluminescentes . *Voir* bioluminescence
- photosynthétiques 20, 28, 38, 48
- pourpres et vertes 20, 24, 39, 50
- thiobactéries, 39
Bactériochlorophylle 30, 40
Bâtonnets 99, **100**
Baudroie des abysses 191, 192
β-carotène 115, 117
Bétacyanines 116
Bétalaïnes 116, 165
Bétanine 116
Bétaxanthines 116, 165
Bioinspiration 196
Bioluminescence 17, 115, 155, **170-193**
- *Aequorea victoria* 176, 177, 179
- bactéries 172, 184-186
- coelentérazine 177
- coléoptères 172, 174, 178, 187
- Cypridinidae 176, 177, 190
- dinoflagellés 173, 181-184, 190
- fonctions 187-193
- histoire 172-175
- lampyre 178, 187
- luciférases 174, 203, 204
- lucifèrines 172, 174, **177**, 203, 204
- lucioles 172, 175, 178, 180, 187, 198, 203, 204
- *Photinus* 178, 192
- *Photuris* 178, 192
- poissons 172, 190, 191
- mécanismes 175-187
- *Renilla* 177
- *Vargula* 176
- ver luisant 172, 178
Blépharismine 50, 51

**C**
Calmar 142, 173, 191
Caméléon 141-142
Camouflage 139
Canal-rhodopsine 54, 206-209
Cancérologie 205
Canthaxanthine 120
Carotènes 117
Caroténoïdes 28, 115, 117, 121, 133, 162
Cavernicole 77
Cellules ganglionnaires 70, 101
Cellulose 23
Céphalopodes 90, 142-143
Chlorophylles 25, 27, **28-29**, 115, 132, 154, 156, 158, 159, 162
Chloroplastes 30
Chlorosomes 40
Chromatophores 141-142, **143**
Chromophores 49, 102
Chromoprotéines 51
Coléoptile 45
Cônes 99, **100**
Cornée 82, 85
Couche antireflet 197
Couleurs **112-151**
- aposématiques 147
- attractives 137
- batraciens 129, 130
- caméléon 141-142
- chimiques 114
- avertissantes 147
- dissimulatrices 139
- flamant 120, 133, 136
- fleurs 116, 137
- fruits 116
- homard 123
- interférentielles 115, 122, 124
- paon 126,135
- papillons 119, 123, 126
- perroquets 115, 128
- perruches 128
- pigmentaires 115-122
- poivron 116
- poulpes 142
- saumon 121
- scarabée 123
- séductrices 134
- structurales 114, 122, 131
- trompeuses 139
Cristallin 82, 85, 86
Crustacé 176, 190
Crustacyanine 122
Cryptochrome 56, 64-65, 73
Cyanobactérie 13, 36, 39
Cycle de Calvin 32
Cycle du carbone 40

**D**
Darwin, Charles 58, 84
Diapause 68
Diffraction **124**
Diffusion
- cohérente de la lumière 127, 128, 129
- de la lumière 127, 129
- de Mie 128, 129
- Rayleigh 127, 129
Dubois, Raphaël 174, 175

**E**
Étiolement 48, 65, 66

**F**
Feuille verte 30, 156
Flavines 51, 65, 66
Flavones 118
Flavonoïdes 28, 115, 118, 133, 134, 165
Flavonols 118
Flavonones 118
Flavoprotéines 51
Fluorescence 17, 50, 115, **153-169**, 198-202
- anémones de mer 169
- animaux transgéniques 198-202
- chlorophylles 157, 158, 161, 163-165
- coraux 168
- crevette mante 169
- fleurs 165
- histoire 154

- perruches 165-167
- poissons 167, 169, 200, 201
- protéines 154, 167, 168, 176, 178,199, **200**, 201
Fovea 88, 102
Fructose 23

G
Germination 65
GFP (*Green Fluorescent Protein*) 154, 176, 178, 199, **200**
Glande pinéale 69
Glucide 22
Glucose 22, 23

H
Halobactérie 51, 52
Halorhodopsine 206, 208
Héliotropisme 45, 47
Hétérotrophe 21
Homochromie 139, 141
Horloges biologiques 15, 57, 62, **68-75**, 77, 183
- circadiennes 70, 72
- périphériques 75

I
Imagerie
- de bioluminescence 205
- de fluorescence 160
Interférences **124**
Iodopsine **100**, 102,
Iridescence 122
Iridophores 142, **143**
Iris 85, **89**

L
Leucophore 142, **143**
LIDAR 161, 163
Limace de mer 21
Luciférases. *Voir* bioluminescence
Lucifèrines. *Voir* bioluminescence
Lucioles. *Voir* bioluminescence
Luminescence 155
Lutéine 117, 134
Lycopène 115, 117

M
Macula 88
McElroy, William 174
Méduses 174, 176, 179, 191
Mélanines 116, 119-120, 133
Mélanophores 142
Mélanopsine 70, 208
Mélatonine 70, 72
Micro-organismes 48
Microalgues 27, 48
Mimétisme 145-147
- batésien 146
- müllérien 147
Mouvements migratoires 55

N
NADPH 32, 34, 36
Nerf optique 82
Noyau suprachiasmatique 68, 70, 75
Nucléotides 9, 10, 218
Nyctinastie 45, 58

O
Ocelles
- insectes 95
- paon 134
- faux yeux 144
Œil. *Voir* yeux.
Ommatidies **92**, 108, 119
Ommochromes 119, 121
Opsine **100**, 102
Optogénétique 17, 55, **206-209**
Ornitochorie 139
Oxygène singulet 50, 134

P
Papiliochromes 119
Papillons 105, 108, 119, 123, 126
Parahéliotropisme 48
Perception
- de la lumière 79-111
- des couleurs 102-105
Phosphorescence 155, **156**
Photoisomérisation 51, 100
Photokinésie 45, 49
Photoluminescence 155
Photomorphogenèse 44
Photomouvements 44
Photonastie 45, 58, 65
Photopériode 15, 45, 62
Photopériodisme 45, 62, 65, 66
Photophores 190
Photorécepteurs 44, 65, 70, 82, 88, 89, 90, 94, 96, **98-111**, 208
Photosynthèse **18-41**, 196
- antennes collectrices 31
- centres réactionnels 32, 33
- Chloroplastes 30
- histoire 23-28
- photosystèmes 27
- séparation de charges 33, 34
- thylacoïdes 31
Phototaxie 48, 50
Phototropines 65, 66
Phototropisme 45
Phycobliprotéines 39
Phycobilisomes 39
Phycoérythrine 39
Phytochromes 59, 65
Pigments 115, 116, 119-122, 133
Polarisation de la lumière 106
Pollinisation 17, 48, 137, 166
Polyphénols 134, 159
Poissons 76, 141, 167, 168, 169, 172, 190,191
Protéines
- fluorescentes. *Voir* fluorescence
- FT 63
- jaune photoactive 51, 52, 54
- photoréceptrices 51
Protozoaires 48, 50, 51
Psittacofulvines 120, 121, 128, 133
Ptérines 65, 66, 119, 121
Pyroséquençage de l'ADN 204, 205

R
Rétinal 51, **100**, 102, 220
Rhabdome 90
Rhodopsine 51, 52, **100**, 102
Réponse photophobe 45, 49, 50
Reproduction 67
Respiration cellulaire 23
Rétine 82, 85, 88, **100**, 208
Rythmes biologiques 45, 57, 58, 68, 70-71

S
Saccharose 23
Scarabées 122
Source hydrothermale 11
Souris 207
Spectre solaire 29
Stomate 30, 37
Stromatolithes 13
Sucres 23, 32, 34, 37

T
Tournesol 47, 49
Transfert d'énergie 32
Turgescence 59

V
Ver luisant. *Voir* bioluminescence
Vernalisation 63
Vitamine A 117

X
Xanthophylles 116, 117

**Y**

Yeux **79-111**
- à apposition 81, 83, **92**
- à réflecteurs, 81, **84**
- à superposition 81, 83, **92**,
- abeille 90, **92**, 93, 97, 104, 105, 108
- accommodation 86
- araignée 80, **95**, 96
- artificiels 197
- bovin 87, 88
- calmars **90**, 91
- camérulaires 81, 82, **85**
- céphalopodes 90
- champ de vision 87
- chat 87, 88, 99, 102
- cheval 87, 88, 102
- chien 81, 88, 102
- composés 81, 82, **88**
- coquilles Saint-jacques 81, **94**
- cornée 82, 85
- crabes 93
- crevette mante 109, 110
- cristallin 82, 85, 86
- crustacés 81, 93, 104
- humains 85, 87, 99, 102, 103
- insectes 81, 104
- langouste 81, 95, **96**
- libellule 81, 90, **92**, 93, 104, 105
- mammifères 80, 85, 86, 88, 102
- mollusques 81, 90, 104
- mouche 90, 92, 104, 105, 108
- Nautile 81, **85**
- oiseaux 88, 102, 103
- papillons 105, 108
- primates 87, **103**
- poissons 81, 90, 95, 98, 103

**Z**

Zéaxanthine 117, 120

# Crédits photographiques

Couverture : Louise Murray/SPL/Cosmos
p. 8 : Andrea Jemolo/Leemage
p. 9 : Roger Ressmeyer/Corbis
p. 11 : NOAA/PMEL/EOI Program
p. 12 : US Department of Energy
p. 13h : Natusports/Shutterstock
p. 13b : Sinclair Stammers/SPL/Cosmos
p. 15 : Thinkstock/iStock/Brian Lasenby
p. 17 : Thinkstock/iStock/Webguzs
p. 18-19 : Thinkstock/iStock/Odmeyer
p. 20 : DjiggiBodgi.com/Fotolia
p. 21 : Nicholas E. Curtis & Ray Martinez, University of South Florida
p. 25 : Collection privée
p. 26 : Collection privée
p. 27 : Pavel Skaloud, Charles University Prague
p. 30 : Marioner/Shutterstock
p. 36 : Mary Zhu, Arizona State University
p. 37 : Thinkstock/iStock/Izf
p. 38 : Cynoblub/Fotolia
p. 42-44 : Thinkstock/istock/Tetyana Kochneva
p. 44 : Andrew Lambert Photography/SPL/Cosmos
p. 46 : Cordelia Molloy/SPL/Cosmos
p. 49 : Thinkstock/iStock/Matt Gibson
p. 52 : Professor Zewail's Group, California Institute of Technology
p. 53g : M. I. Walker/Science Source/Getty
p. 53d : Wim van Egmond/Visuals Unlimited/SPL/Cosmos
p. 55h : Protist Information Serveur, http://protist.i.hosei.ac.jp
p. 55b : Deborah Shelton, Leliaert F, Smith DR, Moreau H, Herron MD, Verbruggen H, Delwiche CF & De Clerck O (2012) Phylogeny and molecular evolution of the green algae. Critical Reviews in Plant Sciences 31: 1-46.
p.58h et b : Collection privée
p. 59h : Bernard Valeur
p. 59bg : Thinkstock/istock/Brian Nolan
p. 59bmg : Thinkstock/istock/desy-sevdanova
p. 59bmd : Thinkstock/istock/Melinda Fawver
p. 59bd : Thinkstock/Photos.com/Jupiterimages
p. 62g : Paul Busselen
p. 62d : Thinkstock/istock/Chen Ming Jun
p. 67 : Thinkstock/iStock/Jamie_Hall
p. 68 : Thinkstock/iStock/Stockdonkey
p. 72 : Elodie Magnanou
p. 73h : Thinkstock/iStock/Hanquan Chen
p. 73b : Thinkstock/iStock/Igor Kovalchuk
p. 76h : Thinkstock/iStock/ivanaOK
p. 76b : Saulo Bambi and Cristiano Bertolucci
p. 78-79 : Thomas Shahan/SPL/Cosmos
p. 80 : Thomas Shahan/SPL/Cosmos
p. 81hg : Thinkstock/Photos.com/Jupiterimages
p. 81hd : Thinkstock/iStock/Photopips
p. 81mhg : Thinkstock/Zoonar/Zoonar RF
p. 81mhd : Thinkstock/iStock/Armando Frazao
p. 81mbg : Thinkstock/iStock/Eric Isselée
p. 81mbd : Dmytro Pylypenko/Shutterstock
p. 81bg : William Capman, Augsburg College, Minneapolis, Minnesota, USA
p. 81bd : Thinkstock/Hemera/Oleksandr Kulichenko
p. 85 : Kuno Kirschfed, permission of Naturwissenschaftliche Rundschau, Stuttgart
p. 86hg : Thinkstock/iStock/Valua-Vitaly
p. 86hm : Thinkstock/iStock/specnaz-s
p. 86hd : Thinkstock/iStock/Eric Isselée
p. 86mg : Thinkstock/iStock/GlobalP
p. 86mm : Thinkstock/iStock/Eric Isselée
p. 86md : Thinkstock/iStock/Lyle Mallen
p. 86bg : Thinkstock/iStock/Byrdyak
p. 86bm : Thinkstock/iStock/Marion Wear
p. 86bd : Thinkstock/iStock/Palchnyuchchyy
p. 89hg : Thinkstock/iStock/Eric Isselée
p. 89hm : Thinkstock/iStock/Matan Narkiss
p. 89hd : Thinkstock/iStock/squiggle
p. 89bg : Thinkstock/iStock/luamduan
p. 89bm : Thinkstock/iStock/Eric Isselée
p. 89bd : Thinkstock/Zoonar/Zoonar RF
p. 90g : Thinkstock/iStock/Zabavnikova_O
p. 90m : Thinkstock/iStock/tr3gi
p. 90d : Thinkstock/iStock/Gewoldi
p. 91h : New Zealand Ministry of Fisheries/Getty
p. 91b : Norm Heke/Museum of New Zealand Te Papa Tongarewa
p. 92 : Valerio Pardi/Shutterstock
p. 94h : Thinkstock/iStock/Green-Reynolds
p. 94b : William Capman, Augsburg College, Minneapolis, Minnesota, USA
p. 95 : Tamara Frank, Nova Southeastern University
p. 96h : Eric Isselée/Shutterstock
p. 96b : Nasa
p. 97h : Eddy Lee Kam Pang
p. 97b : areipa.it/Shutterstock
p. 98h : © 2004 MBARI
p. 98b : © 2006 MBARI
p. 99 : Richard L. Gregory
p. 104g : Thinkstock/iStock/apirati333
p. 104d : Zkruger/Shutterstock
p. 105 : Thinkstock/iStock/revetina01
p. 109 : Thinkstock/iStock/OK-Photography
p. 110 : Thinkstock/iStock/WhitcombeRD
p. 112-113 : Thinkstock/iStock/PCostaBaldi
p. 114hg : Thinkstock/iStock/jodie777
p. 114hmg : Thinkstock/iStock/kororokerokero
p. 114hmd : bcampbell65/Shutterstock
p. 114hd : Thinkstock/iStock/ValerieVS
p. 114mg : Thinkstock/iStock/nutthaphol
p. 114md : Bjorn Rorslett/SPL/Cosmos
p. 114bg : Thinkstock/Hemera/Stefan Von ameln
p. 114bmg : Thinkstock/Hemera/Emanuela Carratoni
p. 114bm : Thinkstock/iStock/NatalyaAksenova
p. 114bmd : Thinkstock/iStock/LiliGraphie
p. 114bd : Thinkstock/iStock/Cathy Keifer
p. 115 : Thinkstock/iStock/Nancy Nehring
p. 116hg : Thinkstock/Zoonar/Zoonar RF
p. 116hm : Thinkstock/iStock/jakkapan21
p. 116hd : Thinkstock/Hemera/Julian Weber
p. 116mg : Thinkstock/iStock/alxpin
p. 116mhd : Thinkstock/iStock/aarrows
p. 116mbd : Thinkstock/Goodshoot/Goodshoot
p. 116bg : Thinkstock/AbleStock.com/Hemera Technologies
p. 116bm : Thinkstock/iStock/boule13
p. 116bd : Thinkstock/Purestock
p. 119h : Thinkstock/iStock/Eric Isselée
p. 119b : Thinkstock/iStock/Janis Litavnieks
p. 122 : Thinkstock/Hemera/Olga Demchishina
p. 123hg : H. Zell
p. 123hd : Thinkstock/iStock/Paul_Brighton
p. 123b : Thinkstock/PhotoObjects.net/Hemera Technologies
p. 124h : Thinkstock/Hemera/Jin Yamada
p. 124b : Thinkstock/iStock/Jim DeLillo
p. 125h : Thinkstock/iStock/de-kay
p. 125mh : Bernard Valeur

p. 125mb : Thinkstock/Hemera/Vicky Shepherd
p. 125b : Thinkstock/iStock/Heinz Meis
p 126hg : Thinkstock/iStock/hagit berkovich
p. 126hd : Serge Berthier
p. 126bg : Thinkstock/iStock/Alistair Scott
p. 126bd : Thinkstock/iStock/Istimages
p. 127hg : Thinkstock/iStock/Steve-Byland
p. 127hd : Feather collector/Shutter-stock
p. 127bg et d : Eric Dufresne et al « Self-assembly of amorphous bio-photonic nanostructures by phase separation », Soft Matter, 2009, 5, 1792-1795
p. 128hg : Thinkstock/iStock/birdeyeistock
p. 128hd : Thinkstock/iStock/akinshin
p. 128b : Thinkstock/iStock/Yixin Chen
p. 130h : Thinkstock/iStock/Brandon Alms
p. 130b : Thinkstock/iStock/Joshelerry
p. 131 : Christer Hansson, Biological Museum (Entomology), Lund, Sweden
p. 132hg : Robert B. Faden
p. 132hm et hd : Silvia Vignolini
p. 133 : Thinkstock/iStock/Matauw
p. 135h : Jurgen Otto
p. 135b : Thinkstock/iStock/kksteven
p. 136 : The Natural History Museum/Alamy/Photo12
p. 137 : Bernard Valeur
p. 138g : Bernard Valeur
p. 138d : Silvia Vignolini
p. 139 : Thinkstock/iStock/Stephen Miller
p. 140hg : Thomas Marent/Minden Pictures/Getty
p. 140hd : Thinkstock/iStock/Henrik_L
p. 140mhg : Gabbro/Alamy/Photo12
p. 140mhd : Thinkstock/iStock/stephan kerkhofs
p. 140mbg : Henrik Larsson/Fotolia
p. 140bg : Thinkstock/iStock/Astrid Gast
p. 140bd : FLPA/Alamy/Photo12
p. 141h : Thinkstock/iStock/John Pitcher
p. 141b : Thinkstock/iStock/Mike-Lane45
p. 142h : Thinkstock/iStock/Cathy Keifer
p. 142b : Thinkstock/iStock/Suljo
p. 143 : Photos Lydia Mäthger in Lydia M. Mäthger, Eric J. Denton, N. Justin Marshall and Roger T. Hanlon « Mechanisms and behavioural functions of structural coloration in cephalopods », J. R. Soc. Interface (2009) 6, S149-S163
p. 144hg : Thinkstock/iStock/JohnCarnemolla
p. 144hd : Thinkstock/iStock/LauraDin
p. 144b : Jurgen Freund/Nature PL/EBPhoto
p. 145h : Bernard Valeur
p. 145bg : Michael Tieck/Fotolia
p. 145bd : Blickwinkel/Alamy/Photo12
p. 146h : Thinkstock/iStock/paulrommer
p. 146mh : The Natural History Museum/Alamy/Photo12
p. 146mbg : Daniel Heuclin/Nature PL/EBPhoto
p. 146md : Matt Jeppson/Shutterstock
p. 146b : David M. Dennis/AGE
p. 147g : Thinkstock/iStock/Christian Musat
p. 147d : Arterra P. L./Alamy/Photo12
p. 148h : Thinkstock/Purestock
p. 148mh : Thinkstock/iStock/imortalcris
p. 148mb : Thinkstock/iStock/dirk ercken
p. 148b : Thinkstock/iStock/sduben
p. 149h : Thinkstock/iStock/joebelanger
p. 149m : Thinkstock/iStock/RAW_group
p. 149b : Thinkstock/Stockbyte/Tom Brakefield
p. 150h : Thinkstock/iStock/Robert Bush
p. 151bg : Wang Chen, Capital Normal University, Beijing
p. 151bd : Ren Dong & Yongjie Wang , Capital Normal University, Beijing
p. 152-153 : Thinkstock/iStock/harmonia101
p. 154 : William Edwin Safford
p. 155h : Fabrice Daumard, LMD
p. 155bg et bd : Dr. Charles Mazel/Visuals Unlimited/Corbis
p. 157 : Courtesy of Hartmut K. Lichtenthaler. H. K. Lichtenthaler, M. Lang, M. Sowinska, F. Heisel and J. A. Miehé, J. Plant Physiol., 148, 599 (1996), in « Optical Monitoring of Fresh and Processed Agricultural Crops - Basics and Applications for a better Understanding of Non-Destructive Sensing, M. Zude, CRC Press, Boca Raton, 2008
p. 160 : Courtesy of Hartmut K. Lichtenthaler. M. Lang, H. K. Lichtenthaler, M. Sowinska and F. Heisel, Botanica Acta 107, 230 (1994), H. K. Lichtenthaler, M. Lang, M. Sowinska, F. Heisel and J. A. Miehé, J. Plant Physiol., 148, 599 (1996) in « Optical Monitoring of Fresh and Processed Agricultural Crops - Basics and Applications for a better Understanding of Non-Destructive Sensing, M. Zude, CRC Press, Boca Raton, 2008
p. 161 : Courtesy of Hartmut K. Lichtenthaler. C. Buschmann, G. Langsdorf et H. K. Lichtenthaler, « The blue, green, red and far-red fluorescence signatures of plant tissues, their multicolor fluorescence imaging and application in agrofood assessment », in « Optical Monitoring of Fresh and Processed Agricultural Crops - Basics and Applications for a better Understanding of Non-Destructive Sensing, M. Zude, CRC Press, Boca Raton, 2008
p. 162 : Simone Moser, Thomas Müller, Marc-Olivier Ebert, Steffen Jockusch, Nicholas J. Turro & Bernhard Kräutler , « Blue Luminescence of Ripening Bananas » in Angewandte Chemie Int. Ed., 47, 8954-8957 (2008)
p. 164 : Nasa Earth Observatory/Robert Simmon
p. 165 : Fernando Gandía-Herrero, Josefa Escribano and Francisco García-Carmona - Planta, 222, 586-593 (2005)
p. 166g : Thinkstock/istock/OMeidi
p. 166m et d : Christophe Duplais
p. 167h : Justin Marshall, The University of Queensland, Queensland Brain Institute
p. 167b : Nico K. Michiels
p. 168 : Louise Murray/SPL/Cosmos
p. 169hg : bcampbell65/Shutterstock
p. 169hd : Roy L. Caldwell
p. 169m et b : NOAA Photo Library, image courtesy Edie Widder
p. 170-171 : HTU/Shutterstock
p. 173 : Brian J. Skerry/National Geographic/Getty
p. 174 : Thinkstock/iStock/Reto Kunz
p. 176 : Nature Production/Nature PL/EBPhoto
p. 178 : Courtesy Neil Fisher/The Vancouver Aquarium
p. 179g : Thinkstock/Photos.com/Jupiterimages
p. 179m : Thinkstock/iStock/ivkuzmin
p. 179d : Robert F. Sisson/National Geographic/Getty
p. 181 : Alamy/Photo12
p. 182 : Mona Hoppenrath/Tree of Life Web Project
p. 184g et d : J. Woodland Hastings et Lawrence Fritz
p. 186 : Shiao-Chun Tu
p. 187 : Steven D. Miller, Colorado State University and Steve H. D. Haddock, MBARI
p. 188 : Dr. James B. Wood/SeaPics.com
p. 189 : James G. Morin
p. 190 : Dante Fenolio/Science Source/Getty
p. 191h : David Shale/Nature PL/EBPhoto
p. 191b : David Shale/NOAA North East Fisheries Science Center
p. 192 : Solvin Zanki/Nature PL/EBPhoto
p. 194-195 : Thinkstock – Jamani Caillet/EPFL
p. 197 : Luke Lee's BIOPOETS Group at Berkeley
p. 198h : D. G. Stavenga, S. Foletti, G. Palasantzas, K. Arikawa, « Light on the mothe-eye corneal nipple array of butterflies » The Royal Society B-Biological Sciences, 273 (1587), 661-667
p. 198b : B. Päivänranta, T. Saastamoinen and M. Kuittinen, University of Joensuu, Finland « A wide-angle antireflection surface for the visible spectrum », Nanotechnology 20 (2009) 375301
p. 199h : Annick Bay, Peter Cloetens, Heikki Suhonen and Jean Pol Vigneron, « Improved light extraction in the bioluminescent lantern of a Photuris firefly (Lampyridae) », Optics Express, 21, 1, 764-780 (2013)
p. 199b : B. Nicolas/INRA
p. 200 : Marc Zimmer, Connecticut College
p. 201h : Stéphane Fouquet/Inserm
p. 201b : GloFish®, Yorktown Technologies
p. 202 : WatchFrog S. A., Evry, www.watchfrog.fr
p. 203h : Philips Design
p. 203b : Neogen Europe Ltd
p. 205 : CNRS-TAAM UPS44
p. 206 : John B. Carnett/Popular Science/Getty
p. 209 : Haifeng Ye & Martin Fussenegger, ETH-Zürich
p. 211 : Thinkstock/iStock/fatchoi

---

Schémas : Thomas Haessig
Iconographie : Valérie Delchambre



IMPRIM'VERT®

Imprimé en France par I.M.E. – 25110 Autechaux
N° d'édition : 70117688-01 - Dépôt légal : septembre 2015